普通高等教育“十二五”规划教材

Photoshop CS3
基础案例教程

卢正明　主编

国防工业出版社

·北京·

内 容 简 介

本书针对Photoshop CS3中文版，由浅入深地向读者介绍各种图形处理方法，包括软件屏幕界面的介绍、各种工具及菜单的作用和使用方法，并列举了各种实例进行说明。全书以计算机操作为主线，以在看图与实际操作过程中学习最新软件的应用技术为目标，展现一种全新的教学方法。

本书可分为五部分，第一部分（第1章至第2章）讲解Photoshop CS3的基础知识及软件使用界面；第二部分（第3章）讲解Photoshop CS3常用滤镜的使用技巧；第三部分（第4章）讲解选择区的使用方法；第四部分（第5章至第6章）讲解绘图工具、图像色彩调整及图像变换有关命令的功能；第五部分（第7章至第8章）讲解路径和文字工具的使用技巧，以及图层和通道的概念及其应用实例。本书图文并茂，在讲解中结合了大量的实例，对于各实例都列出了详细的操作步骤。

本书既可作为高职高专院校和高等学校相关专业的教材，也可作为培训教材和自学用书。本书教学所需的素材、彩图、案例和课件见本书所附光盘。更多的实例请参见新星教育网（www.60000.cn）。

图书在版编目（CIP）数据

Photoshop CS3基础案例教程/卢正明主编．—北京：国防工业出版社，2010.7

普通高等教育“十二五”规划教材

ISBN 978-7-118-06892-4

Ⅰ.①P... Ⅱ.①卢... Ⅲ.①图形软件，Photoshop CS3—高等学校—教材 Ⅳ.①TP391.41

中国版本图书馆CIP数据核字（2010）第118979号

※

国防工业出版社出版发行

（北京市海淀区紫竹院南路23号 邮政编码100048）

天利华印刷装订有限公司印刷

新华书店经售

*

开本787×1092 1/16 印张23 字数532千字

2010年7月第1版第1次印刷 印数1—4000册 定价39.00元（含光盘）

（本书如有印装错误，我社负责调换）

国防书店：（010）68428422 发行邮购：（010）68414474

发行传真：（010）68411535 发行业务：（010）68472764

《Photoshop CS3 基础案例教程》
编 委 会

前言

当今世界,以计算机为核心的信息技术产业飞速发展,使用计算机处理的数字化图形、影像逐步渗透到社会生活的各个方面。自20世纪70年代以来,计算机图形与图像技术的发展日新月异。今天的人们能够享受到数字化影像带来的完美享受,全要归功于计算机图形与图像处理系统的发展。

本书旨在向读者介绍Photoshop CS3中文版在计算机图像处理中的应用,使之能够了解计算机处理图像的基本知识,了解计算机图像处理的基本方法,掌握图像工具软件编辑和处理图像的基本操作。

本书以图文并茂的形式详细讲解了Photoshop CS3中文版的操作方法、制作技巧和众多的应用案例,每一步操作都有图例和操作说明。读者可以跟着本书的操作步骤去操作,从而完整而又轻松地掌握Photoshop CS3中文版的主要功能,使自己成为一个熟练的使用者。根据其目录较详细的特点,还可以作为图形设计人员的参考书和操作速查手册。本书教学所需的素材及课件见本书所附光盘。本书部分案例可在新星教育网(www.60000.cn)上下载。

本书的作者都是计算机应用专业的教师和电脑美术设计人员。他们长期以来设计了许多电脑美术作品,经常与计算机使用者打交道,深知他们在使用中的经验和遇到的困难,并根据教学和软件使用中的各种情况,总结出一套面对计算机屏幕的教学方法——教师亲自在计算机上操作,学生在计算机旁一边看屏幕一边听讲。用这种方法学习的学生比用传统方法学习的学生对计算机应用技术的掌握要快得多。本书就是在屏幕教学法的基础上总结出来的。读这本书时,就像有一位老师和您坐在计算机旁,手把手地教您操作Photoshop CS3,并给以细心的讲解。希望大家都能喜欢这种学习方法。

为了方便读者学习,本书附有CD-ROM光盘,主要包括书中所有实例的素材及彩图,可供读者练习使用,光盘中还有教学课件供教师教学使用。

本书由卢正明任主编,王爱梅、毕凌云、郑晓红任副主编。北京市教育学院在本教材的组织编写工作及实习验证中给予了支持,在此表示衷心感谢!

虽然我们努力地工作,但不足之处在所难免,恳请广大读者批评指正。

编者

目 录

第1章 Photoshop CS3 快速入门 …… 1
1.1 安装 Photoshop CS3 …… 1
1.1.1 运行环境 …… 1
1.1.2 准备安装 Photoshop CS3 …… 1
1.1.3 开始安装 Photoshop CS3 …… 3
1.1.4 接受软件许可协议 …… 3
1.1.5 指定安装选项 …… 3
1.1.6 指定安装路径 …… 5
1.1.7 开始复制文件 …… 5
1.1.8 完成安装 …… 7
1.1.9 注册和激活 Photoshop CS3 …… 7
1.2 色彩管理 …… 9
1.2.1 为校准过程作准备 …… 9
1.2.2 校准过程 …… 11
1.2.3 完成色彩管理 …… 13
1.3 卸载 Photoshop CS3 …… 15
1.4 Photoshop CS3 概述 …… 19
1.4.1 Photoshop CS3 的启动和退出 …… 19
1.4.2 熟悉 Photoshop CS3 的界面 …… 22
1.4.3 Photoshop CS3 主窗口的界面调整与显示模式 …… 28
1.4.4 Photoshop CS3 的帮助功能 …… 33
第2章 基础操作与视图显示 …… 41
2.1 Photoshop 菜单命令及其规则 …… 41
2.1.1 Photoshop 菜单命令 …… 41
2.1.2 Photoshop 菜单命令的规则 …… 41
2.2 “文件”菜单 …… 42
2.2.1 “新建”命令 …… 42
2.2.2 “打开”命令 …… 42
2.2.3 “浏览”命令 …… 42

2.2.4 “关闭”命令 …… 43
2.2.5 “存储”命令 …… 43
2.2.6 “存储为”命令 …… 43
2.2.7 “存储为 Web 所用格式”命令 …… 44
2.2.8 “恢复”命令和“历史记录”调板 …… 44
2.2.9 “置入”命令 …… 45
2.2.10 “自动”命令 …… 46
2.2.11 “页面设置”命令 …… 51
2.2.12 “打印”命令 …… 52
2.3 视图显示 …… 56
2.3.1 抓手工具 …… 56
2.3.2 缩放工具 …… 57
2.4 辅助功能 …… 58
2.4.1 附注工具组 …… 58
2.4.2 吸管工具组 …… 60
2.4.3 标尺和参考线 …… 63
2.5 色彩工具 …… 65
2.5.1 设置前景色工具 …… 65
2.5.2 设置背景色工具 …… 65
2.5.3 切换前景和背景色工具 …… 68
2.5.4 默认前景和背景色工具 …… 68
2.6 蒙版 …… 68
2.6.1 蒙版模式 …… 68
2.6.2 快速蒙版模式的使用方法 …… 69
第3章 Photoshop CS 滤镜命令 …… 70
3.1 Photoshop CS3 自带滤镜 …… 70
3.1.1 Photoshop CS3 滤镜简介 …… 70
3.1.2 Photoshop CS3 自带的 18 类滤镜 …… 70
3.1.3 使用“渐隐”命令 …… 71
3.1.4 抽出滤镜 …… 71
3.1.5 液化滤镜 …… 75
3.1.6 图案生成器滤镜 …… 75
3.1.7 风格化滤镜组 …… 75
3.1.8 画笔描边滤镜组 …… 88
3.1.9 模糊滤镜组 …… 101
3.1.10 扭曲滤镜组 …… 110

3.2 外挂滤镜 …… 134
3.2.1 “KPT 3.0”滤镜的安装 …… 134
3.2.2 “Eye Candy 3.0”滤镜的安装 …… 135
3.2.3 外挂滤镜的使用 …… 135
第4章 选择区的使用 …… 136
4.1 选取工具 …… 136
4.1.1 矩形选框工具 …… 136
4.1.2 移动工具 …… 138
4.1.3 套索工具组 …… 138
4.1.4 魔棒工具与快速选择工具 …… 145
4.1.5 裁剪工具 …… 149
4.1.6 切片工具 …… 149
4.2 “选择”菜单 …… 152
4.2.1 “全部”命令 …… 152
4.2.2 “取消选择”命令 …… 154
4.2.3 “重新选择”命令 …… 154
4.2.4 “反向”命令 …… 154
4.2.5 “色彩范围”命令 …… 156
4.2.6 “羽化”命令 …… 160
4.2.7 “修改”命令 …… 162
4.2.8 “扩大选取”命令 …… 168
4.2.9 “选取相似”命令 …… 169
4.2.10 “变换选区”命令 …… 170
4.2.11 “存储选区”命令 …… 171
4.2.12 “载入选区”命令 …… 171
4.3 填充工具及命令的使用 …… 175
4.3.1 “渐变工具”概述 …… 175
4.3.2 “填充”命令 …… 183
4.3.3 “描边”命令 …… 183
4.3.4 “定义图案”命令 …… 183
4.4 实例操作 …… 186
4.4.1《京剧艺术》书籍封面 …… 186
4.4.2 祝福卡实例 …… 188
第5章 图像构成及色彩调整 …… 192
5.1 “图像”菜单 …… 192

5.1.1 “图像”菜单概述 …… 192
5.1.2 “模式”命令 …… 192
5.1.3 “调整”命令 …… 199
5.1.4 “复制”命令 …… 220
5.1.5 “应用图像”命令 …… 221
5.1.6 “计算”命令 …… 223
5.1.7 “图像大小”命令 …… 226
5.1.8 “画布大小”命令 …… 228
5.1.9 “裁剪”命令 …… 231
5.1.10 “旋转画布”命令 …… 231
5.1.11 “陷印”命令 …… 234
5.2 实例操作 …… 235
5.2.1 餐馆招牌画 …… 235
5.2.2 石雕壁画 …… 238

第6章 绘图工具及图像变换 …… 243

6.1 绘图工具 …… 243
6.1.1 使用方法 …… 243
6.1.2 笔刷设置 …… 243
6.1.3 修复画笔工具组 …… 246
6.1.4 画笔工具组 …… 247
6.1.5 图章工具组 …… 250
6.1.6 历史记录画笔工具组 …… 252
6.1.7 橡皮擦工具组 …… 253
6.1.8 模糊工具组 …… 255
6.1.9 减淡工具组 …… 258
6.2 “编辑”菜单 …… 261
6.2.1 “还原/重做”命令和“前进一步/后退一步”命令 …… 261
6.2.2 “剪切”命令 …… 262
6.2.3 “拷贝”命令 …… 262
6.2.4 “合并拷贝”命令 …… 262
6.2.5 “粘贴”命令 …… 262
6.2.6 “贴入”命令 …… 263
6.2.7 “清除”命令 …… 264
6.2.8 “拼写检查”命令 …… 264
6.2.9 “查找和替换文本”命令 …… 264
6.2.10 “自由变换”命令 …… 265

6.2.11 “变换”命令 …… 266
6.2.12 “清理”命令 …… 271
6.2.13 “首选项”命令 …… 272
6.3 实例操作 …… 283
6.3.1 建筑艺术光盘封面 …… 283
6.3.2 期刊封面 …… 289
第7章 路径及文字工具 …… 293
7.1 路径的使用 …… 293
7.1.1 钢笔工具组 …… 293
7.1.2 几何图形工具组 …… 297
7.1.3 路径选择工具组 …… 304
7.1.4 路径调板的使用方法 …… 306
7.2 文字工具 …… 311
7.2.1 轮廓文本 …… 312
7.2.2 位图文本 …… 312
7.2.3 文字工具的作用与功能 …… 313
7.3 实例操作 …… 319
7.3.1 生日卡 …… 319
7.3.2 拼图大赛招贴画 …… 324
第8章 图层和通道 …… 329
8.1 “图层”菜单 …… 329
8.1.1 新建图层 …… 329
8.1.2 复制图层 …… 332
8.1.3 删除图层 …… 333
8.1.4 图层属性 …… 333
8.1.5 图层样式 …… 333
8.1.6 新填充图层 …… 342
8.1.7 新建调整图层 …… 342
8.1.8 添加图层蒙版 …… 343
8.1.9 创建剪贴蒙版 …… 345
8.2 “图层”调板 …… 346
8.3 “通道”调板 …… 349
8.4 实例操作 …… 351

第1章　Photoshop CS3快速入门

学习目标

Photoshop CS3中文版(以下简称Photoshop CS3)的安装工作与其它所有Windows应用程序相类似，与先前的Photoshop版本相比有一些变化，本章将告诉用户如何将它装进自己的计算机系统中。

在Photoshop CS3的优化环境中，讲述了怎样校准监视器，从而使用户在屏幕上看到的颜色尽可能地与打印纸上的颜色贴近。

本章的另一个学习目标是对Photoshop CS3的应用环境有一个直观的了解，并初步讲解了Photoshop CS3 窗口中的各种控件和获得帮助的方法。

1.1　安装Photoshop CS3

Photoshop CS3与先前的版本相比，对计算机系统的硬件要求更高。用户仍然可将它运行在Microsoft Windows 9X、Microsoft Windows Me、Microsoft Windows 2000、Microsoft Windows XP及Microsoft Windows 2003系统中，也可以运行在别的操作系统下，如Mac OS。

1.1.1　运行环境

Photoshop CS3所要求的运行环境如下所列：

(1) Intel Pentium 177 MHz或者更高的中央处理器，以及与其兼容的计算机系统。建议用户使用Pentium II以上的中央处理器。

(2) 74MB或者更大容量的内存。注意，内存对Photoshop CS3的运行速度十分重要，内存增加将明显地加快运行速度。

(3) VGA256色及更高的兼容图形适配卡。

(4) 120MB以上的硬盘空间。

(5) Microsoft Windows 95、Microsoft Windows 98、Microsoft Windows Me、Microsoft Windows 2000、Microsoft Windows XP以及Microsoft Windows 2003中文版等。本书的讲解是按使用Microsoft Windows XP中文版的情况。

(6) CD-ROM驱动器。

如果要将这个软件用于实际工作中，建议计算机系统应当使用128MB以上的内存和32位以上的真彩色显示设备，硬盘上的空闲容量应不少于250MB。

1.1.2　准备安装Photoshop CS3

用户确定自己的计算机系统满足Photoshop CS3的要求后，即可准备安装。首先启动

Microsoft Windows XP 中文版，如果当前有正在运行的应用程序，包括 MS-DOS 应用程序，则将其全部关闭，然后将安装盘放入 CD-ROM 驱动器中。

有两种方法可以运行安装程序：一种是从“我的电脑”窗口中安装 Photoshop CS3；另一种是从运行程序中安装 Photoshop CS3。

(1) 从“我的电脑”窗口中安装 Photoshop CS3。将 Photoshop CS3 安装盘放入光驱后可按下列步骤进行操作：

① 在 Windows XP 桌面上双击“我的电脑”图标。

② 这时屏幕上出现一个“我的电脑”窗口，并且代表 CD-ROM 驱动器的 F 盘出现了“Adobe CS3”的盘标，如图 1.1 所示，因为 Photoshop CS3 的安装盘中有自动运行程序，所以双击“Adobe CS3”盘标就可以启动安装程序。

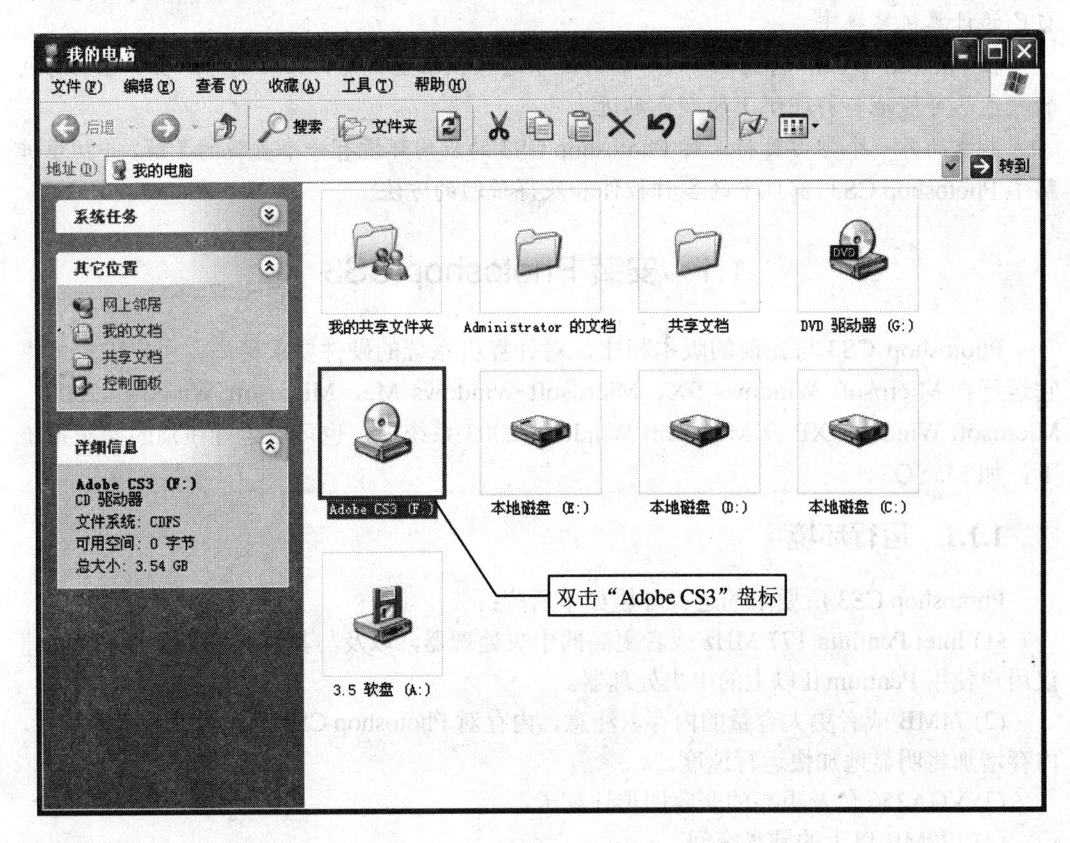

图 1.1

(2) 从“运行”程序中安装 Photoshop CS3。将 Photoshop CS3 安装盘放入光驱后可按下列步骤操作：

① 在Windows XP 状态栏中单击“开始”按钮，这时屏幕上弹出一个开始菜单，在开始菜单中单击“运行”命令。

② 这时屏幕上出现了一个“运行”对话框，在打开的输入框中输入要运行程序的路径及文件名，用户可输入 Photoshop CS3 的安装程序“f:\setup.exe”，如图 1.2 所示。

③ 单击“确定”按钮就可以运行安装程序了。

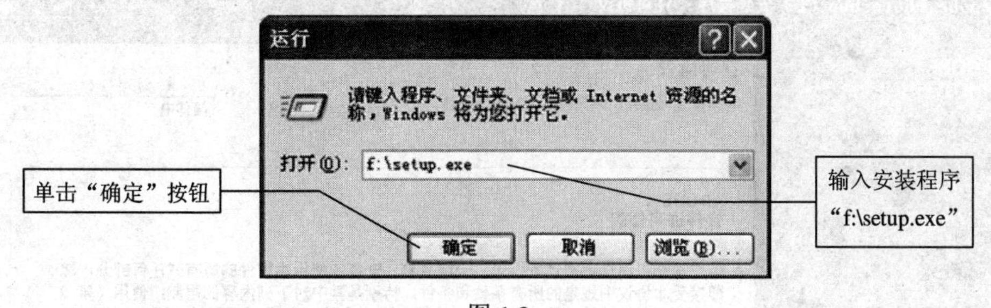

图 1.2

1.1.3 开始安装 Photoshop CS3

这时屏幕上出现了一个“Adobe Photoshop CS3”窗口，如图 1.3 所示。此时安装工作就正式开始了。这时安装程序会检查并提醒您安装前必须关闭所有的 Adobe 程序，同时安装程序还要自动检验计算机系统，确认是否能够安装 Photoshop CS3，如果没有问题，才能进入下一步操作。

在安装期间，如果要取消安装可以单击对话框右上角的关闭按钮☒。

图 1.3

1.1.4 接受软件许可协议

进入下一步操作后，屏幕上出现一个软件许可协议对话框，在对话框中列出了一份协议书，请仔细阅读，并可使用滚动栏查看协议的其余部分。该协议提出了使用该软件的要求和有关事宜，并询问用户是否接受它。如同意，单击“按受”按钮，进入下一步安装操作，否则单击“拒绝”，不进行安装，如图 1.4 所示。

1.1.5 指定安装选项

这时屏幕上出现一个“选项”对话框，如图 1.5 所示。其中显示出所有 Photoshop CS3 可以安装并使用的程序。通过列表框可以修改其内容，其默认状态为全选。单击“取消全选”按钮，可以重新进行选择；单击“默认”按钮，可以使所有的组件被安装。这里选择默认状态，以系统默认的全部安装方式进行组件安装，然后单击“下一步”按钮进入下一步操作。

如果在安装过程中，想返回到前面的操作对话框，单击“上一步”按钮。

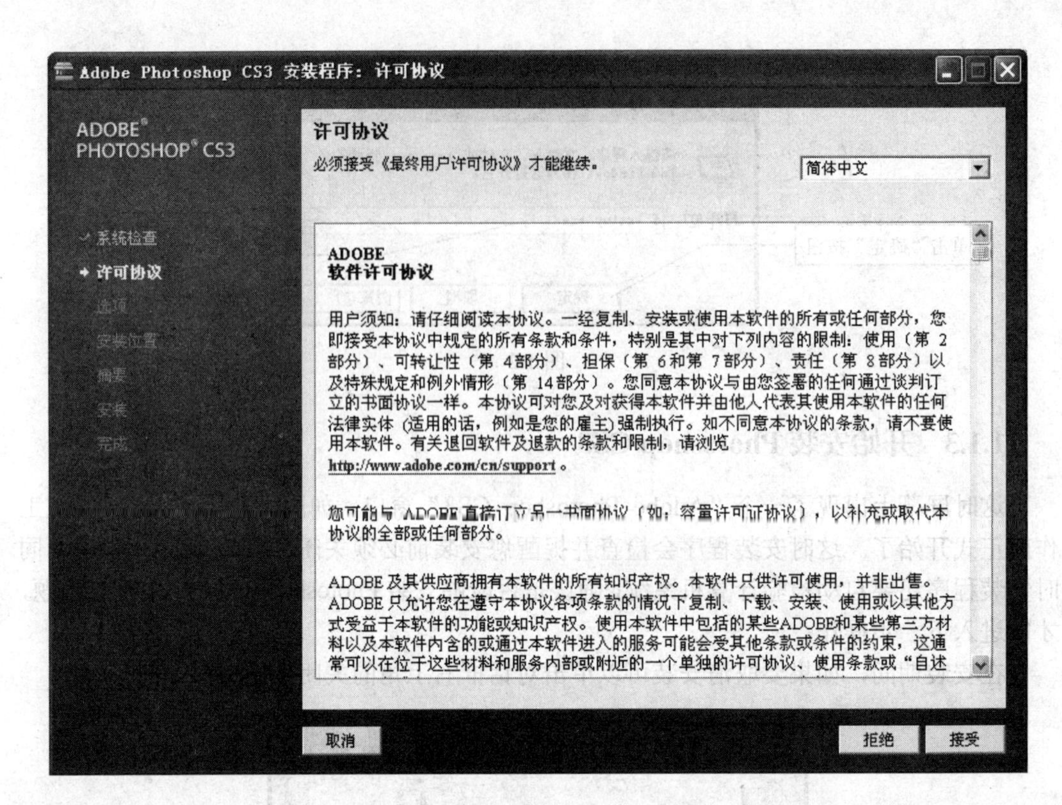

Adobe Photoshop CS3 安装程序：许可协议
ADOBE®
PHOTOSHOP® CS3
系统检查
许可协议
选项
安装位置
摘要
安装
完成
许可协议
必须接受《最终用户许可协议》才能继续。
简体中文
ADOBE
软件许可协议
用户须知：请仔细阅读本协议。一经复制、安装或使用本软件的所有或任何部分，您即接受本协议中规定的所有条款和条件，特别是其中对下列内容的限制：使用（第 2 部分）、可转让性（第 4部分）、担保（第 6和第 7部分）、责任（第 8部分）以及特殊规定和例外情形（第 14部分）。您同意本协议与由您签署的任何通过谈判订立的书面协议一样。本协议可对您及对获得本软件并由他人代表其使用本软件的任何法律实体（适用的话，例如是您的雇主）强制执行。如不同意本协议的条款，请不要使用本软件。有关退回软件及退款的条款和限制，请浏览 http://www.adobe.com/cn/support。
您可能与 ADOBE 直接订立另一书面协议（如：容量许可证协议），以补充或取代本协议的全部或任何部分。
ADOBE 及其供应商拥有本软件的所有知识产权。本软件只供许可使用，并非出售。ADOBE 只允许您在遵守本协议各项条款的情况下复制、下载、安装、使用或以其他方式受益于本软件的功能或知识产权。使用本软件中包括的某些ADOBE和某些第三方材料以及本软件内含的或通过本软件进入的服务可能会受其他条款或条件的约束，这通常可以在位于这些材料和服务内部或附近的一个单独的许可协议、使用条款或“自述
取消
拒绝
接受

图 1.4

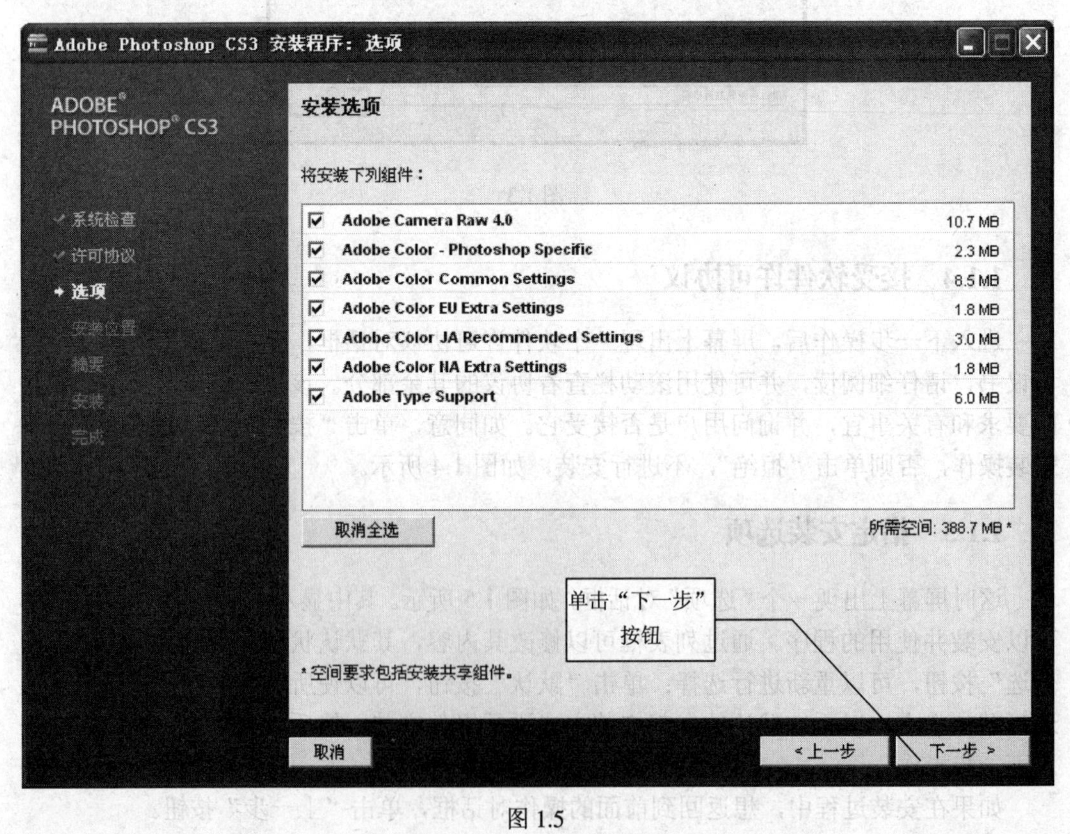

Adobe Photoshop CS3 安装程序：选项
ADOBE®
PHOTOSHOP® CS3
系统检查
许可协议
选项
安装位置
摘要
安装
完成
安装选项
将安装下列组件：
Adobe Camera Raw 4.0 10.7 MB
Adobe Color - Photoshop Specific 2.3 MB
Adobe Color Common Settings 8.5 MB
Adobe Color EU Extra Settings 1.8 MB
Adobe Color JA Recommended Settings 3.0 MB
Adobe Color NA Extra Settings 1.8 MB
Adobe Type Support 6.0 MB
取消全选
所需空间: 388.7 MB *
单击“下一步”按钮
* 空间要求包括安装共享组件。
取消
< 上一步
下一步 >

图 1.5

1.1.6 指定安装路径

按下列步骤操作：

(1) 这时屏幕上出现了一个“安装位置”对话框，如图 1.6 所示，在对话框中可以选择安装路径。

(2) 在对话框的右半部，列出了所要安装的目标盘，缺省时被设置为“C:”。单击其它的安装盘号，可以改变所要安装的路径。注意要将 Photoshop CS3 安装在系统盘以外的安装盘中，这样可以不和系统争硬件资源，从而提高 Photoshop CS3 的运行速度，这里单击“D:”，安装到 D 盘。

(3) 选择安装选项和安装路径后，单击“下一步”按钮进入下一步操作。

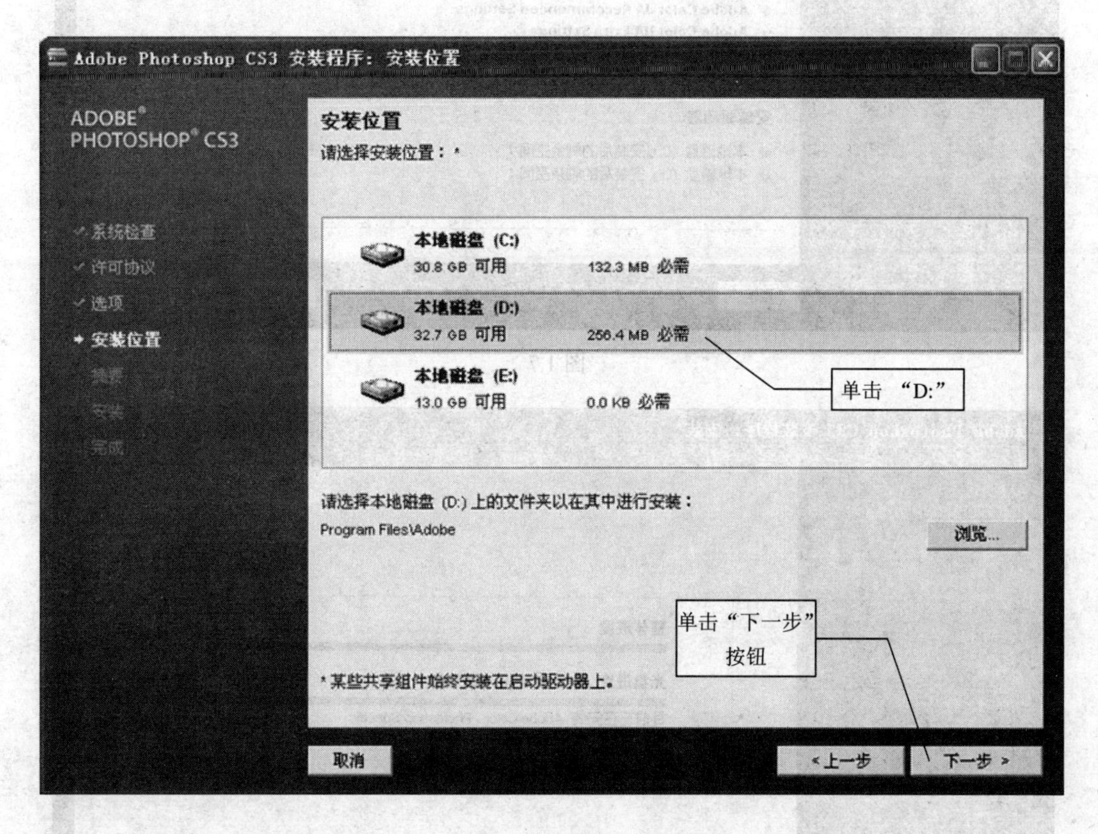

图 1.6

1.1.7 开始复制文件

选择完安装路径后，单击“下一步”按钮，屏幕上出现一个“摘要”对话框，进入下一步操作后，屏幕上出现了一个“安装信息”对话框，如图 1.7 所示，显示出安装 Photoshop CS3 的一些主要设置信息。单击“安装”按钮，进入文件解压缩和复制阶段，此时会弹出进程对话框，并在屏幕上显示一条进度标尺，指示当前正在解压缩的文件及已安装的百分比值，如图 1.8 所示。

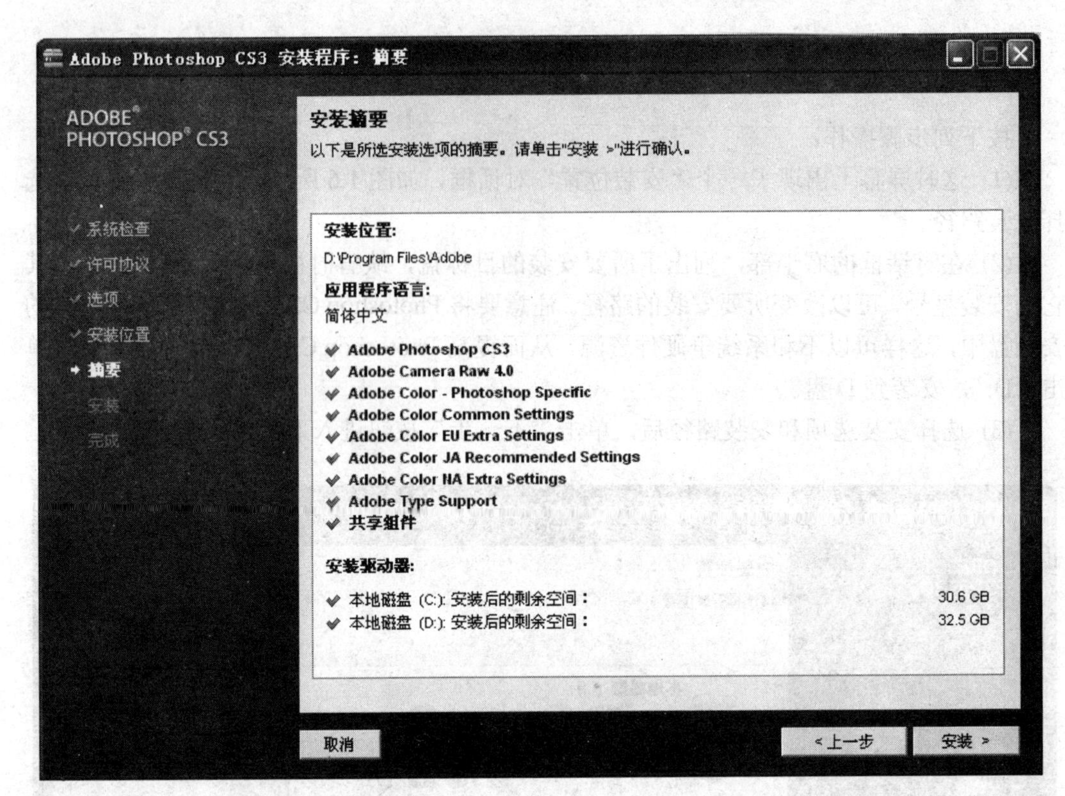

Adobe Photoshop CS3 安装程序：摘要
ADOBE®
PHOTOSHOP® CS3
系统检查
许可协议
选项
安装位置
摘要
安装
完成
安装摘要
以下是所选安装选项的摘要。请单击"安装 >"进行确认。
安装位置:
D:\Program Files\Adobe
应用程序语言:
简体中文
Adobe Photoshop CS3
Adobe Camera Raw 4.0
Adobe Color - Photoshop Specific
Adobe Color Common Settings
Adobe Color EU Extra Settings
Adobe Color JA Recommended Settings
Adobe Color NA Extra Settings
Adobe Type Support
共享组件
安装驱动器:
本地磁盘 (C:): 安装后的剩余空间：
30.6 GB
本地磁盘 (D:): 安装后的剩余空间：
32.5 GB
取消
< 上一步
安装 >

图 1.7

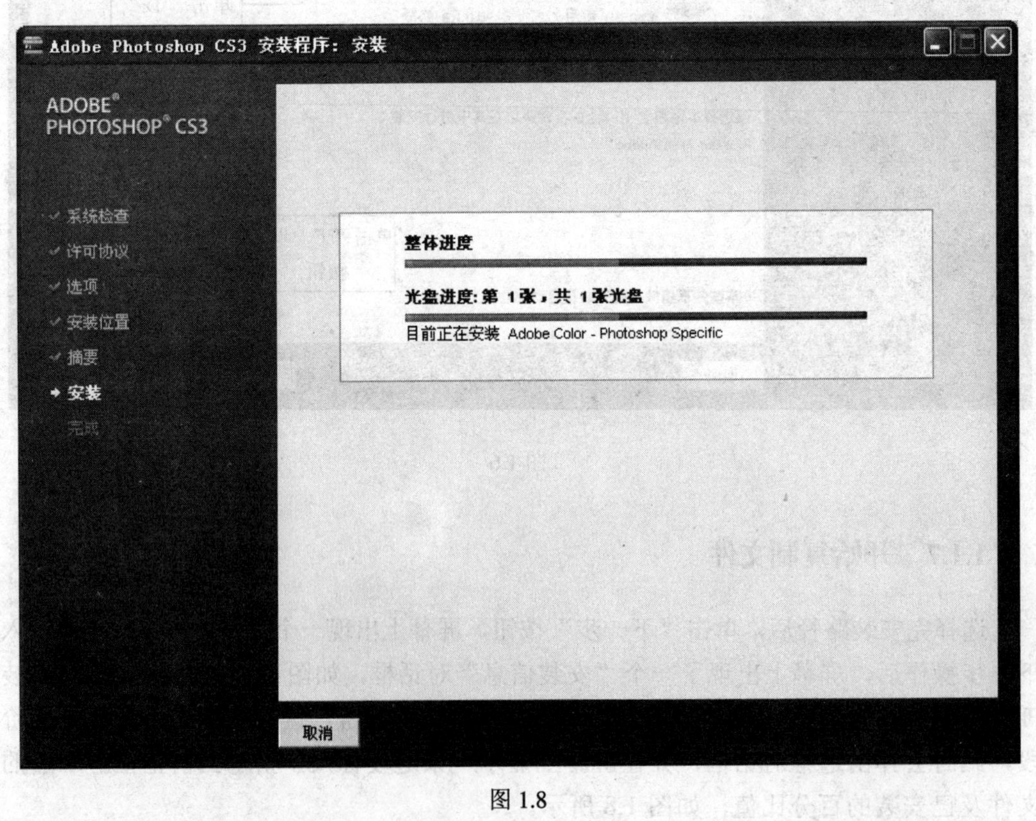

Adobe Photoshop CS3 安装程序：安装
ADOBE®
PHOTOSHOP® CS3
系统检查
许可协议
选项
安装位置
摘要
安装
完成
整体进度
光盘进度：第 1张，共 1张光盘
目前正在安装 Adobe Color - Photoshop Specific
取消

图 1.8

1.1.8 完成安装

按下列步骤操作：

安装完文件后屏幕上出现了一个“完成”对话框，如图 1.9 所示，并显示出已安装的程序组件名称，单击“完成”按钮，完成“Adobe Photoshop CS3”的安装。

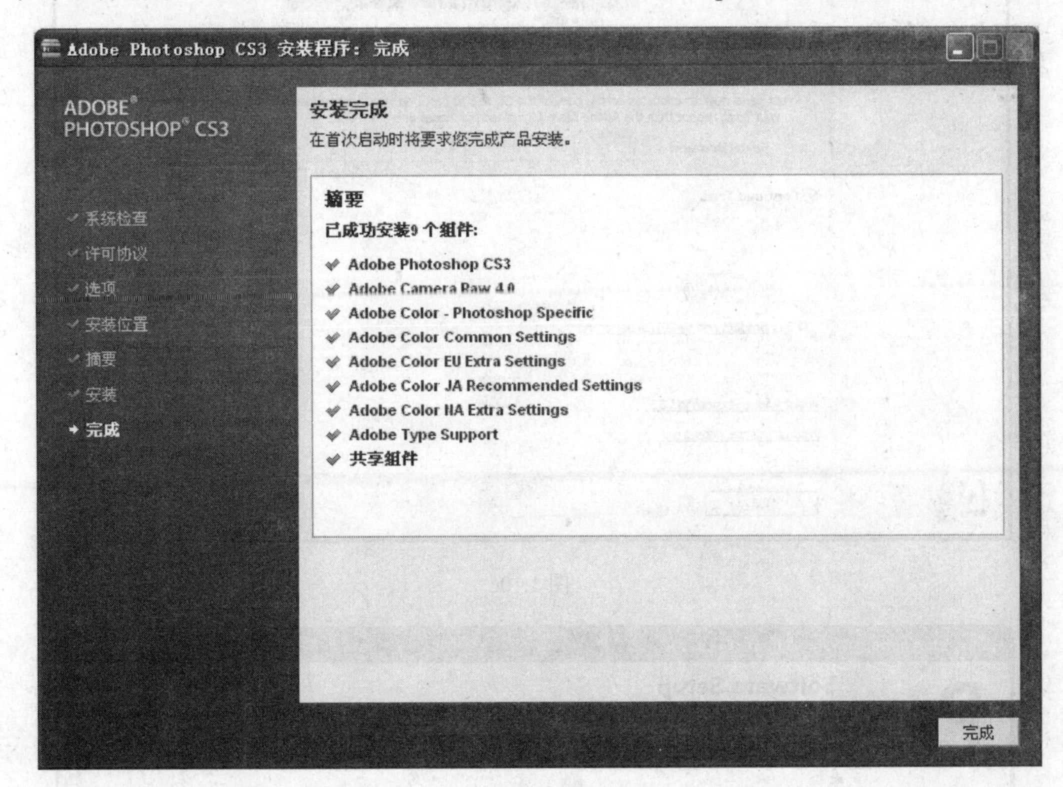

图 1.9

1.1.9 注册和激活 Photoshop CS3

按下列步骤操作：

(1) 完成 Photoshop CS3 的安装后，必须进行注册和激活，不然只能使用 30 天。第一次启动 Photoshop CS3 后，会启动注册程序，或单击“帮助”→“注册”菜单命令来启动注册程序。

(2) 这时屏幕上出现了一个注册窗口，其中显示的是“Adobe Photoshop CS3 的注册信息”内容，其中有两个选项。选中第 2 个选项：不注册，如图 1.10 所示，可以在 30 天内再进行注册和激活。选中第 1 个选项：我已有一个注册号，如图 1.11 所示，并输入产品所带的注册号，进行注册。输入的序列号不能有误，否则注册将失败。

(3) 选择了第 1 个选项并单击“Next”（下一步）按钮，屏幕上出现了一个“客户信息”对话框，如图 1.12 所示，在此对话框中输入用户的详细信息，并单击“立即注册”按钮，完成注册。请注意注册时要将计算机和互联网接通，否则不能进行网上注册和激活。如果选择了“以后注册”按钮，可以先使用，在 30 天内再进行注册和激活。

Adobe Photoshop CS3 : Trial Version

Ps

Software Setup

You have 30 days left in your trial period.

30 0 days left

I have a serial number for this product.

Your serial number is located on the back of the CD or DVD case, on your Adobe Open Options license certificate, or in your email receipt from the Adobe Store (download purchases only).

Serial Number:

Continue Trial.

Buy product and serial number online

About Adobe Photoshop CS3

Product License Agreement

Quit

Next >

图 1.10

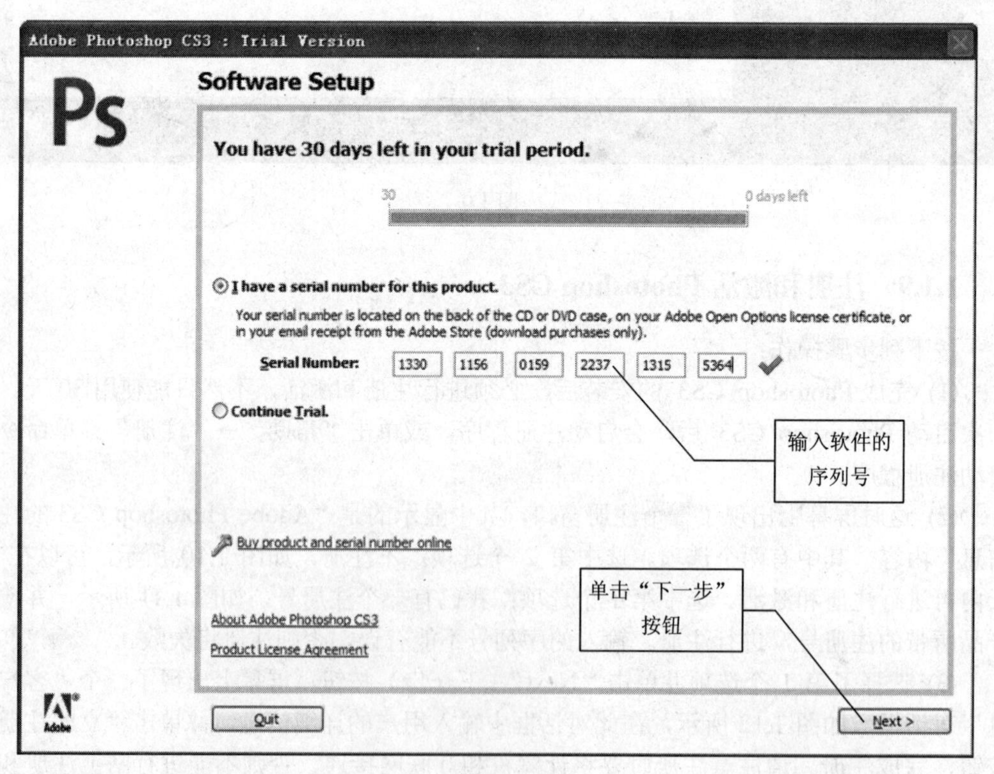

图 1.11

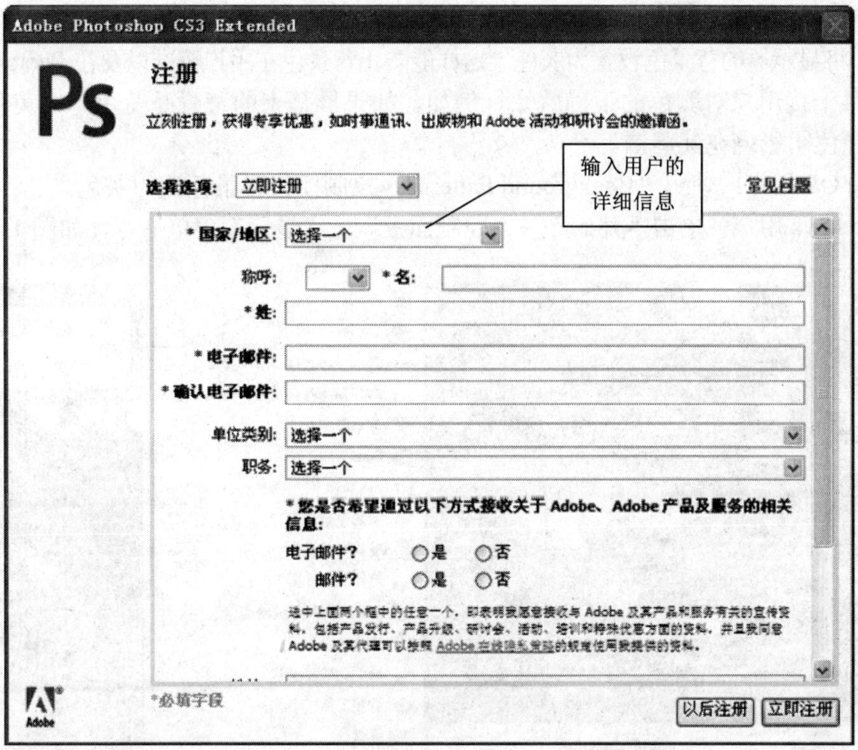

图 1.12

1.2 色彩管理

为了使用户在屏幕上看到的颜色尽可能地与打印纸上的颜色贴近，必须对系统环境进行正确的优化，第一步是校准显示器。

每一种显示器都预先设置了名为褪化值（gamma）的色彩亮度级别。褪化值是指用户输入的图像数据与在屏幕上输出的颜色值的关系，调整显示器的褪化值能帮助用户区分一幅图像的浅和深的色泽。例如，如果保存在盘上的某个图像的颜色值被设置为黄色，而屏幕上显示出的颜色却要深一些，尽管盘上所保存的值是正确的。许多彩色显示器也将色偏（color casts）和色位移（color shifts）显示为偏向红色或蓝色，通过校准显示器可以校正这些色偏和色位移。

另一个校准显示器的因素是室内照明。明亮的光线，阳光的移动，甚至于显示器附近物体的反光都能改变屏幕上所显示色彩的效果。

1.2.1 为校准过程作准备

用户在开始校准显示器之前，完成下列操作：

(1) 保证计算机屏幕显示器已经打开半个小时以上，从而使显示器稳定。

(2) 如果必要，调整室内光线，使室内光线在计算机工作时保持亮度一致。要记住，如果用户是在靠窗的地方工作，所显示的颜色就会根据进入房间的阳光多少而改变。

(3) 将显示器的明亮度和对比度控制器调整至适合的水平。一旦设置了明亮度和对比度，用户就可能希望显示器的亮度、对比度不再发生变化。

(4) 将显示器的背景色设置为灰色。这样能防止背景色在用户校准以及在 Photoshop CS3 中工作时干扰用户对颜色的正确感知。例如，如果屏幕上的背景是蓝色，则黄色看起来就会有绿色阴影绕在其周围。

Mac OS 用户：使用“Background Patterns”控制板将背景色改为灰色。

Windows 用户：单击“开始”→“控制面板”→“显示”菜单命令，如图 1.13 所示。

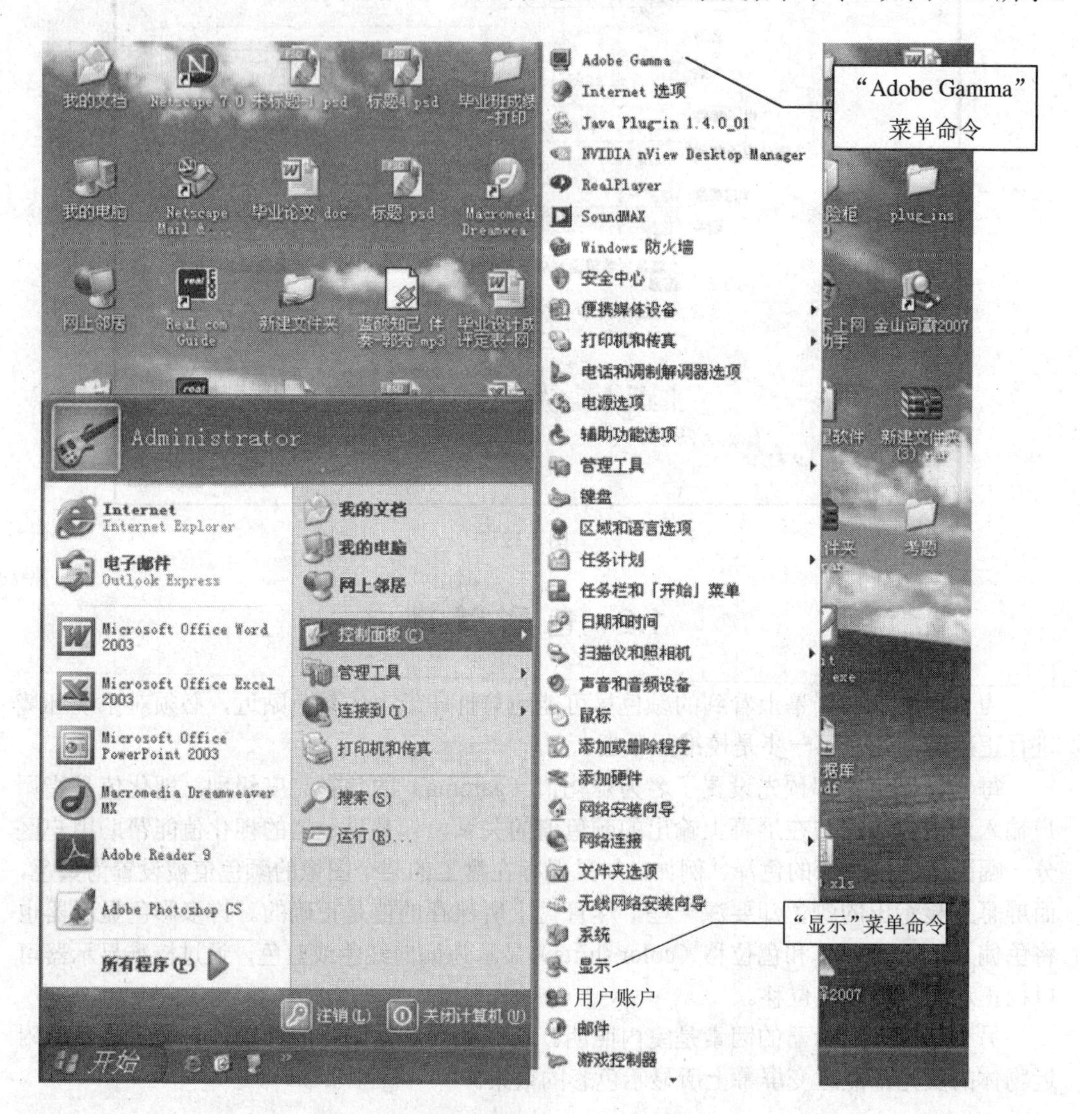

图 1.13

(5) 一旦将用户显示器的背景色设置为灰色后，用户即可访问校准程序。

Mac OS 用户：在 Apple 菜单上选择“Control Panels”以打开“Control Panels”文件夹，然后双击“Gamma”图标打开“Gamma”控制面板。要确定已选择了左下角的“On”按钮。如果用户看不到“Gamma”控制面板，则可以从“Photoshop Goodies”文件夹中把它拖动到“Control Panels”文件夹中去。

Windows 用户：可以直接访问显示色彩程序。在确信已装入了 Photoshop CS3 之后，在“控制面板”菜单中会出现“Adobe Gamma”（色彩校准程序）图标，如图 1.13 所示。单击这个菜单命令，使用“Adobe Gamma”控制面板来校准显示器。

如果您安装的 Photoshop CS3 没有“Adobe Gamma”，可以使用以前 Photoshop 版本的色彩校准程序或其它的色彩校准程序。将其安装到控制面板目录中：C:\Program Files\Common Files\Adobe\Calibration，并单击“开始”→“运行”菜单命令，在弹出的“运行”对话框中输入要进行的色彩校准程序：C:\Program Files\Common Files\Adobe\ Calibration\Adobe Gamma.cpl，如图 1.14 所示，启动色彩校准程序 Adobe Gamma。

图 1.14

1.2.2 校准过程

用户完成了上一条所要求的准备步骤后，就可以开始实际的校准过程了。

请按下列步骤操作：

(1) 在单击“打开 Adobe Gamma”按钮之后，屏幕上出现了一个“Adobe Gamma”对话框，如图 1.15 所示。其中给出了两种校准显示器的方法：第一种是逐步（精灵）方法；第二种是控制面板方法。单击“控制面板”单选钮，选择第二种方法。

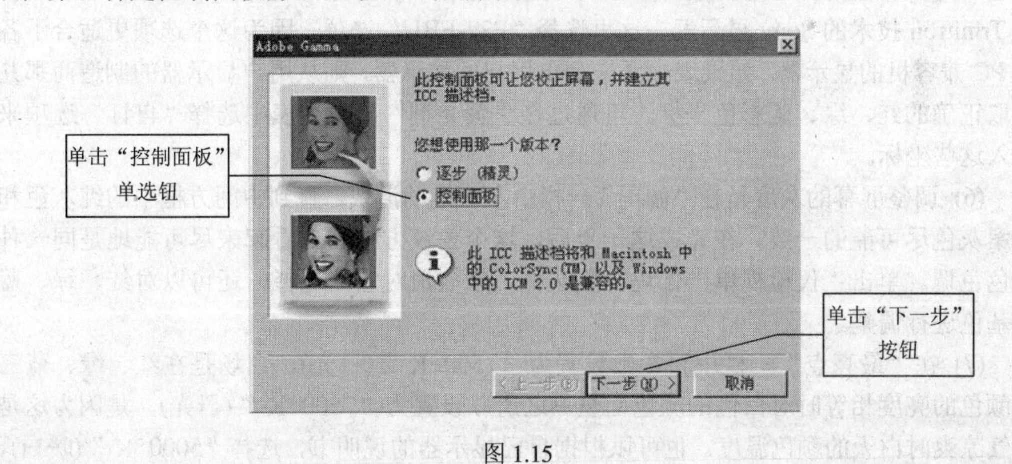

图 1.15

(2) 单击“下一步”按钮，进行下一步操作。

(3) 进入下一步操作后，屏幕上出现了一个“Adobe Gamma ”控制面板窗口，如图 1.16 所示，在“ICC 概貌”中选择一种概貌，以得到一组固定的显示器参数作为校准显示器的起始数据。这里选择“sRGB IEC61966-2.1”概貌文件，也可以单击“加载中”按钮，载入其它的概貌文件，概貌文件的文件夹为：C:\WINDOWS\system32\spool\ drivers\color。

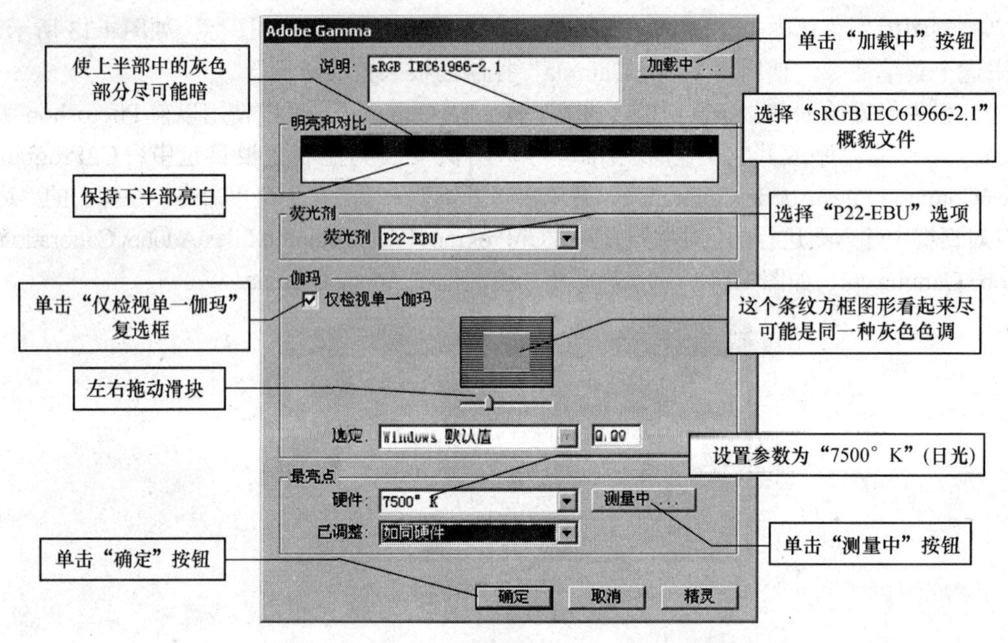

图 1.16

(4) 下面调整亮度和对比度，首先将显示器对比度控制器调到最大设置，然后调整亮度控制器，在“明亮和对比”框中保持下半部亮白的同时使上半部中的灰色部分尽可能暗，来接近黑色部分，使得灰、黑两色相间最不明显。

(5) 在“荧光剂”下拉列表中，选择与用户显示器之中的荧光物质排列相一致的列表。注意：许多制造商制造的显示器都可在这里找到相应的选项，比如 Apple 公司，采用具有 Trinitron 技术的 Sony 显示器。这里选择“P22-EBU”选项，因为这个选项更适合于各种 PC 兼容机的显示器。如果表中并未列出用户的显示器，则从用户显示器的制造商那儿索取正确的红、绿、蓝彩色坐标。可通过在“荧光剂”下拉列表中选择“自订”选项来输入这些坐标。

(6) 调整屏幕的灰度是在“伽玛”一栏中左右拖动滑块，直到中间方框中的纯灰色和图案灰色尽可能的一致。在完成这一步后，这个条纹方框图形看起来尽可能地是同一种灰色色调。单击“仅检视单一伽玛”复选框，来取消对它的选择，还可以对红、绿、蓝三基色进行调整。

(7) 在“最亮点”一栏中将参数设置为“7500°K ”(日光)，白场是在红、绿、蓝三种颜色的亮度相等时对白色的颜色衡量。之所以设置为“7500°K ”(日光)，是因为这是天气凉爽时白天的颜色温度。也可以根据自己显示器的说明书，选择“5000°K ”(暖白)、“9300°K ”(冷白）等选项。

(8) 单击“测量中”按钮，在弹出的“Adobe Gamma 设定精灵”对话框中单击“确定”按钮，如图 1.17 所示，这时用户的显示器会变黑，将看到三个方块，如图 1.18 所示。选取显示器上最接近中性的灰块，单击左边或右边的方块，会使显示器的颜色冷些或暖些，单击中间的方块，则不改变显示器的颜色。颜色选择完成后按“Enter”键。

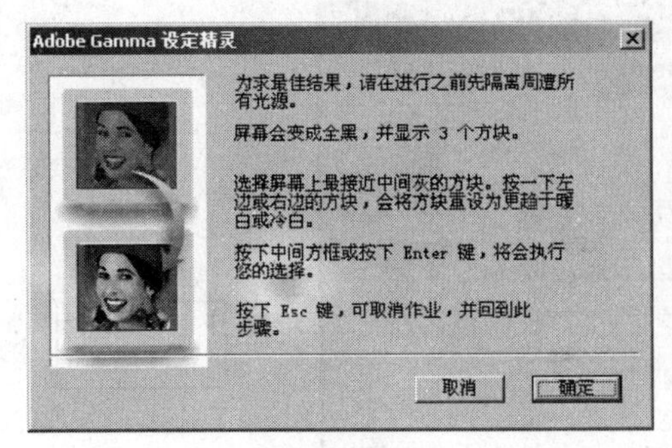

图 1.17

图 1.18

(9) 这时又回到了“Adobe Gamma”控制面板窗口，完成校准后单击“确定”按钮。

(10) 这时屏幕上出现了一个提示对话框，在“文件名”输入框中输入显示器概貌文件的名称“Adobe Current Monitor0.icc”，单击“保存”按钮，在关闭前存储对概貌文件的更改，如图 1.19 所示。

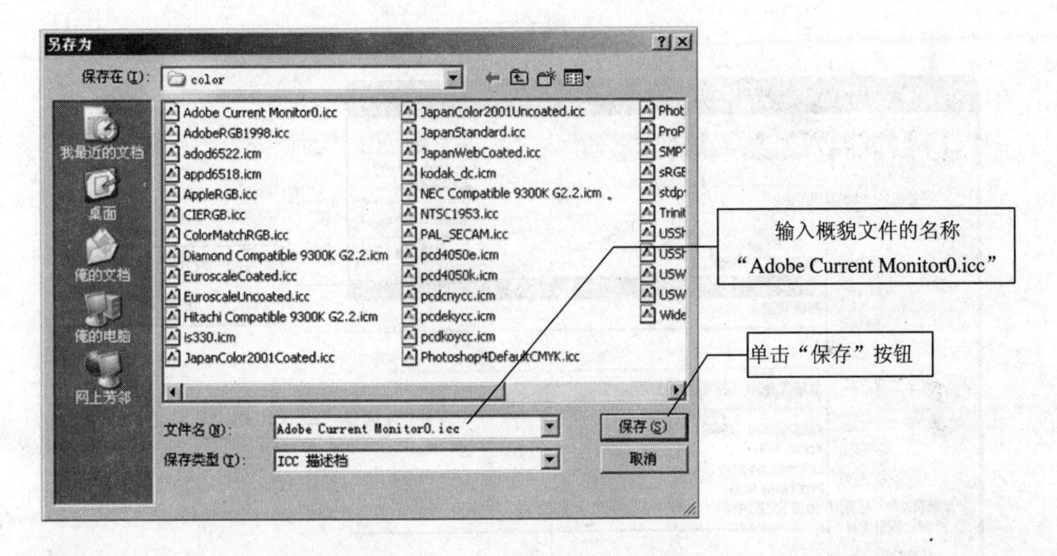

图 1.19

1.2.3　完成色彩管理

按下列步骤操作：

(1) 启动 Photoshop CS3 并单击“编辑”→“颜色设置”菜单命令，屏幕上出现“颜色设置”对话框，如图 1.20 所示。在此对话框中单击“更多选项”按钮，这时显示出了全部 4 个预设配置栏，分别从“工作空间”、“色彩管理方案”、“转换选项”和“高级控制”4 个方面进行色彩管理，让用户使用预设配置快速设置 Photoshop 的颜色。现在选择打开“RGB（R）”右边下拉列表框，单击其中的“载入 RGB...”选项，如图 1.21 所示。

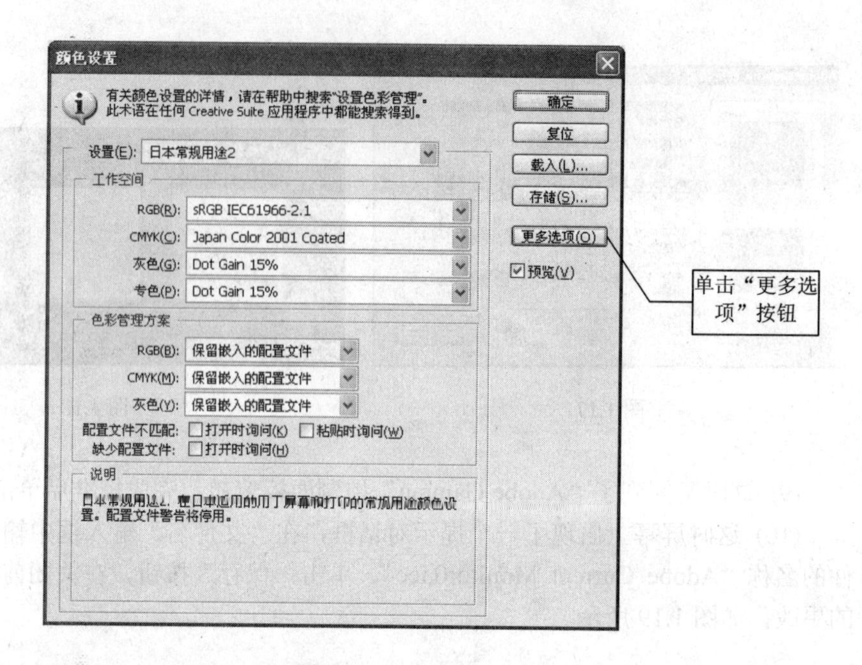
颜色设置
有关颜色设置的详情，请在帮助中搜索"设置色彩管理"。
此术语在任何 Creative Suite 应用程序中都能搜索得到。
确定
复位
载入(L)...
存储(S)...
更多选项(O)
预览(V)
设置(E): 日本常规用途2
工作空间
RGB(R): sRGB IEC61966-2.1
CMYK(C): Japan Color 2001 Coated
灰色(G): Dot Gain 15%
专色(P): Dot Gain 15%
色彩管理方案
RGB(B): 保留嵌入的配置文件
CMYK(M): 保留嵌入的配置文件
灰色(Y): 保留嵌入的配置文件
配置文件不匹配: 打开时询问(K) 粘贴时询问(W)
缺少配置文件: 打开时询问(H)
说明
配置文件警告将停用。
单击"更多选项"按钮

图 1.20

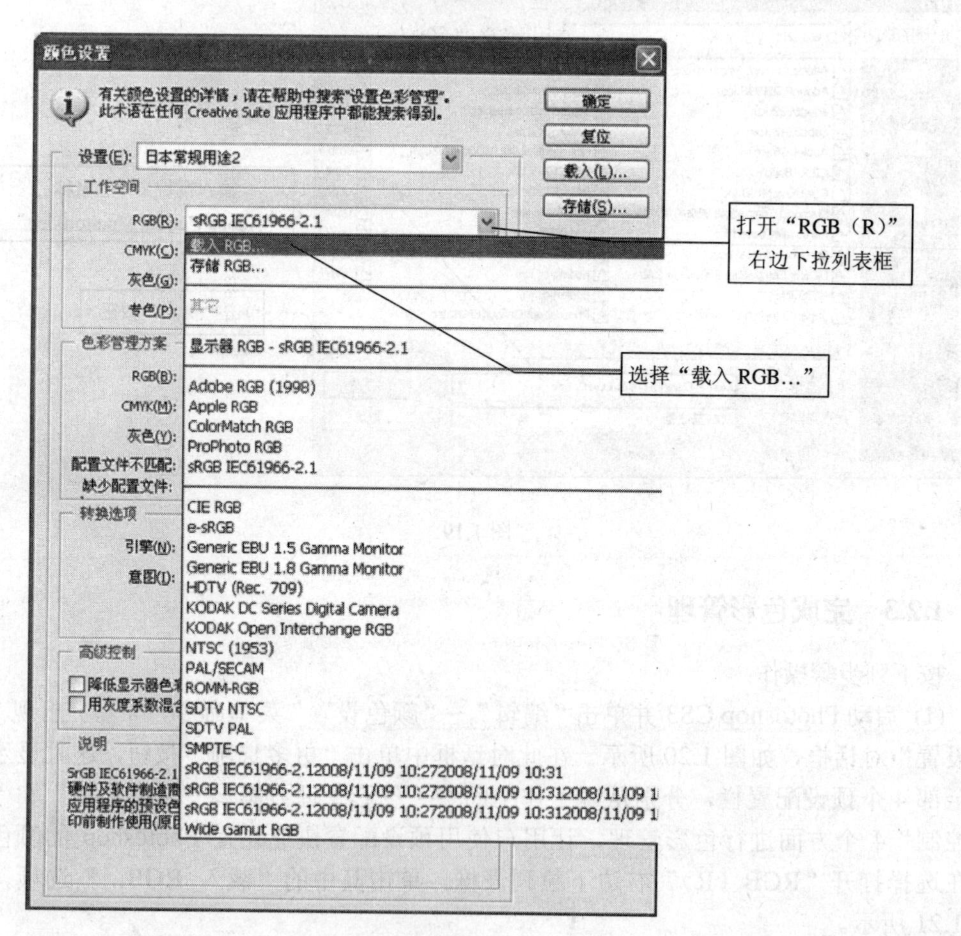
颜色设置
有关颜色设置的详情，请在帮助中搜索"设置色彩管理"。
此术语在任何 Creative Suite 应用程序中都能搜索得到。
确定
复位
载入(L)...
存储(S)...
设置(E): 日本常规用途2
工作空间
RGB(R): sRGB IEC61966-2.1
CMYK(C):
灰色(G):
专色(P):
载入 RGB...
存储 RGB...
其它
显示器 RGB - sRGB IEC61966-2.1
Adobe RGB (1998)
Apple RGB
ColorMatch RGB
ProPhoto RGB
sRGB IEC61966-2.1
CIE RGB
e-sRGB
Generic EBU 1.5 Gamma Monitor
Generic EBU 1.8 Gamma Monitor
HDTV (Rec. 709)
KODAK DC Series Digital Camera
KODAK Open Interchange RGB
NTSC (1953)
PAL/SECAM
ROMM-RGB
SDTV NTSC
SDTV PAL
SMPTE-C
sRGB IEC61966-2.12008/11/09 10:272008/11/09 10:31
sRGB IEC61966-2.12008/11/09 10:272008/11/09 10:312008/11/09 1
sRGB IEC61966-2.12008/11/09 10:272008/11/09 10:312008/11/09 1
Wide Gamut RGB
色彩管理方案
RGB(B):
CMYK(M):
灰色(Y):
配置文件不匹配:
缺少配置文件:
转换选项
引擎(N):
意图(I):
高级控制
说明
打开"RGB（R）"
右边下拉列表框
选择"载入 RGB..."

图 1.21

(2) 这时屏幕上出现了一个“载入”对话框，如图 1.22 所示，选中其中的“Adobe Current Monitor0.icc”概貌文件，单击“载入”按钮，将刚才校准好的显示器颜色参数调入系统中。

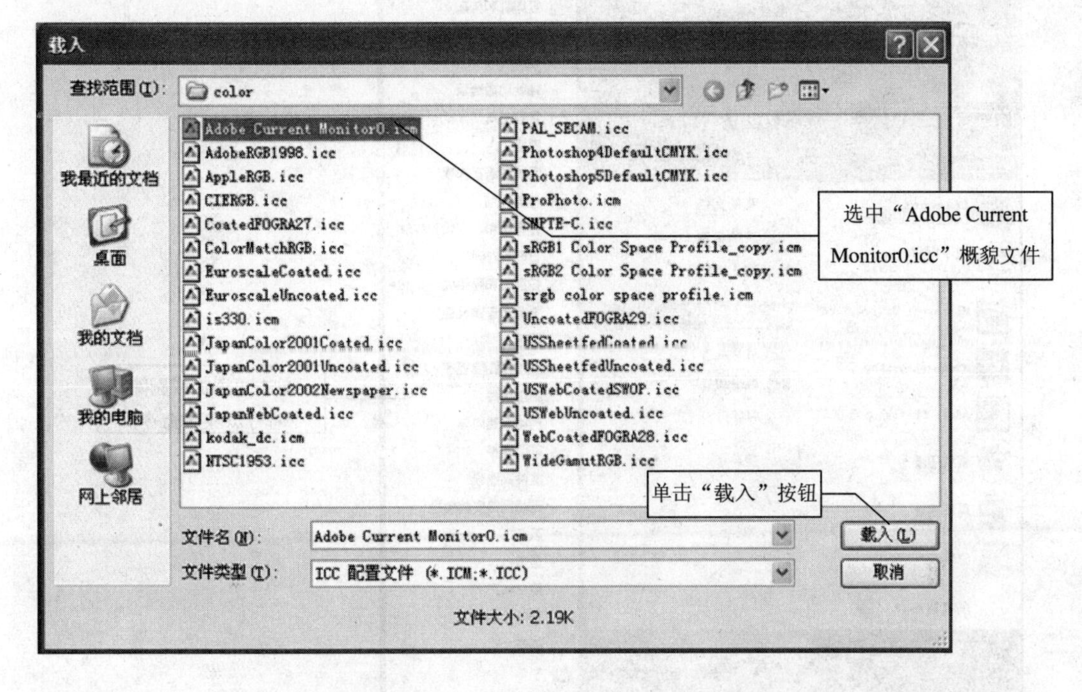

图 1.22

(3) 这时又回到了“颜色设置”对话框，用户可以对其它设置进行修改。在大多数情况下，建议不更改“颜色设置”信息，这里单击“确定”按钮完成颜色设置。

1.3 卸载 Photoshop CS3

当用户不需要 Photoshop CS3 时，可以卸掉它，以空出硬盘空间。在 Windows XP 下卸载 Photoshop CS3 是很容易的事，只要启动它的卸载程序，就可以自动地卸载 Photoshop CS3 了。

按下列步骤进行操作：

(1) 在 Windows XP 任务栏的左侧单击“开始”按钮，弹出“开始”菜单。

(2) 在“开始”菜单中单击“控制面板”→“添加或删除程序”菜单命令，如图 1.23 所示。

(4) 这时屏幕上出现了一个“添加或删除程序”对话框。

(5) 在“更改或删除程序”标签中列出了所有与安装卸载有关的程序，单击“Adobe Photoshop CS3”选项，表示要卸载 Photoshop CS3，如图 1.24 所示。

(6) 单击“更改/删除”按钮执行操作。

(7) 这时屏幕上弹出一个“欢迎”对话框，选择“删除 Adobe Photoshop CS3 组件”选项，单击“下一步”按钮，如图 1.25 所示。

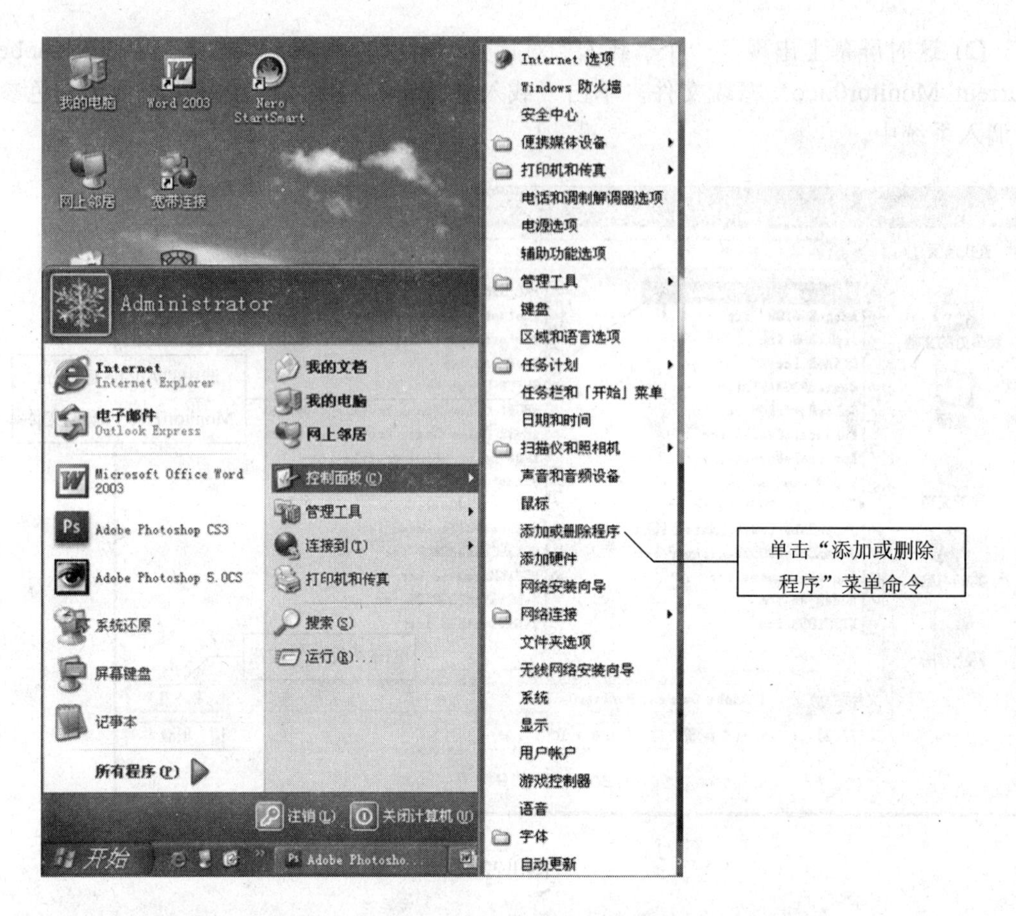
我的电脑
Word 2003
Nero StartSmart
网上邻居
宽带连接
Administrator
Internet
Internet Explorer
电子邮件
Outlook Express
Microsoft Office Word 2003
Adobe Photoshop CS3
Adobe Photoshop 5.0CS
系统还原
屏幕键盘
记事本
所有程序(P)
我的文档
我的电脑
网上邻居
控制面板(C)
管理工具
连接到(T)
打印机和传真
搜索(S)
运行(R)...
注销(L)
关闭计算机(U)
开始
Internet 选项
Windows 防火墙
安全中心
便携媒体设备
打印机和传真
电话和调制解调器选项
电源选项
辅助功能选项
管理工具
键盘
区域和语言选项
任务计划
任务栏和「开始」菜单
日期和时间
扫描仪和照相机
声音和音频设备
鼠标
添加或删除程序
添加硬件
网络安装向导
网络连接
文件夹选项
无线网络安装向导
系统
显示
用户帐户
游戏控制器
语音
字体
自动更新
单击“添加或删除程序”菜单命令

图 1.23

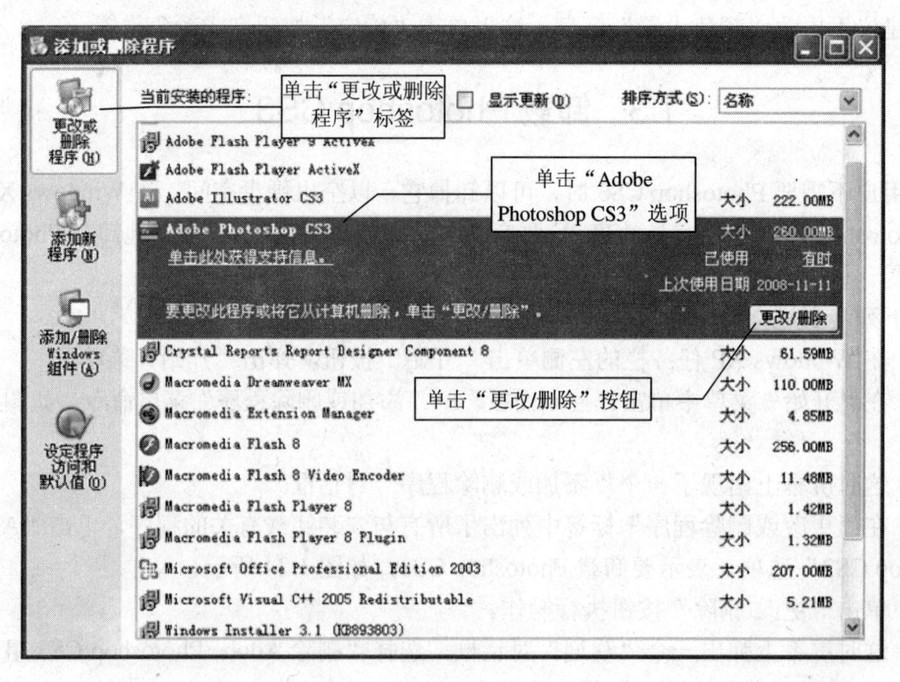
添加或删除程序
更改或删除程序(H)
添加新程序(N)
添加/删除Windows组件(A)
设定程序访问和默认值(O)
当前安装的程序:
单击“更改或删除程序”标签
显示更新(D)
排序方式(S): 名称
Adobe Flash Player ActiveX
Adobe Illustrator CS3
大小 222.00MB
Adobe Photoshop CS3
单击“Adobe Photoshop CS3”选项
大小 260.00MB
单击此处获得支持信息。
已使用 有时
上次使用日期 2008-11-11
要更改此程序或将它从计算机删除，单击“更改/删除”。
更改/删除
Crystal Reports Report Designer Component 8
大小 61.59MB
Macromedia Dreamweaver MX
大小 110.00MB
单击“更改/删除”按钮
Macromedia Extension Manager
大小 4.85MB
Macromedia Flash 8
大小 256.00MB
Macromedia Flash 8 Video Encoder
大小 11.48MB
Macromedia Flash Player 8
大小 1.42MB
Macromedia Flash Player 8 Plugin
大小 1.32MB
Microsoft Office Professional Edition 2003
大小 207.00MB
Microsoft Visual C++ 2005 Redistributable
大小 5.21MB
Windows Installer 3.1 (KB893803)

图 1.24

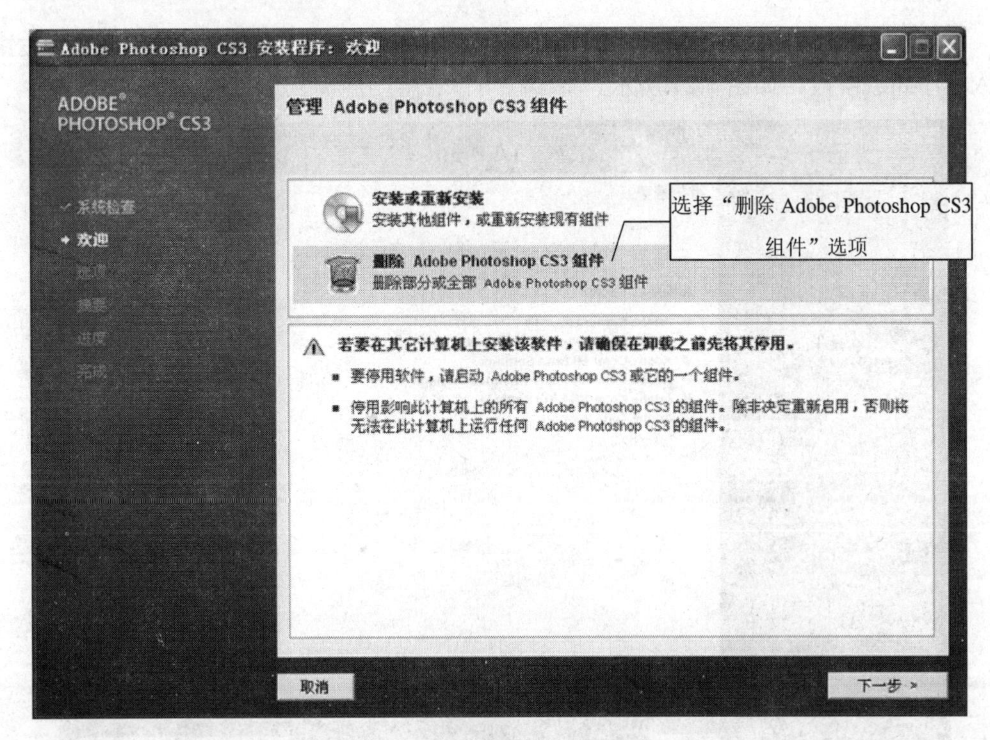

图 1.25

(8) 此时弹出“选项”对话框，选择要删除的程序。这里选中“删除所有应用程序首选项”，并单击“下一步”按钮，进入程序卸载阶段，如图 1.26 所示。

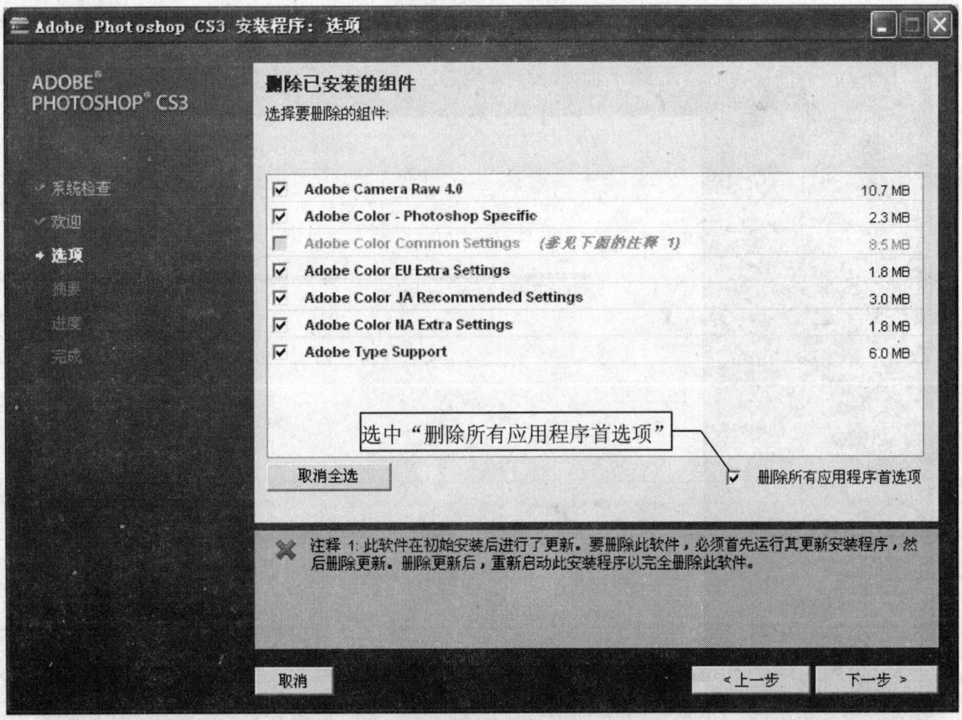

图 1.26

(9) 此时弹出“摘要”对话框，其中显示出了要删除的程序名称。单击“卸载”按钮，进入程序卸载阶段，如图 1.27 所示。

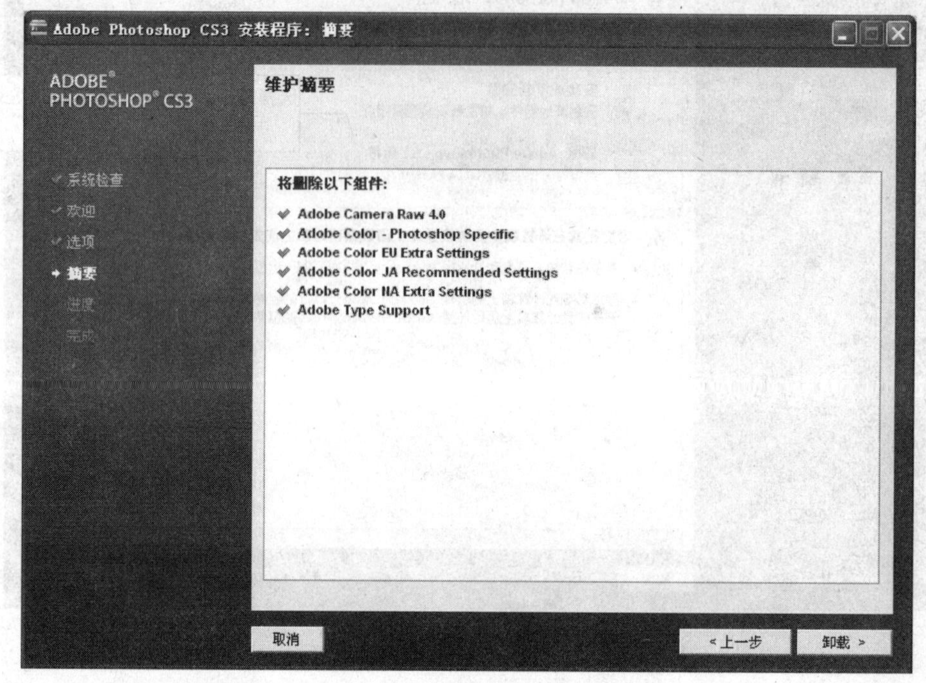

图 1.27

(10) 这时屏幕上出现了一个“进度”对话框，并在屏幕上显示一条进度标尺，指示当前正在删除的文件及已删除的百分比值，如图 1.28 所示。此过程需要等待几分钟。

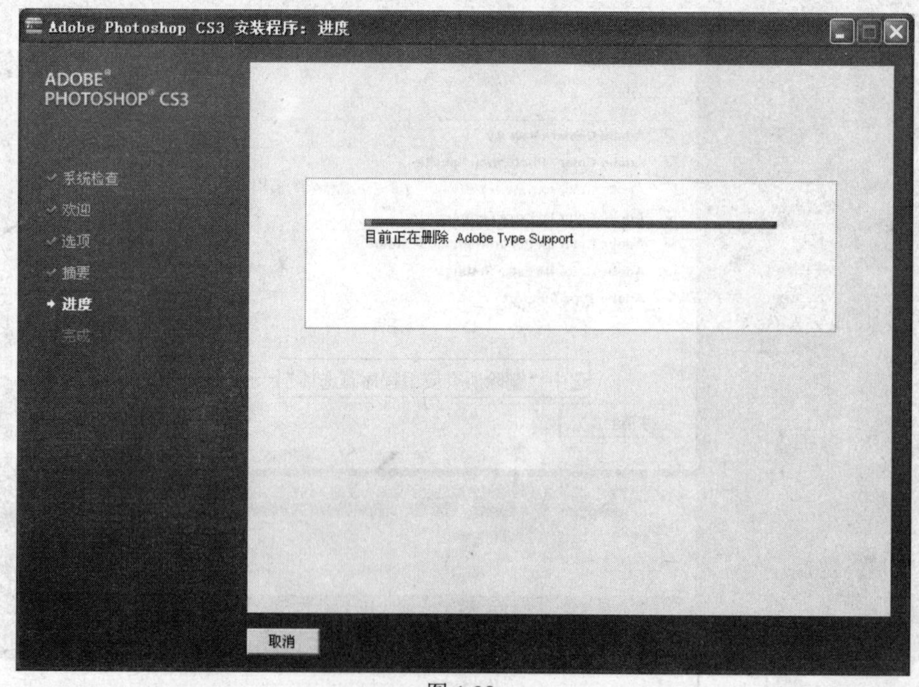

图 1.28

(11) 卸载完毕后，在弹出的对话框中单击“完成”，如图 1.29 所示。这样就完成了对 Photoshop CS3 的卸载工作。

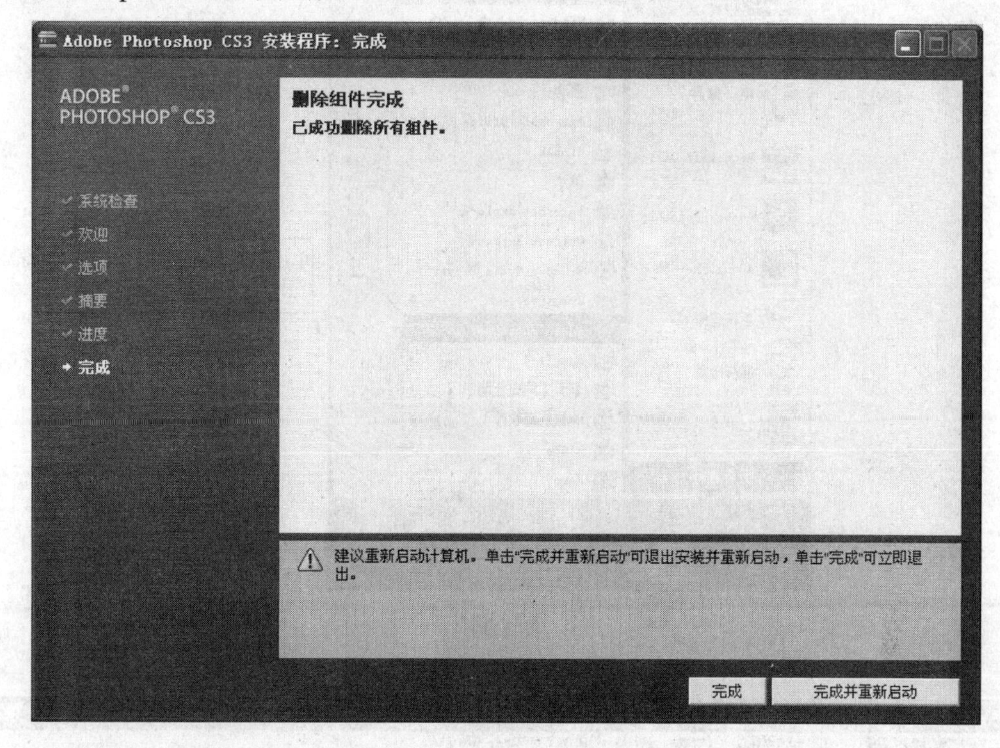

图 1.29

1.4 Photoshop CS3 概述

1.4.1 Photoshop CS3 的启动和退出

在 1.1 节中已经具体介绍了 Photoshop CS3 的安装过程，假设已经安装好了 Photoshop CS3，现在就可以启动 Photoshop CS3 进行图像处理了。

1. Photoshop CS3 的启动

Photoshop CS3 的启动方法有两种，即使用菜单命令启动和使用桌面图标启动。

1) 使用菜单命令启动

假设已经把 Adobe Photoshop CS3 安装在 Windows XP 下的“开始”菜单下的“程序”目录中，想要启动 Photoshop CS3，按下列步骤进行操作：

(1) 打开计算机，启动 Windows XP 中文版并进入主画面。

(2) 在屏幕下方的任务栏左边单击“开始”按钮，启动“开始”菜单。

(3) 在弹出的“开始”菜单中单击“所有程序”→“Adobe Photoshop CS3”菜单命令，如图 1.30 所示，启动 Photoshop CS3。

(4) 当单击“Adobe Photoshop CS3”菜单命令之后，在计算机屏幕上会出现 Photoshop CS3 的工作桌面，如图 1.31 所示，这就是用户以后一直要使用的环境了。到此为止，Photoshop CS3 的启动就完成了。

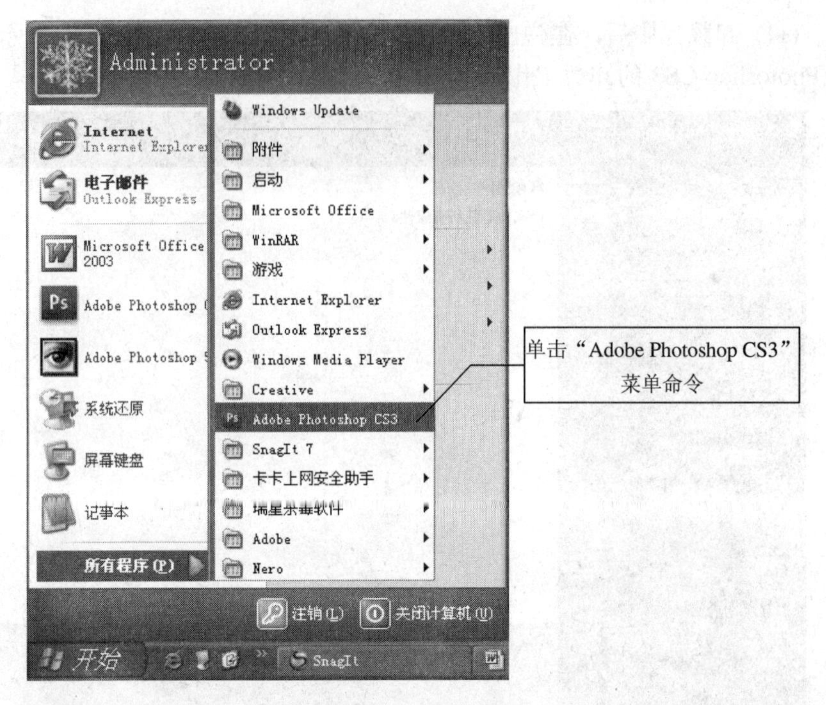
Administrator
Windows Update
附件
启动
Microsoft Office
WinRAR
游戏
Internet Explorer
Outlook Express
Windows Media Player
Creative
Adobe Photoshop CS3
SnagIt 7
卡卡上网安全助手
Adobe
Nero
所有程序(P)
注销(L)
关闭计算机(U)
开始
单击“Adobe Photoshop CS3”菜单命令

图 1.30

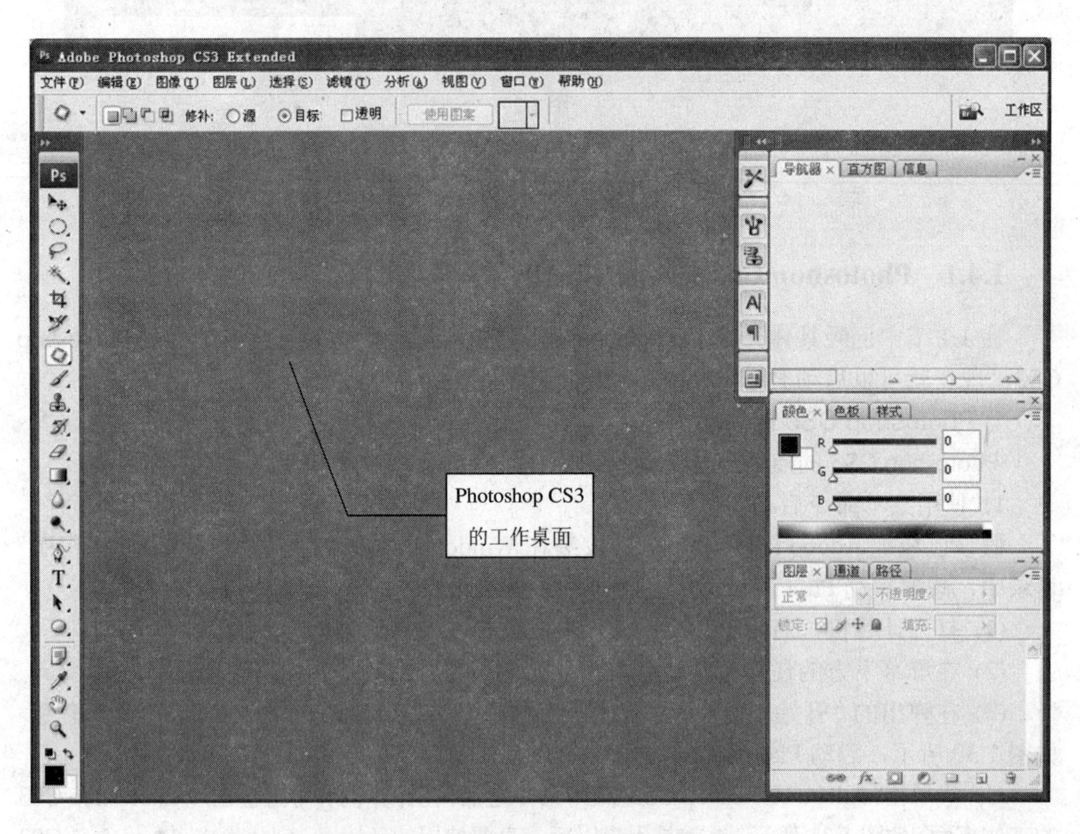
Adobe Photoshop CS3 Extended
文件(F) 编辑(E) 图像(I) 图层(L) 选择(S) 滤镜(T) 分析(A) 视图(V) 窗口(W) 帮助(H)
工作区
导航器 直方图 信息
颜色 色板 样式
图层 通道 路径
Photoshop CS3 的工作桌面

图 1.31

2) 桌面图标启动

安装Photoshop CS3后，会在桌面上自动生成一个“Photoshop CS3”启动快捷图标，双击这个图标，如图1.32所示，即可启动Photoshop CS3。

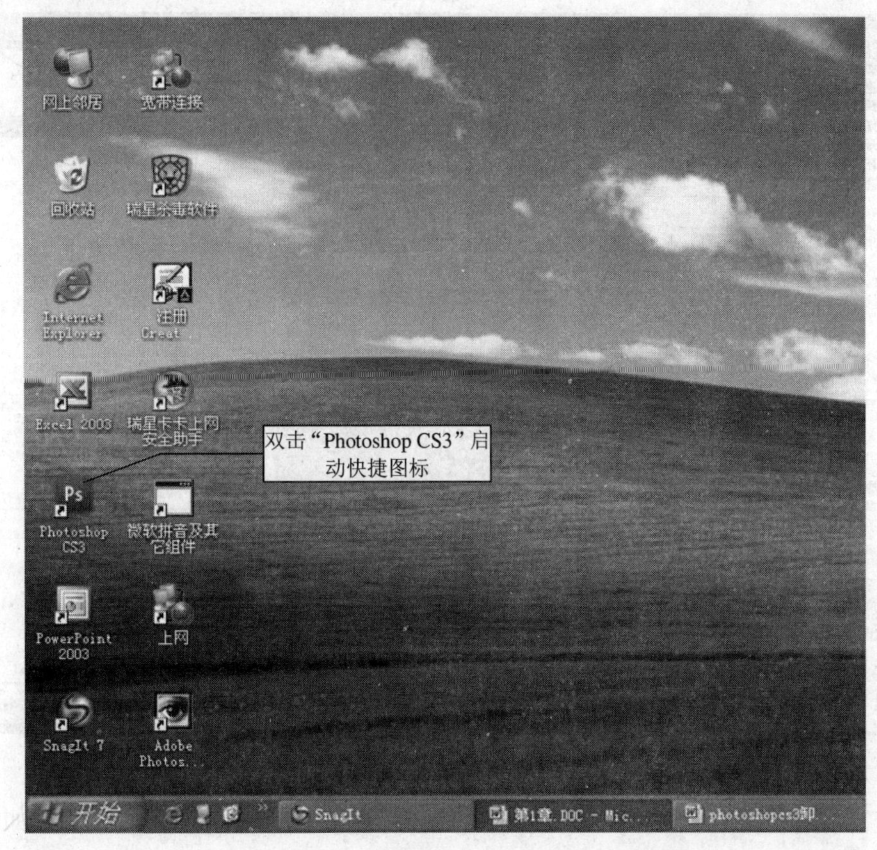

图 1.32

2. Photoshop CS3 的退出

退出Photoshop CS3的桌面有以下四种方法。

(1) 使用控制菜单退出Photoshop CS3。按下列步骤进行操作：

① 在屏幕最上方有一个标题栏，标题栏的最左边有一个具有“Ps”字样的按钮，它叫“控制”按钮，单击此按钮，如图1.33所示。

② 这时屏幕上会出现一个控制菜单，在控制菜单中单击“关闭”菜单命令，就可以退出Photoshop CS3。

图 1.33

(2) 使用“文件”菜单，退出 Photoshop CS3。按下列步骤进行操作：

在 Photoshop 菜单栏中单击“文件”→“退出”菜单命令，就可以退出 Photoshop CS3 中文版了，如图 1.34 所示。

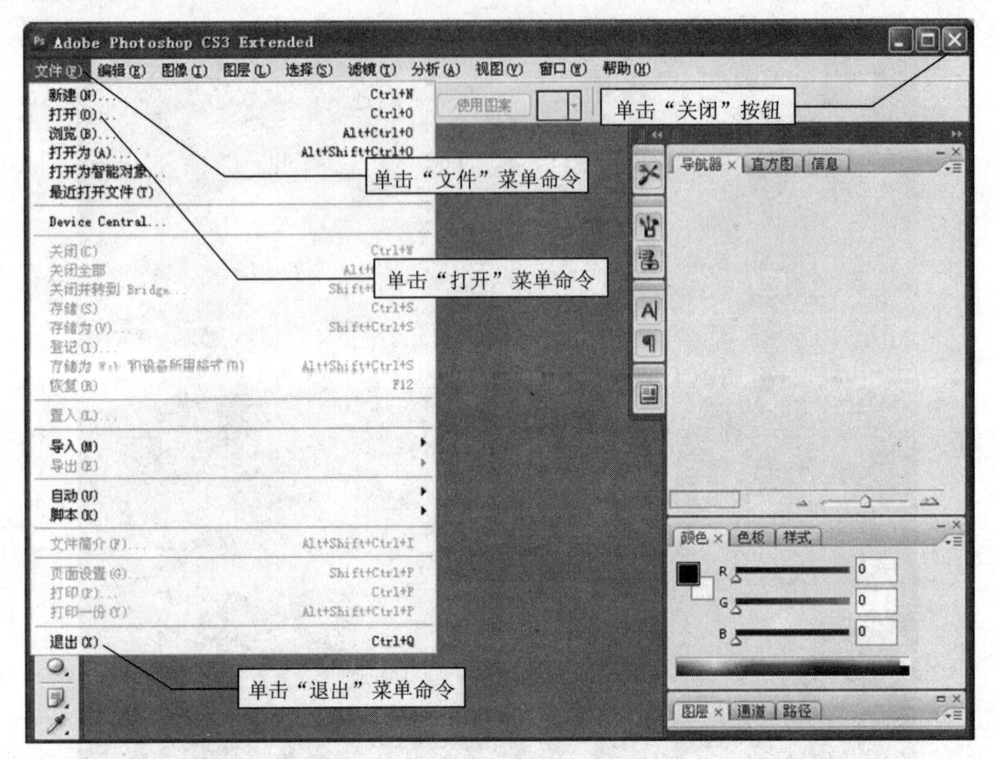

图 1.34

(3) 单击桌面右上角的“关闭”按钮，就可以退出 Photoshop CS3 中文版，如图 1.34 所示。

(4) 使用快捷键 Alt+F4 或者快捷键 Ctrl+Q，都可以退出 Photoshop CS3。

1.4.2 熟悉 Photoshop CS3 的界面

Photoshop CS3 的工作窗口屏幕与以前版本一样，由工具箱、菜单栏、工具选项栏、调板和状态栏等控件组成。如果用户是第一次使用 Photoshop CS3，那么在操作之前，了解一些屏幕的组成对象、相关的术语和概念是非常必要的。

为了说明方便，可首先打开 Photoshop CS3 文件夹中的一个样本图像，按下列步骤进行操作：

(1) 单击 Photoshop 菜单栏中的“文件”→“打开”菜单命令，如图 1.34 所示。

(2) 这时屏幕上出现了一个“打开”对话框，如图 1.35 所示，单击“查找范围”下拉列表框右边的向下箭头可以选择所需文件的路径，这里选择“D:\Program Files\Adobe\Photoshop CS3\样本”，打开“样本”文件夹。

(3) 这时在“搜寻”下面的文件列表框中显示出了“样本”文件夹下的所有图形、图像文件名，可以从中选择所需的文件，这里单击“沙丘”文件名。

(4) 单击“打开”按钮，如图 1.35 所示，打开了所需的样本图像。

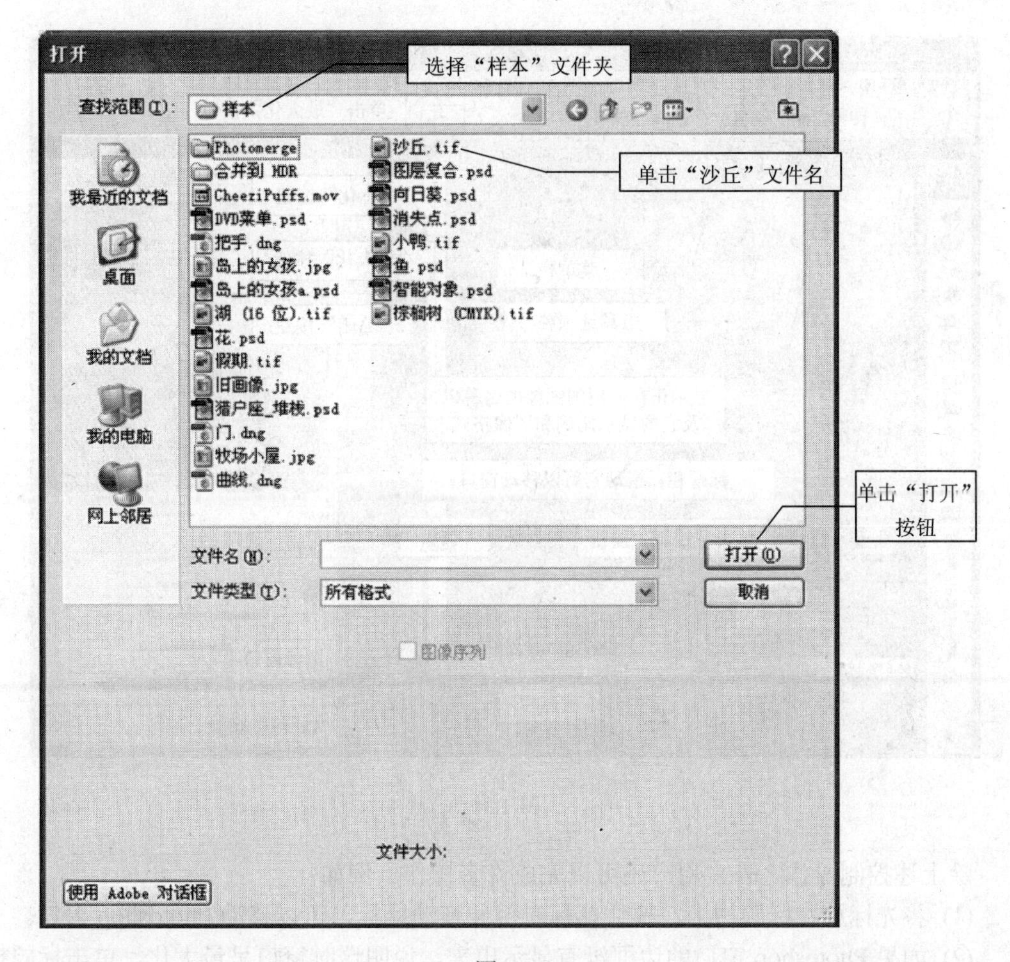

图 1.35

完成了以上的操作以后，就可以浏览 Photoshop CS3 的主窗口界面了。图 1.36 显示了 Photoshop CS3 的主窗口，在此窗口中有标题栏、菜单栏、工具选项栏、图像窗口、状态栏、工具箱和调板。下面依次介绍 Photoshop CS3 主窗口中包括的各项内容。

1. 标题栏

标题栏位于窗口的顶端，它的主要作用是用来显示当前所运行的应用程序的名称或者已经打开的图形、图像的名称。它的左边是一个具有“Ps”字样的按钮，叫做“控制”按钮，单击此按钮可以弹出一个控制菜单，使用其中的命令可以还原、移动、放大、缩小或关闭窗口。

位于标题栏右边的 3 个按钮也是用于控制显示 Photoshop 窗口的。左边的那个按钮叫“最小化”按钮，用于最小化 Photoshop 窗口，使它显示为 Windows XP 任务栏上的一个图标。中间的按钮叫做“最大化/还原”按钮，它有两种名称和用途：当 Photoshop 窗口为一部分屏幕时，它叫做“最大化”按钮，用于将 Photoshop 窗口充满整个屏幕，这个过程叫最大化窗口；当 Photoshop 窗口充满整个屏幕时，它叫“还原”按钮，用于将当前窗口变为屏幕的一部分，这个过程叫还原窗口。右边的按钮叫“关闭”按钮，用于关闭窗口并退出 Photoshop CS3 应用程序。

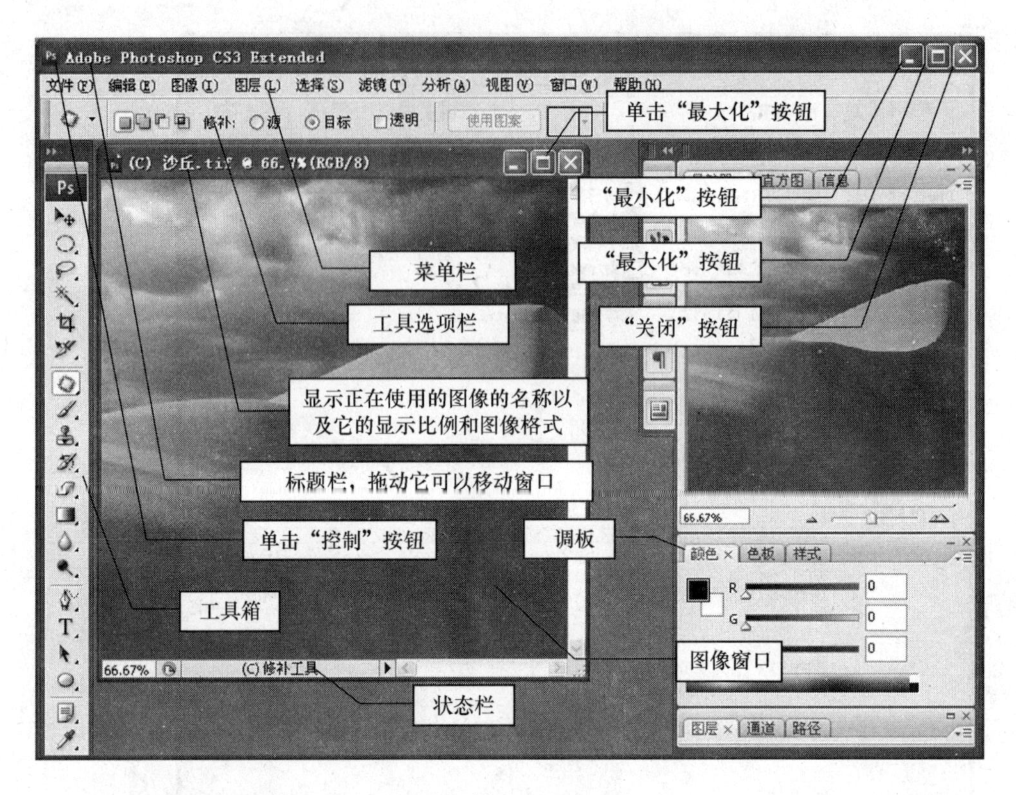

图 1.36

除上述控制操作之外，用户还可以完成许多操作。例如：

(1) 将光标放在标题栏上，按住鼠标左键并拖动鼠标，可以移动 Photoshop 窗口。

(2) 如果 Photoshop 窗口的边框没有显示出来，说明这时窗口呈最大化，单击标题栏右边那 3 个按钮中间的“还原”按钮，则将迫使它显示出来，此后就可以使用拖动的方法修改显示的区域位置与大小，如图 1.36 所示，这时边框线就显示出来了。

(3) 拖动 Photoshop 窗口的上、下、左、右边框，可以在垂直或水平方向上分别调节窗口的大小。

(4) 拖动 Photoshop 窗口的一个角，则可以在水平和垂直的两个方向上同时调节窗口的大小。

当用户启动 Photoshop CS3 时，窗口将按上一次关闭它时显示的情形来打开。

位于图像窗口顶部的标题栏的功能与 Photoshop 窗口的标题栏基本上相同，它主要用来显示 Photoshop CS3 中正在使用的图像的名称以及它的显示比例和图像格式，如图 1.36 所示。

2. 图像窗口

图 1.36 中间的窗口就是图像窗口，它是 Photoshop 的常规工作窗口，用来显示图像文件，供浏览、描绘和编辑。图像窗口带有自己的标题栏，在图 1.36 中，标题栏提供了打开图像文件的详细信息，包括文件名、缩放比例、颜色模式等。单击图像窗口右上角的“最大化”按钮，可以使图像窗口最大化。当图像窗口最大化时，图像窗口可以与 Photoshop 窗口共用标题栏，如图 1.37 所示。所以，如果一次只打开一个图像文件进行编

辑时，可以利用这种方式得到更多可用的屏幕空间。

3. 菜单栏

窗口顶部标题栏下方的特殊区域称为菜单栏，它用于显示 Photoshop 的操作菜单。安装在 Windows XP 中的 Photoshop CS3 共有 10 个主菜单，包括“文件”、“编辑”、“图像”、“图层”、“选择”、“滤镜”、“分析”、“视图”、“窗口”和“帮助”等主菜单，如图 1.37 所示。

Photoshop 将所有命令按类别分组放置在不同的主菜单中，如果单击某一个主菜单的名称，则向下拉出一个菜单，该菜单将列出由它所控制的一组 Photoshop 的操作命令。在下拉菜单中包含多个菜单组，它们将根据当前的操作情况提供所需的命令，如果某个命令是当前不可以执行的，则将显示为灰色，如图 1.37 所示。

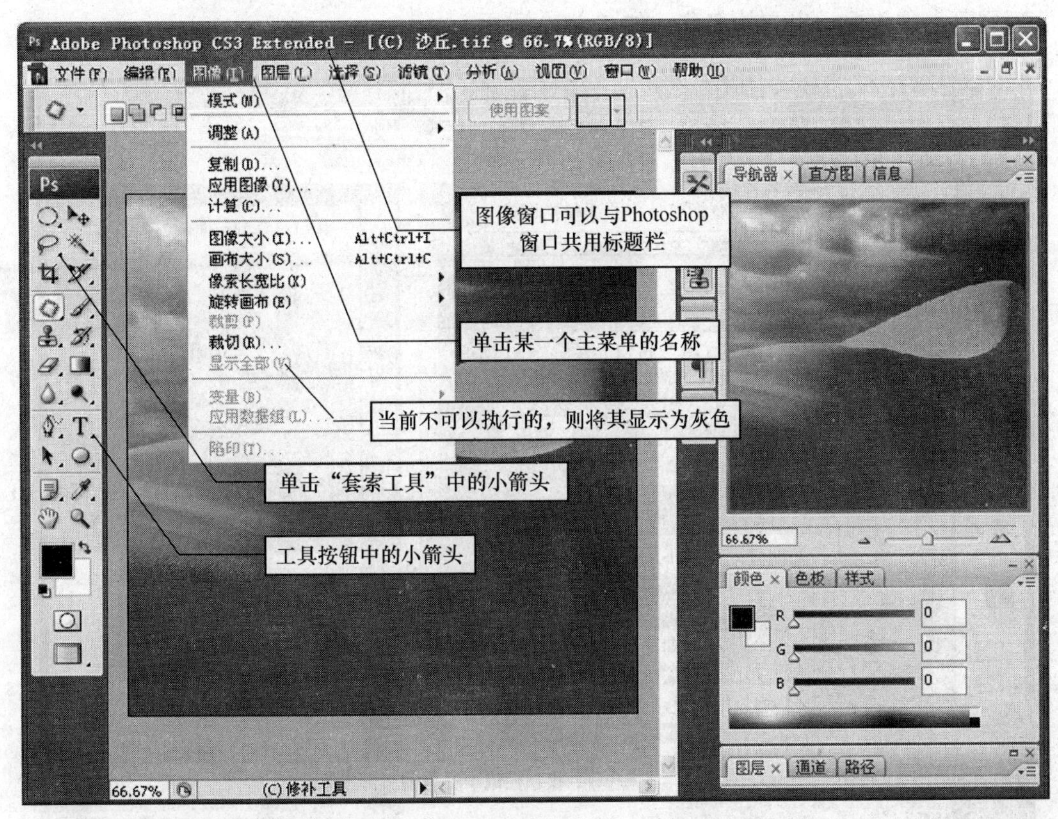

图 1.37

4. 工具箱

Photoshop CS3 的工具箱位于屏幕的左边缘，是操作中不可缺少的控制工具，通过它可以完成大多数的常用操作。工具箱是由 20 多种工具按钮组成的，在单列显示方式时单击其上面的向右双箭头 ，可将工具箱变形成双列显示方式，如图 1.37 所示。在双列显示方式时单击其上面的向左双箭头 ，可将工具箱变形成单列显示方式，如图 1.36 所示。有些工具按钮中有一个小箭头，说明这个工具中还有若干个功能相近或者相关应用的工具，单击这个小箭头并按住鼠标左键不放，将看到它包含的其它工具。这里单击“套索工具”中的小箭头，如图 1.37 所示，可以看到在它的旁边出现了 3 个子工具，如图 1.38 所示。使用这些工具，并和工具选项栏相结合，可以让用户完成大部分的工作。

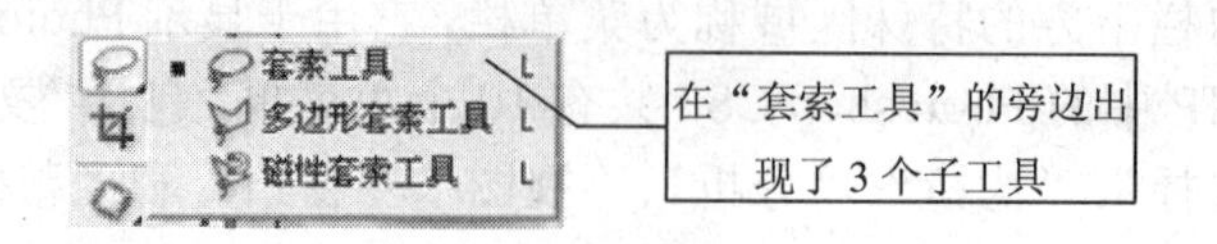

图 1.38

每一个工具都有一个对应的名称，各工具按钮的图标都表示出它的功能。例如，有毛笔图案的工具按钮就是画笔工具，当用户移动鼠标，将光标对准某一个按钮，稍停片刻，该工具的名称就将显示在附近。又例如，将光标对准“横排文字工具”按钮，片刻之后屏幕上就将显示出它的名称，如图 1.39 所示。

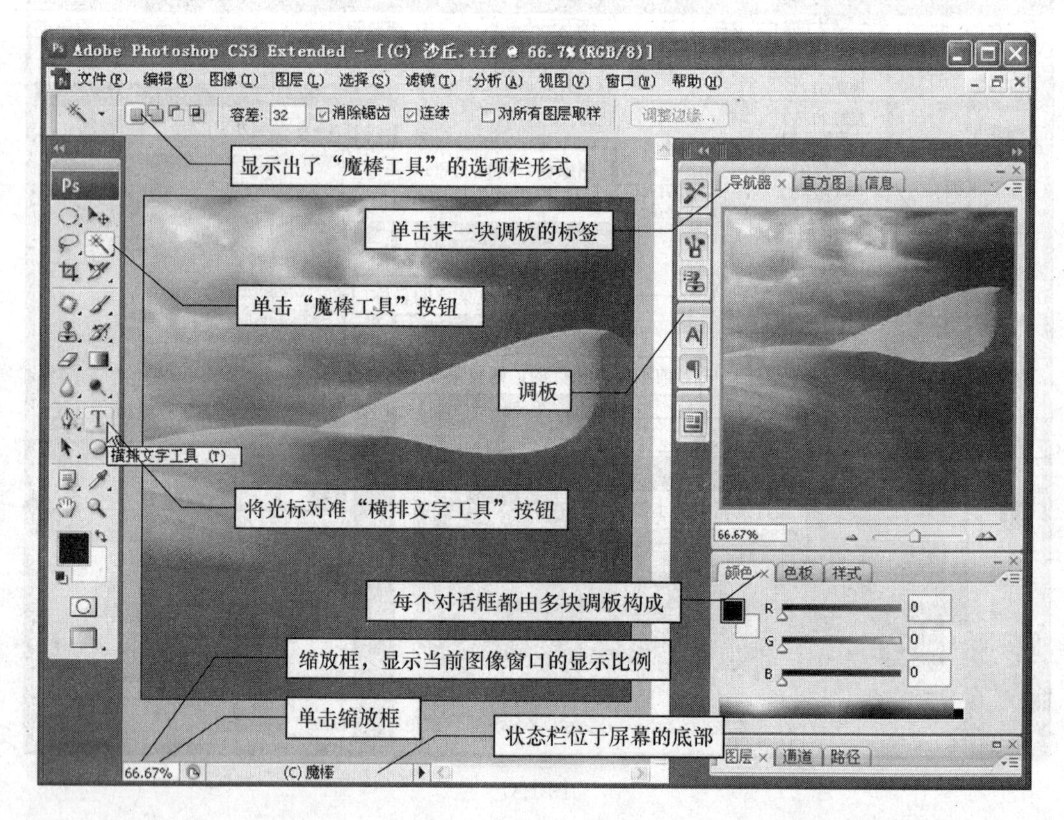

图 1.39

5. 工具选项栏

工具选项栏简称选项栏，在菜单栏的下面，所有的工具都可以设置不同的参数，有些工具还有多种不同的使用形式。设置参数和使用形式都可以在选项栏中进行，选项栏的外观和可设置的参数随工具箱中选择的当前工具不同而不同。单击工具箱中的“魔棒工具”按钮，这时工具选项栏中就显示出了“魔棒工具”的选项栏形式，如图 1.39 所示。

当工具选项栏隐藏时，在工具箱中双击任意一个工具按钮，都可以调出该工具的工具选项栏。

6. 调板

当用户第一次进入 Photoshop CS3 时，在屏幕的右边有两个对话框，如图 1.39 所示，称为选项调板，简称调板，用于控制各种操作。每个调板对话框都由多块调板构成，每一个调板在系统中都有唯一一个名称，在对话框中每一块调板对应一张选项卡，单击某一块调板的标签，可将它设置为当前活动的调板，可以通过调整其中的参数来控制当前的操作。在 Photoshop CS3 中不同的操作类别所用的调板是不同的，初学者在学习时应当注意哪些是常用的，对于那些可能不会经常用到的调板则暂时不予以理会。对于常用的调板，本书将在以后的实例中作详细的介绍。

7. 状态栏

状态栏位于屏幕的底部，用于显示当前的工作状态，所显示的信息非常有用，如图 1.39 所示，状态栏由 3 部分组成。

左边是缩放框，显示当前图像窗口的显示比例，即与图像窗口标题栏中的显示比例一致，使用此缩放框也可以改变图像窗口的显示比例。具体操作步骤如下：

(1) 在 Photoshop CS3 中，使用鼠标单击状态栏左端的缩放框，如图 1.39 所示，这时该框中出现了文字编辑光标，表示可以输入需要的显示比例。

(2) 在缩放框中输入一个所需的显示比例，这里输入 50，表示 50%，如图 1.40 所示。

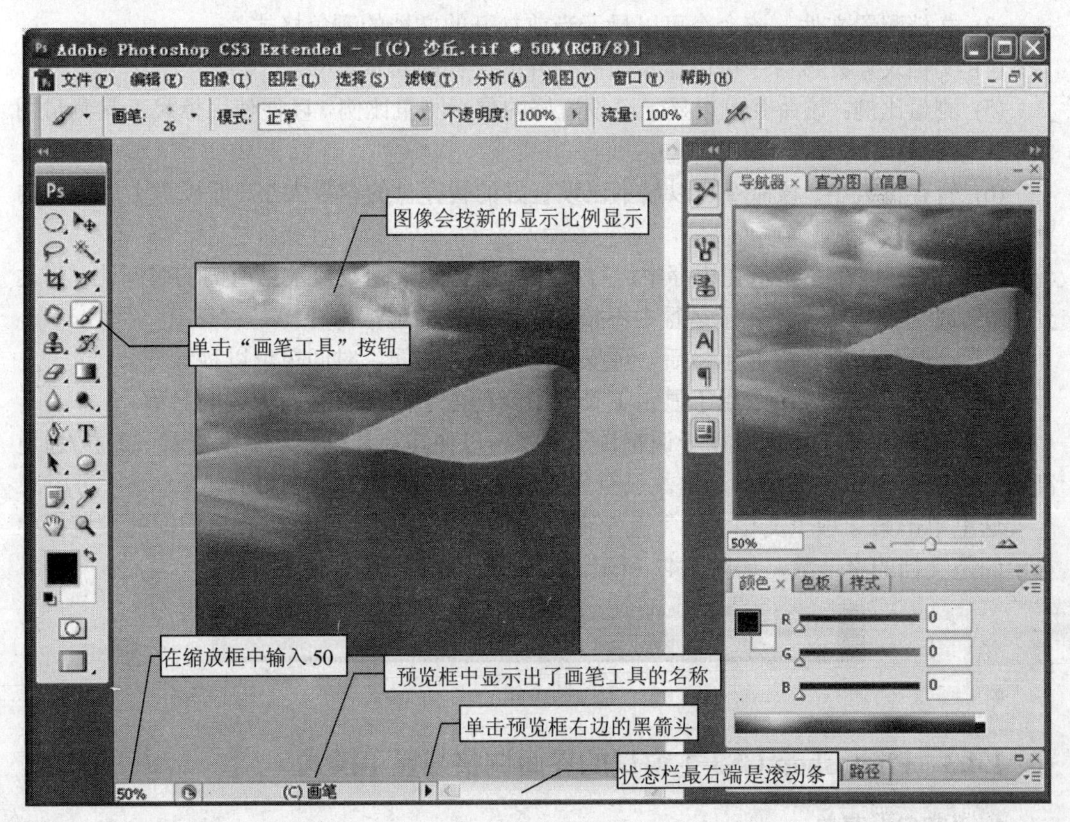

图 1.40

(3) 按下键盘上的 Enter 键，则图像会按新的显示比例显示，如图 1.40 所示。

状态栏最右端是滚动条，当图像的显示范围超出窗口大小时使用滚动来显示被隐藏的部分图像内容。

状态栏的中间是预览框文本行，说明当前所选工具的内容。单击“画笔工具”按钮，这时屏幕下方的状态栏中就显示出了画笔工具的名称，如图 1.40 所示。单击预览框右边的黑箭头，并单击其中的“显示”菜单，将打开一个弹出式菜单。

在弹出的预览菜单中有 10 个命令，如图 1.41 所示。这些命令的主要作用如下：

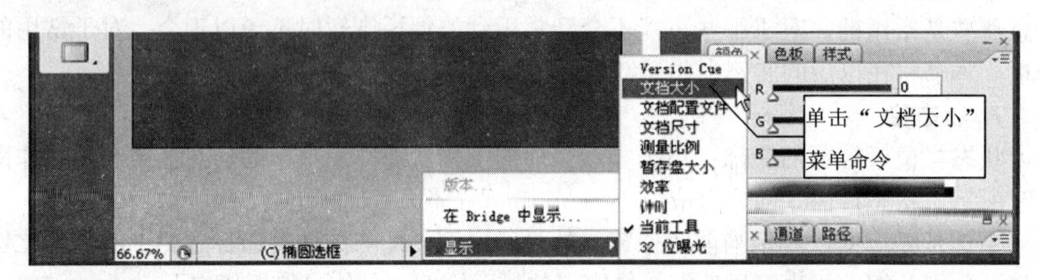

图 1.41

(1) Version Cue：该命令可以在处理文件的同时跟踪对文件所做的更改以及实现工作组协作，如文件共享、版本控制以及联机审阅。

(2) 文档大小：该命令可以显示当前打开的文档的大小，这是默认选项。

(3) 文档配置文件：该命令可以显示当前打开的文档的颜色格式。

(4) 文档尺寸：该命令可以显示当前打开的文档的长宽尺寸。

(5) 测量比例：该命令可以显示已设置好的像素测量比例，以便使用标尺工具测量图像中的像素距离。

(6) 暂存盘大小：该命令可以显示已设置好的暂存盘的容量大小，即硬盘上的虚拟内存数量。

(7) 效率：该命令显示在内存中运行操作和硬盘间来回交换数据所需的时间比。当达到 100%时为最佳状态，表示运行中不依赖于硬盘上的虚拟内存。

(8) 计时：该命令将显示最后一项操作所花费的时间，时间单位以秒计算。

(9) 当前工具：该命令用于显示工具箱中当前处于活动状态的工具的名称。

(10) 32 位曝光：该命令用于调整预览图像，以便在计算机显示器上查看 32 位/通道高动态范围（HDR）图像的选项。只有当文档窗口显示 HDR 图像时，该命令才可用。

这里单击第 2 项“文档大小”菜单命令，如图 1.41 所示，可以看出中间的预览框中显示的是文档的字节数，如图 1.42 所示。

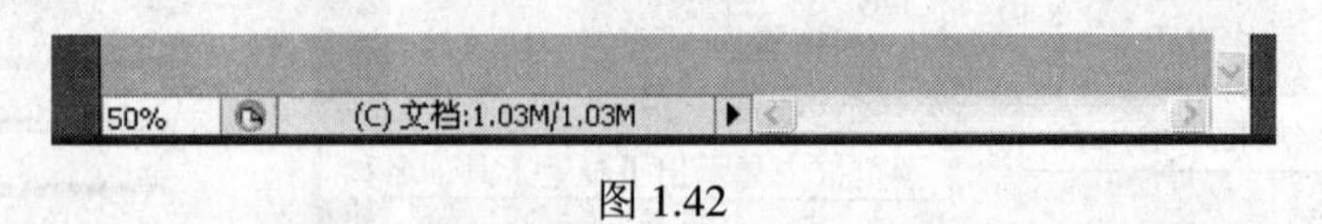

图 1.42

1.4.3 Photoshop CS3 主窗口的界面调整与显示模式

1. “窗口”菜单

在 Photoshop CS3 中所有的浮动调板均可在“窗口”菜单中显示和隐藏，如关掉调板，可直接在“窗口”菜单中打开。

Photoshop CS3 主窗口界面的调整主要是使用“窗口”菜单中的命令。按下列步骤进行操作：

(1) 因为窗口菜单中有调整图像窗口的命令，所以首先要打开 Photoshop CS3 的文件夹中的一个样本图像。单击“文件”→“打开”菜单命令，打开“样本”文件夹中的棕榈树、小鸭、沙丘这 3 个图形文件。

(2) 在菜单栏中单击“窗口”菜单，这时屏幕上出现了“窗口”菜单，这个菜单按功能共分为 3 部分，23 个菜单命令，共同来调整 Photoshop CS3 的主窗口界面，各部分的名称及每个命令的作用如图 1.43 所示。

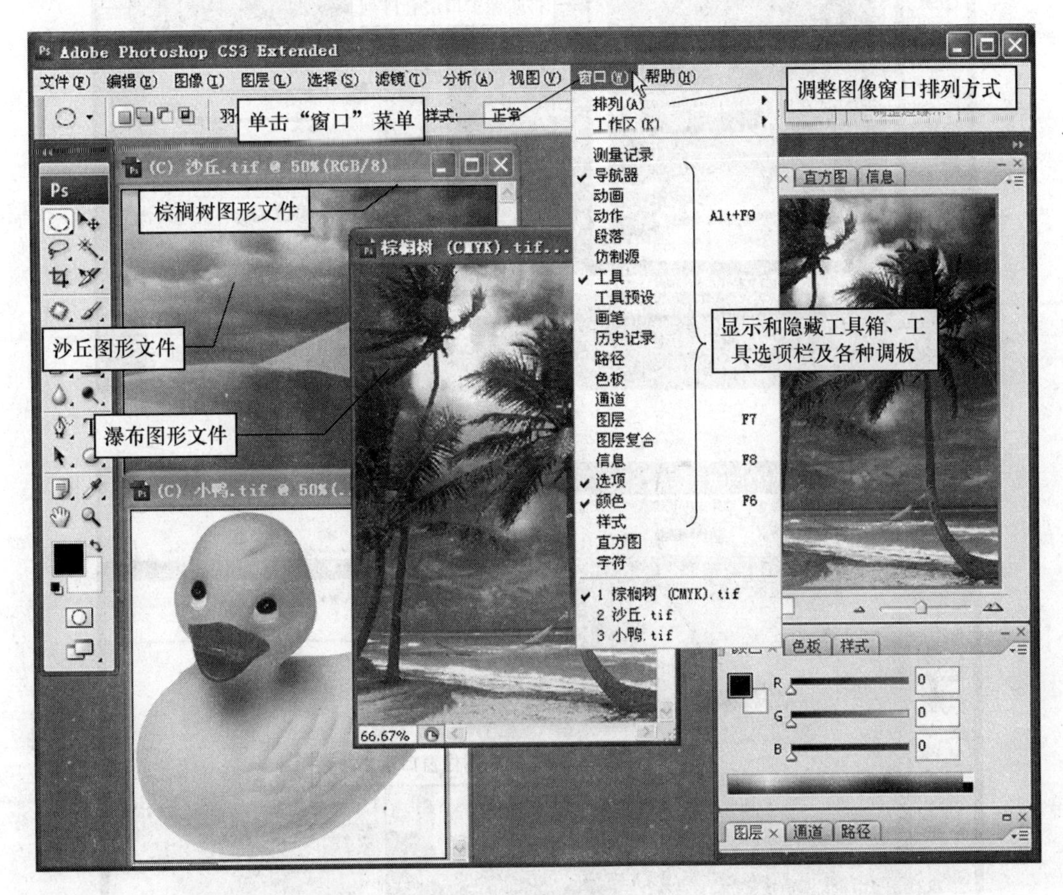

图 1.43

(3) 单击“窗口”→“导航器”菜单命令，隐藏导航器调板，如图 1.44 所示。

(4) 单击“窗口”→“图层”菜单命令，显示图层调板，如图 1.44 所示。

(5) 单击“窗口”→“排列”→“层叠”菜单命令，将图像窗口层叠排列，如图 1.44 所示。

(4) 单击“棕榈树”窗口右上角的“关闭”按钮，关闭棕榈树图形文件。

(5) 单击“窗口”→“排列”→“水平平铺”菜单命令，将图像窗口水平排列，如图 1.45 所示。

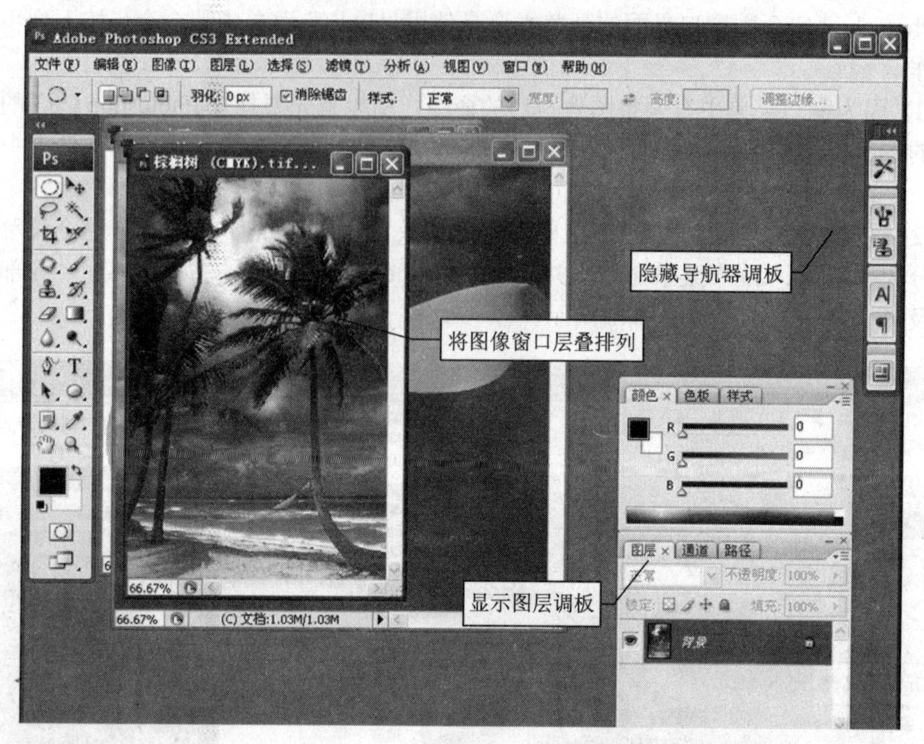
Adobe Photoshop CS3 Extended
文件(F) 编辑(E) 图像(I) 图层(L) 选择(S) 滤镜(T) 分析(A) 视图(V) 窗口(W) 帮助(H)
羽化: 0 px
消除锯齿
样式:
正常
调整边缘...
隐藏导航器调板
将图像窗口层叠排列
显示图层调板
66.67%
(C) 文档:1.03M/1.03M
颜色 色板 样式
图层 通道 路径

图 1.44

Adobe Photoshop CS3 Extended
文件(F) 编辑(E) 图像(I) 图层(L) 选择(S) 滤镜(T) 分析(A) 视图(V) 窗口(W) 帮助(H)
羽化: 0 px
消除锯齿
样式:
正常
调整边缘...
(C) 沙丘.tif @ 50%(RGB/8)
将图像窗口水平排列
导航器 直方图 信息
50%
(C) 文档:1.03M/1.03M
(C) 小鸭.tif @ 66.7%(RGB/8)
66.67%
(C) 文档:799.8K/796.9K
颜色 色板 样式
图层 通道 路径

图 1.45

(6) 单击“窗口”→“排列”→“垂直平铺”菜单命令，将图像窗口垂直排列，如图1.46所示。

图 1.46

(7) 单击“文件”→“关闭全部”菜单命令，将打开的所有图像窗口都关闭。

2. 窗口显示模式

Photoshop CS3 的窗口显示模式共有 3 种，利用工具箱中的显示模式工具区中的 3 个工具来完成。

工具箱的倒数第 1 行的按钮为“更改屏幕模式”按钮，按住此按钮不放可以显示出 4 个子菜单，如图 1.47 所示，各自对应 4 个显示模式，它们分别是：标准屏幕模式、最大化屏幕模式、带有菜单栏的全屏模式、全屏模式。

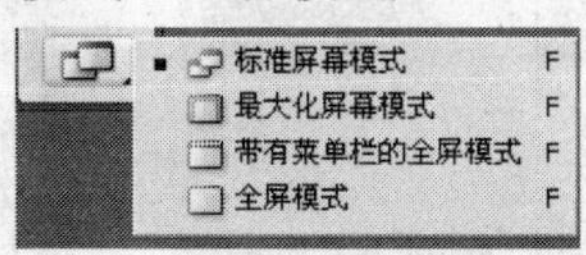

图 1.47

按下列步骤进行操作：

(1) 单击“文件”→“打开”菜单命令，打开“样本”文件夹中的小鸭图形文件。

(2) 在工具箱中单击左边的“更改屏幕模式”按钮→“标准屏幕模式”菜单命令，这时屏幕上显示的是默认窗口，顶部有菜单，并且窗口的显示形式可以是还原状态也可是最大化状态，如图 1.48 所示。

图 1.48

(3) 在工具箱中单击“更改屏幕模式”按钮→“带有菜单栏的全屏模式”菜单命令，这时图像文件“小鸭”的显示范围可以充满整个 Photoshop 窗口，如图 1.49 所示。

图 1.49

(4) 在工具箱中单击“更改屏幕模式”按钮→“最大化屏幕模式”菜单命令，这时屏幕上显示 Photoshop 窗口的是带有菜单栏的全屏窗口，充满整个计算机屏幕，但没有标题栏和滚动条，并且窗口的显示形式是最大化状态，即图像文件“小鸭”的显示范围可以充满整个 Photoshop 窗口，如图 1.50 所示。

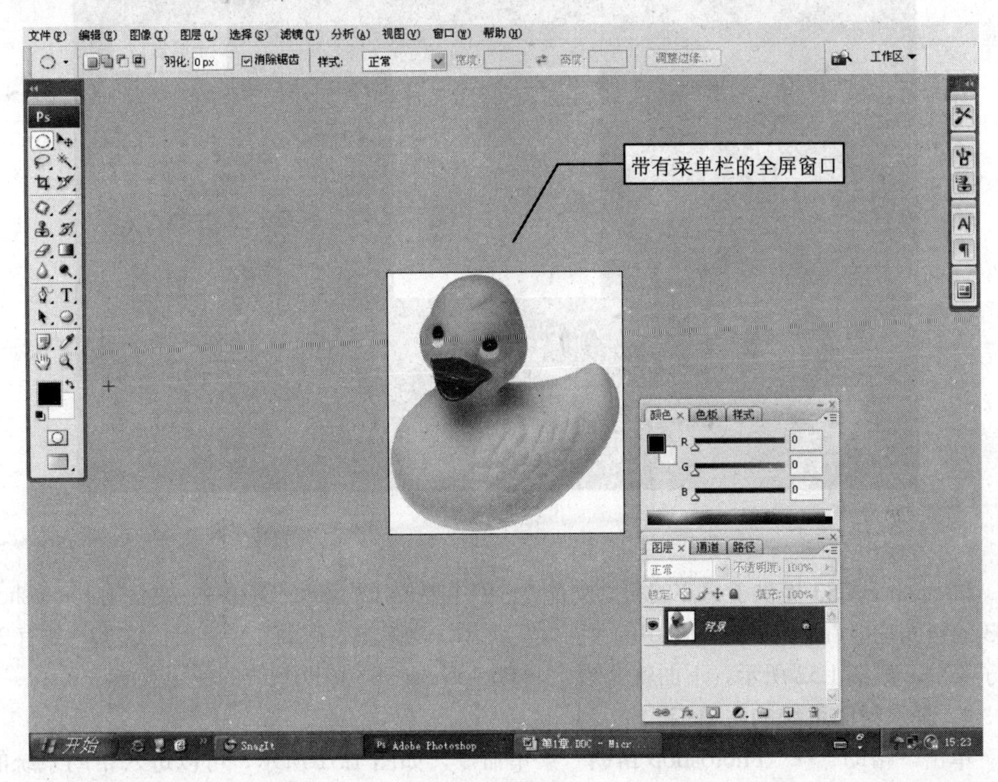

图 1.50

(5) 在工具箱中单击“更改屏幕模式”按钮→“全屏模式”菜单命令，这时屏幕上显示的是全屏窗口，但没有标题栏、菜单栏和滚动条，背影为黑色，并且窗口的显示形式是最大化状态，按下键盘上的“Tab”按键还可以显示和隐藏屏幕上的其它附件，如工具箱、工具选项栏和调板等。这种显示方式最适合图像的观察，如图 1.51 所示。

(6) 按下键盘上的 F 键，可在这 4 种显示模式中进行切换。单击“窗口”→“排列”→“为‘小鸭.tif’新建窗口（W）”菜单命令，这时屏幕上出现了一个当前图像的复制图像窗口。在此窗口中可对复制的小鸭图像进行编辑而不破坏原有的小鸭图像，并可将编辑前后的图像进行比较。

1.4.4 Photoshop CS3 的帮助功能

用户初次使用 Photoshop CS3 的时候，由于不熟悉，当然会碰到这样或那样的问题，例如不知道某个命令的功能，要求实现某项功能，又不知道该使用什么样的工具，以及参数如何设置等。使用参考书或者用户手册，当然是一个较好的方法。但是，如果手头没有资料可查，Photoshop CS3 的帮助系统也许是很好的老师。

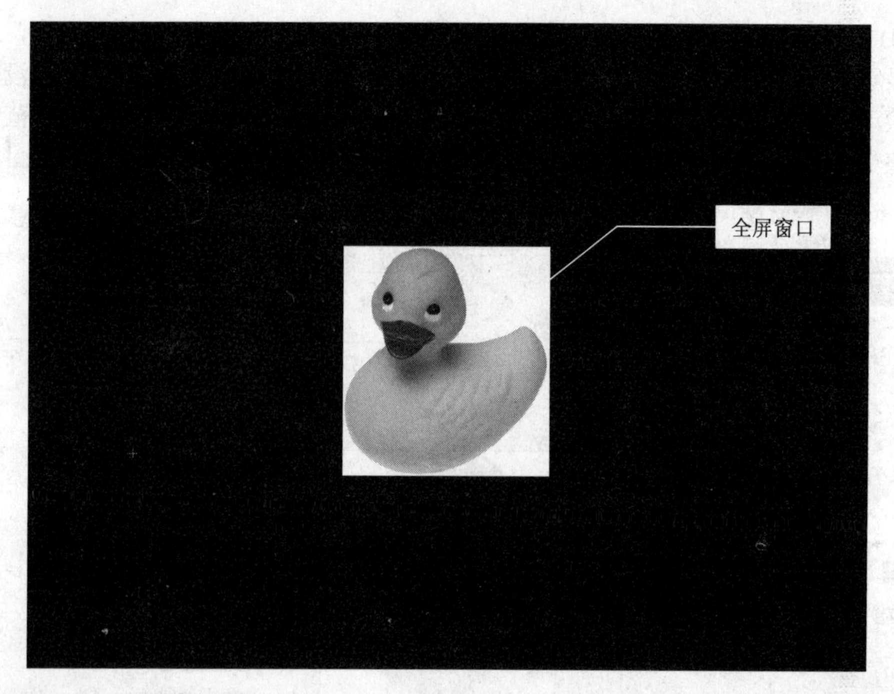

图 1.51

Photoshop CS3 提供了简便的帮助功能，它们主要位于"帮助"菜单中。要使用 Photoshop CS3 的帮助功能，请单击菜单栏中的"帮助"菜单，将弹出"帮助"子菜单，这里一共有 20 个子菜单，如图 1.52 所示。下面就介绍一下 Photoshop CS3 帮助系统的使用方法。

1. 进入帮助系统的主窗口

单击"帮助"→"Photoshop 帮助"菜单命令，如图 1.52 所示，可以进入帮助系统的主窗口， 这时屏幕上出现了一个帮助系统的主窗口，如图 1.53 所示。

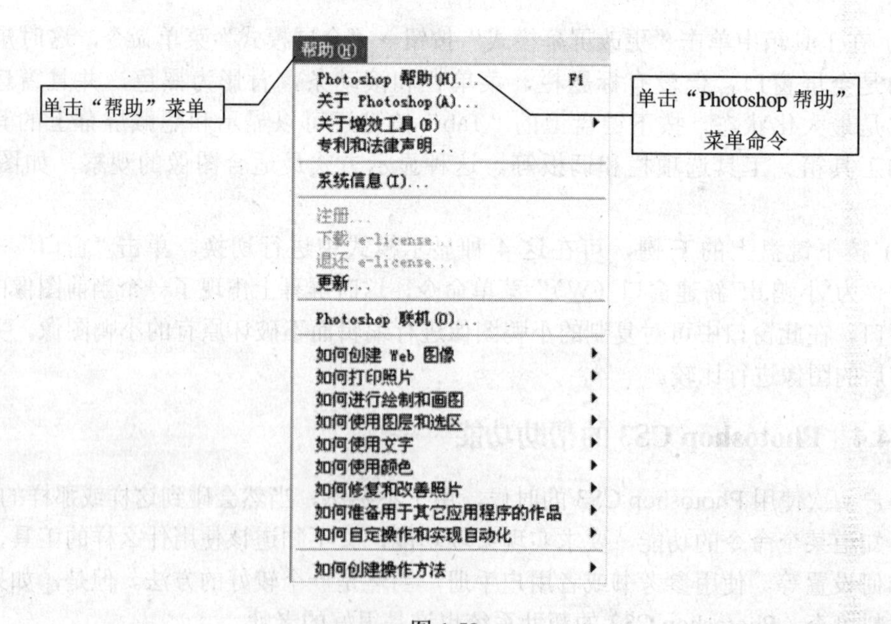

图 1.52

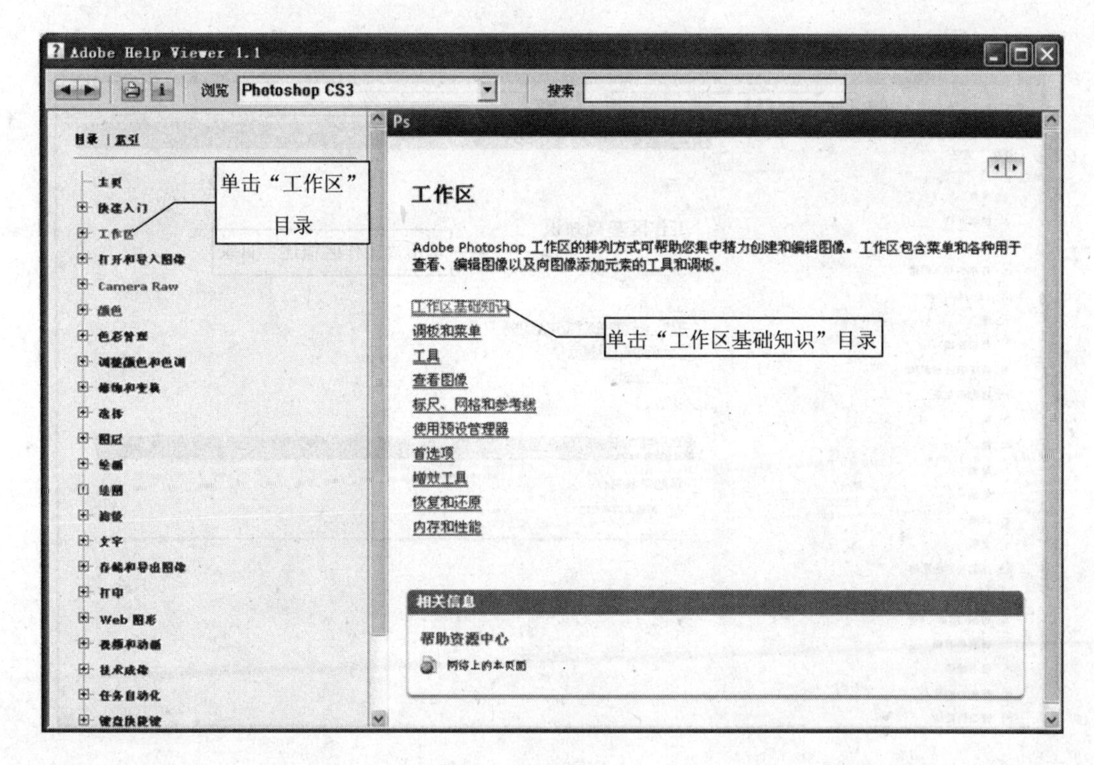

图 1.53

2. 帮助系统的主窗口简介

Photoshop CS3 的帮助系统是一个类似于 Web 站点中的网页形式，是一个多页面分层结构，用来将帮助系统有机地组织在一起。位于最顶端的页面即是 Photoshop CS3 帮助系统的主窗口。其中第一行为“使用帮助”行，可以在当前和以前所查看过的页面中进行切换，也可在“搜索”输入框中输入要搜索的内容进行查看。第二行的左边分别为“目录”、“索引”两个按钮。默认进入状态显示的是“目录”页面，如图 1.53 所示。

3 个帮助页面的使用方法按下列步骤进行操作：

(1)“目录”页面的左边显示的是 Photoshop CS3 中的所有功能的目录，单击其中的小加号可以打开一个目录，我们这里单击“工作区”目录，这时右边就出现了该目录的使用说明目录，单击其下面的“工作区基础知识”目录，如图 1.53 所示，打开工作区基础知识目录。再单击“工作区概述”目录，如图 1.54 所示。

(2) 这时窗口右边出现了工具使用说明内容的页面，如图 1.55 所示，用鼠标单击其中蓝色显示的文字可以进入到其说明内容页面。

(3) 单击左边目录栏中的其它目录，可以查看其它功能的使用说明，Photoshop CS3 帮助功能会一步步提示如何使用这些功能。

(4) 单击窗口右上角的“关闭”按钮，可以关闭帮助系统的主窗口，回到 Photoshop 主窗口中。

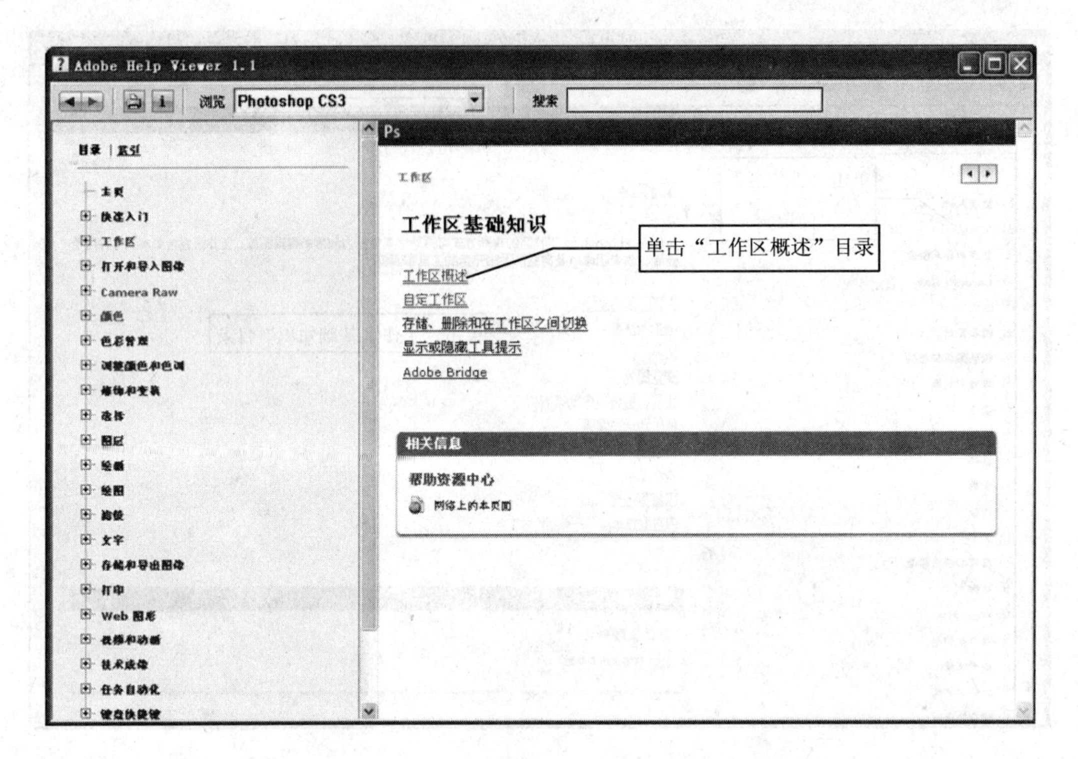

Adobe Help Viewer 1.1
浏览 Photoshop CS3
搜索
目录 | 索引
主页
快速入门
工作区
打开和导入图像
Camera Raw
颜色
色彩管理
调整颜色和色调
修饰和变换
选择
图层
绘画
绘图
滤镜
文字
存储和导出图像
打印
Web 图形
视频和动画
技术成像
任务自动化
键盘快捷键
工作区
工作区基础知识
单击"工作区概述"目录
工作区概述
自定工作区
存储、删除和在工作区之间切换
显示或隐藏工具提示
Adobe Bridge
相关信息
帮助资源中心
网络上的本页面

图 1.54

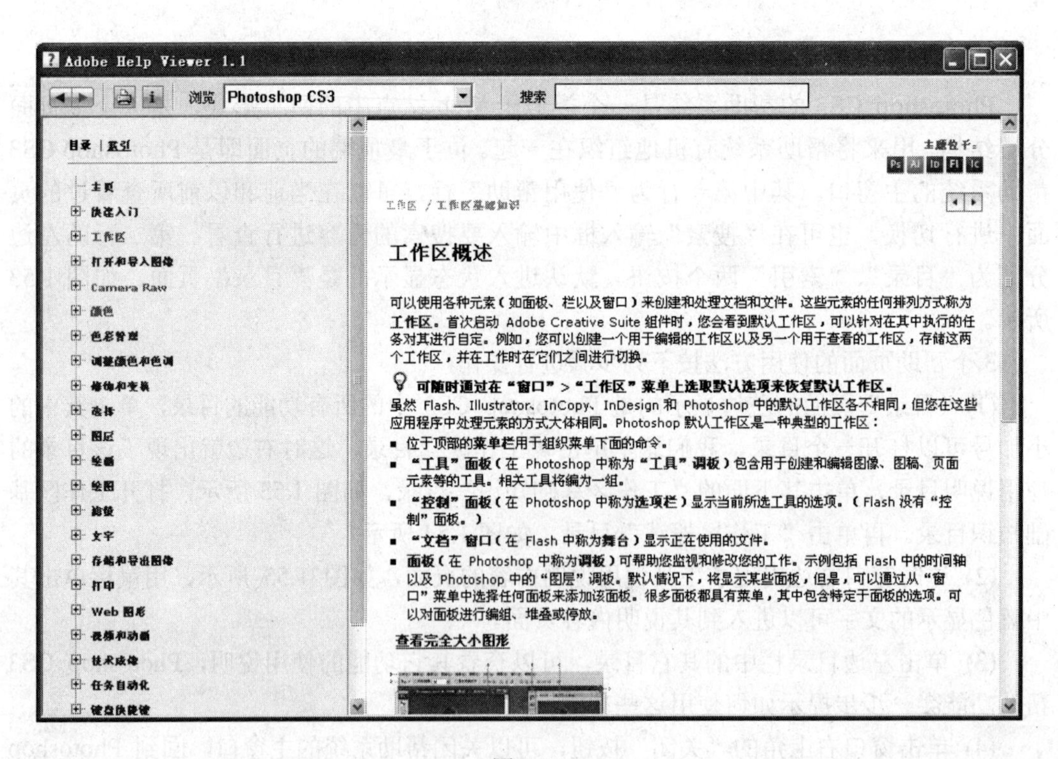

Adobe Help Viewer 1.1
浏览 Photoshop CS3
搜索
目录 | 索引
主页
快速入门
工作区
打开和导入图像
Camera Raw
颜色
色彩管理
调整颜色和色调
修饰和变换
选择
图层
绘画
绘图
滤镜
文字
存储和导出图像
打印
Web 图形
视频和动画
技术成像
任务自动化
键盘快捷键
工作区 / 工作区基础知识
工作区概述
可以使用各种元素（如面板、栏以及窗口）来创建和处理文档和文件。这些元素的任何排列方式称为工作区。首次启动 Adobe Creative Suite 组件时，您会看到默认工作区，可以针对在其中执行的任务对其进行自定。例如，您可以创建一个用于编辑的工作区以及另一个用于查看的工作区，存储这两个工作区，并在工作时在它们之间进行切换。
可随时通过在"窗口">"工作区"菜单上选取默认选项来恢复默认工作区。
虽然 Flash、Illustrator、InCopy、InDesign 和 Photoshop 中的默认工作区各不相同，但您在这些应用程序中处理元素的方式大体相同。Photoshop 默认工作区是一种典型的工作区：
位于顶部的菜单栏用于组织菜单下面的命令。
"工具"面板（在 Photoshop 中称为"工具"调板）包含用于创建和编辑图像、图稿、页面元素等的工具。相关工具将编为一组。
"控制"面板（在 Photoshop 中称为选项栏）显示当前所选工具的选项。（Flash 没有"控制"面板。）
"文档"窗口（在 Flash 中称为舞台）显示正在使用的文件。
面板（在 Photoshop 中称为调板）可帮助您监视和修改您的工作。示例包括 Flash 中的时间轴以及 Photoshop 中的"图层"调板。默认情况下，将显示某些面板，但是，可以通过从"窗口"菜单中选择任何面板来添加该面板。很多面板都具有菜单，其中包含特定于面板的选项。可以对面板进行编组、堆叠或停放。
查看完全大小图形

图 1.55

3. 查看 Photoshop 的版本信息

单击“帮助”→“关于 Photoshop”菜单命令，这时屏幕上会出现一个有关 Photoshop 版本信息的对话框。在对话框的上方显示出了用户姓名、用户单位名称、Photoshop 许可的软件序列号，在对话框的中间显示出了当前安装的 Photoshop 的版本，在屏幕的下方以滚动的形式显示出了 Photoshop 软件的使用注意事项、版权信息、公司地址及电话等，如图 1.56 所示。

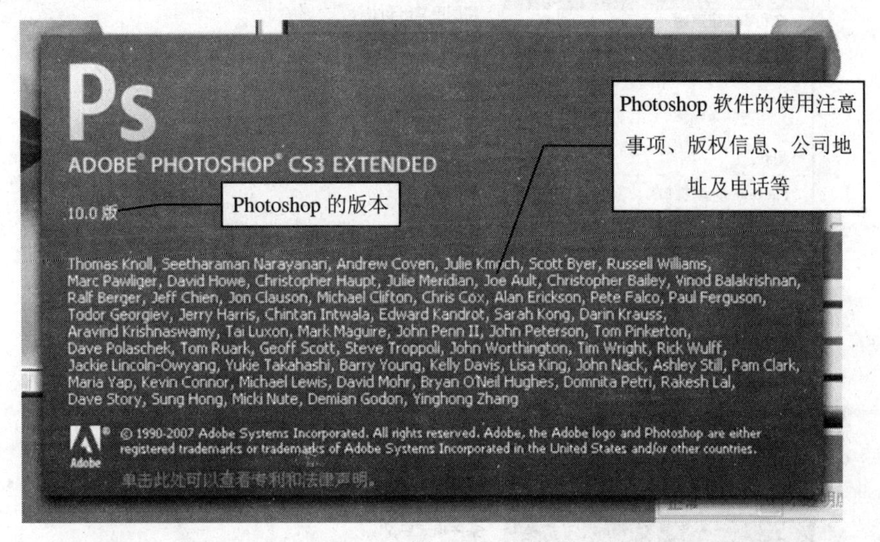

图 1.56

用鼠标单击对话框的任意位置，将关闭这个对话框，回到 Photoshop 主窗口画面。

4. 查看 Photoshop 的增效工具

在 Photoshop CS3 中增加了增效工具，以制作各种特殊效果。要了解这些增效工具请单击“帮助”→“关于增效工具”菜单命令，这时屏幕上出现了一个“增效工具”子菜单，其中列出了增效工具的名称，如图 1.57 所示。这个子菜单有些特别，它充满了整个屏幕，要想查看所有的增效工具请单击菜单最上面的向上三角箭头和最下面的向下三角箭头，可以显示出更多的增效工具。

用户可以在这些增效工具中选择自己需要了解的那一个，Photoshop CS3 就可以显示出这个增效工具的帮助信息，如增效工具制作的时间、制作公司、版本号以及增效工具的作用简介。这里选择单击增效工具“水波”，如图 1.57 所示。

这时看到屏幕上出现了一个“水波”增效工具说明窗口，其中简要地介绍了“水波”增效工具的作用及效果，如图 1.58 所示。单击窗口的任意位置，可以关闭这个说明窗口，回到 Photoshop CS3 的主窗口画面。

5. 获取网络联机帮助信息

在帮助菜单中的中部有 3 个通过 Internet 取得帮助的菜单命令，它们分别是“更新”、“注册”、“Photoshop 联机”菜单命令，分别可以从网上获取 Photoshop 的常见问题解决方法、定期下载 Photoshop 的更新版本和新增组件、获取有关 Photoshop 的最新信息、对 Photoshop CS3 进行网上注册、定期从网上更新自己计算机中有关 Photoshop 的各种程序和组件。

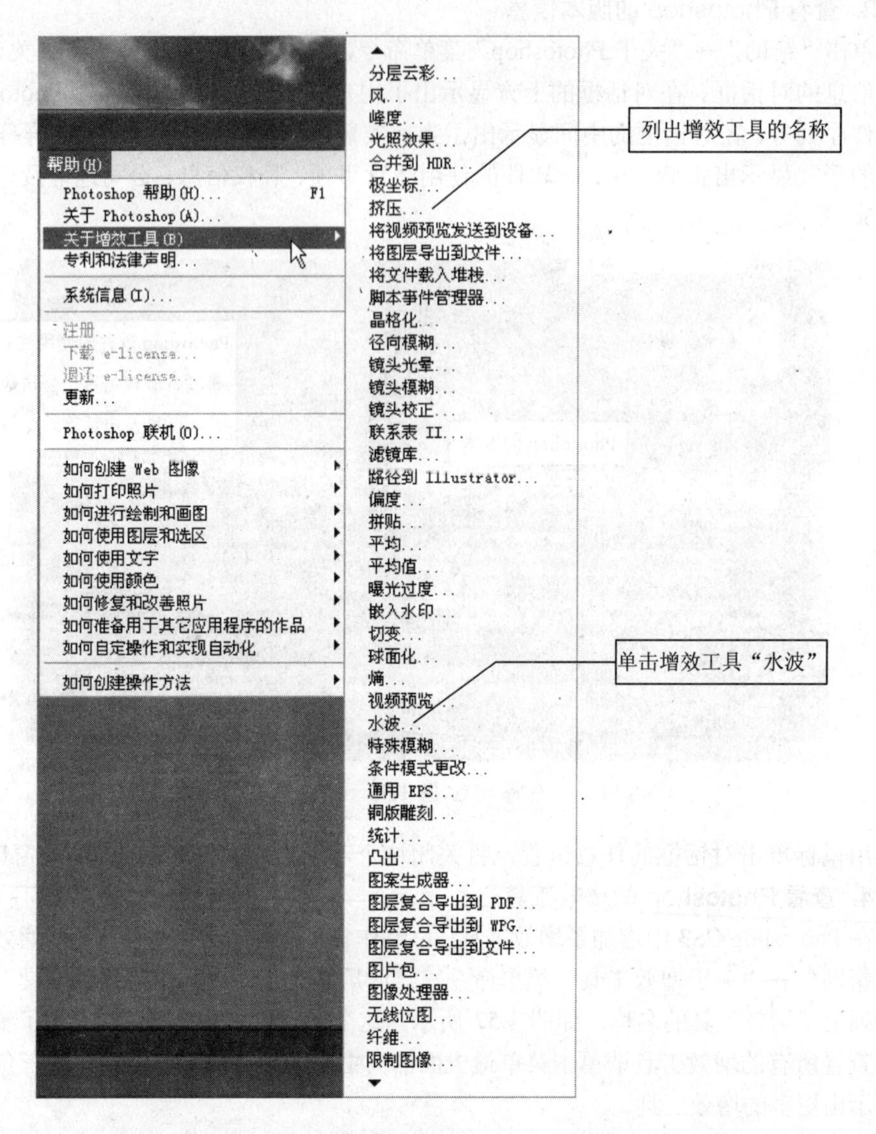

图 1.57

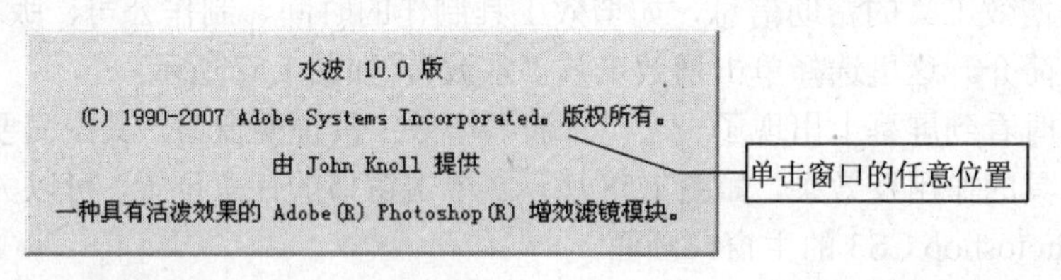

图 1.58

获取联机帮助信息的方法：单击“帮助”→“Photoshop 联机”菜单命令，将打开“Photoshop 联机”网页，如图 1.59 所示。该网页用来访问 Adobe 公司的 Web 站点，以便获取有关 Photoshop CS3 的最新信息，并定期下载 Photoshop CS3 的更新版本和新增组件。

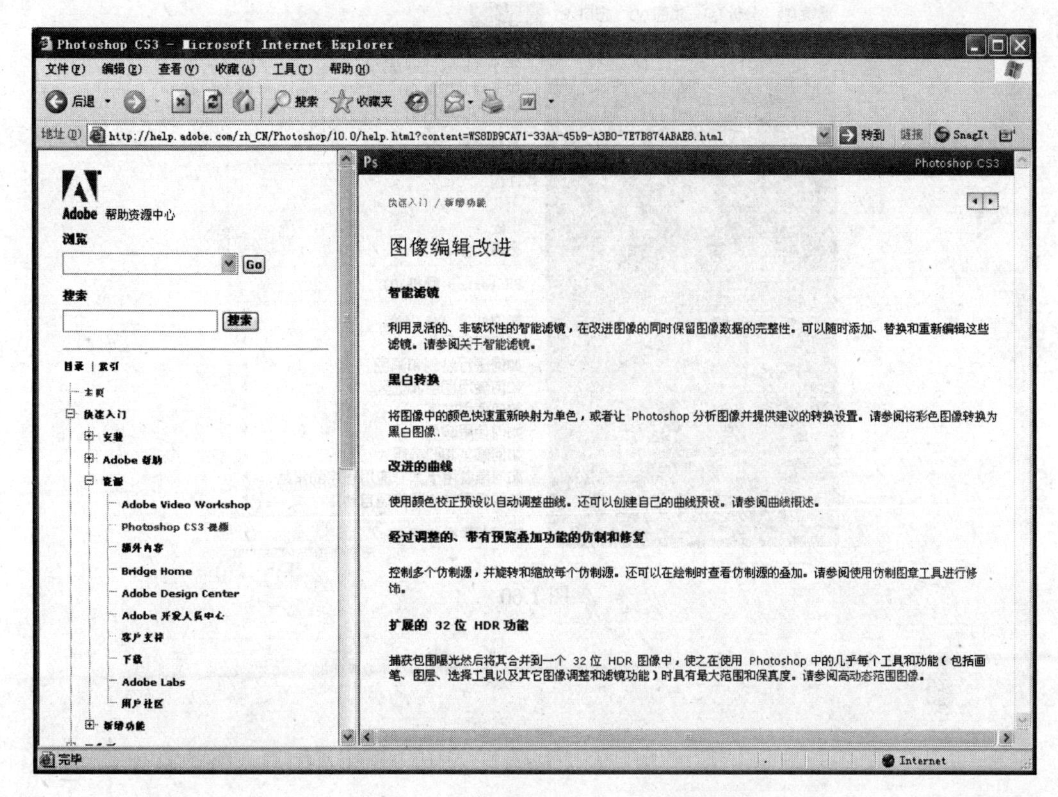

图 1.59

单击“帮助”→“更新”菜单，这时计算机就与 Internet 建立了连接，系统将打开默认的 Web 浏览器，例如 Microsoft Internet Explorer 浏览器程序，并打开其 Internet 连接对话框，在该对话框中输入账户名、密码，并单击“连接”按钮后，Microsoft Internet Explorer 就开始搜索并访问 Adobe 公司的 Web 站点。

搜索到 Adobe 公司的 Web 站点的时间取决于计算机的性能、调制解调器的速度以及当前网络的繁忙程度。等待片刻后，将在 Microsoft Internet Explorer 浏览器中打开 Adobe 公司站点。网址为 http://www.chinese-s.adobe.com/products/photoshop/main.html，包括产品、解决方案、支持、怎样购买、公司等栏目。从 Adobe 公司站点既可以获得有关 Adobe 公司的信息，又可以了解 Photoshop 的最新情况，还可以免费下载更新的组件，学习一些 Adobe 公司技术人员设计好的 Photoshop 技巧练习，并且与 Adobe 公司建立联系。详细情况，请用户上网访问该站点便知道了。

6. Photoshop CS3 的帮助向导

在“帮助”菜单的最下面有 10 个帮助向导，它们分别是“如何创建 Web 图像”、“如何打印照片”、“如何进行绘制和画图”、“如何使用图层和选区”、“如何使用文字”、“如何使用颜色”、“如何修复和改善照片”、“如何准备用于其它应用程序的作品”、“如何自定操作和实现自动化”、“如何创建操作方法”，如图 1.60 所示。

此外，Photoshop CS3 提供一系列帮助用户把图像放置在其它应用程序中的功能，用户可以使用剪辑路径命令定义准备放置到排版应用程序的图像透明区域。

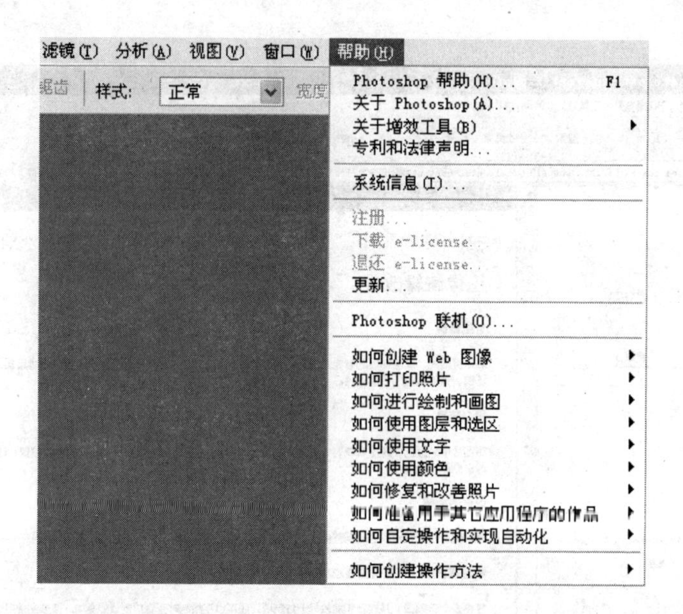

图 1.60

[illegible] Microsoft Internet Explorer [illegible] Internet [illegible] Microsoft Internet Explorer [illegible] Adobe 公司的 Web 站点。

[illegible] Adobe 公司的 Web 站点 [illegible] Microsoft Internet Explorer 浏览器中打开 Adobe 公司的网站，其网址为 http://www.chinese.adobe.com/products/photoshop/main.html [illegible] Adobe [illegible] Adobe [illegible] Photoshop 的最新情况 [illegible] Adobe [illegible] Photoshop [illegible] Adobe [illegible]

5. Photoshop CS3 的帮助向导

在“帮助”菜单的底部有 10 个帮助向导，它们分别是“如何创建 Web 图像”、“如何打印照片”、“如何进行绘制和画图”、“如何使用图层和选区”、“如何使用文字”、“如何使用颜色”、“如何修复和改善照片”、“如何准备用于其它应用程序的作品”、“如何自定操作和实现自动化”、“如何创建操作方法”，如图 1.60 所示。

此外，Photoshop CS3 [illegible]

第2章 基础操作与视图显示

学习目标

本章系统讲解了"文件"菜单和"视图"菜单及一些相关工具的使用，使读者可以尽快掌握图像信息在计算机中的存储方法；掌握建立、打开和保存图像文件的基本操作以及视图显示和使用参考线的各种方法。

色彩的选择和调节是Photoshop CS3最常用的命令，本章详细讲解了色彩选择的各种方法及使用技巧。

2.1 Photoshop菜单命令及其规则

2.1.1 Photoshop菜单命令

安装在Windows中的Photoshop CS3共有10个菜单，分别是"文件"菜单、"编辑"菜单、"图像"菜单、"图层"菜单、"选择"菜单、"滤镜"菜单、"分析"菜单、"视图"菜单、"窗口"菜单和"帮助"菜单，如图2.1所示。每一个菜单中都有不少子菜单，而且每个子菜单一般都有若干个选项。其中"帮助"菜单是Windows操作系统所特有的，它与Windows操作系统的帮助系统融为一体。有关获取Photoshop CS3帮助信息的内容，请参见1.4节。下面简要地介绍一下其它各项菜单的主要功能，更详细的内容，在本书后面的章节中进行介绍。

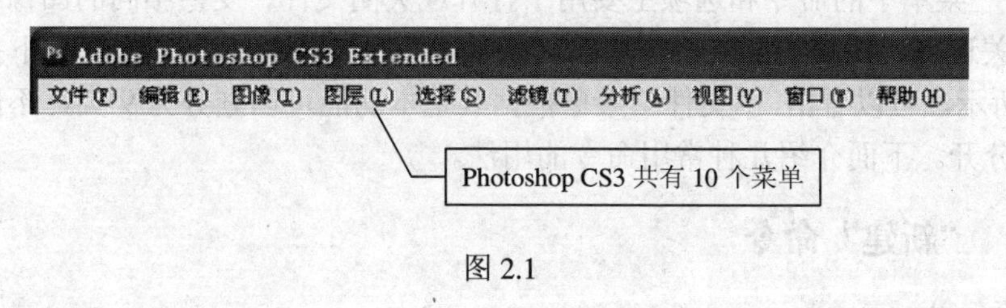

图2.1

2.1.2 Photoshop菜单命令的规则

(1) 带省略号的命令，表示执行该项命令之后，就会弹出一个对话框，要求设置某些参数。例如"打开..."、"打印..."等命令，如图2.2所示。

(2) 有些菜单中的命令后面还有"Ctrl+P"等字样，表示同时按住Ctrl键和P键，可以直接在键盘上完成该命令的操作，如图2.2所示。

(3) 有些命令后面有一个小三角，表示该命令还有子菜单，如"文件"菜单下的"自动"命令，如图2.2所示。

(4) 有些命令呈灰色，表示当前状态下该命令不可执行，只有在特定条件下才能执行，如“文件”菜单下的“存储”命令，如图 2.2 所示。

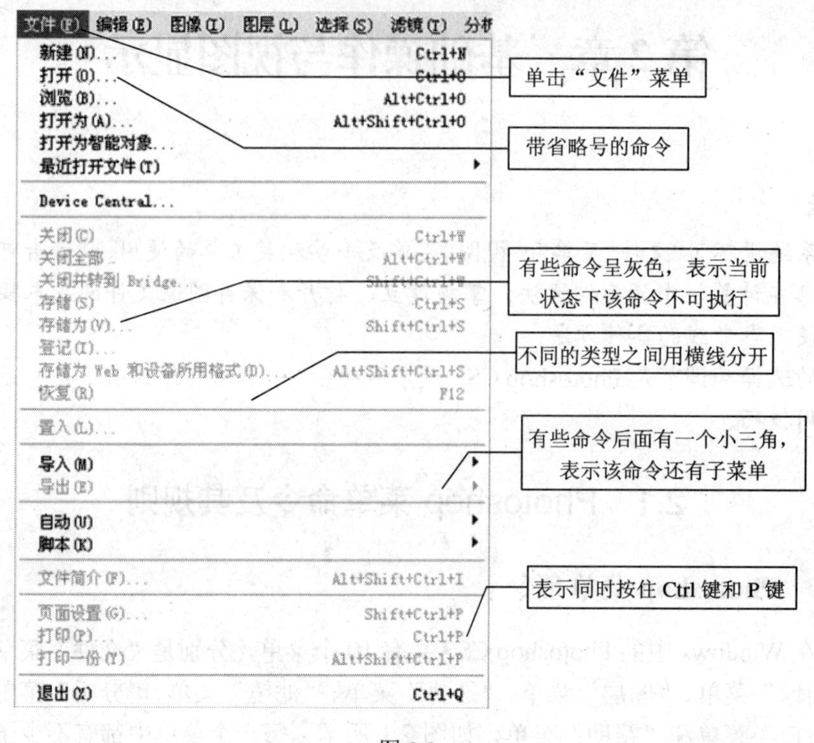

图 2.2

2.2 “文件”菜单

“文件”菜单中的命令和选项主要用于打开或关闭文件、变换不同的图像格式、设置文件的有关选项、系统的配置等。单击“文件”菜单，可以弹出“文件”下拉式菜单，如图 2.2 所示。可以看出，“文件”菜单根据其基本功能可以划分为 9 类，不同的类型之间用横线分开。下面介绍几种常用命令的用法。

2.2.1 “新建”命令

该命令创建一个空白的、默认文件名为“未标题-1”的 Photoshop 图像文件。

2.2.2 “打开”命令

该命令可以直接打开一个 Photoshop 认可格式的图像文件。

2.2.3 “浏览”命令

该命令打开一个图像浏览器，在右侧的选项栏中选择需要浏览的文件夹，即可观看该文件夹的所有图像内容，如图 2.3 所示。

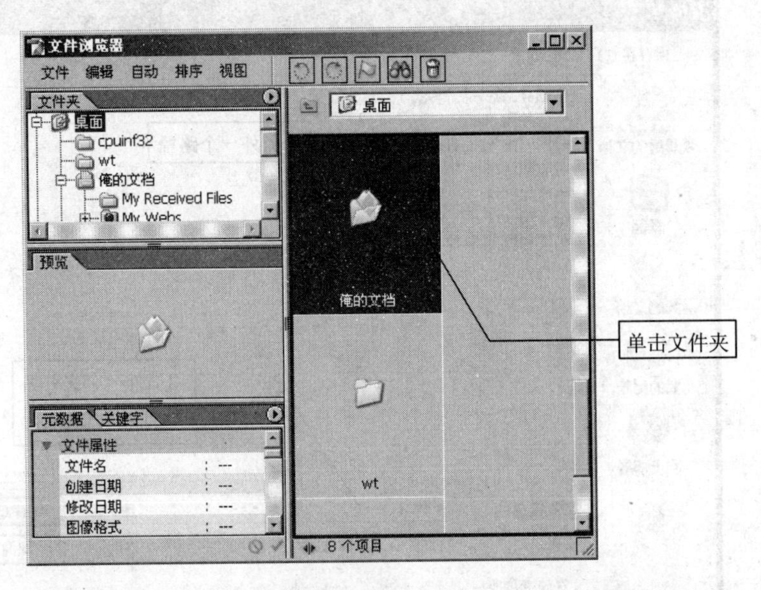

图 2.3

2.2.4 “关闭”命令

该命令将关闭一个已经打开的文件。如果该文件已经修改过而未存盘，则会出现是否要保存的对话框，如图 2.4 所示，单击“是”按钮可保存该文件。

图 2.4

2.2.5 “存储”命令

使用该命令可以用当前文件名及当前的文件格式保存文件，不出现是否要保存文件的对话框，直接保存对图像的修改及设置。如果当前文件为新建的、还未命名的文件，则系统直接运行“存储为”命令。

2.2.6 “存储为”命令

单击“存储为”命令将打开如图 2.5 所示的“存储为”对话框，可在对话框中输入一个新的文件名或选择另外一个路径来保存文件。单击“格式”下拉列表框右边的向下箭头，可以为即将存储的副本文件指定各种图形格式。

选中“作为副本”复选框，可以保存文件的一个副本，而对原来的图像不作任何的变化，这对于将修改后的结果保存下来而不破坏原来的文件是十分有用的。

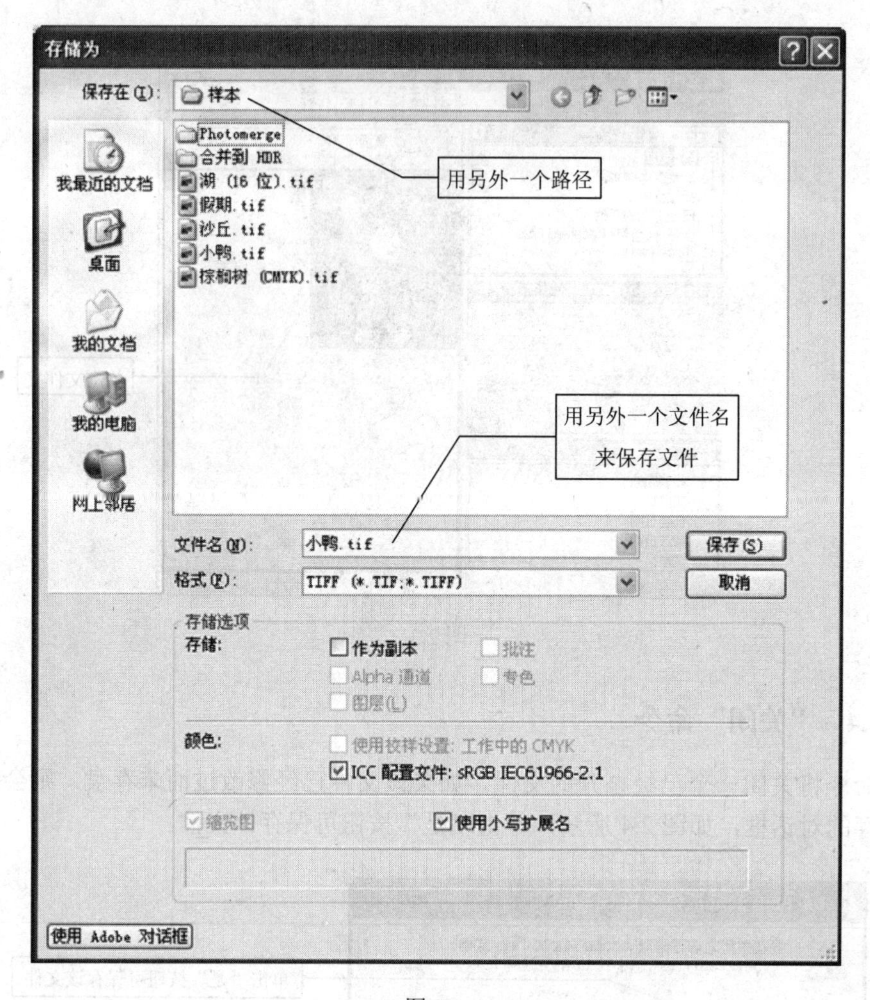

图 2.5

选中“图层”复选框可以保留文件中的所有图层。不选中“图层”复选框，将拼合所有图层。即把一幅图像所有可见的层都融合进一层中，这样可以极大地减小图形文件的大小。拼合图层会丢弃不可见的图层，所有透明的区域将用白色来填充。在大多数情况下，只有当已经对各层都编辑好了，才拼合图层。

2.2.7 “存储为 Web 所用格式”命令

执行该命令，可以将图像存储为网络图形 HTML、JPG、PNG、GIF 格式的图形，并可设置不同格式文件的参数。

2.2.8 “恢复”命令和“历史记录”调板

(1)“恢复”命令。执行该命令，可以让用户将图像恢复至上次保存的状态，所有的修改将被全部放弃。

(2)“历史记录”调板。“历史记录”调板允许在编辑图像的过程中，随时取消各种操作，单击要恢复的步骤，即可恢复图像至任何一个过去的状态，如图 2.6 所示。

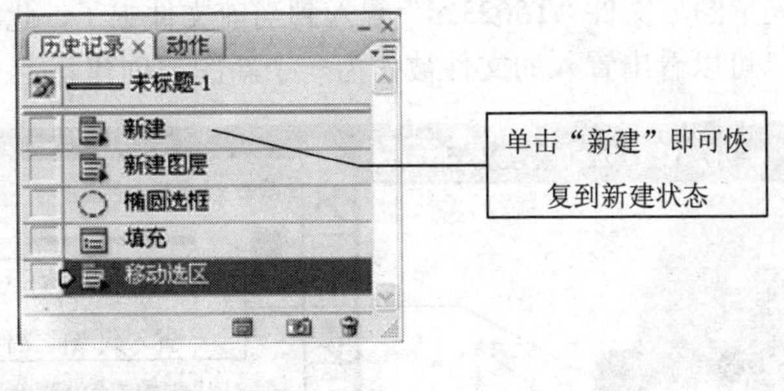

图 2.6

2.2.9 “置入”命令

该命令用于向当前文件中置入一个 EPS 或 AI 格式的矢量图形文件，并把输入的矢量图形文件作为当前文件的一个层放置。在置入后，用户可以改变矢量图形的尺寸大小。

例如，将矢量图形文件“T5623.ai”置入当前文件中，按下列步骤进行操作：

(1) 单击“文件”→“打开”菜单命令。这时屏幕上出现了一个“打开”对话框，选择“小鸭”图形文件，然后单击“打开”按钮。这样就打开了一个图形文件，此时可以从“图层”调板上看到此文件只有一个图层，即背景层。

(2) 单击“文件”→“置入”菜单命令。这时屏幕上出现了一个“置入”对话框，如图 2.7 所示。在搜寻右边的路径下拉列表框中选择路径“E:\素材库\第二章”，并在文件列表中选择“T5623.ai”矢量图形文件，然后单击“置入”按钮。

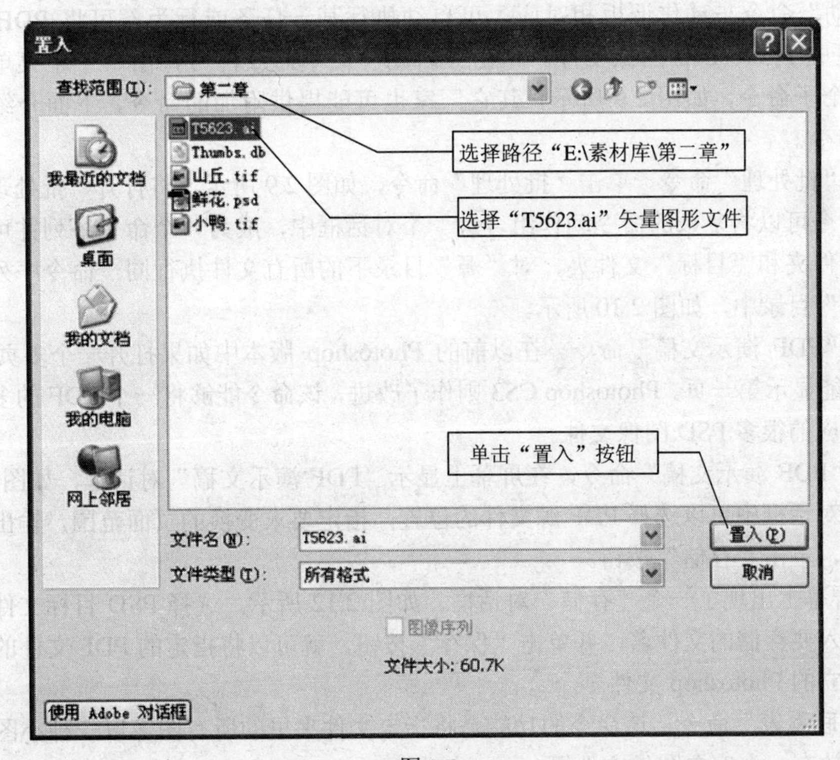

图 2.7

(3) 这时已将矢量图形文件“T5623.ai”置入到当前文件中了，此时的图像和“图层”调板如图 2.8 所示，可以看出置入的文件被作为一个新图层创建。

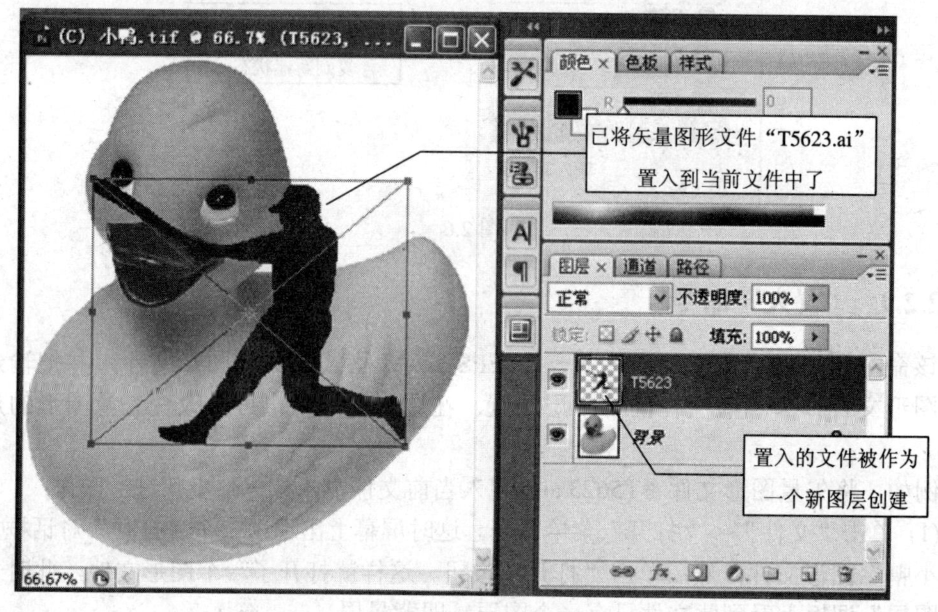

图 2.8

2.2.10 “自动”命令

“自动”命令与动作调板相对应，可自动执行某一任务或行为，可将 PDF 格式文件自动生成 Photoshop 图像文件。单击“自动”菜单命令，可弹出一个子菜单，其中包括 11 个子命令，如图 2.9 所示，其它厂家也可能提供附加的命令，下面介绍其中的几个子命令。

(1) “批处理”命令。单击“批处理”命令，如图 2.9 所示，将打开“批处理”对话框。该命令可以将复杂的命令动作组合进一个对话框中，成为一个命令序列并可以选择“源”文件夹和“目标”文件夹，对“源”目录下的所有文件执行同一命令序列并输出到“目的”目录中，如图 2.10 所示。

(2) “PDF 演示文稿”命令。在以前的 Photoshop 版本中如果打开一个多页的 PDF 文件，只能显示第一页。Photoshop CS3 则作了改进，该命令能够将一个 PDF 的多页文件转化为相应的很多 PSD 图像文件。

单击“PDF 演示文稿”命令，在屏幕上显示“PDF 演示文稿”对话框，如图 2.11 所示，在此对话框中可以选择 PDF 源文件的位置，指定要求变换的页面范围，输出文件的一些设置，单击“存储”按钮。

这时屏幕上出现了一个“存储”对话框，如图 2.12 所示，选择 PSD 目标文件的输出位置并输入要存储的文件名，并单击“保存”按钮，就可以将指定的 PDF 文件的每一页变换为独立的 Photoshop 文件。

(3) “联系表”命令。该命令的功能是将指定文件夹里的所有图像以一种小图标的方式顺序排放在一个空白图像文件里。

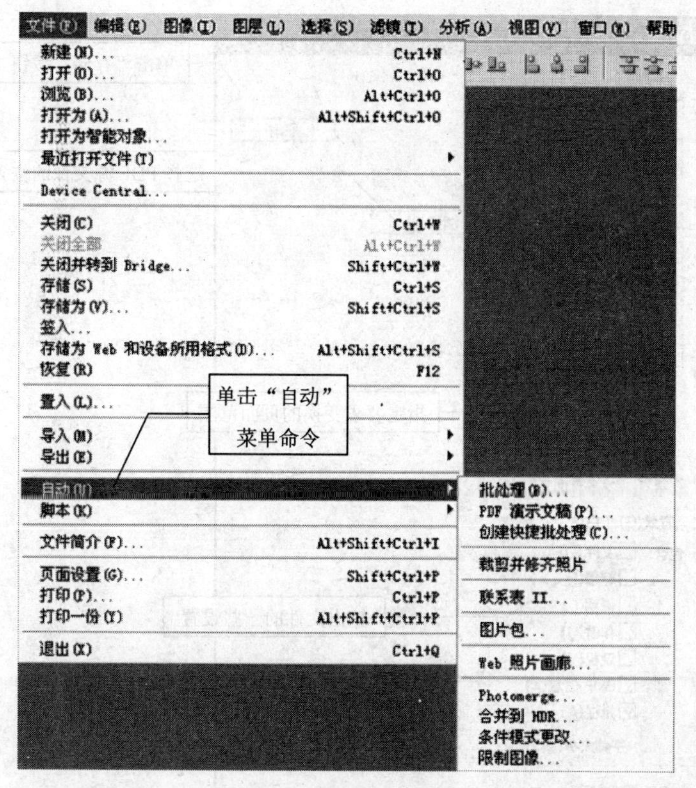
文件(F)
编辑(E)
图像(I)
图层(L)
选择(S)
滤镜(T)
分析(A)
视图(V)
窗口(W)
帮助
新建(N)... Ctrl+N
打开(O)... Ctrl+O
浏览(B)... Alt+Ctrl+O
打开为(A)... Alt+Shift+Ctrl+O
打开为智能对象...
最近打开文件(T)
Device Central...
关闭(C) Ctrl+W
关闭全部 Alt+Ctrl+W
关闭并转到 Bridge... Shift+Ctrl+W
存储(S) Ctrl+S
存储为(V)... Shift+Ctrl+S
签入...
存储为 Web 和设备所用格式(D)... Alt+Shift+Ctrl+S
恢复(R) F12
置入(L)...
导入(M)
导出(E)
自动(U)
脚本(K)
文件简介(F)... Alt+Shift+Ctrl+I
页面设置(G)... Shift+Ctrl+P
打印(P)... Ctrl+P
打印一份(Y) Alt+Shift+Ctrl+P
退出(X) Ctrl+Q
批处理(B)...
PDF 演示文稿(P)...
创建快捷批处理(C)...
裁剪并修齐照片
联系表 II...
图片包...
Web 照片画廊...
Photomerge...
合并到 HDR...
条件模式更改...
限制图像...
单击“自动”
菜单命令

图 2.9

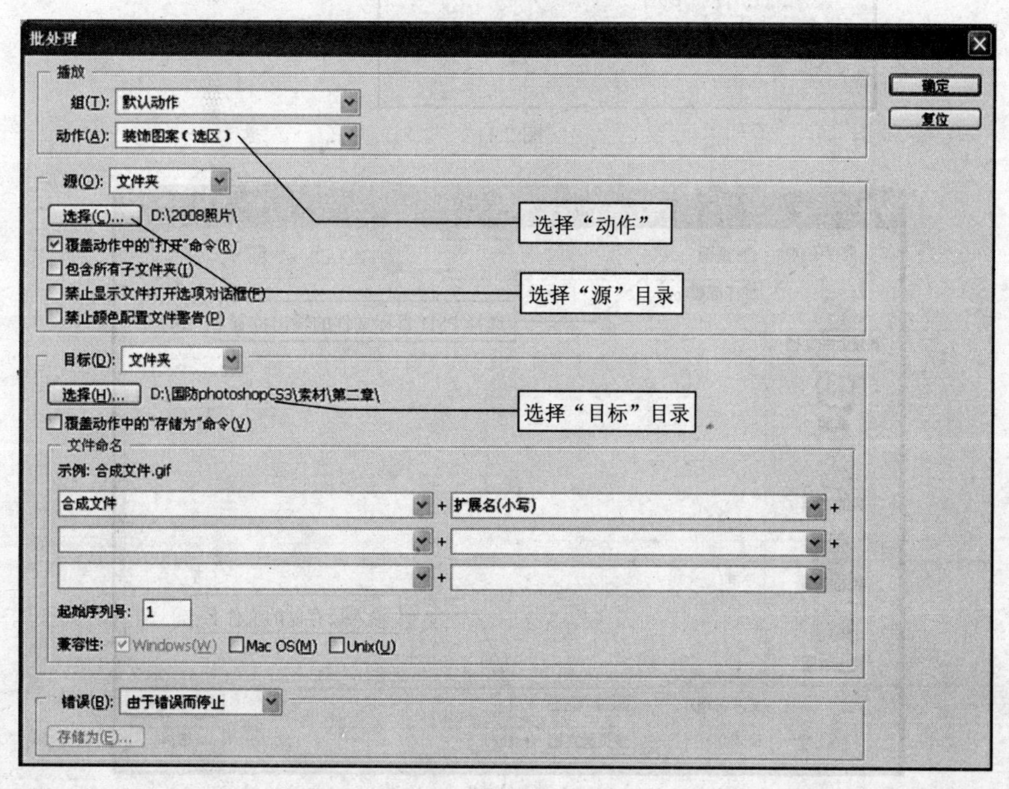
批处理
播放
组(T): 默认动作
动作(A): 装饰图案(选区)
确定
复位
源(O): 文件夹
选择(C)... D:\2008照片\
覆盖动作中的"打开"命令(R)
包含所有子文件夹(I)
禁止显示文件打开选项对话框(F)
禁止颜色配置文件警告(P)
选择“动作”
选择“源”目录
目标(D): 文件夹
选择(H)... D:\国防photoshopCS3\素材\第二章\
覆盖动作中的"存储为"命令(V)
选择“目标”目录
文件命名
示例: 合成文件.gif
合成文件
扩展名(小写)
起始序列号: 1
兼容性: Windows(W) Mac OS(M) Unix(U)
错误(B): 由于错误而停止
存储为(E)...

图 2.10

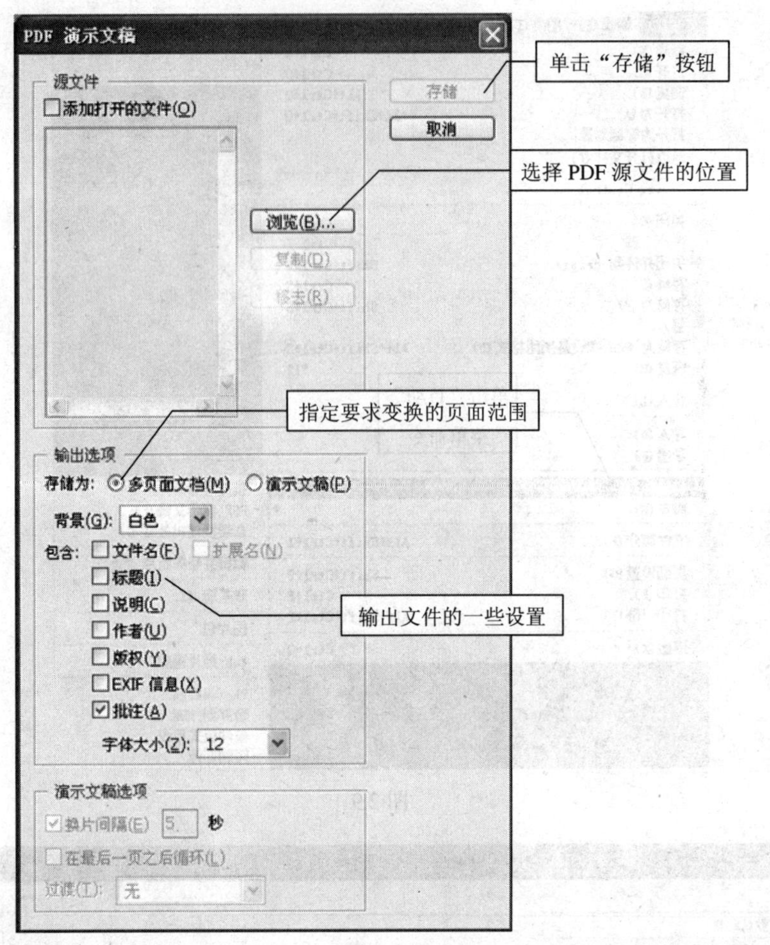
PDF 演示文稿
源文件
添加打开的文件(O)
存储
取消
浏览(B)...
复制(D)
移去(R)
输出选项
存储为: 多页面文档(M) 演示文稿(P)
背景(G): 白色
包含: 文件名(F) 扩展名(N)
标题(I)
说明(C)
作者(U)
版权(Y)
EXIF 信息(X)
批注(A)
字体大小(Z): 12
演示文稿选项
换片间隔(E) 5 秒
在最后一页之后循环(L)
过渡(T): 无
单击“存储”按钮
选择 PDF 源文件的位置
指定要求变换的页面范围
输出文件的一些设置

图 2.11

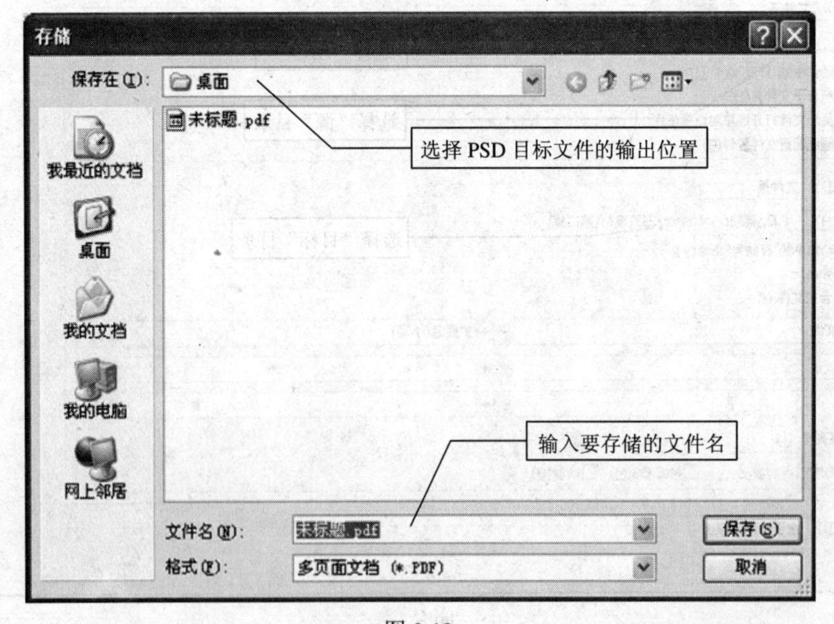
存储
保存在(I): 桌面
未标题.pdf
我最近的文档
桌面
我的文档
我的电脑
网上邻居
文件名(N): 未标题.pdf
格式(F): 多页面文档 (*.PDF)
保存(S)
取消
选择 PSD 目标文件的输出位置
输入要存储的文件名

图 2.12

单击“联系表”命令，可以打开一个“联系表 II”对话框，如图 2.13 所示。在此对话框中可以选择源文件路径，定义产生的新图像（即联系表的设置和版面设置），定义缩览图的尺寸和格式等。

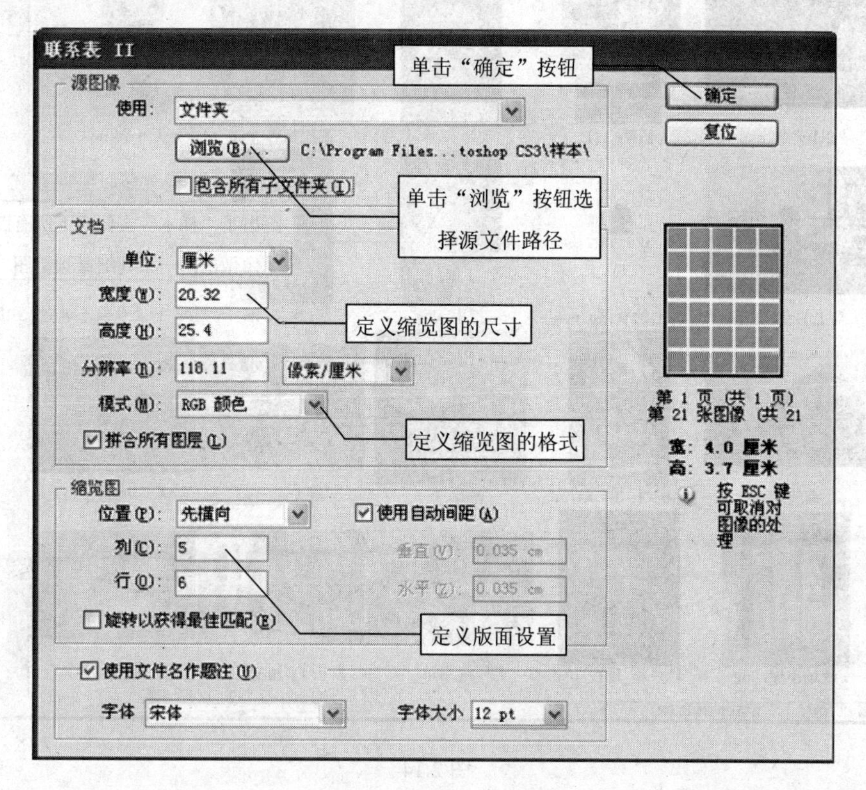

图 2.13

这里单击“浏览”按钮，在弹出的“浏览文件夹”对话框中选择“D:\Program Files\Adobe\Photoshop CS3\样本”文件夹，并单击“确定”按钮。关闭“包含子目录”复选框，其它选项如图 2.13 所示，然后单击“确定”按钮。这时屏幕上出现了一个新建的文件，其中给出了样本文件夹下所有图像做出的一系列细微预览图，如图 2.14 所示。

(4) “条件模式更改”命令。如果指定某几种颜色模式变换为另外的图像颜色模式，“条件模式更改”命令将满足条件模式的源图，变换为指定的颜色模式。

首先打开一个想要变换为其它模式的图像，然后单击“条件模式更改”命令，将出现“条件模式更改”对话框，如图 2.15 所示。在此对话框中可以指定要求变换的源图图像模式，并指定变换的目标图像模式，最后单击“确定”按钮，这样就完成了“条件模式更改”命令。

通过将该命令记录在“动作”调板之中，防止由于图像模式错误导致的“动作”调板运行错误。同时用于把一个文件夹中的所有文件由其它的格式转化为统一的格式。

(5) “限制图像”命令。该命令调整当前图像的大小到指定的大小，而不改变它的宽高比例。

图 2.14

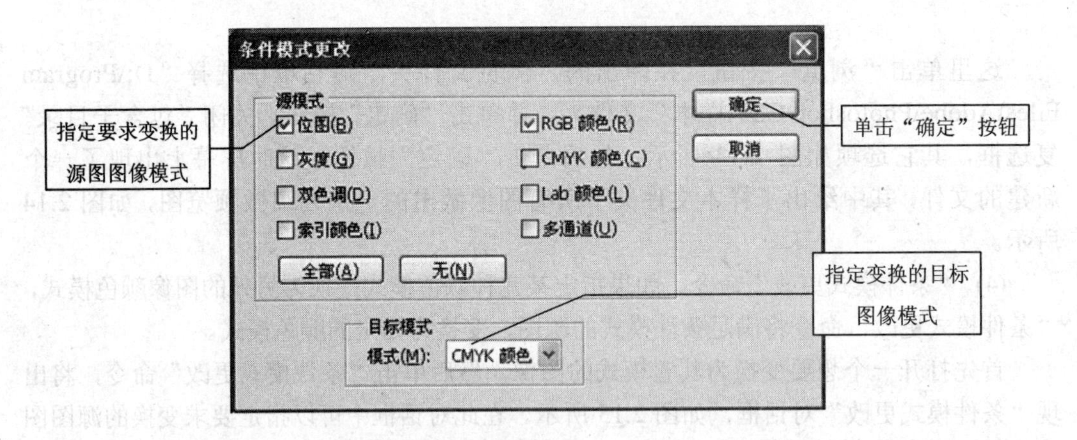

图 2.15

单击“限制图像”命令，可以打开“限制图像”对话框，如图 2.16 所示。在此对话框中可以输入新的宽度和高度，单击“确定”按钮。这时 Photoshop CS3 将使用输入的宽度和高度两个数据中能使图像变为最小的那个数据，以图像原宽高比去计算另一个数据，以得到一个与源图像宽高比相同的新图像。

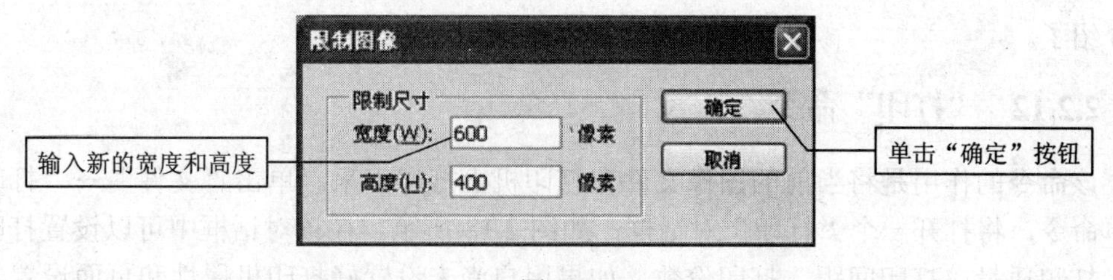

图 2.16

2.2.11 “页面设置”命令

“页面设置”命令用于在打印前进行一些简单的页面设置，以便适应不同的打印机和打印纸张。

单击“页面设置”命令，将打开如图 2.17 所示的“页面设置”对话框。其中“纸张”框提供了两个选项，它们是用来指定纸张大小的“大小”列表框和用来指定送纸方式的“来源”列表框；“方向”组合框其实是指打印的方向是横向的还是纵向的。在“页边距”输入框中可以确定图像与纸张打印区域的上下左右距离。

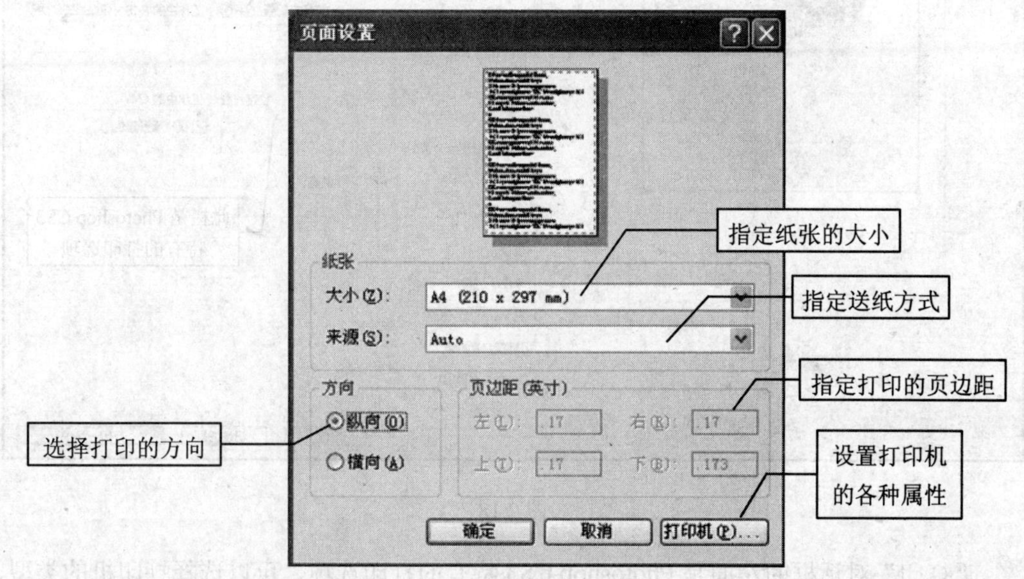

图 2.17

另外，该对话框的底部还有一个“打印机”按钮，单击它将打开“本地打印机”属性对话框，通过该对话框可以设置打印机的各种属性，可以选择打印机的型号并设置打印机的常规、详细资料、共享、纸张、图形、设备选项等属性。还要说明，根据打印机的不同其属性，对话框的内容也有所不同，可根据打印机的说明书来选择。

在 Photoshop CS3 中提供了一些专用的特殊打印选项，合理地设置它们能够适用于不同的工作需求。

单击“页面设置”命令，将打开如图 2.17 所示的“页面设置”对话框。该对话框中有“打印机”框，显示了默认打印机的名称、状态、类型、位置等属性。

以上这几个选项是大多数应用程序的页面设置对话框中都有的选项，这里就不作详细介绍了。

2.2.12 “打印”命令

该命令的作用是将当前的图像文件在打印机上打印出来。单击“文件”→“打印”菜单命令，将打开一个“打印”对话框，如图 2.18 所示。在该对话框中可以设置打印区域、打印质量、打印间距、打印份数。如果用户尚未设置好打印机属性和页面设置，单击“页面设置”按钮并打开“打印机设置”对话框，然后就可以按照上一标题中的介绍进行设置。

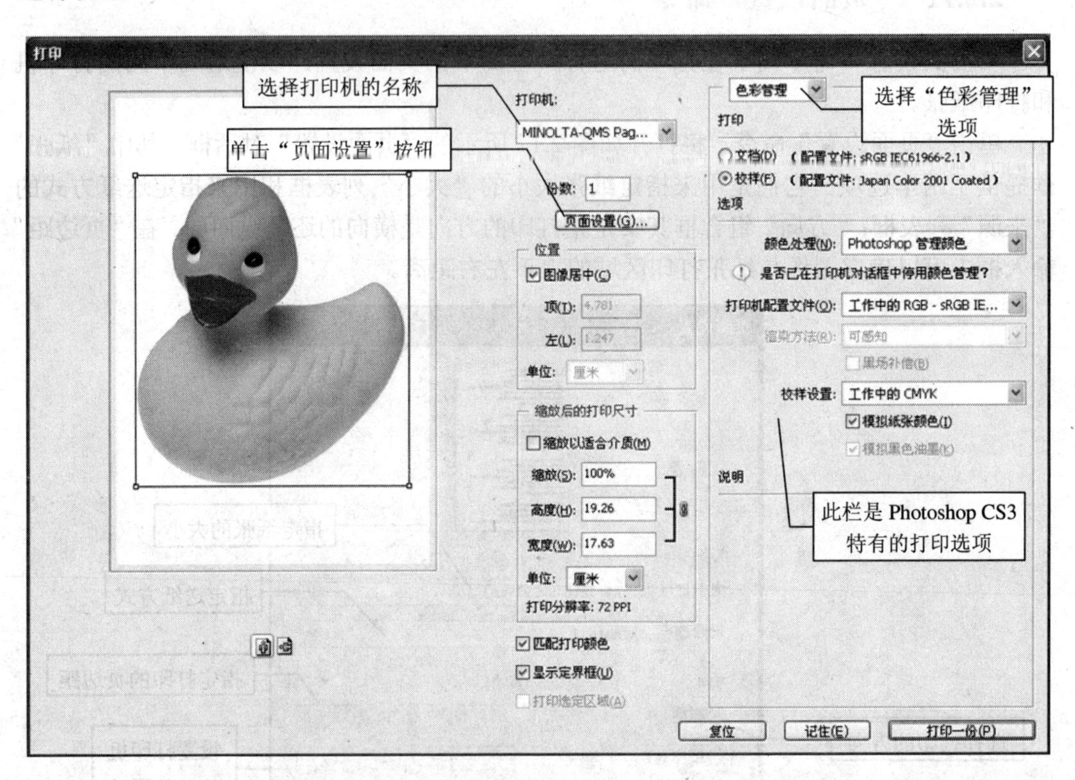

图 2.18

“打印”对话框的左面是 Photoshop CS3 特有的打印选项，可以选择打印机的类型、打印份数、设置图像距离页面顶端及左边界的尺寸、是否居中、打印的缩放比例、打印图像的大小等参数。

在“打印”对话框的底部单击“打印”按钮，可以打印图像。单击“完成”按钮，可以保存打印设置。

“打印”对话框的右面是 Photoshop 特有的打印选项，它们分为两组：一组是色彩管理选项；另一组是输出选项。主要用于印刷出片前的样张打印。下面介绍这些 Photoshop 特有的打印选项。

1. 色彩管理

在“打印”对话框的右上方的“输出/色彩管理”下拉列表框中选择“色彩管理”选项，这时出现了“色彩管理” 组合框，如图 2.18 所示。

(1) 文档：只打印当前图像文件，用于图形打印。

(2) 校样：不仅打印当前图形，还打印标签、对齐标记、校准栏等印刷内容。用于印刷出片前的样张打印，图 2.19 是带有几种打印标记的图像打印效果。

图 2.19

(3) 颜色处理：确定是否使用色彩管理，如果使用则确定是在使用程序中还是在打印设备中使用，或是分色打印。

(4) 打印机配置文件：如果需要使用不同的颜色模式、打印机和纸张来打印，可以选择“打印机配置文件”列表框中所提供的颜色模式进行打印。

(5) 渲染方法：确定色彩管理系统如何处理色彩空间之间的颜色转换，所选取的渲染方法取决于颜色在图像中是否重要以及对图像总体色彩外观的喜好。可选项为：可感知、饱和度、相对比色、绝对比色。

(6) 黑场补偿：在转换颜色时调整黑场中的差异。如果选中此选项，源色彩空间的全范围将会映射至目标色彩空间的全范围。

(7) 校样设置：该校样设置可选择用于将颜色转换为当前试图模拟的色彩空间的配置文件和渲染方法。校样设置文件可通过执行“视图”→“校样设置”→“自定”菜单命令进行创建。

2. 输出

在“打印”对话框的右上方的“输出/色彩管理”下拉列表框中选择“输出”选项，这时对话框的右边出现了“输出”组合框，如图 2.20 所示。其中共有 9 个复选框打印选项，其中除了“负片”、“药膜朝下”和“插值”选项外，其它选项都是用来为打印的图像添加附加说明的。

(1) 校准条：选中该复选框可以在图像的周围打印校准栏。校准栏是一个从 10%~100%分成 10 级的渐变的颜色条，用来测试各层次的颜色和阴影是否正确。专业印刷人员可以根据校准栏判断打印机的颜色状态是否正常，打印效果如图 2.19 所示。

(2) 套准标记：选中该复选框可以在图像的 4 个角上打印出 8 个十字线标记和 2 个星标记，这些标记起定位作用，可在分色打印时准确定位青、品红、黄、黑 4 种印刷色板的位置，打印效果如图 2.19 所示。

(3) 角裁剪标志：选中该复选框可以用来在图像周围的 4 个角上各打印两条垂直方向的裁剪线，用于在装订时剪下图像周围无用的部分，打印效果如图 2.19 所示。

(4) 中心裁切标志：选中该复选框可以在图像的上下左右的中间部分各打印出一对水平和垂直交叉线，用来表明图像的中心位置。

(5) 说明：选中该复选框可以在图像下面打印说明信息，说明题注按 9 磅 Helvetica 字体打印。可以通过单击“文件”→“文件简介”菜单命令，在打开的“文件简介”对话框中输入题注信息。

(6) 标签：选中该复选框可以用来在图像上面打印出图像名称和颜色通道的名称。它也以 9 磅的 Helvetica 字体打印，打印效果如图 2.19 所示。

(7) 药膜朝下：该选项可以把胶片翻转，从而决定把图像打印在胶片的哪一面。选中该复选框后，将把图像打印在胶片的下面。“药膜朝下”和“负片”选项都只对图像排版机有用。

(8) 负片：选中该复选框可以用来转换图像的黑白两色，就像照相底片与洗出来的照片的关系一样。

(9) 插值：选中该复选框可以让 Photoshop CS3 对低分辨率图像的打印进行抗锯齿处理。

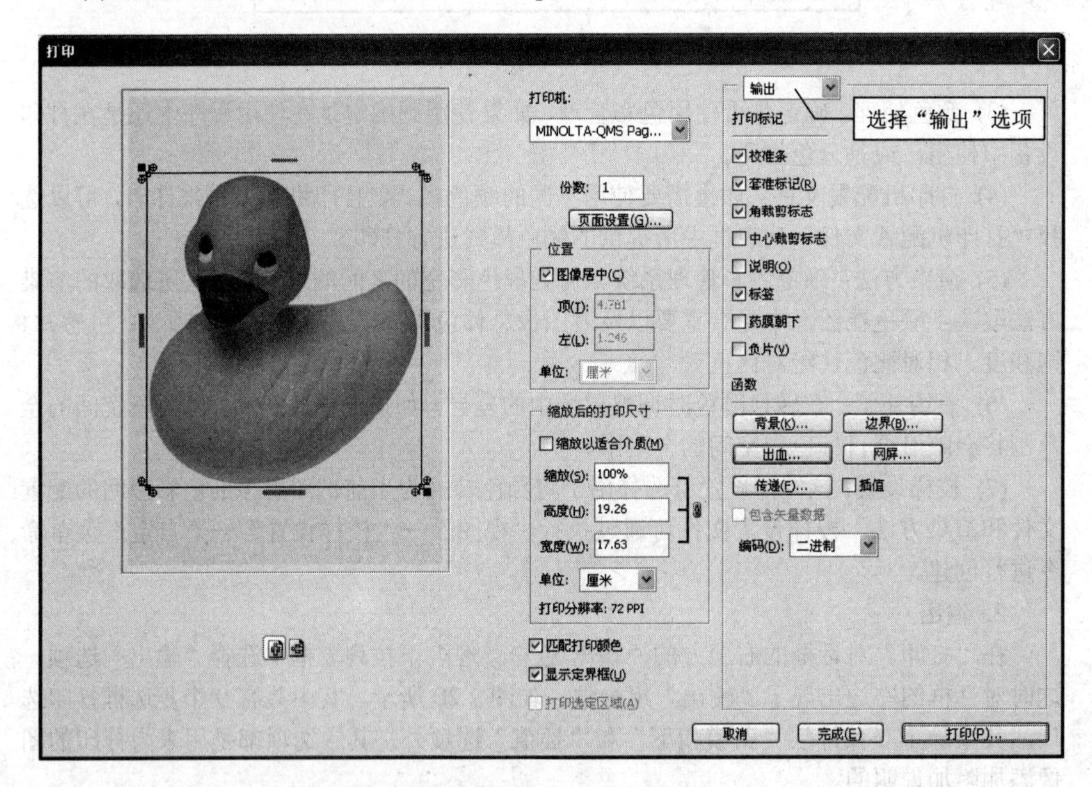

图 2.20

在“输出”组合框中的打印按钮共有 5 个，它们都有对应的设置对话框，其中“挂网”和“传递”还将在后面作详细介绍。

(1) 背景：启动该按钮能够设置打印图像周围区域的颜色。单击该按钮将打开“拾色器”对话框，用来选择所需的颜色。

(2) 边界：单击该按钮将打开如图 2.21 所示的“边界”对话框，允许在打印图像的周围加上指定宽度的黑色边框，宽度的单位可以是点、英寸(1 英寸=25.4 毫米)和毫米。

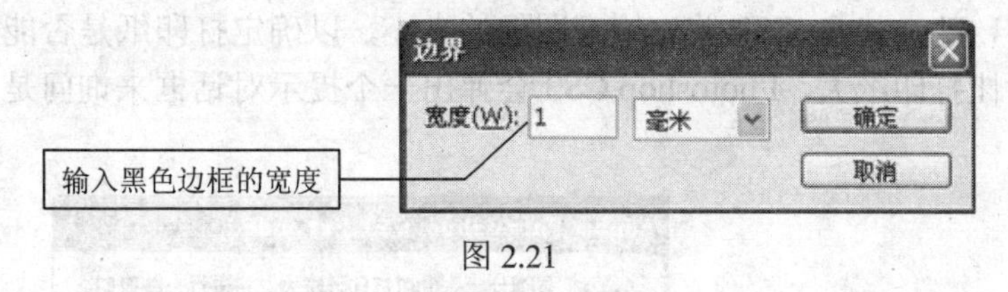

图 2.21

(3) 出血：单击该按钮，将打开“出血”对话框，如图 2.22 所示。Photoshop 允许在该对话框中指定打印图像“出血”的宽度，宽度的单位可以是点、英寸和毫米。在页面版心外的空白处打印出的图像部分叫做“出血”。

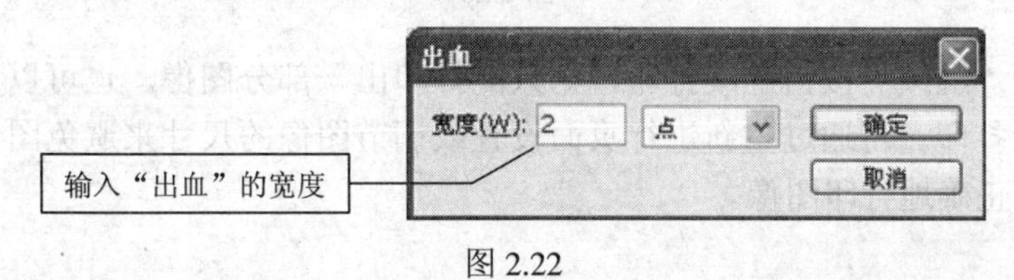

图 2.22

(4) 网屏：单击该按钮允许用户设置挂网频率及打印半色调的栅格类型。

(5) 传递：单击该按钮允许用户设置屏幕显示的亮度值转换为打印灰度值的方式。

选择完以上选项后单击“打印”按钮，进入打印机的常规设置。单击“完成”按钮，保存打印设置，退出“打印”对话框，不进行打印。单击“退出”按钮，不保存打印设置并退出打印对话框。

在单击“打印”按钮后，屏幕上出现了一个“打印”对话框，其中显示的是“常规”设置选项，如图 2.23 所示。在该对话框中可以选择打印机并设置打印范围和打印份数。

图 2.23

如果用户尚未设置好打印机属性，单击“首选页”按钮将打开“打印机设置”对话框，然后就可以按照上边标题中的介绍进行设置。单击“打印”按钮，就可以开始打印了。

在打印前，Photoshop CS3 首先检查图像的大小，以确定打印纸是否能打印得下，如果图像的尺寸比打印纸大，Photoshop CS3 会弹出一个提示对话框来询问是否继续，如图 2.24 所示。

图 2.24

如果单击“继续”按钮继续打印，则只能打印出一部分图像。也可以单击“取消”按钮，来停止打印。再通过重新进行页面设置或调节图像的尺寸来避免图像的尺寸比打印纸大，从而正确地打印图像。

2.3 视图显示

在用户编辑图像时，为了观察“细致入微”的图像区域的部分，需要将图像的细小部分放大；而为了对图像“统观全局”，对大图像视图要将其适当缩小，实际上窗口的大小往往并不改变，图像的比例也并不改变。下面讲解怎样调整图像的显示比例及观看图像的方法。

2.3.1 抓手工具

“抓手工具”：该工具是用来方便看图的，当图像的显示窗口比实际图像小的时候，使用“抓手”工具就十分有用了。利用它可以帮助用户移动图像，从而方便地观看到图像的不同区域，类似于窗口中的滚动条，但它比滚动条还要好用一些，更加随意和方便。

具体的使用方法按下列步骤操作：

(1) 单击工具箱中的“抓手工具”，并移至图像上的任意位置，如图 2.25 所示。

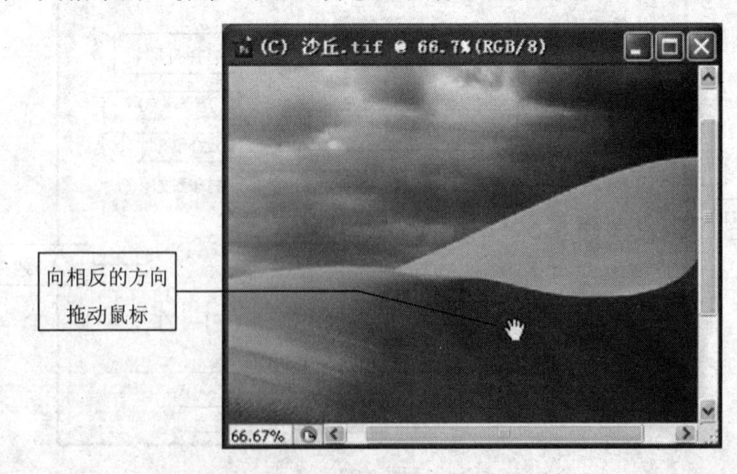

图 2.25

(2) 想看哪个方向的图像区域，就向相反的方向拖动鼠标。

(3) 双击“抓手工具”可以按满画布方式显示图像。

(4) 任何时候，只要按住空格键不放，鼠标会变成“抓手工具”，就可以像选择了它一样使用。

“抓手工具”选项栏上有3个调整图像大小的按钮，如图2.26所示，可以分别按“实际像素”、“适合屏幕”、“打印尺寸”显示图像。

图 2.26

2.3.2 缩放工具

利用“缩放工具”观看图像，按下列步骤操作：

(1) 放大图像的显示比例，在工具箱中单击“缩放工具”按钮，然后将光标移至图像窗口中变成放大镜形状时，这时放大镜里面带有一个加号，如图2.27所示。单击鼠标即可使图像的显示比例增大一倍。

(2) 当要对图像窗口中的显示比例缩小时，则可以按下Alt键，此时放大镜光标中带有一个减号，如图2.28所示，然后单击图像窗口，可以使图像的显示比例缩小一倍。

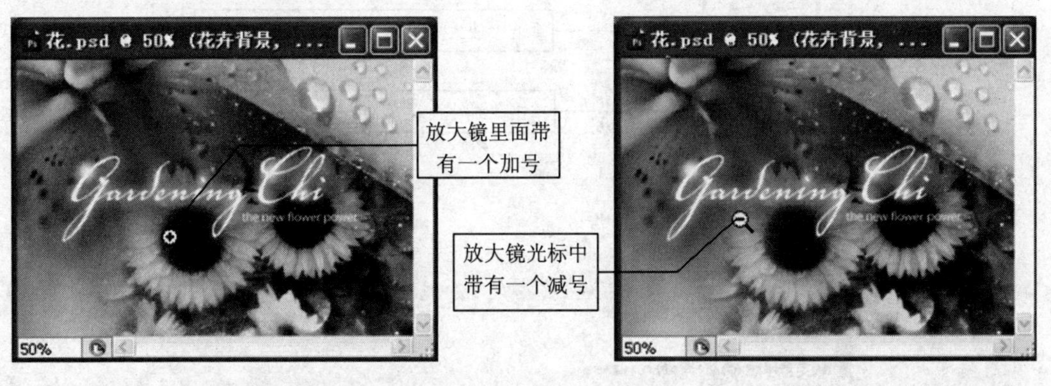

图 2.27　　图 2.28

(3) 使用“缩放工具”还可以指定放大图像中的某一区域。只需要将放大镜光标移到图像窗口中，然后像用“矩形选框工具”一样拖动鼠标选取一个图像区域，如图2.29所示，然后松开鼠标。这样选取的图像区域就会被放大到整个窗口，如图2.30所示。

(4) 同样，“缩放工具”与其它工具一样也有一个选项栏，在工具箱中选中“缩放工具”后，可看到菜单栏的下方出现了“缩放工具”的选项栏。该选项栏中有一个“调整窗口大小以满屏显示”复选框，如图2.31所示，选中它后，Photoshop会在调整显示比例的同时调整图像窗口的尺寸大小，使窗口以最合适的大小显示在屏幕上。

(5) 在“视图”菜单中也可以调整图像的显示比例。单击“视图”菜单，如图2.32所示，即可对图像进行放大或缩小。

图 2.29

图 2.30

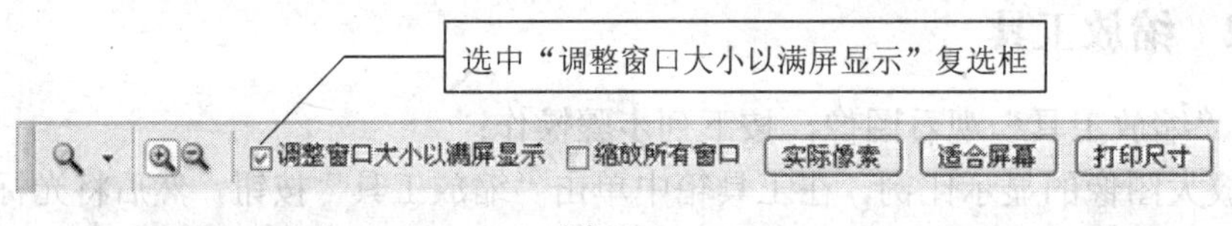

图 2.31

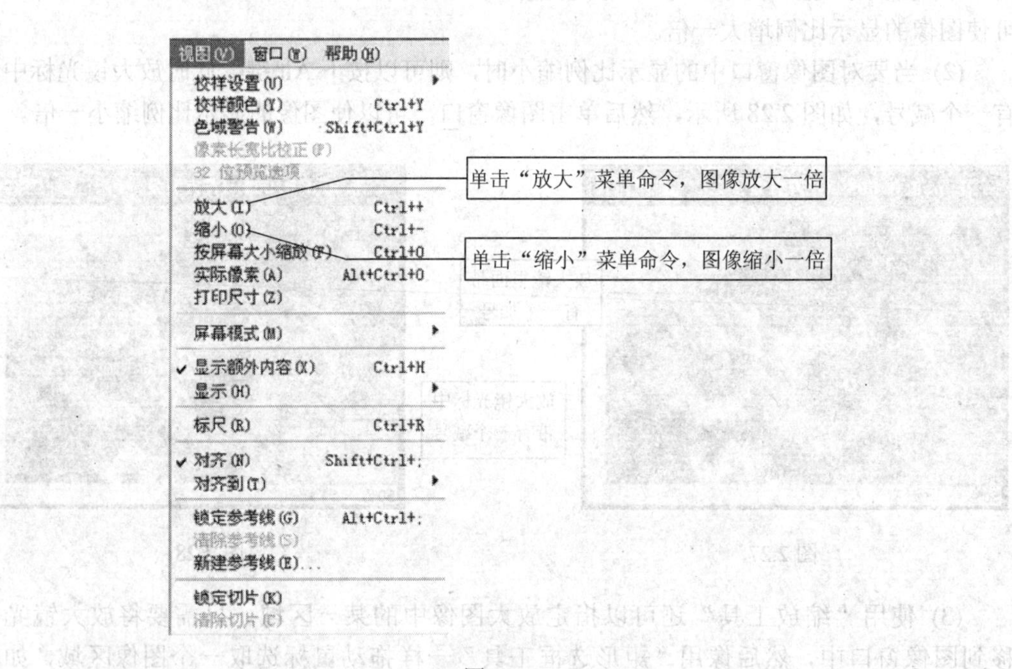

图 2.32

2.4 辅助功能

在处理图像的过程中经常要对文件进行说明、查看注释、查看色彩、测量距离、定位辅助线等操作，下面详细讲解这些功能的使用方法。

2.4.1 附注工具组

“附注工具组”主要是为图像添加文本注释和声音注释，以便于图像文件的交流。单击“附注工具”按钮不放，可以看到其中有两个子工具，它们分别是“附注工具”和“语音批注工具”。下面介绍这两个工具的使用方法。

1. 附注工具

“附注工具”：此工具用来在图像上添加文本注释以说明图像内容，通过网络进行图像传递时便于交流。按下列步骤操作：

(1) 选中工具箱中的“附注工具”，在图像上单击将弹出一个文本输入窗口，如图 2.33 所示，可以在窗口中输入需要添加的文本注释。

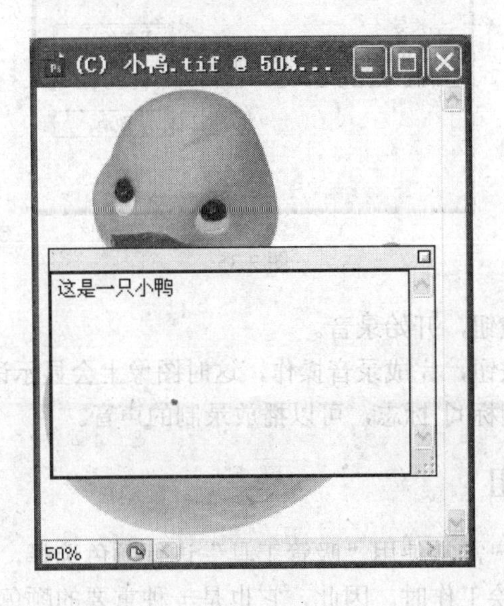

图 2.33

(2) 单击右上角的按钮可缩小窗口。这时图像上会显示文本注释标志。

(3) 在文本注释标志上按住鼠标左键并拖动，可以将其移动到新的位置。在文本注释标志上双击鼠标，即可查看和修改窗口中添加的注释内容。

“附注工具”的选项栏如图 2.34 所示。

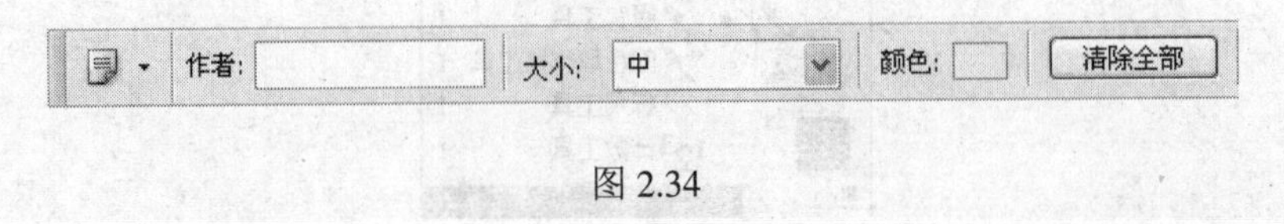

图 2.34

① 作者：在此文本框中可输入名称，该信息将显示在弹出的注释窗口上方。

② 字体：单击此下拉列表框右侧的向下箭头，在弹出的下拉列表框中可以选择添加的注释信息所使用的字体。

③ 大小：单击此下拉列表框右侧的向下箭头，在弹出的下拉列表框中有 5 种字体大小，分别为最小、较小、中、更大、最大。可以从中为添加的注释信息选择不同的字体大小。

④ 颜色：单击此色框可以设置文本注释标志的颜色。

⑤ 清除全部：单击此按钮，可以清除图像上添加的注释信息。

2. 语音批注工具

“语音批注工具”：此工具可通过声卡上接的麦克风为图像添加声音注释。按下列步骤进行操作：

(1) 单击工具箱中的“语音注释工具”按钮，在图像上单击鼠标，弹出一个“语音注释”对话框，如图 2.35 所示。

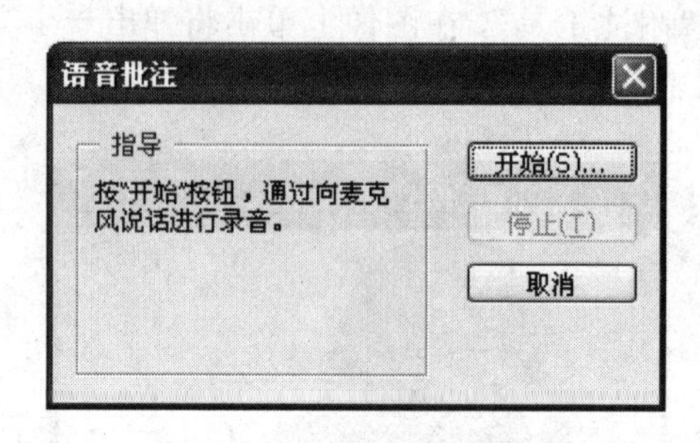

图 2.35

(2) 单击“开始”按钮，开始录音。

(3) 单击“停止”按钮，完成录音操作，这时图像上会显示语音注释图标 ◁ 标志。

(4) 单击语音注释图标 ◁ 标志，可以播放录制的声音。

2.4.2 吸管工具组

在实际工作中，用户常常使用“吸管工具”进行颜色选择，尤其是在使用铅笔、画笔、喷枪等工具进行描绘工作时。因此，它也是一种重要的颜色查看与选择工具，虽然它本身不能直接描绘图像，但使用“吸管工具”可以选择前景色和背景色，并可进行多像素颜色平均采样。

“吸管工具”格中共有 4 个子工具，单击“吸管工具”不放，就可以看到这 4 个子工具，如图 2.36 所示。它们分别是“吸管工具”、“颜色取样器工具”、“标尺工具”和“123 计数工具”。下面介绍如何使用这 4 种工具进行颜色采样。

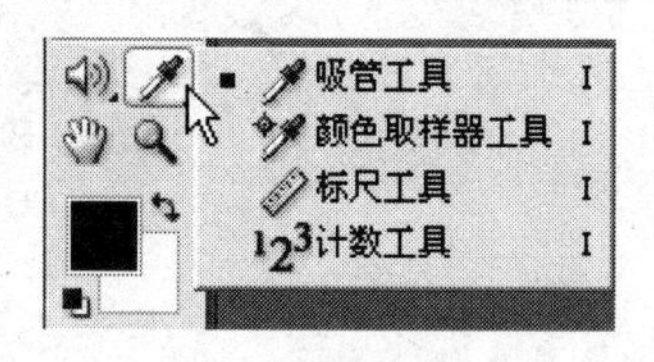

图 2.36

1. 吸管工具

“吸管工具”：使用该工具可以在图像区域中进行颜色采样，并用采样所取得的颜色重新定义前景色或背景色。当需要一种颜色时，如果要求不是太高，就可以用滴管工具完成。操作方法是，在选中“滴管工具”后，将光标移到图像上，在所需选择的颜色上单击鼠标，如图 2.37 所示，这样就完成了前景色的取色工作。按住 Ctrl 键，在所需选择的颜色上单击鼠标，可以选取背景色。也可以将鼠标移到“颜色”调板和“色板”调板中单击来选择颜色，如图 2.38 所示。

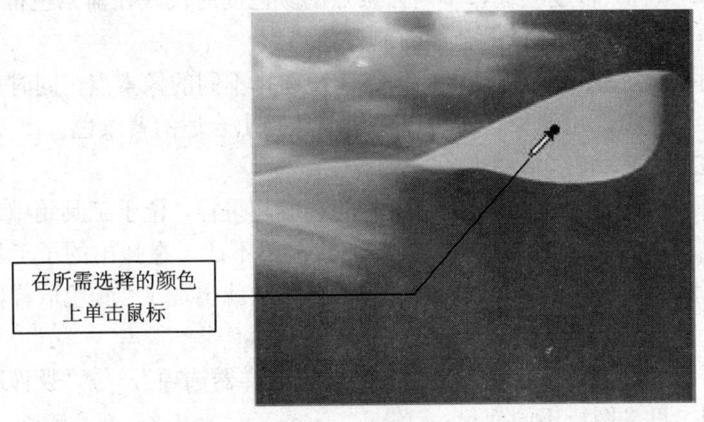

图 2.37

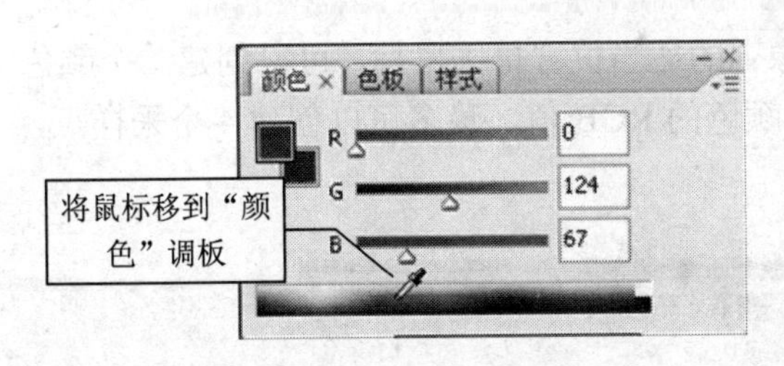

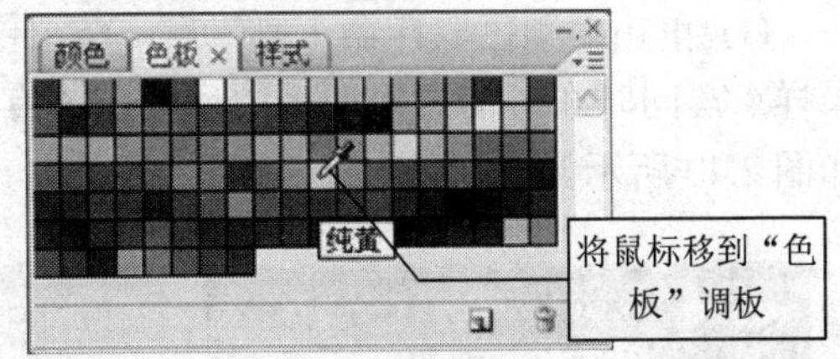

图 2.38

在工具箱中单击“吸管工具”按钮，这时屏幕上出现了“吸管工具”的选项栏，如图 2.39 所示。在吸管选项栏中有一个“取样大小”下拉列表框，单击它右边的向下箭头，可以打开这个列表框，其中包括 8 个选项，常用的 3 个选项如下：

(1) 取样点：该选项定义以一个像素点作为采样的单位。

(2) 3×3 平均：该选项定义以 3×3 的像素区域作为采样的单位，采样时取其平均值。

(3) 5×5 平均：该选项定义以 5×5 的像素区域作为采样的单位，采样时取其平均值。

其余的选项如上所述，只是其采样的像素区域更大而已。

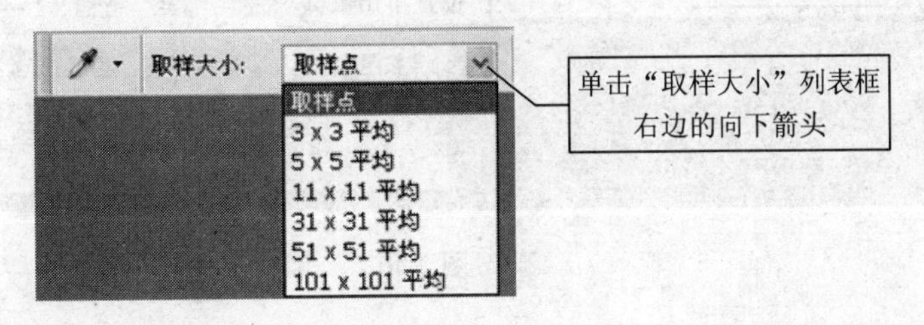

图 2.39

可以使用下列技巧选择颜色：

(1) 在图像上某一点单击鼠标，即可选择该点的颜色作为前景色，工具箱中的前景色框将随之改变，“信息”调板中也将显示出该颜色的 CMYK 值和 RGB 值。

(2) 按住 Alt 键的同时在图像上单击，即可选择该点的颜色作为背景色，工具箱中的背景色框将随之改变，“信息”调板中也将显示出该颜色的 CMYK 值和 RGB 值。

(3) 在图像中拖动鼠标，将连续选择不同像素点的颜色同时反映在前景色框中和“信息”调板中，用这种方法可快速选择出合适的前景色。

(4) 按住 Alt 键的同时在图像中拖动鼠标，将连续选择不同的像素点，同时反映在背景色框中和“信息”调板中，用这种方法可以快速地选择出合适的背景色。

2. 颜色取样器工具

“颜色取样器工具”：该工具专门用于颜色的选取和采样，位于工具箱中的“吸管工具”的弹出式工具栏中。单击“吸管工具”中的小箭头不放，在弹出的子工具栏中拖动鼠标到“颜色取样器工具”上并松开鼠标，这时工具箱中就出现了“颜色取样器工具”。此工具可以同时进行 4 点的颜色选取和采样。

选中“颜色取样器工具”时，选项栏显示为“颜色取样器选项”，与“吸管选项”选项栏的内容完全相同，只是图标不同而已。

“颜色取样器工具”的使用技巧如下：

(1) 单击“颜色取样器工具”后，在图像上的适当位置单击鼠标，可以创建一个颜色采样点，同时在“信息”调板中反映出该点颜色的 RGB 值，最多可以创建 4 个采样点，如图 2.40 所示。

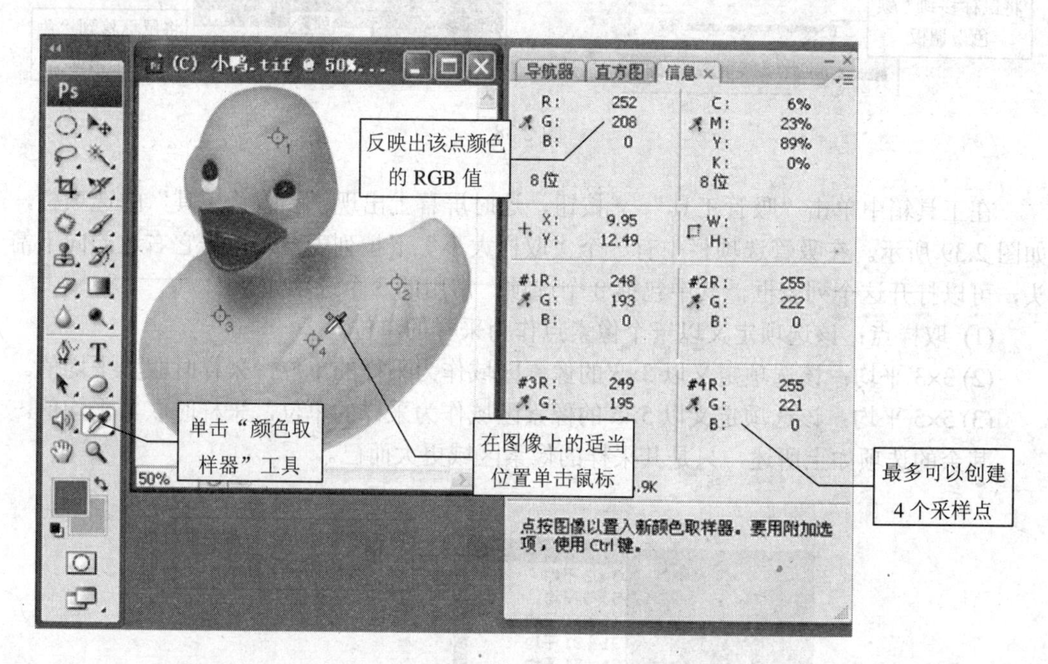

图 2.40

(2) 按住 Alt 键的同时单击颜色采样点，将删除已创建的采样点，删除采样点后，采样点将重新编号。例如，删除 2 号采样点后，原来的 3 号采样点将变为 2 号，原来的 4 号采样点将变为 3 号。

(3) 单击某个采样点时，在未释放鼠标键之前，光标变为移动工具，可以通过拖动采样点来调整它的位置。

(4) 选择“信息”调板快捷菜单中的“颜色取样器”命令，可以暂时隐藏采样点，再次选择“颜色取样器”命令可以显示采样点。

3. 标尺工具

“标尺工具”：“标尺工具”本身不能用于绘图，它主要用于测量两点间的距离和两条直线间的角度。“标尺工具”没有自己的专用调板，主要是在选项栏中和信息调板显示测量的距离和角度。

下面举例说明使用测量工具的具体方法。

请按下列步骤操作：

(1) 为了便于显示定位，新建一个白色背景的图像文件。

(2) 单击工具箱中的“标尺工具”，标尺工具被激活之后，把光标移到图像上，这时光标将变为测量工具。单击图像上的一点，选项栏上能反映出该点的坐标值，然后向第 2 点拖动鼠标，这时选项栏中显示出第 2 点与第 1 点间的相对位移的宽度、高度和距离以及与水平线的夹角，如图 2.41 所示。

(3) 要测量某一角度值，按住 Alt 键的同时从角的顶点即第 1 点向第 3 点方向拖动测量线，在所要测量的地方释放鼠标键。这时将产生一个角度，选项栏中给出了第 3 点的坐标值、角度值以及第 3 点与第 1 点之间的距离。

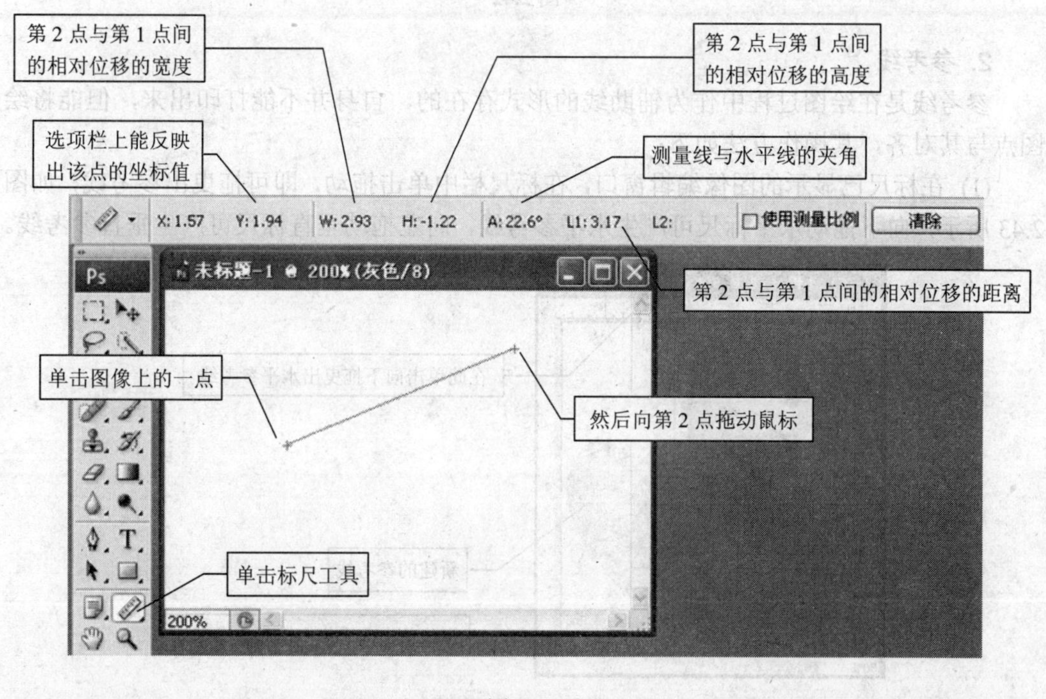

图 2.41

2.4.3 标尺和参考线

1. 标尺

单击“视图”菜单中的“标尺”命令，即可在图像编辑窗口显示或隐藏标尺，如图 2.42 所示。

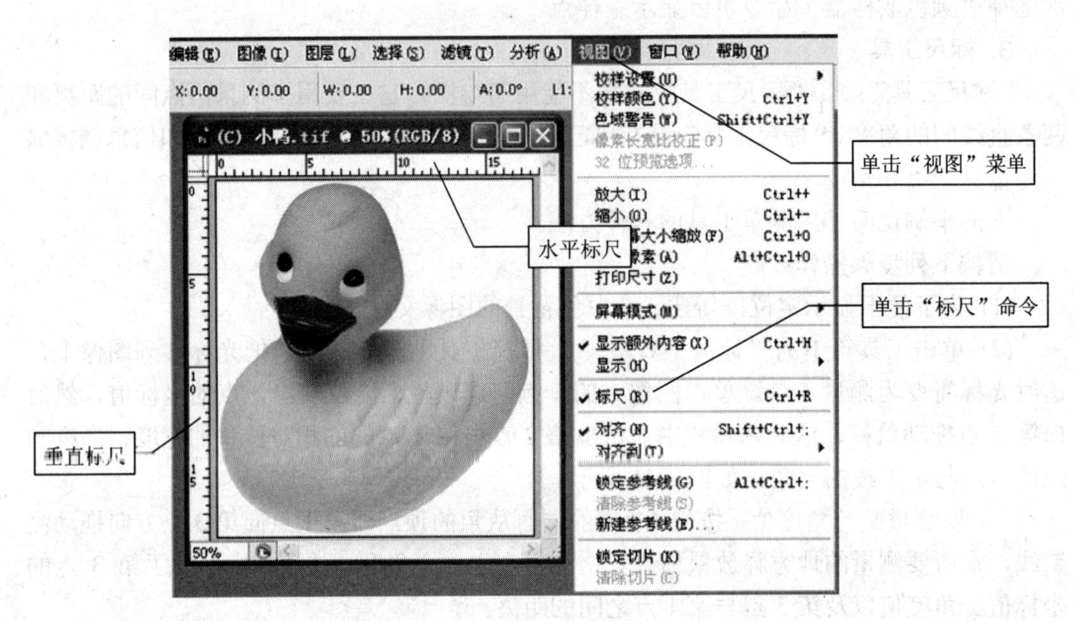

图 2.42

2. 参考线

参考线是在绘图过程中作为辅助线的形式存在的，自身并不能打印出来，但能将绘图点与其对齐，其操作方法如下：

(1) 在标尺已显示的图像编辑窗口，在标尺栏中单击拖动，即可拖曳出参考线，如图 2.43 所示，向下拖动水平标尺可产生水平参考线，向左拖动垂直标尺可产生垂直参考线。

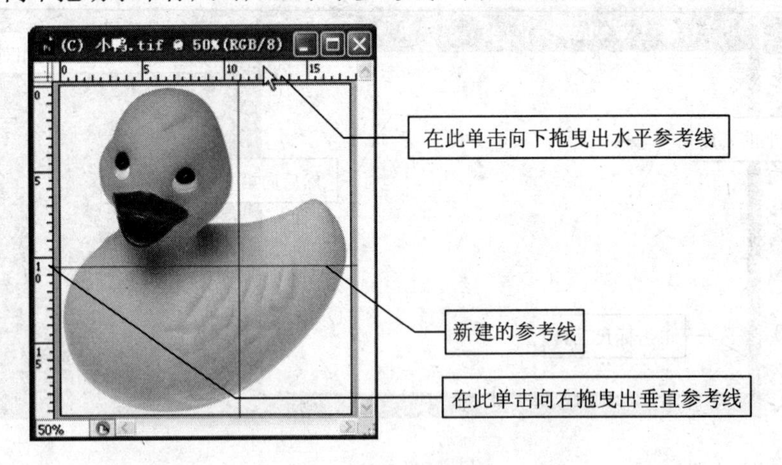

图 2.43

(2) 单击“移动工具”，可移动和调整参考线的位置。单击“视图”→“清除参考线”菜单命令，可以删除所有的参考线。

(3) 单击“视图”→“新参考线” 菜单命令，打开新参考线对话框。在其中设置参考线方向和位置，如图 2.44 所示，单击“确定”按钮。在图像编辑窗口即可出现一条垂直于 10cm 处的参考线，如图 2.45 所示。

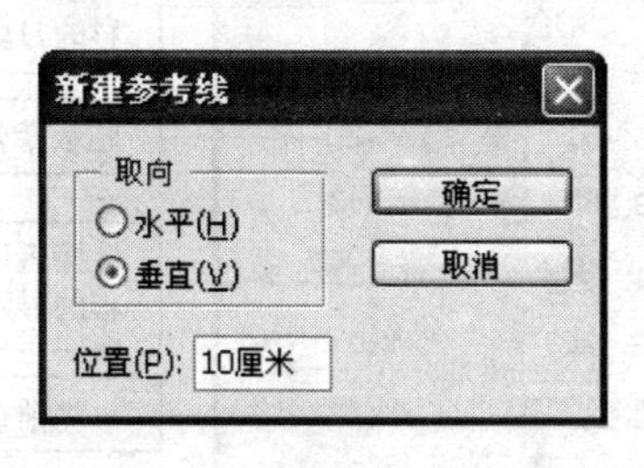

图 2.44

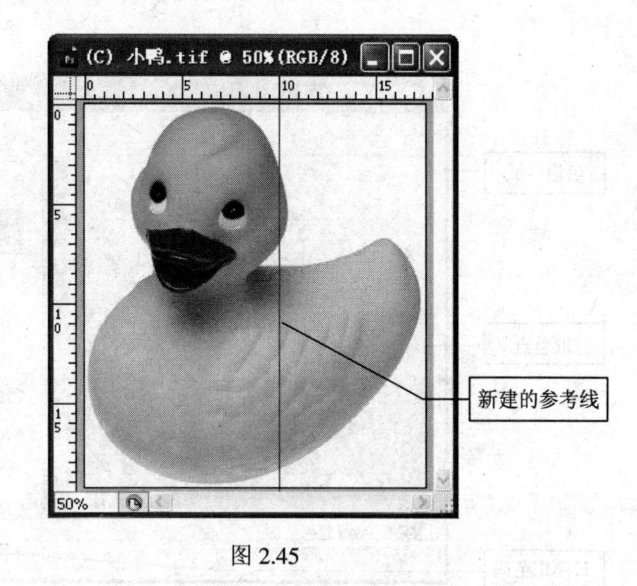

图 2.45

2.5 色彩工具

色彩工具位于色彩工具组中，用于设置和调整前景色或背景色。在色彩工具组中共有 4 个色彩工具，它们分别是“设置前景色工具”、“设置背景色工具”、“切换前景和背景色工具”、“默认前景和背景色工具”，如图 2.46 所示，下面介绍这 4 种色彩工具。

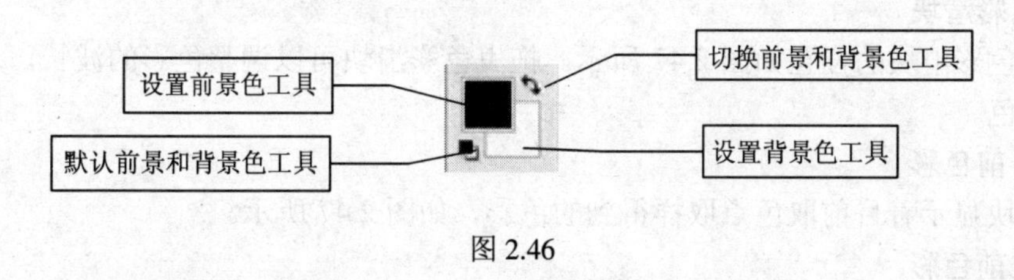

图 2.46

2.5.1 设置前景色工具

“设置前景色工具”：该工具可以显示出当前绘制图形所使用的颜色。默认时，前景色为黑色，位于色彩工具框的左上角，通过它可以改变前景颜色。

2.5.2 设置背景色工具

“设置背景色工具”：该工具可以显示出当前绘制图形背景所使用的颜色。默认时，背景色为白色，位于色彩工具框的右下角，通过它可以改变背景颜色。

单击工具框中间的“前景色”工具或“背景色”工具中的一个，将打开“拾色器”对话框，如图 2.47 所示，在“拾色器”对话框中用鼠标单击所需颜色，就可以改变前景色或背景色。

1. 色谱

占去拾色器一半面积的左半部分为色谱区域，如图 2.47 所示。其显示了目前参数设置下的周围所有色彩，可以通过色彩滑块或者右边的色彩参数设置来调整色谱的颜色，寻找最适合的操作色彩。

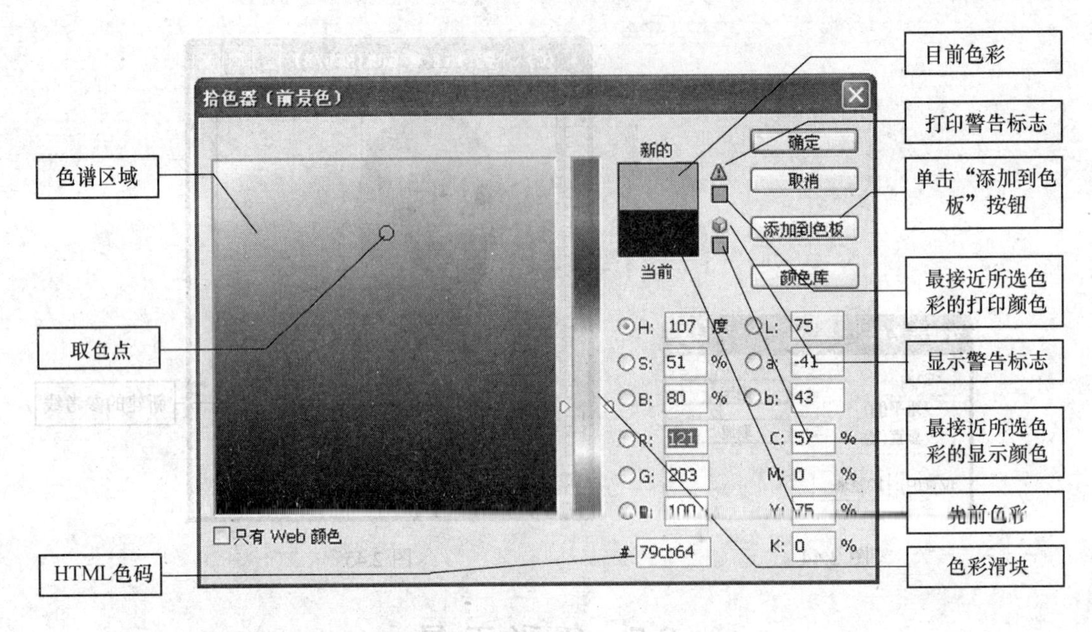

图 2.47

2. 取色点

色谱区域中的小圆点，如图 2.47 所示，代表目前所选取的操作色彩，可以通过拖曳的方式来变更其位置，从而改变选取的色彩。

3. 色彩滑块

拖动色彩滑块的位置如图 2.47 所示。拖曳色彩滑块可以调整色彩的波长，从而改变色彩的颜色。

4. 目前色彩

该色块显示着目前取色点取样得到的色彩，如图 2.47 所示。

5. 先前色彩

该色块显示着在取色前的操作色彩，如图 2.47 所示，可以跟目前取样色彩进行比较。

6. 警告标志和取代色

为了避免网络显示及印刷用色产生色偏的现象，拾色器在取色的过程中会自动侦测用户选取的颜色，如果用户选取的颜色超出打印的色域，则会出现打印警告标志⚠，其下面的色块为最接近所选色彩的打印颜色。如果用户选中此颜色就可以正确地进行打印。如果用户选取的颜色超出了 Web 网络显示的色域，则会出现显示警告标志，其下面的色块为最接近所选色彩的显示颜色。如果用户选中此颜色就可以正确地进行 Web 网络显示，如图 2.47 所示。

7. HTML 色码

在取样色彩的同时，Photoshop 会自动地将其转换为网页编写时的 HTML 色码，让 Photoshop 与网页图像以及 HTML 的制作能够更紧密地结合在一起。

8. 只有 Web 色彩

选中此复选框时，色谱中的色彩发生了改变，如图 2.48 所示，色谱中所显示的颜色会经过筛选仅仅显示出 Web 调板的色彩。在选择网页色彩时，这是个不错的取色方法。

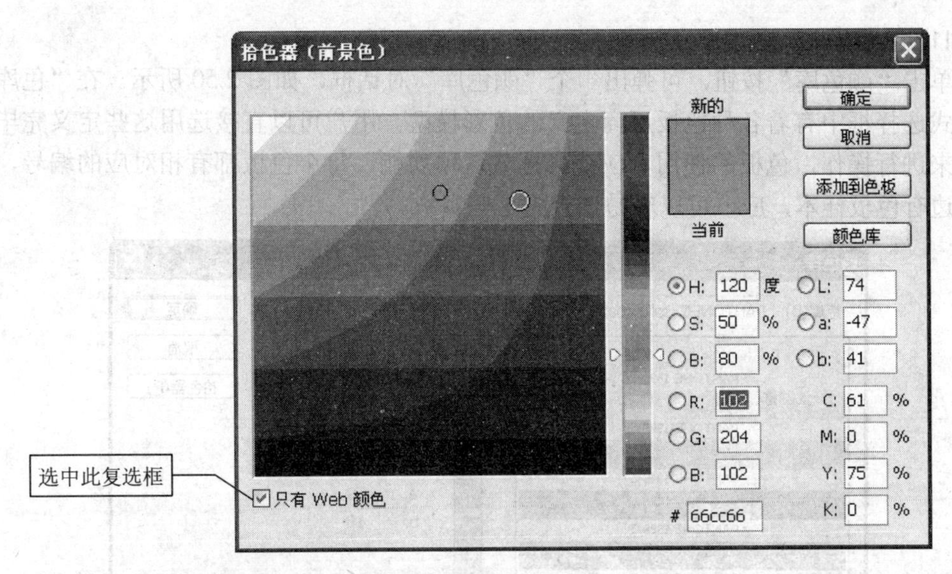

图 2.48

9. 参数指定

除了上述方式外，也可以直接在右下方的方格内以参数的方式来定义色彩，对于习惯以感觉来代替言语的艺术家可能会不习惯此种取色方式，但对于要求精准的设计师，可能会较喜爱此种精准的色彩指定方式。尤其是在团体操作时，数值定义的色彩确实有方便之处，在 Photoshop 的拾色器中，提供了 4 种不同色彩模型来定义的颜色。用户可以选择自己习惯的色彩模式，分别如下所示。

(1) HSB：以色相（Hue）、饱和度（Saturation）、亮度（Brightness）3 个参数来定义色彩。假如你有色彩学的背景，应该了解色相是以 360° 为一个循环，饱和度以及亮度则是以 0~100 来作为定义所使用的单位刻度。

(2) Lab：以光度（Luminosity）、α（红绿轴参数）、β（蓝黄轴参数）3 个参数定义的一种色彩模型，其色彩显示数量最为广泛，因此在 Photo CD 中经常使用。

(3) RGB：以 0~255 个刻度的 R（红）、G（绿）、B（蓝）来定义颜色的色彩模型，超过 16 000 000 种颜色，是数码设计时最常使用的色彩模型。

(4) CMYK：以 0~100 个刻度的 C（青）、M（洋红）、Y（黄）、K（黑）来定义颜色的色彩模型，约 1 亿种颜色可供使用，是输出时的色彩模型。

10. 自定颜色

如果这些颜色还不能满足需求，那么就按下拾色器中的“添加到色板”按钮来自行选择需要的颜色，如图 2.47 所示，单击此按钮后，系统会弹出“色板名称”对话框，如图 2.49 所示，输入色板名称，并单击“确定”按钮。这样在色板中就会出现新的色块。

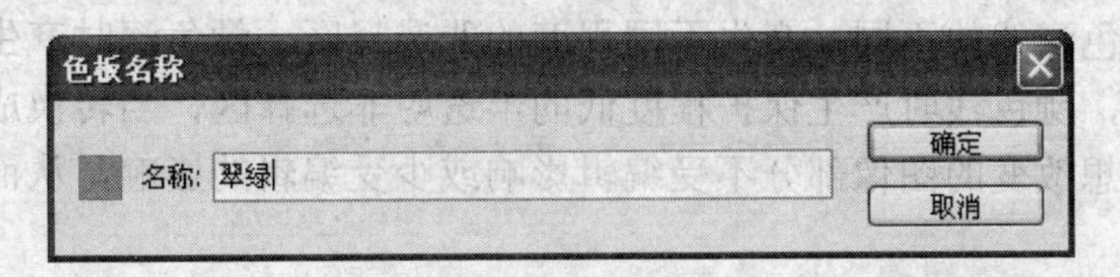

图 2.49

11. 颜色库

单击“颜色库”按钮，可弹出一个“颜色库”对话框，如图 2.50 所示。在“色库”下拉式选择框中有着各种色板厂商定义的色彩模型。用户可以直接选用这些定义完毕的颜色来进行操作，色板的使用者应该会喜欢这项功能，每个色板都有相对应的编号，如果手边有色板样本，应该可以轻易地查到这些资料。

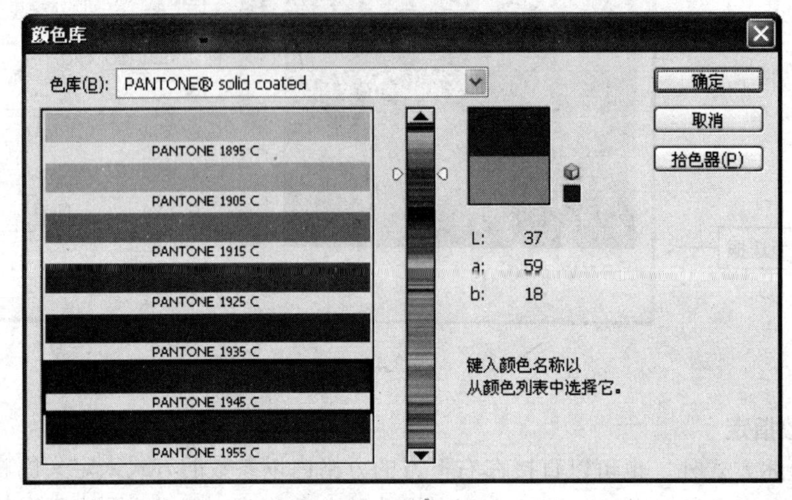

图 2.50

2.5.3 切换前景和背景色工具

该工具位于色彩工具框的右上角，是一个双向箭头图标，如图 2.46 所示，单击此工具可以在前景色和背景色之间进行切换。

2.5.4 默认前景和背景色工具

该工具位于色彩工具框的左下角，是由一黑一白两个小颜色方框组成的图标，如图 2.46 所示。用户在编辑图像中始终可以方便地单击此工具来获得默认的前景色和背景色，默认的前景色为黑色，背景色为白色。

2.6 蒙 版

2.6.1 蒙版模式

Photoshop 的编辑模式共有两种：标准模式和蒙版模式。蒙版模式是与标准模式相反的一种编辑模式，在快速蒙版模式编辑下允许用户快速创建、查看和编辑蒙版。蒙版能根据其颜色深浅的不同，产生不同程度的非选择区，颜色深时产生保护程度高的透明非选择区，颜色浅时产生保护程度低的半透明非选择区，当转换成标准模式再绘图时，某些不想改变的图像部分不受编辑影响或少受编辑的影响，从而产生透明和半透明的效果。

单击工具箱中倒数第二行的编辑模式切换按钮，可在标准模式和快速蒙版模式之间切换，如图 2.51 所示。当此按钮弹起时为“以快速蒙版模式编辑”按钮，当此按钮按下时为“以标准模式编辑”按钮。

2.6.2 快速蒙版模式的使用方法

(1) 单击“文件”→“打开”菜单命令，打开“小鸭”图形文件。

(2) 单击“以快速蒙版模式编辑”按钮，转换成快速蒙版模式进行编辑。

(3) 单击工具箱中的“画笔工具”，以 100%的黑色在小鸭的左半部绘制一个深红色蒙版，以 50%的黑色在小鸭的右半部绘制第二个浅红色蒙板，如图 2.52 所示。

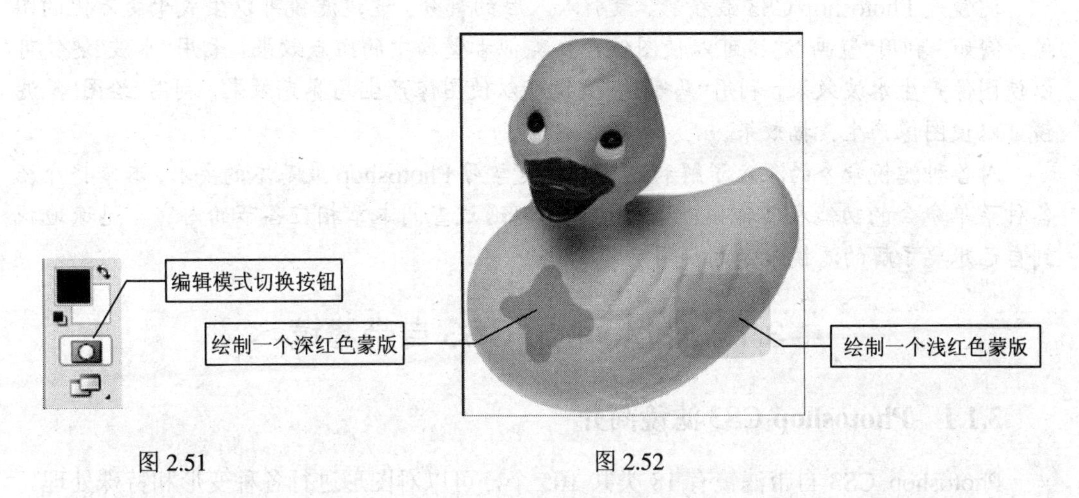

图 2.51　　图 2.52

(4) 单击“以标准模式编辑”按钮，转换成标准模式进行编辑，这时由蒙版产生了两个非选择区。

(5) 用“画笔工具”以任意的颜色在非选择区上绘图，左边的非选择区以高保护程序产生了全透明的效果，而右边的非选择区以低保护程序产生了半透明的效果，如图 2.53 所示。

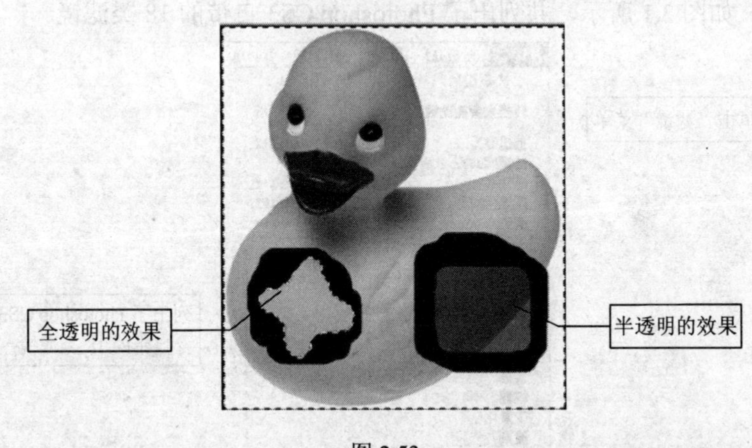

图 2.53

第3章　Photoshop CS 滤镜命令

学习目标

滤镜是 Photoshop CS3 最精彩、最引人入胜的部分。通过滤镜可以生成千变万化的图像，例如：利用“壁画”滤镜可以使图像产生类似古壁画中的斑点效果，利用“水波”滤镜可以使图像产生水波效果，利用“马赛克”滤镜可以使图像产生马赛克效果，利用“绘图”笔滤镜可以使图像产生素描效果。

对各种滤镜命令的深入了解和熟练掌握是学习 Photoshop 最基本的要求，本章将介绍各种菜单命令的功能及其作用；同时读者可以通过查阅本章相应各节的内容，迅速地找到自己想要了解的滤镜命令的使用功能。

3.1　Photoshop CS3 自带滤镜

3.1.1　Photoshop CS3 滤镜简介

Photoshop CS3 自带滤镜有 18 类共 105 个，可以对图形进行各种变形和特殊处理。除了利用 Photoshop CS3 自带的滤镜外，用户还可以利用工具软件自己制作一些特殊的滤镜（称为外挂滤镜），使自己创作的图像更加绚丽多彩。

3.1.2　Photoshop CS3 自带的 18 类滤镜

当用户打开一幅图像后，就可以打开“滤镜”菜单。单击“滤镜”菜单，将弹出一个下拉菜单，如图 3.1 所示，共列出了 Photoshop CS3 自带的 18 类滤镜。

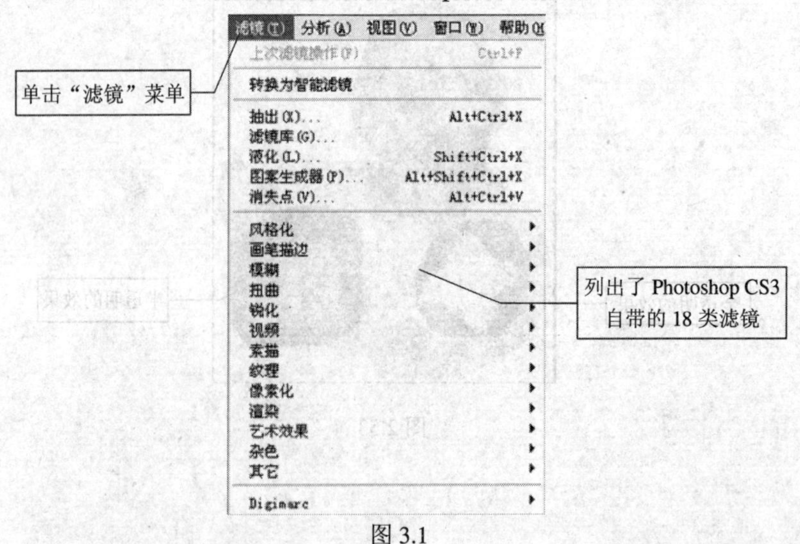

图 3.1

在图 3.1 的“滤镜”菜单最上面有一个上次操作的滤镜命令，单击此命令可以重复执行上次使用过的滤镜操作。注意：第一次进入“滤镜”菜单时，该命令将显示为淡灰色，说明当前图像还没有应用过滤镜。

3.1.3 使用“渐隐”命令

在“编辑”菜单中有一个与当前“滤镜”操作有关的命令，它就是“渐隐”命令，具体说明请看下面的内容。

“编辑”菜单中提供了一个有用的“渐隐”命令，在刚使用过某滤镜之后，可以使用它来淡化滤镜的效果。单击“编辑”→“渐隐”菜单命令， 将打开“渐隐”对话框，如图 3.2 所示。注意：“渐隐”对话框将根据所使用的滤镜不同而有所不同，而且在“编辑”菜单中所显示的“渐隐”命令名称也会不一样。

利用“渐隐”对话框，用户可以按不同的透明值来增大或减小滤镜操作的效果。从右向左拖动“不透明度”选项的滑块，可以使不透明值变小，并使滤镜的效果逐渐隐化。选中“预览”复选框可以在图像窗口中显示“渐隐”命令的预览效果，待满意后再单击“确定”按钮。单击“模式”选项右边的向下箭头，如图 3.2 所示，将出现如图 3.3 所示的混合色彩模式下拉菜单，用户可以根据需要选择不同的混合色彩模式。

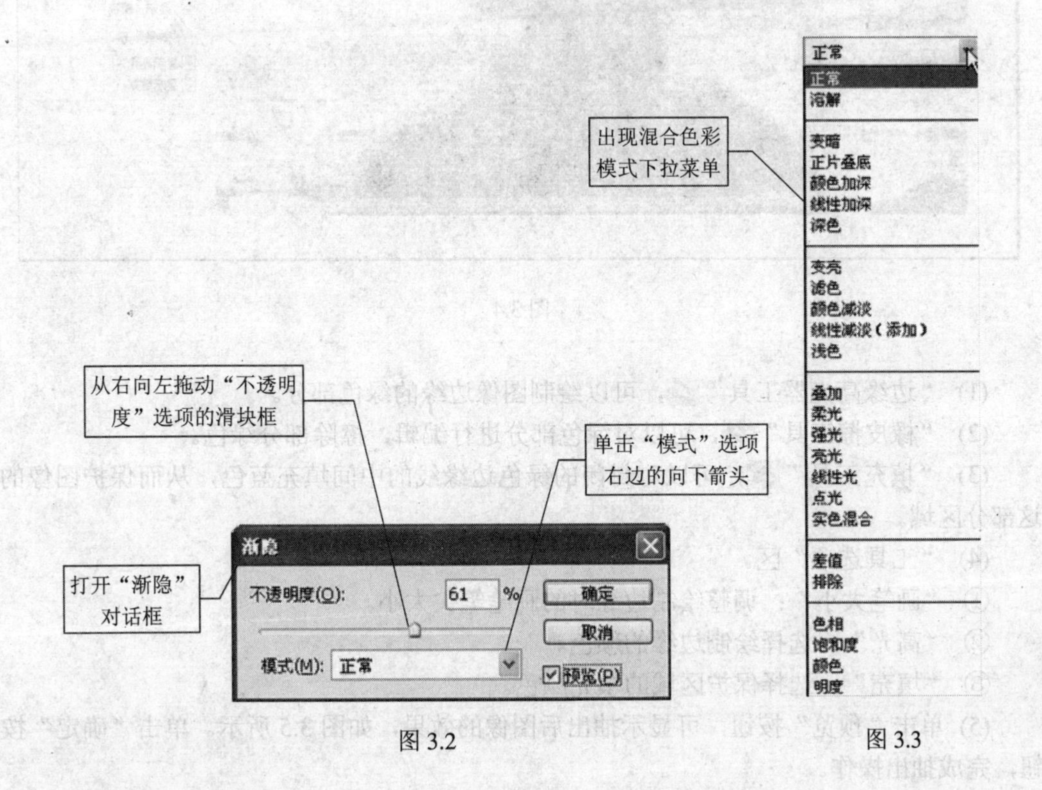

图 3.2　　图 3.3

3.1.4 抽出滤镜

Photoshop CS3 提供了一个抽出滤镜，单击“滤镜”→“抽出”菜单命令，将弹出一个“抽出”滤镜对话框，抽出滤镜用来选择性地去除一些图像背景颜色，其中绿色区域的图像为要去除背景颜色的部分，蓝色区域为保护背景颜色部分，如图 3.4 所示。

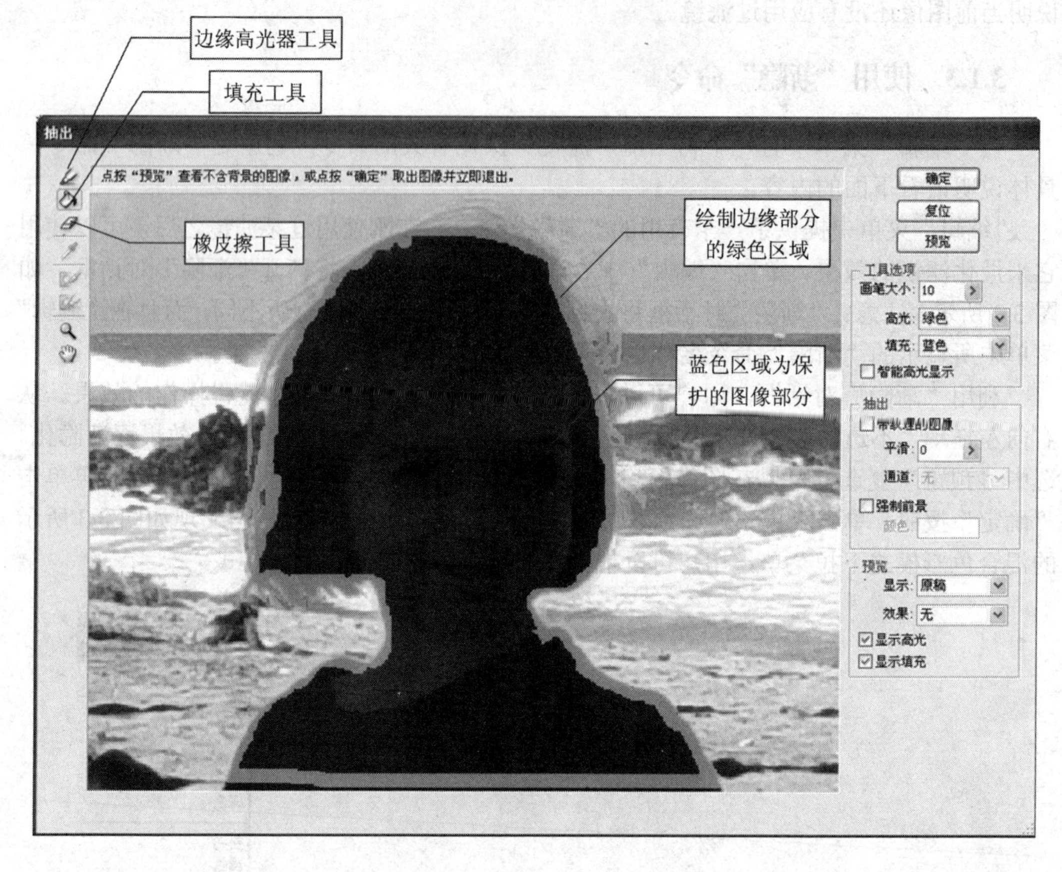

图 3.4

(1) “边缘高光器工具”，可以绘制图像边缘的绿色部分。

(2) “橡皮擦工具”，可以对绿色部分进行编辑，擦除部分绿色。

(3) “填充工具”，可以对封闭的绿色边缘线的中间填充蓝色，从而保护图像的这部分区域。

(4) “工具选项”区。

① “画笔大小”：调整绘制边缘时的画笔笔尖大小。

② “高光”：选择绘制边缘的颜色。

③ “填充”：选择保护区域的填充颜色。

(5) 单击“预览”按钮，可显示抽出后图像的效果，如图 3.5 所示。单击“确定”按钮，完成抽出操作。

(6) “预览”选项区。

① 在“显示”下拉列表框中，可选择“原稿”和“抽出的”两种预览方式。

② 选中“显示高光”复选框，可在预览图中显示已绘制的边缘绿色。

③ 选中“显示填充”复选框，可在预览图中显示保护区域填充的蓝色。

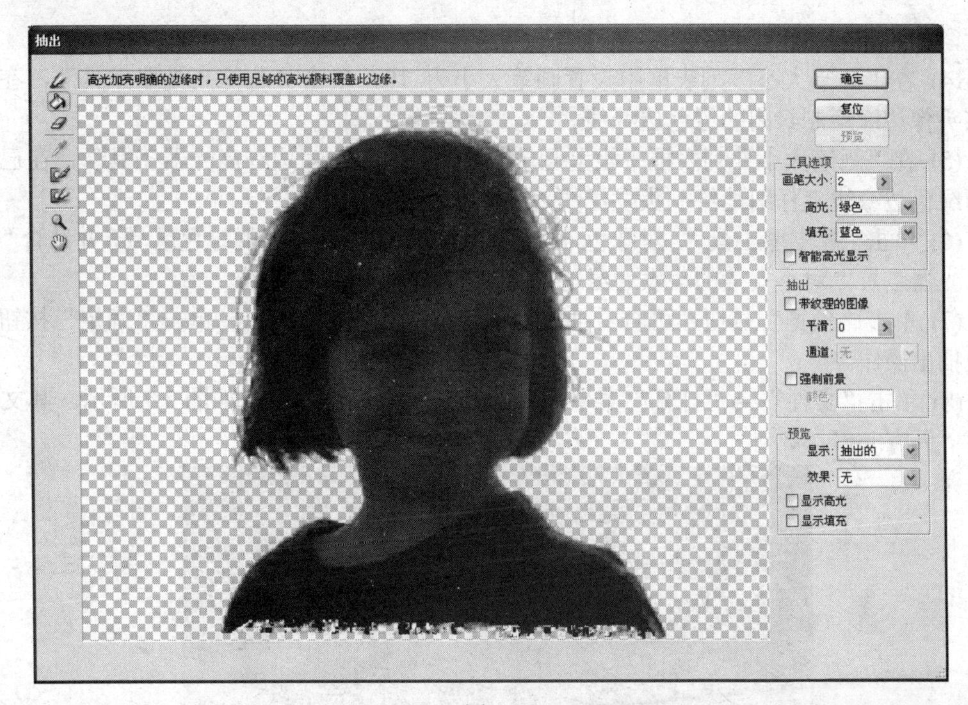

图 3.5

【课堂制作 3.1】 制作一幅换背景的小女孩图像

(1) 单击“文件”→“打开”菜单命令，打开“岛上的女孩”图像，如图 3.6 所示。

图 3.6

(2) 单击“滤镜”→“抽出”菜单命令，将小女孩抠出。

(3) 在“抽出”对话框中单击“缩放工具”，并在小女孩头部拖出一个缩放框，将其放大，如图 3.4 所示。

(4) 在“画笔大小”列表框中设置画笔大小为 10，单击“边缘高光器工具”，在小女孩头像边缘绘制封闭的绿色边缘线。

(5) 在“画笔大小”列表框中设置画笔大小为 2，单击“边缘高光器工具”，在已绘制的绿色边缘线上仔细地绘制头发丝线，如图 3.4 所示。

(6) 单击“橡皮擦工具”，对绿色部分进行编辑，擦除画多了的绿色区域，并结合“边缘高光器工具”对小女孩的头发边缘进行仔细的修改。

(7) 单击“预览”按钮，可查看抽出后的效果，如图 3.5 所示，单击“确定”按钮，完成抽出操作。

(8) 单击“文件”→“打开”菜单命令，打开一幅天空图像，如图 3.7 所示。其文件名为“天空.jpg”。

图 3.7

(9) 单击“移动工具”，将抠出的女孩图像拖到天空图像中，并调整其大小如图 3.8 所示。这样一幅换背景的小女孩图像就制作完成了。

图 3.8

3.1.5 液化滤镜

Photoshop CS3 提供了一个液化滤镜，单击“滤镜”→“液化”菜单命令，将弹出一个“液化”滤镜对话框，“液化”滤镜能产生类似于液体滴落或涂抹融化的艺术效果。 如图 3.9 所示，左图为原图，右图为液化效果。

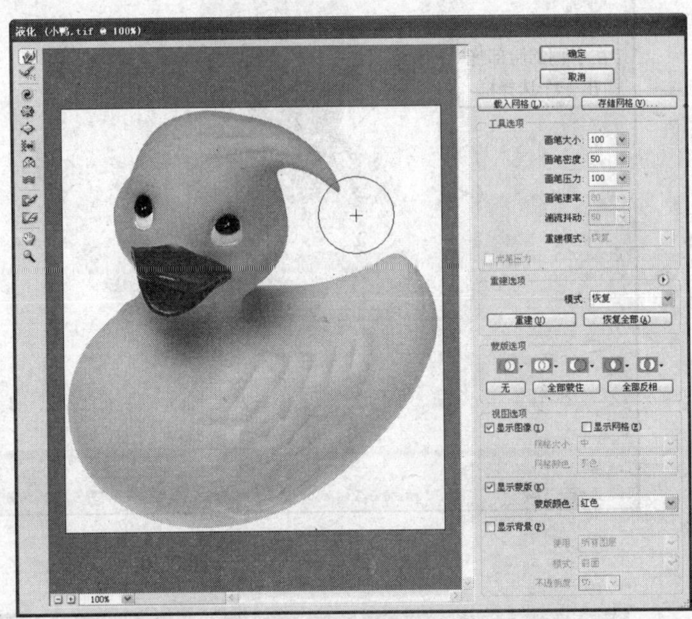

图 3.9

3.1.6 图案生成器滤镜

Photoshop CS3 提供了一个图案生成器滤镜，能把选择的图像区域自动拼贴在一起，产生类似于拼图的艺术效果。

(1) 单击“文件”→“打开”菜单命令，打开一幅小鸭图像。

(2) 单击“滤镜”→“图案生成器”菜单命令，弹出“图案生成器”对话框，如图 3.10 所示，

(3) 单击“矩形选框工具”⬚，在小鸭的脸部拖出一个选择框，如图 3.10 所示。

(4) 单击“预览”按钮，查看图案拼贴效果，如图 3.11 所示。

(5) 单击“确定”按钮，完成图案拼贴操作。

3.1.7 风格化滤镜组

Photoshop CS3 提供了 9 种风格化滤镜，单击“滤镜”→“风格化”菜单命令，将弹出一个“风格化”滤镜子菜单，如图 3.12 所示，其中显示出了这 9 种滤镜的名称 。其中查找边缘滤镜、浮雕效果滤镜和照亮边缘滤镜用来增强图像的边缘效果。其它几个滤镜能产生类似于艺术效果滤镜组中的不同画派的艺术效果。

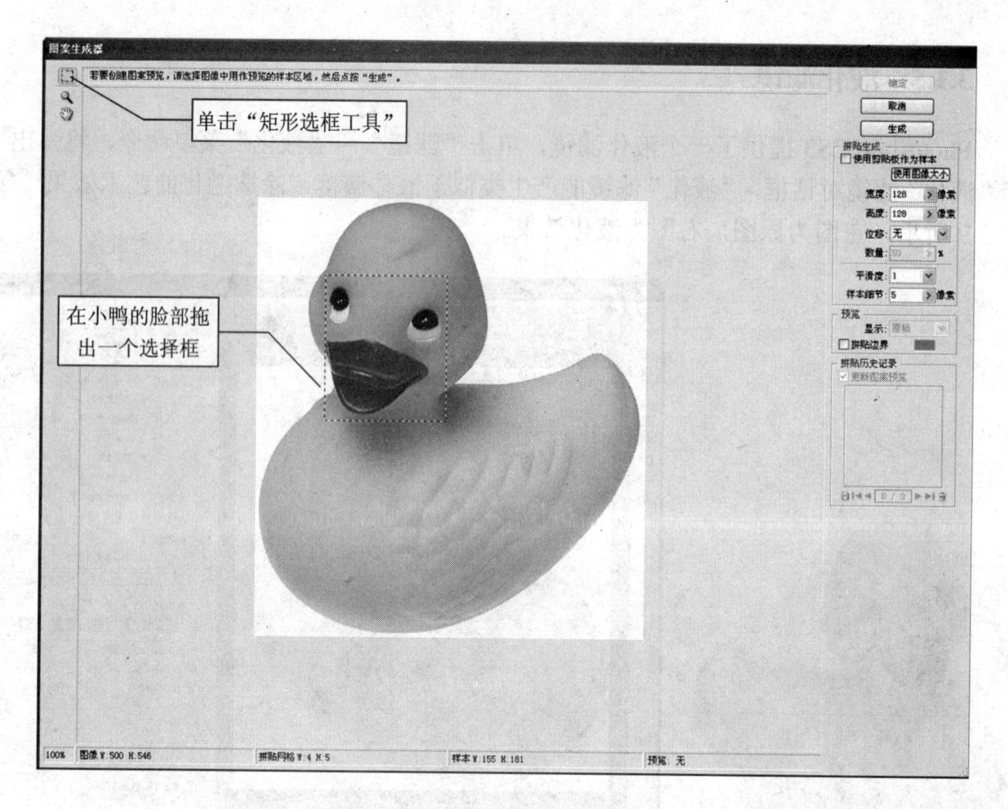
图案生成器
若要创建图案预览，请选择图像中用作预览的样本区域，然后点按“生成”。
单击“矩形选框工具”
在小鸭的脸部拖出一个选择框
确定
取消
生成
拼贴生成
使用剪贴板作为样本
使用图像大小
宽度: 128 像素
高度: 128 像素
位移: 无
数量:
平滑度: 1
样本细节: 5 像素
预览
显示:
拼贴边界
拼贴历史记录
更新图案预览
100%
图像 W:500 H:546
拼贴网格 W:4 H:5
样本 W:155 H:181
预览: 无

图 3.10

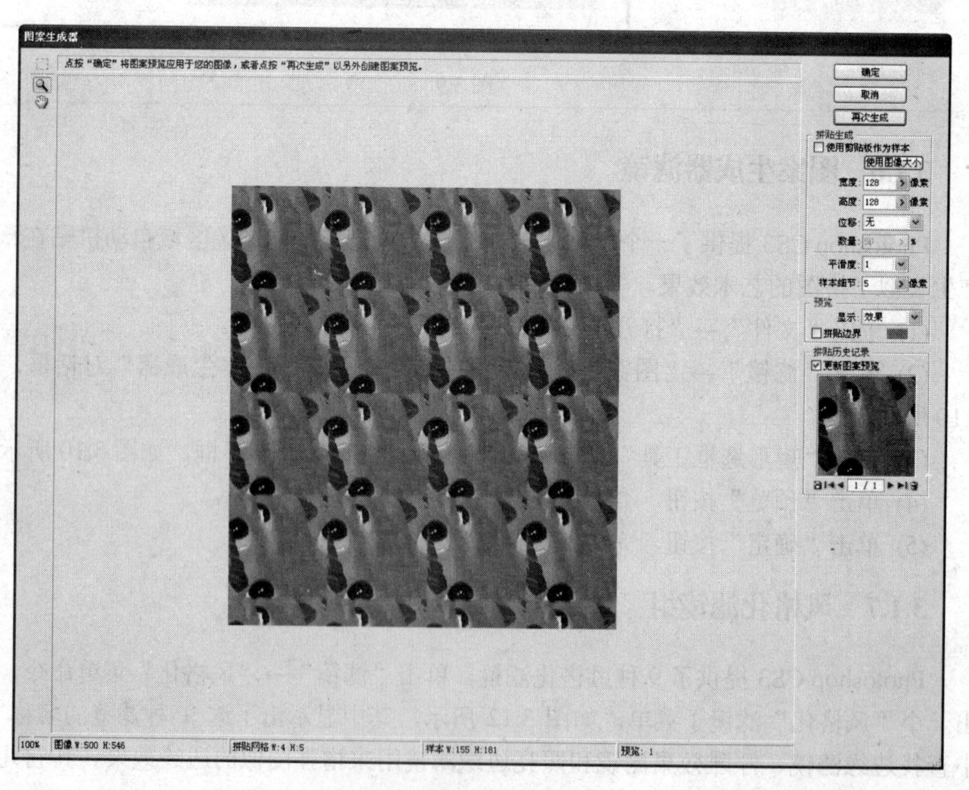
图案生成器
点按“确定”将图案预览应用于您的图像，或者点按“再次生成”以另外创建图案预览。
确定
取消
再次生成
拼贴生成
使用剪贴板作为样本
使用图像大小
宽度: 128 像素
高度: 128 像素
位移: 无
数量:
平滑度: 1
样本细节: 5 像素
预览
显示: 效果
拼贴边界
拼贴历史记录
更新图案预览
1 / 1
100%
图像 W:500 H:546
拼贴网格 W:4 H:5
样本 W:155 H:181
预览: 1

图 3.11

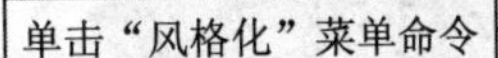

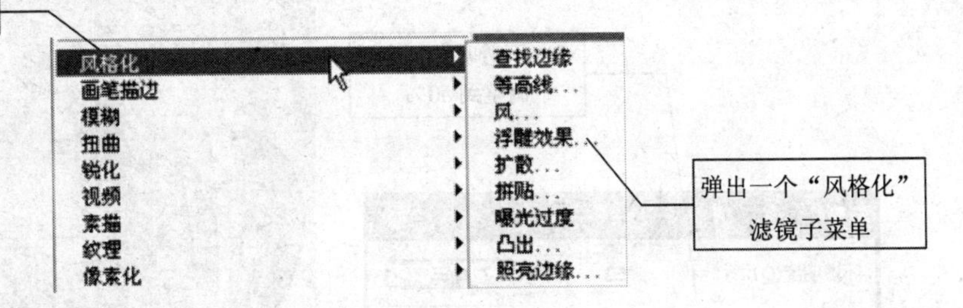

图 3.12

这一节选择样本文件夹中的“气球.jpg”文件原图作为示范图，利用这一幅图，对 9 种风格化滤镜加以详细讲解，每一种滤镜都给出 3 个不同的参数设置及效果图，用户可以很容易地比较出各种风格化滤镜之间的差异。

1. 查找边缘滤镜

该滤镜的作用是搜索主要颜色变化区域，强化其过渡像素，从而使图像看起来就像被彩色铅笔勾描过轮廓一样。该滤镜没有对话框和可调参数，此命令可直接执行。执行后的效果如图 3.13 所示，左图为原图，其效果为光盘中的彩图 1，右图为查找边缘后的效果。执行后的彩色效果为光盘中的彩图 2 所示。

图 3.13

该滤镜还可以和“渐隐查找边缘”命令相结合，可做色彩模式和透明度调整，单击“编辑”→“渐隐查找边缘”菜单命令，将打开“渐隐”对话框，如图 3.14 所示。现将“不透明度”选项调整到 50%，然后单击“确定”按钮。

可看到屏幕上的图像中，查找边缘滤镜的效果减弱了一半，原来的图像颜色显示出了一半，如图 3.15 所示，其彩色效果为光盘中的彩图 3 所示。

【课堂制作 3.2】 制作一幅灰度素描效果图

(1) 单击“文件”→“打开”菜单命令，打开名为“C01.jpg”的图像，如图 3.16 所示。

(2) 单击“滤镜”→“风格化”→“查找边缘”菜单命令，将图像转换成彩色素描效果图。

(3) 单击“图像”→“模式”→“灰度”菜单命令，将彩色素描图转换成灰度素描效果图，如图 3.17 所示。

(4) 单击“文件”→“储存为”菜单命令，将图像储存为“素描金发小孩.PSD”文件。

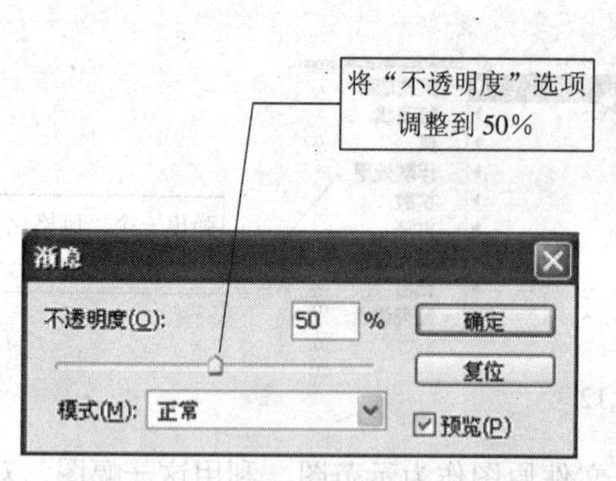

图 3.14

图 3.15

图 3.16

图 3.17

2. 等高线滤镜

该滤镜的作用是在每个通道中围绕图像中亮区和暗区的边缘用细线勾勒出图形轮廓线，从而产生三原色的细窄线条。该命令执行后的对话框及参数如图 3.18 所示。

(1) 设置“色阶”为 128，执行后的效果如图 3.19 所示（见彩图 4）。

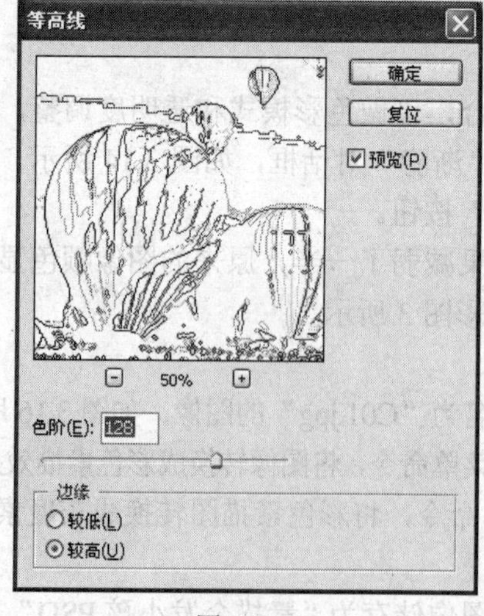

图 3.18

图 3.19

(2) 设置“色阶”为155，执行后的效果如图3.20所示（见彩图5）。

(3) 设置“色阶”为203，执行后的效果如图3.21所示（见彩图6）。

说明：色阶值越小，等高线离明亮部分越近。色阶值越大，等高线离阴暗部分越近。

图3.20

图3.21

3. 风滤镜

该滤镜的作用是在图像中添加一些细水平线条来产生风的效果。该命令执行后的对话框及参数如图3.22所示。

(1) 设置其参数为：方法为风，方向为从右，产生从右边吹过来的微风的效果，如图3.23所示（见彩图7）。

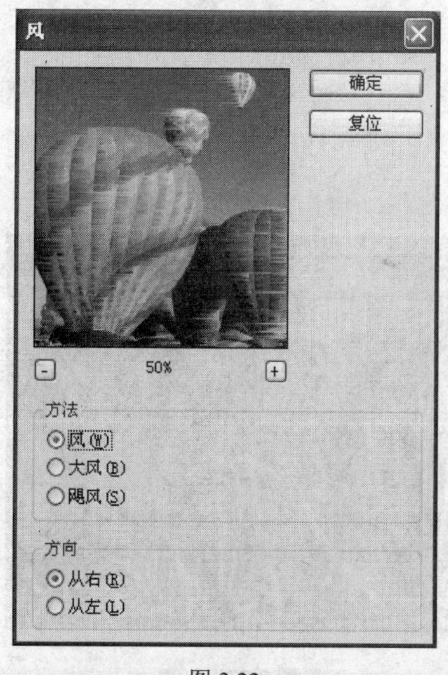

图3.22

图3.23

(2) 设置其参数为：方法为大风，方向为从左，产生从左边吹过来的大风的效果，如图3.24所示（见彩图8）。

(3) 设置其参数为：方法为飓风，方向为从右，产生从右边吹过来的旋转飓风的效果，如图 3.25 所示（见彩图 9）。

图 3.24

图 3.25

4. 浮雕效果滤镜

该滤镜的作用是能够使图像产生浮雕效果。它通过用黑色或白色像素加亮图像中的高对比度边缘，同时用灰色填充低对比度区域来完成浮雕效果。该命令执行后的对话框及参数如图 3.26 所示。

(1) 设置其参数为：角度为 135 度，高度为 8 像素，数量为 100%，执行后的效果如图 3.27 所示（见彩图 10）。

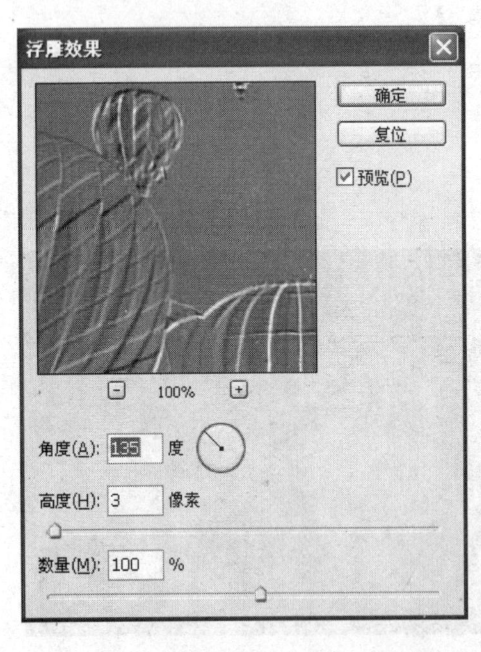

图 3.26

图 3.27

(2) 设置其参数为：角度为 200 度，高度为 11 像素，数量为 240%，执行后的效果如图 3.28 所示（见彩图 11）。

(3) 设置其参数为：角度为 45 度，高度为 15 像素，数量为 500%，执行后的效果如图 3.29 所示（见彩图 12）。

图 3.28

图 3.29

【课堂制作 3.3】 制作浮雕字

(1) 按住 Ctrl 键，单击“色板”调板中的“25%灰”色块，将背景色设置为灰色。

(2) 单击“文件”→“新建”菜单命令，创建一幅灰色背景的图像。其中参数：宽度为 640 像素，高度为 480 像素，分辨率为 72 像素/英寸，模式为灰度，内容为背景色。

(3) 在“图层”调板中单击“创建新的图层”菜单命令，创建一个新图层。

(4) 单击“横排文字蒙版工具”按钮，输入文字“浮雕字”。其中参数：字体为粗黑体，大小为 160 点。

(5) 设置前景色为黑色，按下 Alt+Delete 键。填充黑色，如图 3.30 所示。

(6) 按下 Ctrl+D 键，取消选择。单击“滤镜”→“模糊”→“高斯模糊”菜单命令，产生模糊效果。其中参数：半径为 2 像素。

(7) 单击“滤镜”→“风格化”→“浮雕效果”菜单命令，产生浮雕字，如图 3.31 所示。其中参数：角度为 135 像素，高度为 10 像素，数量为 120%。

(8) 单击“文件”→“储存为”菜单命令，将图像储存为“浮雕字.TIF”文件。

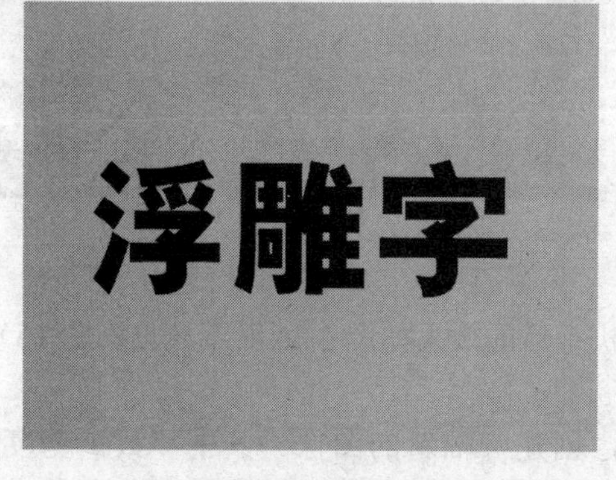

图 3.30

图 3.31

5. 扩散滤镜

该滤镜的作用是能使图像产生一种好像透过磨砂玻璃观看时的分离模糊效果。该命令执行后的对话框及参数如图 3.32 所示，此滤镜的变化较小，可重复执行多次。

(1) 设置其参数为：模式为正常，执行后的效果如图 3.33 所示（见彩图 13）。

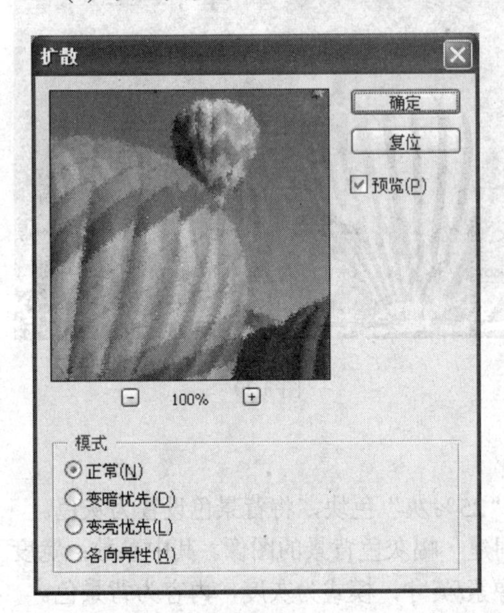

图 3.32

图 3.33

(2) 设置其参数为：模式为变暗优先，执行后的效果如图 3.34 所示（见彩图 14）。

(3) 设置其参数为：模式为变亮优先，执行后的效果如图 3.35 所示（见彩图 15）。

图 3.34

图 3.35

（4）设置其参数为：模式为各向异性，执行后的效果如图 3.36 所示（见彩图 16）。

【课堂制作 3.4】 制作雪堆字

(1) 单击“文件”→“新建”菜单命令，创建一幅新的图像。其中参数：宽度为 10 厘米，高度为 5 厘米，分辨率为 100 像素/英寸，颜色模式为 RGB 颜色，背景内容为白色。

图 3.36

(2) 设置前景色为黑色，按下 Alt+Delete 键，将图像填充为黑色。

(3) 在“图层”调板中单击“创建新的图层”菜单命令，创建一个新图层。

(4) 单击“横排文字蒙版工具”按钮，输入文字“雪堆”。其中参数：字体为粗黑体，大小为 100 点。单击“切换字符和段落调板”按钮，在“字符”调板中设置字间距为 100，并按下“仿粗体”按钮。

(5) 设置前景色为白色，按下 Alt+Delete 键。填充白色。

(6) 按下 Ctrl+D 键，取消选择。单击“滤镜”→“风格化”→“扩散”菜单命令，产生雪花扩散效果。其中参数：模式为正常。

(7) 单击“滤镜”→“扩散”菜单命令，再进行 3 次扩散操作，其效果如图 3.37 所示。

(8) 单击“图层”→“图层样式”→“斜面和浮雕”菜单命令，产生立体的雪堆字，如图 3.38 所示。其中参数：样式为内斜面，方法为雕刻清晰，深度为 100%，方向为上，大小为 10 像素，软化为 3 像素，阴影角度 120 度，高度为 30 度。

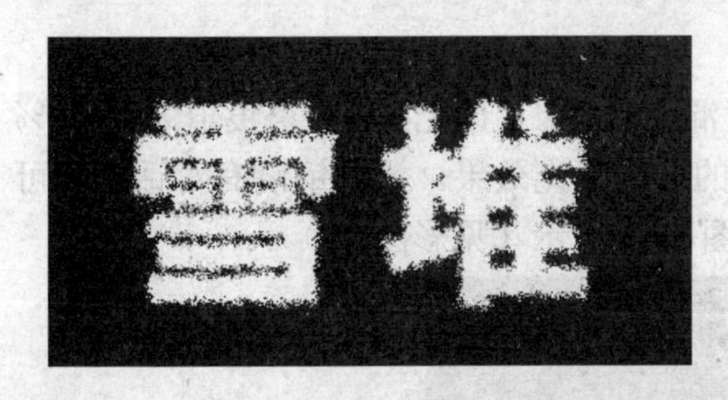

图 3.37

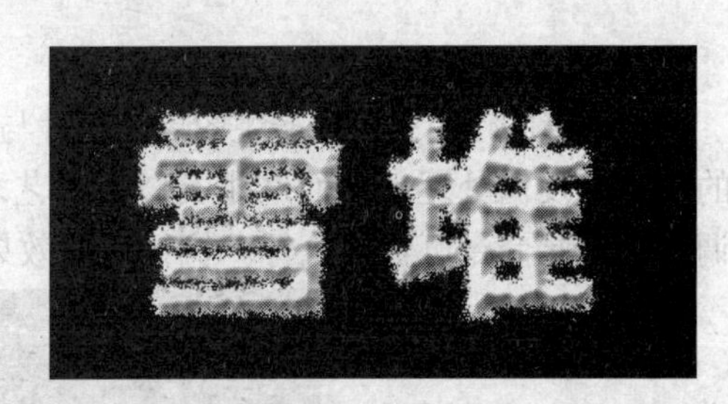

图 3.38

(9) 单击“文件”→“储存为”菜单命令，将图像储存为“雪堆字.GIF”文件。

6. 拼贴滤镜

该滤镜的作用是将图形划分为许多小方块，图像仿佛是由一层瓷砖拼贴出来的。该命令执行后的对话框及参数如图 3.39 所示。

(1) 设置其参数：拼贴数为 10，最大位移为 10%，填充空白区域用背景色，执行后的效果如图 3.40 所示（见彩图 17）。

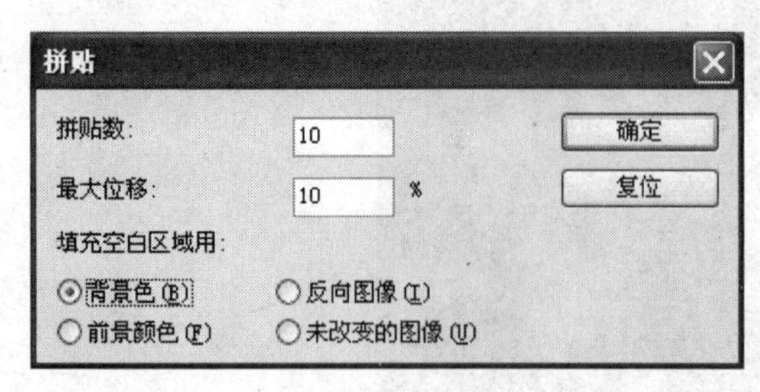

图 3.39

图 3.40

(2) 设置其参数：拼贴数为 15，最大位移为 30%，填充空白区域用前景颜色，执行后的效果如图 3.41 所示（见彩图 18）。

(3) 设置其参数：拼贴数为 20，最大位移为 60%，填充空白区域用反选图像，执行后的效果如图 3.42 所示（见彩图 19）。

图 3.41

图 3.42

7. 曝光过度滤镜

该滤镜的作用是可以产生图像的正片与负片混合的效果，即把图像中亮度值大于 50%的部分做反向处理，从而产生类似摄影艺术中的过度曝光效果。该滤镜没有对话框和可调参数，此命令可直接执行。执行后的效果如图 3.43 所示（见彩图 20）。

图 3.43

该滤镜还可以和“渐隐曝光过度”命令相结合，可做色彩模式和透明度调整，单击“编辑”→“渐隐曝光过度”菜单命令，将打开“渐隐”对话框，如图 3.44 所示。现将“不透明度”选项调整到 40%，选择色彩合成模式为“溶解”，然后单击“确定”按钮，执行后的效果如图 3.45 所示（见彩图 21）。

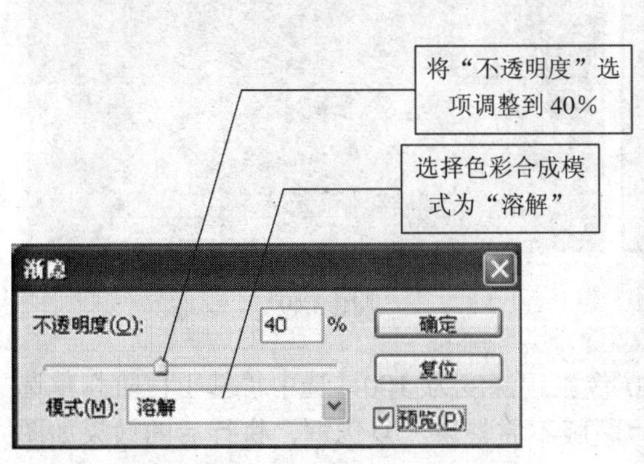

图 3.44

图 3.45

再打开“渐隐”对话框，如图 3.46 所示。现将“不透明度”选项调整到 100%，选择色彩合成模式为“正片叠底”，然后单击“确定”按钮。执行后的效果如图 3.47 所示（见彩图 22）。

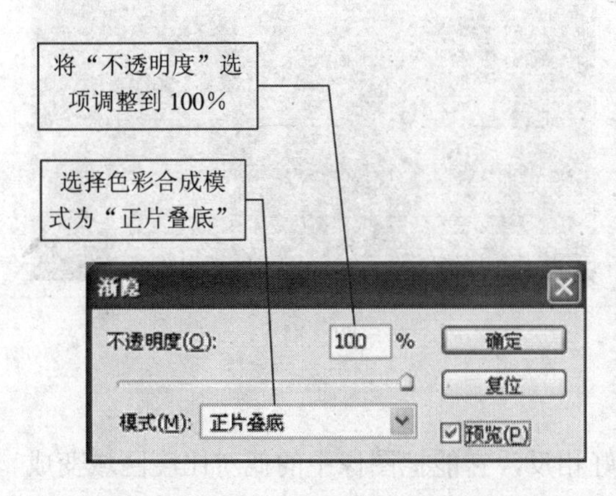

图 3.46

图 3.47

8. 凸出滤镜

该滤镜的作用是能够将二维图像拉伸成三维的纹理图像，但不是真正意义上的拉伸，而是通过把图像转换成碎块状物体或金字塔状物体来产生特殊的三维背景效果。该命令执行后的对话框及参数如图 3.48 所示。

(1) 设置其参数：类型为块，大小为 30 像素，深度为 30，选中“随机”单选钮，如图 3.48 所示，执行后的效果如图 3.49 所示（见彩图 23）。

(2) 设置其参数：类型为金字塔，大小为 50 像素，深度为 70，选中“随机”单选钮，并选中“蒙版不完整块”复选框，执行后的效果如图 3.50 所示（见彩图 24）。

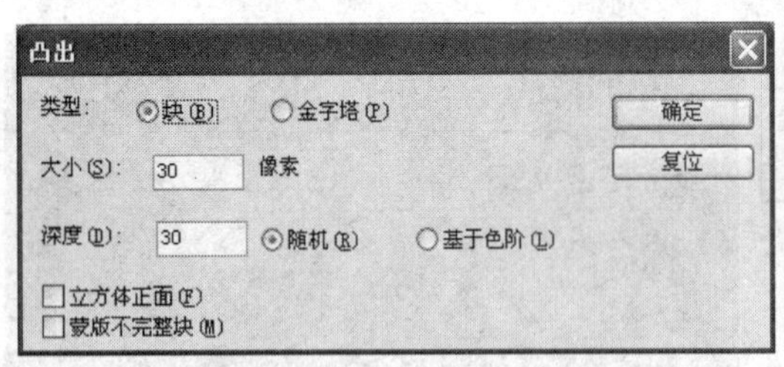

图 3.48

图 3.49

(3) 设置其参数：类型为块，大小为 80 像素，深度为 100，选中“基于色阶”单选钮，并同时选中“立方体正面”复选框和“蒙版不完整块”复选框，执行后的效果如图 3.51 所示（见彩图 25）。

图 3.50

图 3.51

9. 照亮边缘滤镜

该滤镜的作用与查找边缘滤镜的作用正好相反，它能把图像中的低对比度区域变成黑色，而把高对比度区域变成白色，产生轮廓发光的效果。并且 Photoshop CS3 在“照亮边缘”对话框中提供了精确的设置选项，例如，可以设置边缘线条的宽度，可以指定边线的亮度，也可以精确地调整边缘线条的平滑程度等。该命令执行后的对话框及参数如图 3.52 所示。

(1) 设置其参数：边缘宽度为 2，边缘亮度为 6，平滑度为 5，如图 3.52 所示，执行后的效果如图 3.53 所示（见彩图 26）。

(2) 设置其参数：边缘宽度为 8，边缘亮度为 10，平滑度为 7，执行后的效果如图 3.54 所示（见彩图 27）。

(3) 设置其参数：边缘宽度为 12，边缘亮度为 17，平滑度为 10，执行后的效果如图 3.55 所示（见彩图 28）。

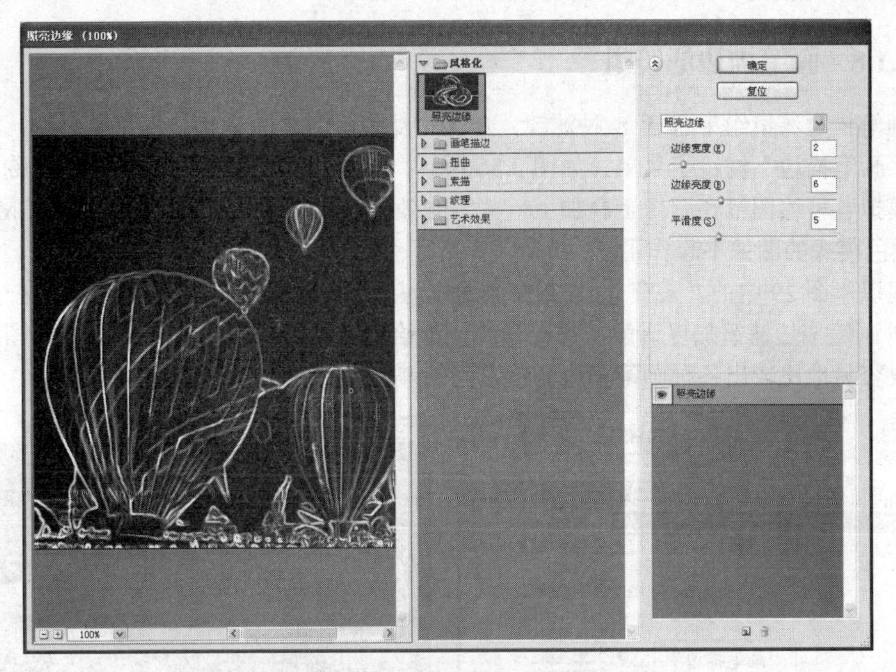

图 3.52

图 3.53

图 3.54

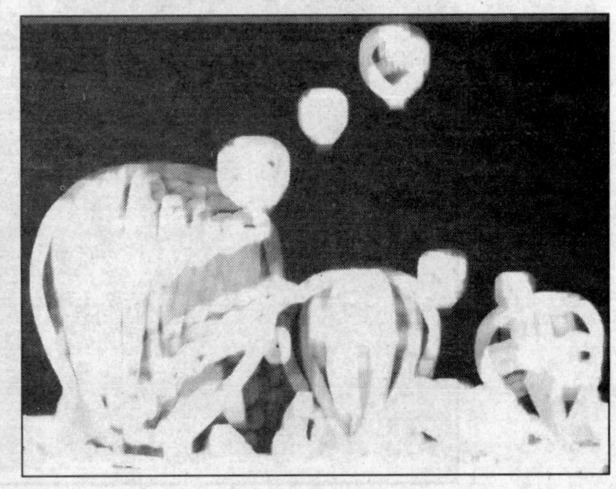

图 3.55

3.1.8 画笔描边滤镜组

画笔描边滤镜组中包括 8 种滤镜，单击“滤镜”→“画笔描边”菜单命令，将弹出一个“画笔描边”滤镜子菜单，如图 3.56 所示，其中显示出了这 8 种滤镜的名称。它们可以模拟各种绘图笔在图像上叠加上一些笔触效果。请注意，这 8 种滤镜都对 CMYK 和 Lab 颜色模式的图像不起作用。

现以彩图 29 中的“天空.jpg”文件原图作为示范图，如图 3.57 所示，利用这一幅图，对 8 种画笔描边滤镜加以讲解，每一种滤镜都给出 3 个不同的参数设置及效果图，用户可以很容易地比较出各种画笔描边滤镜之间的差异。

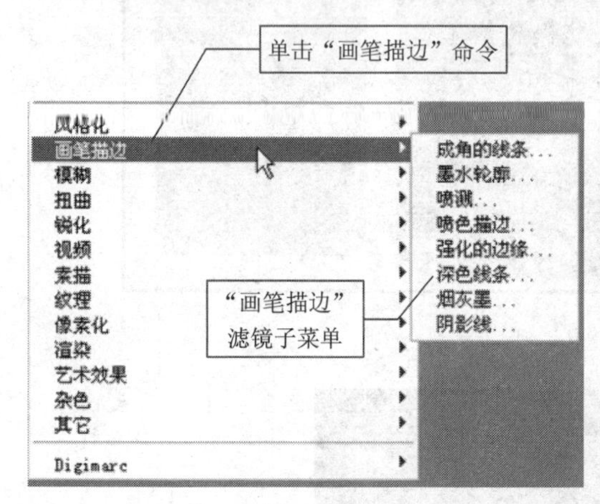

图 3.56

图 3.57

1. 成角的线条滤镜

该滤镜的作用是通过计算图像中像素的色值分布，在不同色值区域的边缘产生有一定角度的线条融合效果。该命令执行后的对话框及参数如图 3.58 所示。

图 3.58

(1) 设置其参数：方向平衡为 50，描边长度为 15，锐化程度为 3，如图 3.58 所示，执行后的效果如图 3.59 所示（见彩图 30）。

图 3.59

(2) 设置其参数：方向平衡为 92，描边长度为 28，锐化程度为 6，执行后的效果如图 3.60 所示（见彩图 31）。

(3) 设置其参数：方向平衡为 16，描边长度为 43，锐化程度为 9，执行后的效果如图 3.61 所示（见彩图 32）。

图 3.60

图 3.61

2. 墨水轮廓滤镜

该滤镜的作用是可以使颜色的边缘产生墨水描绘过的黑色轮廓，它可以产生一种类似于版画的效果。该命令执行后的对话框及参数说明如图 3.62 所示。

(1) 设置其参数：描边长度为 4，深色强度为 20，光照强度为 10，如图 3.62 所示，执行后的效果如图 3.63 所示（见彩图 33）。

(2) 设置其参数：描边长度为 28，深色强度为 41，光照强度为 24，执行后的效果如图 3.64 所示（见彩图 34）。

(3) 设置其参数：描边长度为 45，深色强度为 8，光照强度为 36，执行后的效果如图 3.65 所示（见彩图 35）。

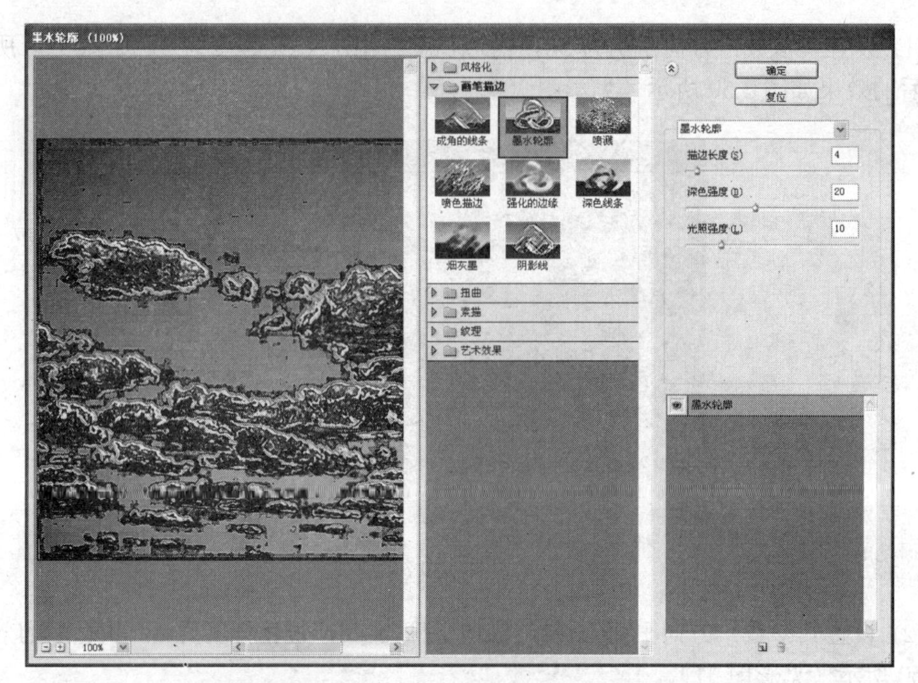

图 3.62

图 3.63

图 3.64

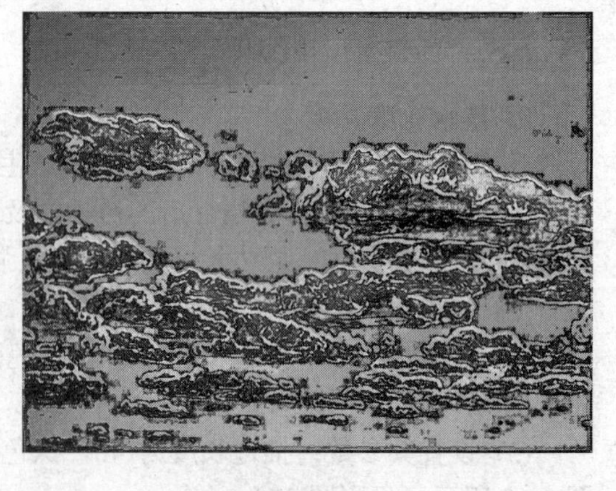

图 3.65

3. 喷溅滤镜

该滤镜的作用可以在图像中产生水珠飞溅的效果，就好像水喷在图像上一样。该命令执行后的对话框及参数如图 3.66 所示。

图 3.66

(1) 设置其参数：喷色半径为 10，平滑度为 5，如图 3.66 所示，执行后的效果如图 3.67 所示（见彩图 36）。

图 3.67

(2) 设置其参数：喷色半径为 19，平滑度为 3，执行后的效果如图 3.68 所示（见彩图 37）。

(3) 设置其参数：喷色半径为 35，平滑度为 12，执行后的效果如图 3.69 所示（见彩图 38）。

图 3.68

图 3.69

4. 喷色描边滤镜

该滤镜的作用是通过计算图像中像素的色值分布，在不同色值区域的边缘产生斜线状水珠飞溅的融合效果，就好像水斜着喷在图像上一样。该命令执行后的对话框及参数如图 3.70 所示。

图 3.70

(1) 设置其参数：描边长度为 12，喷色半径为 7，描边方向为右对角线，如图 3.70 所示，执行后的效果如图 3.71 所示（见彩图 39）。

图 3.71

(2) 设置其参数：描边长度为 3，喷色半径为 12，描边方向为水平，执行后的效果如图 3.72 所示（见彩图 40）。

(3) 设置其参数：描边长度为 8，喷色半径为 23，描边方向为左对角线，执行后的效果如图 3.73 所示（见彩图 41）。

图 3.72

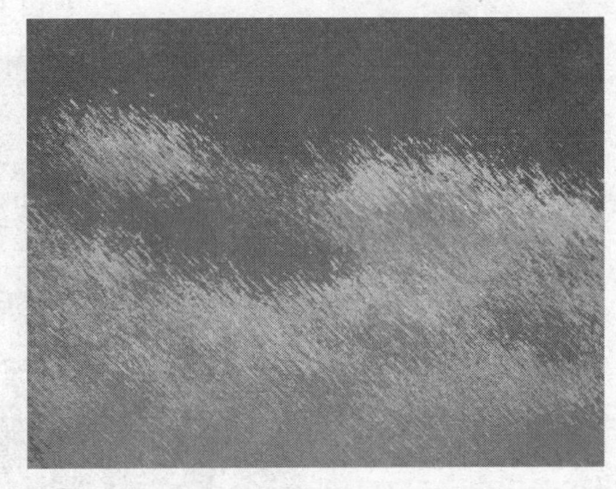

图 3.73

5. 强化的边缘滤镜

该滤镜的作用主要是强化图像中不同颜色之间的边缘，使图像产生一种强调边缘的效果，它也是一种方便地生成边缘发光效果的滤镜。该命令执行后的对话框及参数如图 3.74 所示。

(1) 设置其参数：边缘宽度为 2，边缘亮度为 38，平滑度为 5，如图 3.74 所示，执行后的效果如图 3.75 所示（见彩图 42）。

(2) 设置其参数：边缘宽度为 7，边缘亮度为 27，平滑度为 8，执行后的效果如图 3.76 所示（见彩图 43）。

(3) 设置其参数：边缘宽度为 11，边缘亮度为 50，平滑度为 12，执行后的效果如图 3.77 所示（见彩图 44）。

图 3.74

图 3.75

图 3.76

图 3.77

6. 深色线条滤镜

该滤镜的作用是能够产生一种不同强度和不同方向的倾斜深色线条来创建黑色阴影效果。该命令执行后的对话框及参数如图 3.78 所示。

图 3.78

(1) 设置其参数：平衡为 5，黑色强度为 6，白色强度为 2，如图 3.78 所示，执行后的效果如图 3.79 所示（见彩图 45）。

图 3.79

(2) 设置其参数：平衡为 8，黑色强度为 4，白色强度为 5，执行后的效果如图 3.80 所示（见彩图 46）。

(3) 设置其参数：平衡为 2，黑色强度为 1，白色强度为 9，执行后的效果如图 3.81 所示（见彩图 47）。

图 3.80

图 3.81

7. 烟灰墨滤镜

该滤镜的作用是通过计算图像中像素的色值分布，在不同色值区域的边缘产生日本泼墨画的融合效果。该命令执行后的对话框及参数如图 3.82 所示。

图 3.82

(1) 设置其参数：描边宽度为 6，描边压力为 2，对比度为 5，如图 3.82 所示，执行后的效果如图 3.83 所示（见彩图 48）。

(2) 设置其参数：描边宽度为 12，描边压力为 14，对比度为 30，执行后的效果如图 3.84 所示（见彩图 49）。

图 3.83

图 3.84

8. 阴影线滤镜

该滤镜的作用与“成角的线条”滤镜的作用相似，都是用笔画去产生交叉网状线条的效果。只是“阴影线”滤镜只能产生互为垂直的交叉线，它们的方向不可任意改变。该命令执行后的对话框及参数如图 3.85 所示。

图 3.85

(1) 设置其参数：描边长度为 9，锐化程度为 6，强度为 1，如图 3.85 所示，执行后的效果如图 3.86 所示（见彩图 50）。

图 3.86

(2) 设置其参数：描边长度为 25，锐化程度为 10，强度为 3，执行后的效果如图 3.87 所示（见彩图 51）。

(3) 设置其参数：描边长度为 38，锐化程度为 3，强度为 2，执行后的效果如图 3.88 所示（见彩图 52）。

图 3.87

图 3.88

【课堂制作 3.5】 制作液体字

(1) 单击“文件”→“新建”菜单命令，创建一幅新的图像。其中参数：宽度为 8 英寸 (1 英寸=2.54 厘米)，高度为 5 英寸，分辨率为 72 像素/英寸，模式为 RGB 颜色，内容为白色。

(2) 设置前景色为 35%灰色，单击“油漆桶工具”按钮，将图像填充为灰色。

(3) 在“图层”调板中单击“创建新的图层”菜单命令，创建一个新图层。

(4) 单击“横排文字蒙版工具”按钮，输入文字“液体”。其中参数：字体为粗黑体，大小为 200 点。单击“切换字符和段落调板”按钮，在“字符”调板中设置字间距为 100，并按下“仿粗体”按钮。

(5) 单击“渐变工具”按钮，设置渐变颜色为色谱；单击“线性渐变”按钮，从文字的左上方向右下方拖出一条渐变线，形成色谱渐变效果，如图 3.89 所示。

(6) 按下 Ctrl+D 键，取消选择。单击“图层”→“拼合图层”菜单命令，将文字图层与背景图层合并成一个图层。

(7) 单击“滤镜”→“画笔描边”→“喷溅”菜单命令，产生液体喷溅的效果，如图3.90所示。其中参数：喷色半径为8，平滑度为3。

图 3.89

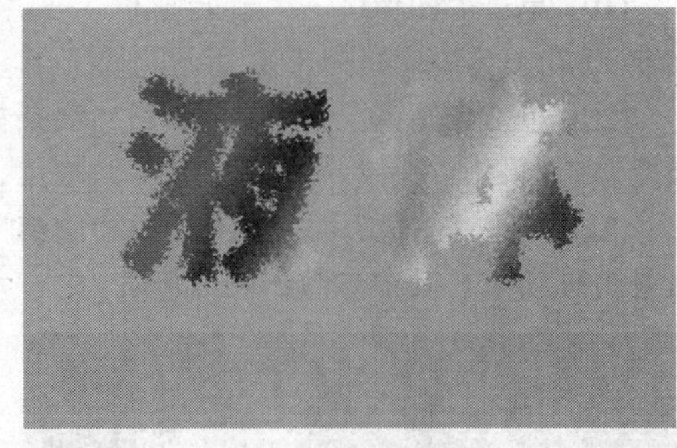

图 3.90

(8) 单击“滤镜”→“画笔描边”→“喷色描边”菜单命令，产生液体上下流动的效果，如图3.91所示。其中参数：描边长度为8，喷色半径为13，描边方向为垂直。

(9) 在“图层”调板中将图层拖到“创建新的图层”按钮上，复制一个“背景副本图层”。

(10) 单击“魔棒工具”按钮，选中灰色区域。单击“选择”→“选取相似”菜单命令，选中中灰色的区域。

(11) 将前景色设置为黑色，按下Alt+Delete键，将灰色区域填充黑色。

(12) 单击“选择”→“反向”菜单命令，选中文字区域。

(13) 单击“图层”→“新建”→“通过拷贝的图层”菜单命令，产生一个新的文字图层：图层1。

(14) 单击“图层”→“图层样式”→“斜面和浮雕”菜单命令，产生立体的雪堆字，如图3.92所示。其中参数：样式为内斜面，方法为平滑，深度为100%，方向为上，大小为5像素，软化为2像素，阴影角度120度，高度为30度。

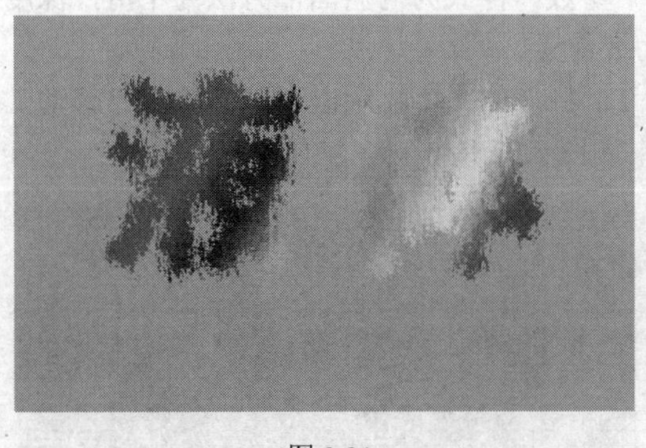

图 3.91

图 3.92

(15) 在“图层”调板中选中背景副本图层，并隐藏图层1的显示。

(16) 单击“图像”→“旋转画布”→“90度（顺时针）”菜单命令，将图像顺时针旋转90度。

(17) 单击“滤镜”→“风格化”→“风”菜单命令，产生风吹的效果。其中参数：方法为风，方向为从右。

(18) 单击“滤镜”→“风”菜单命令，再次产生风吹的效果。

(19) 单击“图像”→“旋转画布”→“90 度（逆时针）”菜单命令，将图像逆时针旋转 90 度，其效果如图 3.93 所示。

(20) 单击“滤镜”→“模糊”→“高斯模糊”菜单命令，产生模糊效果。其中参数：半径为 0.5 像素。

(21) 单击“图像”→“调整”→“阈值”菜单命令，产生一个液体往下流动的轮廓，如图 3.94 所示。其中参数：阈值色阶为 1。

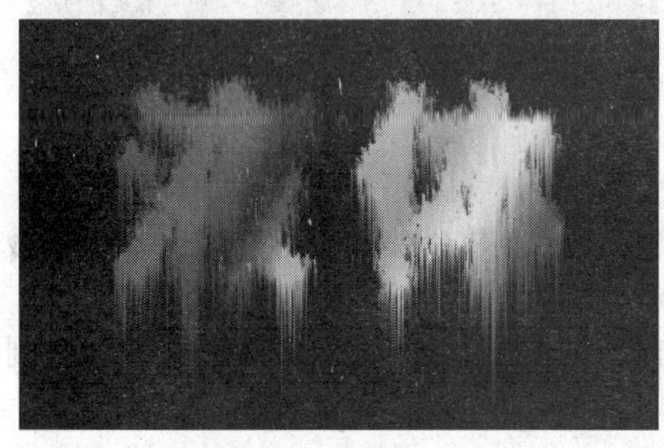

图 3.93

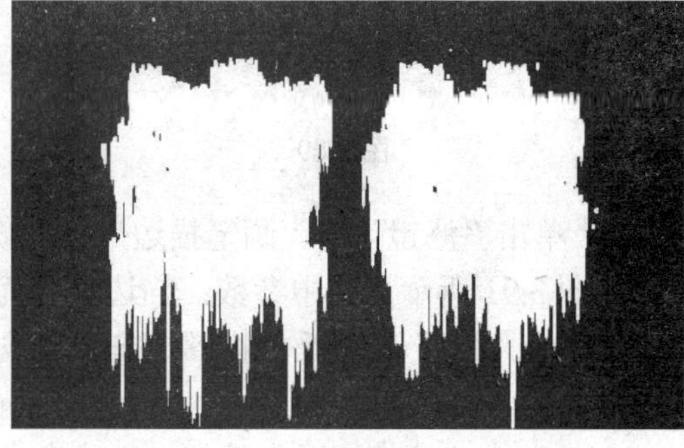

图 3.94

(22) 单击“魔棒工具”按钮，选中白色文字。单击“选择”→“选取相似”菜单命令，选中所有白色部分。

(23) 单击“渐变工具”按钮，设置渐变颜色为色谱；单击“线性渐变”按钮，从文字的左上方向右下方拖出一条渐变线，形成色谱渐变效果。

(24) 单击“选择”→“反向”菜单命令，选中文字以外的黑色部分。按下“Delete”键，删除黑色部分。

(25) 按下 Ctrl+D 键，取消选择。单击“图层”→“图层样式”→“斜面和浮雕”菜单命令，产生立体效果，如图 3.95 所示。其中参数：样式为内斜面，方法为平滑，深度为 150%，方向为上，大小为 8 像素，软化为 3 像素。

(26) 在“图层”调板中显示并选中图层 1，将液体文字显示出来，并单击“移动工具”按钮，将液体文字向下移动一点，其效果如图 3.96 所示。

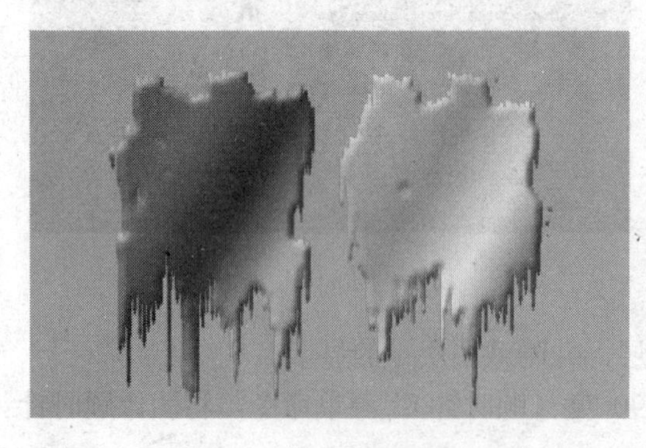

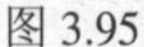

图 3.95

图 3.96

(27) 单击“文件”→“储存为”菜单命令，将图像储存为“液体字.BMP”文件。

3.1.9 模糊滤镜组

Photoshop CS3 提供了 11 种模糊滤镜，单击“滤镜”→“模糊”菜单命令，将弹出一个“模糊”滤镜子菜单，如图 3.97 所示，其中显示出了这 11 种滤镜的名称。它们包括表面模糊、动感模糊、方框模糊、高斯模糊、进一步模糊、径向模糊、镜头模糊、模糊、平均、特殊模糊和形状模糊滤镜。这组滤镜主要用来处理图像边缘过于清晰或颜色对比过于强烈的区域，其处理方法是使用边界分明的两种颜色的平均值来模糊边界线，以使边界的颜色平滑过渡。

这一节以光盘中彩图 53 中的“小船.jpg”文件原图作为示范图，如图 3.98 所示。利用这幅图，对 6 种主要模糊滤镜加以讲解，每一种滤镜都给出 3 个不同的参数设置及效果图，用户可以很容易地比较出各种模糊滤镜之间的差异。

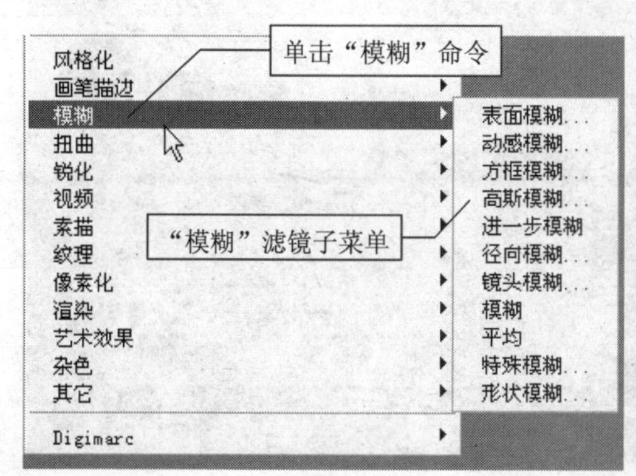

图 3.97

图 3.98

1. 模糊滤镜

该滤镜的作用是能够产生轻微的模糊效果，它的模糊效果是固定的，没有由用户选择的参数，因此也不使用对话框，单击“模糊”菜单命令可以直接执行它。该命令执行后的效果如图 3.99 所示（见彩图 54）。

2. 进一步模糊滤镜

该滤镜的作用与模糊滤镜的作用相似，只是效果更加明显，其模糊程序是模糊滤镜效果的 2 倍，但是它的效果仍不太明显。进一步模糊滤镜命令没有对话框，也不需要设置参数可直接执行，如图 3.100（见彩图 55）所示，给出了使用进一步模糊滤镜的效果图。以上这两种滤镜产生的效果，使用高斯模糊滤镜同样可以产生。

3. 高斯模糊滤镜

高斯模糊滤镜是一种用途广泛的优秀模糊滤镜，它按照高斯钟形曲线的半径大小对图像中特定数量的像素进行模糊处理。该命令执行后的对话框及参数如图 3.101 所示。

(1) 设置其参数：半径为 1 像素，如图 3.101 所示，执行后产生了轻微的模糊效果，如图 3.102 所示（见彩图 56）。

图 3.99

图 3.100

图 3.101

图 3.102

(2) 设置其参数：半径为 6 像素，执行后产生了明显的模糊效果，如图 3.103 所示（见彩图 57）。

(3) 设置其参数：半径为 12 像素，执行后产生了朦胧的模糊效果，如图 3.104 所示（见彩图 58）。

说明：半径设置得越大模糊效果越强，返之半径设置得越小模糊效果越弱。

图 3.103

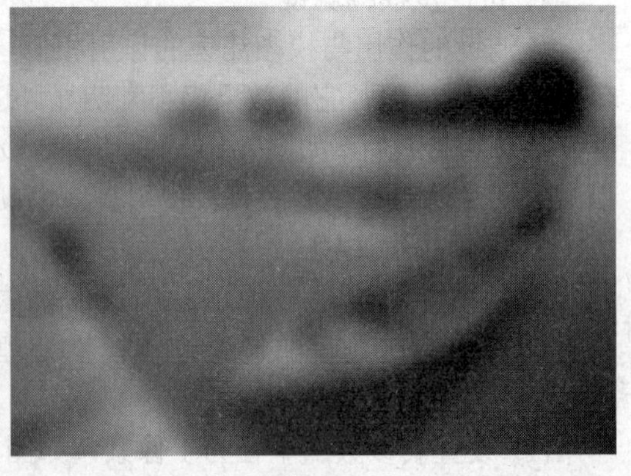

图 3.104

【课堂制作 3.6】 制作瓷砖字

(1) 单击“文件”→“新建”菜单命令，创建一幅新的图像。其中参数：宽度为 600 像素，高度为 400 像素，分辨率为 72 像素/英寸，颜色模式为 RGB 颜色，背景内容为白色。

(2) 在“图层”调板中双击“背景”图层，在弹出的“新建图层”对话框中单击“确定”按钮，将加锁状态的背景图层转换成解锁状态的图层 0，以便在图层中输入文字。

(3) 在“通道”调板中单击“创建新通道”按钮，创建一个 Alpha 1 通道。

(4) 将前景色设置为白色，背景色为黑色。单击“横排文字工具”按钮，输入文字“瓷砖”，如图 3.105 所示。其中参数：字体为综艺体，大小为 250 点。

(5) 在“通道”调板中单击→“复制通道”菜单命令，复制一个 Alpha 1 副本通道。

(6) 单击“滤镜”→“风格化”→“拼贴”菜单命令，在复制的通道中产生方块字，如图 3.106 所示。其中参数：拼贴数为 10，最大位移为 1%，填充空白区域用背景色。

图 3.105

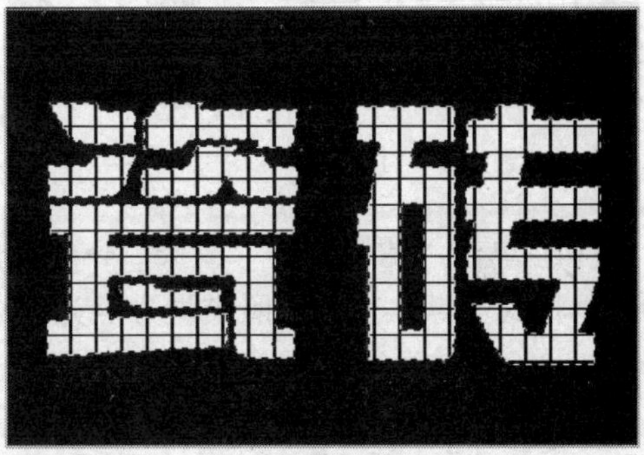

图 3.106

(7) 在“通道”调板中拖动 Alpha 1 副本通道到“创建新通道”按钮上，复制一个 Alpha 1 副本 2 通道。

(8) 单击“滤镜”→“模糊”→“高斯模糊”菜单命令，对图像进行模糊处理，其效果如图 3.107 所示。其中参数：半径为 3。

(9) 单击“选择”→“载入选区”菜单命令。其中参数：通道为 Alpha 1 副本，操作为从选区中减去，得到如图 3.108 所示的网格线选择区域。

(10) 按下 Ctrl+Delete 键，将网格线填充黑色。

图 3.107

图 3.108

(11) 单击“滤镜”→“模糊”→“高斯模糊”菜单命令，对网格线进行模糊处理，效果如图 3.109 所示。其中参数：半径为 4。

(12) 在“通道”调板中选中 RGB 混合通道，按下 Ctrl 键并同时单击 Alpha 1 通道，得到瓷砖文字选区。

(13) 选择前景色为浅蓝色（R=145；G=210；B=240）；按下 Alt+Delete 键，用前景色填充文字，如图 3.110 所示。

图 3.109

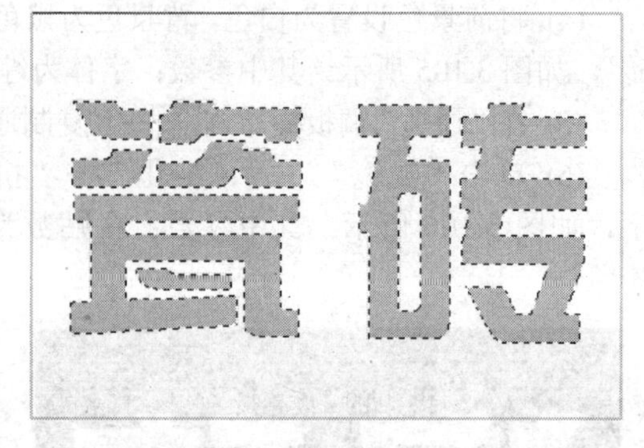

图 3.110

(14) 单击“滤镜”→“渲染”→“光照效果”菜单命令，制作立体文字效果。其中参数：样式为默认值，光照类型为点光，选中“开”复选框，强度为 18，聚焦为 92，光泽为 100，材料为 46，曝光度为 14，环境为-11，纹理通道为 Alpha 1 副本 2，选中“白色部分凸出”复选框，高度为 50，并将光照方向和大小调整为如图 3.111 所示的位置。其效果如图 3.112 所示。

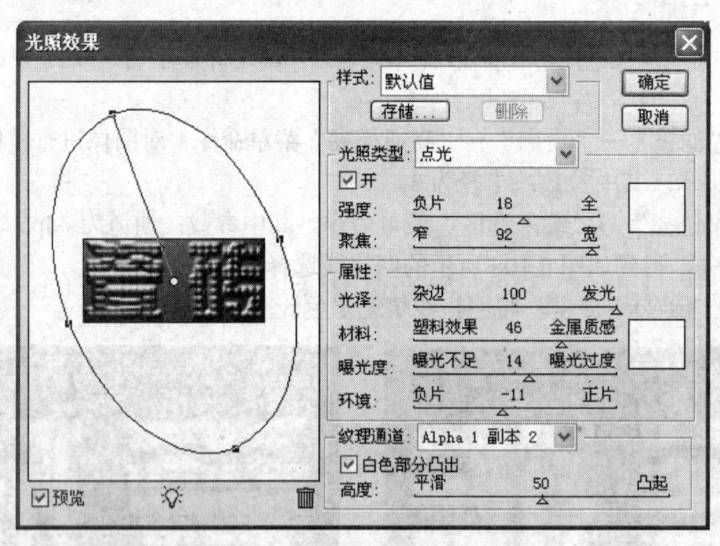

图 3.111

(15) 按下 Ctrl+D 键，取消选择。单击“图像”→“调整”→“色阶”菜单命令，将图像颜色变浅。其中参数：通道为 RGB，输入色阶为 0、7、255，输出色阶为 0、255。这样就得到了一个瓷砖字，如图 3.113 所示。

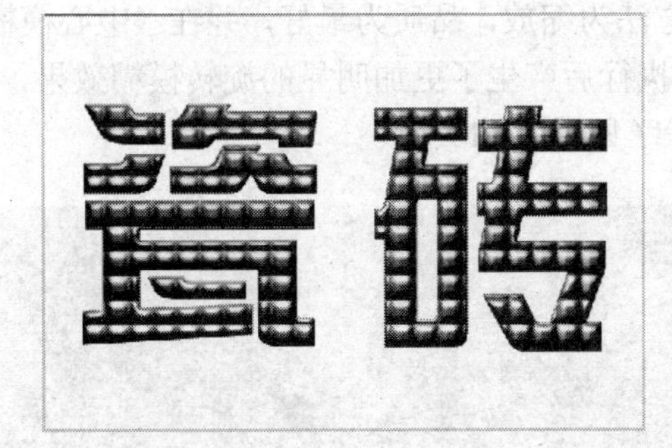

图 3.112

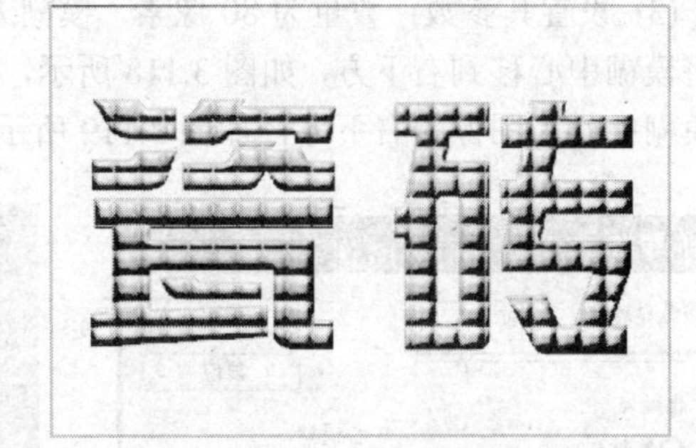

图 3.113

4. 径向模糊滤镜

该滤镜的作用是把图像旋转成圆形，或者使图像从中心向四周辐射，从而达到模糊的效果。该命令执行后的对话框及参数如图 3.114 所示。

(1) 设置其参数：数量为 10 像素，模糊方法为旋转，品质为草图，如图 3.114 所示，执行后产生了旋转模糊效果，如图 3.115 所示（见彩图 59）。

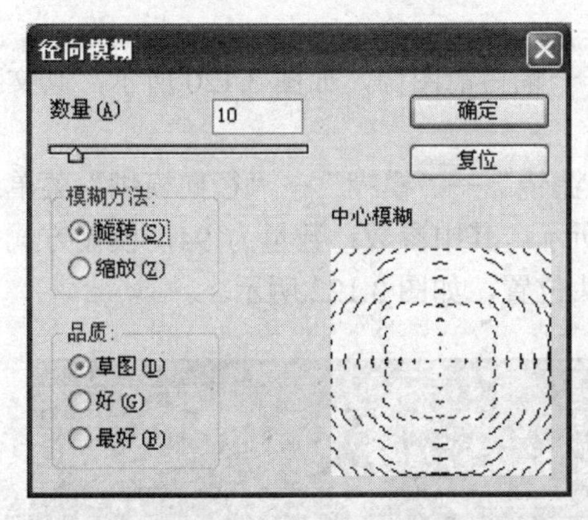

图 3.114

图 3.115

(2) 设置其参数：数量为 40 像素，模糊方法为缩放，品质为好，如图 3.116 所示，执行后产生了旋转模糊效果，如图 3.117 所示（见彩图 60）。

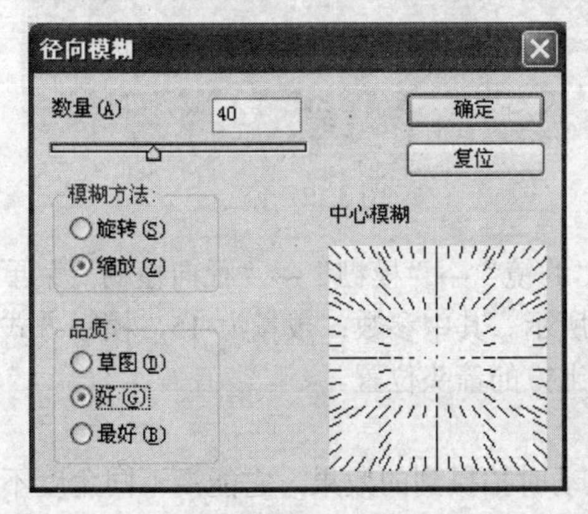

图 3.116

图 3.117

(3) 设置其参数：数量为 80 像素，模糊方法为缩放，品质为最好，并在“中心模糊”中将模糊中心移到右下方，如图 3.118 所示，执行后产生了更加明显的旋转模糊效果，并且模糊中心为图像的右下方，如图 3.119 所示（见彩图 61）。

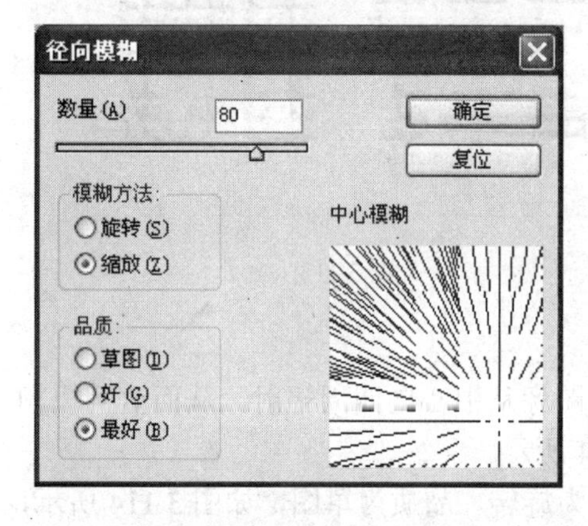

图 3.118

图 3.119

【课堂制作 3.7】 制作飞速前进的弓箭

(1) 单击“文件”→“打开”菜单命令，打开一幅弓箭图像，如图 3.120 所示，其文件名为“C02.psd”。

(2) 在“图层”调板中选中背景图层，单击“滤镜”→“模糊”→“径向模糊”菜单命令，将群山变成快速运动的效果，如图 3.121 所示。其中参数：数量为 94，模糊方式为缩放，品质为好，并调整模糊的中心位置为箭头位置，如图 3.122 所示。

图 3.120

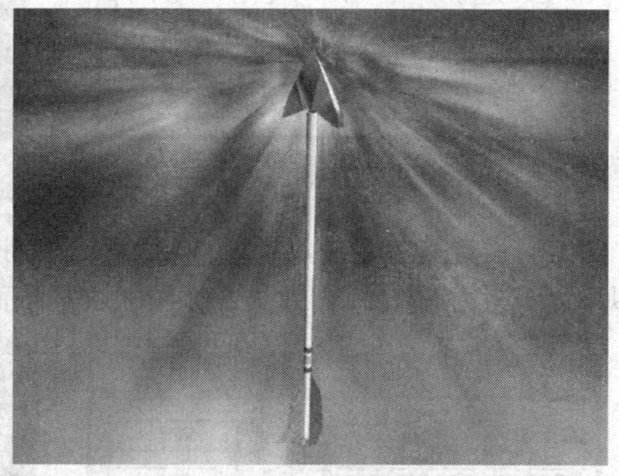

图 3.121

(3) 在“图层”调板中选中箭头图层，单击“滤镜”→“模糊”→“径向模糊”菜单命令，将箭头变成快速运动的效果，如图 3.123 所示。其中参数：数量为 15，模糊方式为缩放，品质为好，并调整模糊的中心位置为正上方的箭头位置。

5. 动感模糊滤镜

该滤镜的作用是能使图像中的物体具有在运动时拍摄到的效果，它能沿不同角度不同的距离以直线方式模糊像素。该命令执行后的对话框及参数如图 3.124 所示。

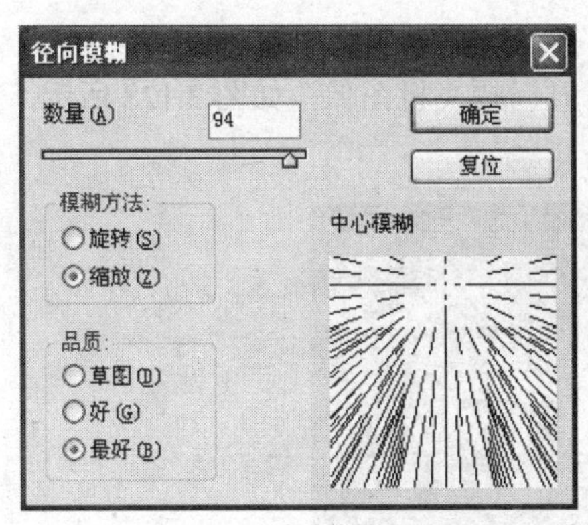

图 3.122

图 3.123

(1) 设置其参数：角度为 0 度，距离为 20 像素，执行后产生了水平的动感模糊效果，如图 3.125 所示（见彩图 62）。

图 3.124

图 3.125

(2) 设置其参数：角度为 45 度，距离为 80 像素，执行后产生了方向为 45 度的明显动感模糊效果，如图 3.126 所示（见彩图 63）。

(3) 设置其参数：角度为 120 度，距离为 110 像素，执行后产生了方向为 120 度的强烈动感模糊效果，如图 3.127 所示（见彩图 64）。

图 3.126

图 3.127

【课堂制作 3.8】 制作喷气飞机

(1) 单击“文件”→“打开”菜单命令，打开一幅飞机图像，如图 3.128 所示，其文件名为“C03.psd”。

图 3.128

(2) 在“图层”调板中将飞机图层移到“创建新图层”按钮上，复制一个飞机副本图层。

(3) 选中飞机图层，单击“滤镜”→“模糊”→“动感模糊”菜单命令。设置参数：角度为 60，距离为 530。产生飞机飞行时喷出的气流效果，如图 3.129 所示。

(4) 单击“移动工具”按钮，将气流移到飞机的尾部。

(5) 在“图层”调板中选中飞机副本图层，单击“滤镜”→“模糊”→“动感模糊”菜单命令。设置参数：角度为 60，距离为 7。产生飞机快速运行的效果，如图 3.130 所示。

图 3.129

图 3.130

6. 特殊模糊滤镜

该滤镜的作用是通过指定一个阈值来控制滤镜模糊的范围，在该范围内可以产生边缘清晰的模糊效果。例如可使人脸上的皮肤变模糊光滑，而保持五官清晰。该命令执行后的对话框及参数如图 3.131 所示。

(1) 设置其参数：半径为 40，阈值为 30，如图 3.131 所示。执行后水面和天空产生了微小的模糊，水波纹少了一些，而其它图像的边缘还保持清晰，如图 3.132 所示（见彩图 65）。

图 3.131

图 3.132

(2) 设置其参数：半径为 40，阈值为 100，执行后水面和天空产生了明显的模糊，水波纹几乎看不到了，而其它图像的边缘还保持清晰，如图 3.133 所示（见彩图 66）。

(3) 设置其参数：模式为叠加边缘，执行后在特殊模糊的基础上图像边缘还保持清晰的部分被描上了白边，如图 3.134 所示（见彩图 67）。

图 3.133

图 3.134

【课堂制作 3.9】 制作玻璃字

(1) 单击“文件”→“新建”菜单命令，创建一幅新的图像。其中参数：宽度为 16 厘米，高度为 12 厘米，分辨率为 72 像素/英寸，颜色模式为 RGB 颜色，背景内容为白色。

(2) 在“图层”调板中单击“创建新图层”按钮，创建一个新图层，并单击“横排文字蒙版工具”按钮，输入文字“玻璃”。其中参数：字体为黑体，大小为 160 点。在“字符”调版中按下“仿粗体”按钮T，产生粗黑体字。

(3) 设置前景色为黑色，按下 Alt+Delete 键，将文字填充为黑色，并按下 Ctrl+D 键取消选区，如图 3.135 所示。

(4) 单击“滤镜”→“模糊”→“动感模糊”菜单命令，产生动感模糊效果，如图 3.136 所示。其中参数：角度为 45 度，距离为 30 像素。

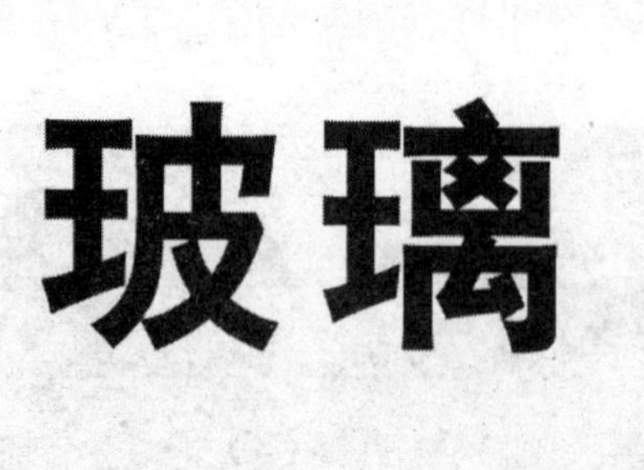

图 3.135

图 3.136

(5) 单击“图层”→“拼合图像”菜单命令，将所有图层合并为一个图层。

(6) 单击“滤镜”→“风格化”→“查找边缘”菜单命令，查找边缘，其效果如图 3.137 所示。

(7) 单击“图像”→“调整”→“反相”菜单命令，使图像黑白颠倒。

(8) 单击“渐变工具”按钮，设置渐变颜色为色谱渐变、渐变方式为线性渐变、模式为颜色。从文字的左上角向右下角拖出一条渐变线，产生色谱渐变的效果。这样一个玻璃字就制作完成了，如图 3.138 所示。

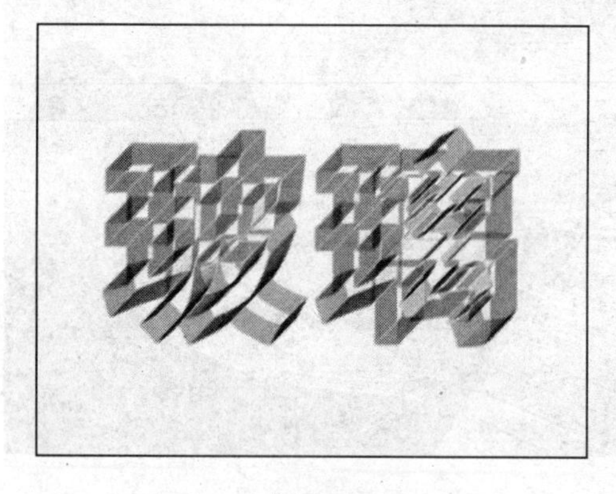

图 3.137

图 3.138

3.1.10 扭曲滤镜组

Photoshop CS3 提供了 13 种扭曲滤镜，单击“滤镜”→“扭曲”菜单命令，将弹出一个“扭曲”滤镜子菜单，如图 3.139 所示，其中显示出了 13 种滤镜的名称，包括：波浪、波纹、玻璃、海洋波纹、极坐标、挤压、镜头较正、扩散亮光、切变、球面化、水波、旋转扭曲和置换。这组滤镜主要用来模拟各种不同的扭曲变形效果，从水滴形成的波纹到水面的漩涡效果都可以处理。

这一节以彩图 68 作为示范原图(在光盘中的文件名为“瓶子.jpg”)，如图 3.140 所示，利用这一幅图，对 13 种扭曲滤镜加以详细讲解，每一种滤镜都给出 3 个不同的参数设置及效果图，用户可以很容易地比较出各种模糊滤镜之间的差异。

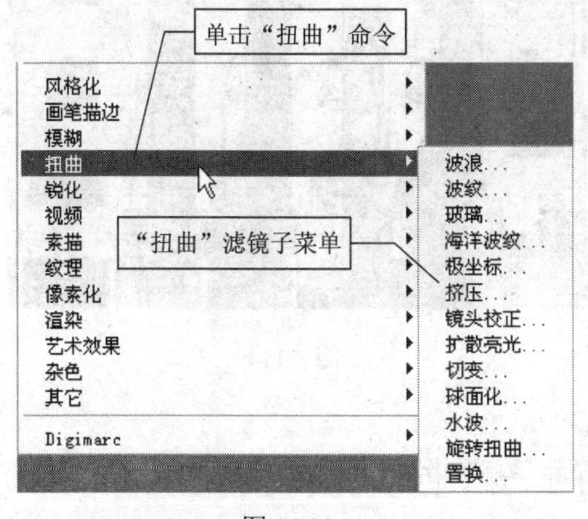

图 3.139

图 3.140

1. 波浪滤镜

该滤镜的作用是产生 3 种不同类型的波浪式扭曲变形，并可改变波浪的数量、波长和波幅。该命令执行后的对话框及参数如图 3.141 所示。

(1) 设置其参数：生成器数为 5，波长最小为 10，波长最大为 120，波幅最小为 1，波幅最大为 35，水平比例为 100%，垂直比例为 100%，类型为正弦，未定义区域为重复边缘像素，如图 3.141 所示。执行后产生了正弦波浪，如图 3.142 所示（见彩图 69）。

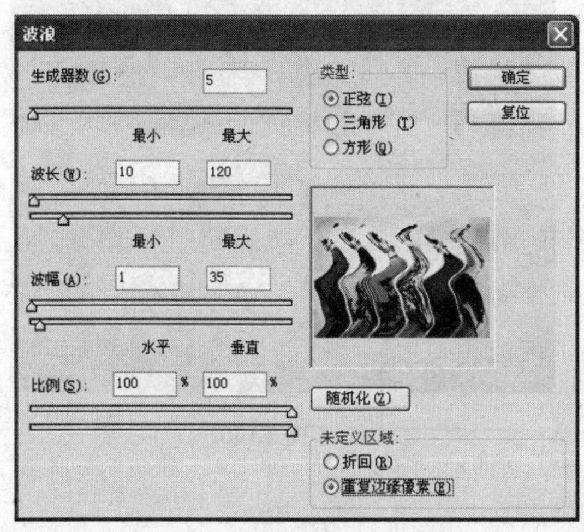

图 3.141

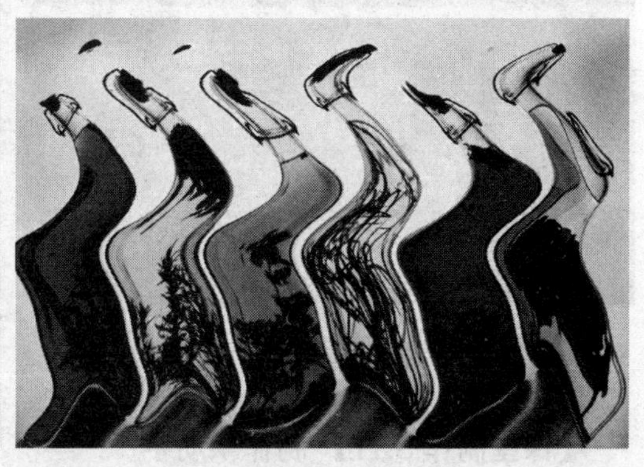

图 3.142

(2) 设置其参数：生成器数为 10，波长最小为 60，波长最大为 120，波幅最小为 35，波幅最大为 35，水平比例为 100%，垂直比例为 100%，类型为三角形，未定义区域为折回，执行后产生了边缘折回的三角形波浪，如图 3.143 所示（见彩图 70）。

(3) 设置其参数：生成器数为 15，波长最小为 120，波长最大为 120，波幅最小为 10，波幅最大为 10，水平比例为 100%，垂直比例为 100%，类型为方形，未定义区域为重复边缘像素，执行后产生了方形波浪，如图 3.144 所示（见彩图 71）。

图 3.143

图 3.144

【课堂制作 3.10】 制作起浮的花海

(1) 单击“文件”→“打开”菜单命令，打开一幅黄色的花海图像，如图 3.145 所示，其文件名为“B04.jpg”。

(2) 单击“矩形选框工具”按钮，设置羽化值为 10 像素，将画面下部黄色的花海选中。

(3) 单击“滤镜”→“扭曲”→“波浪”菜单命令，产生波浪效果。其中参数：生成器数为 1，类型为正弦，最小波长和最大波长都为 65，最小波幅和最大波幅都为 10，水平比例和垂直比例都为 100%，未定义区域为重复边缘像素。这样就产生了一个起浮的花海效果，如图 3.146 所示。

图 3.145

图 3.146

【课堂制作 3.11】 制作飘动字

(1) 单击“文件”→“新建”菜单命令，创建一幅新的图像，其中参数：宽度为 10 厘米，高度为 5 厘米，分辨率为 100 像素/英寸，颜色模式为 RGB 颜色，背景内容为白色。

(2) 单击“图层”→“新建”→“图层”菜单命令，创建一个新图层。

(3) 单击“横排文字蒙版工具”按钮，输入文字“飘动”，如图 3.147 所示。其中参数：字体为楷体，大小为 100 点。

(4) 在“路径”调板中单击“从选区生成工作路径”按钮，将选区转换为路径，如图 3.148 所示。

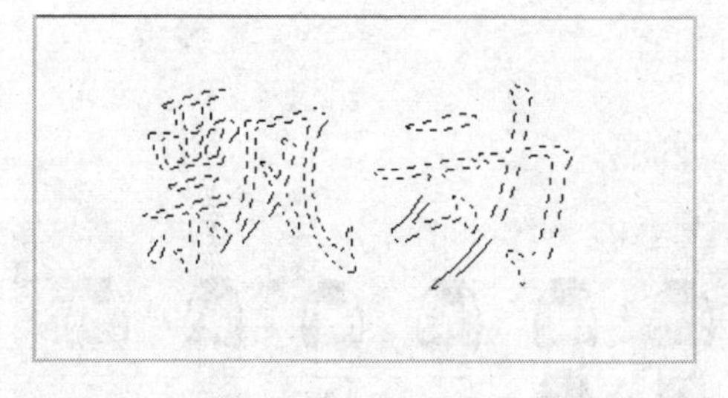

图 3.147

图 3.148

(5) 单击“直接选择工具”按钮，移动路径上的锚点，制作变形文字，如图 3.149 所示。

(6) 按住“Shift”键用鼠标左键选中路径上的所有锚点，在“路径”调板上单击“将路径作为选区载入”按钮，将路径转换为选区。

(7) 将前景色设置为红色，按下 Alt+Delete 键，将文字填充为红色，并按下 Ctrl+D 键，取消选区，如图 3.150 所示。

图 3.149

图 3.150

(8) 单击“滤镜”→“扭曲”→“波浪”菜单命令，产生波浪文字，如图 3.151 所示。其中参数：生成器数为 7，类型为正弦，波长的最小值和最大值都为 60，波幅的最小值和最大值都为 5，水平和垂直比例都为 100%。

(9) 单击“图层”→“图层样式”→“投影”菜单命令，产生阴影效果，如图 3.152 所示。其中参数：距离为 8 像素，扩展为 5%，大小为 10 像素。

图 3.151

图 3.152

2. 波纹滤镜

该滤镜的作用是产生不规则的水波纹式扭曲变形，并可改变波纹的数量、大小，从而产生各种不同的波纹效果。该命令执行后的对话框及参数如图 3.153 所示。

(1) 设置其参数：数量为 100，大小为小（如图 3.153 所示）。执行后产生了少量轻微的波纹，如图 3.154 所示（见彩图 72）。

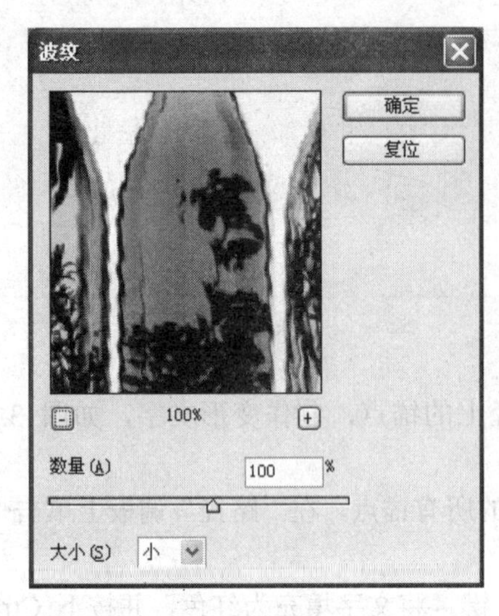

图 3.153

图 3.154

(2) 设置其参数：数量为 200，大小为中。执行后产生了明显的波纹，如图 3.155 所示（见彩图 73）。

(3) 设置其参数：数量为 300，大小为大。执行后产生了大量剧烈的波纹，如图 3.156 所示（见彩图 74）。

图 3.155

图 3.156

【课堂制作 3.12】 制作水中字

(1) 单击“文件”→“打开”菜单命令，打开一幅河水图像，如图 3.157 所示，其文件名为“B05.jpg”。

(2) 设置前景色为红色，单击“横排文字工具”按钮，输入文字“水中字”，如图 3.158 所示，其中参数：字体为琥珀体，大小为 120 点。

(3) 在“图层”调板中用鼠标右键单击文字图层，在弹出的快捷菜单中单击“复制图层”菜单命令，复制一个文字副本图层。

(4) 单击“图层”→“栅格化”→“文字”菜单命令，将文字图层转换成一般图层。

(5) 单击“编辑”→“变换”→“垂直翻转”菜单命令，将文字上下翻转。单击“移动工具”按钮，按住 Shift 键，将文字垂直向下移动，产生倒影文字，如图 3.159 所示。

图 3.157

图 3.158

(6) 单击“编辑”→“变换”→“透视”菜单命令，将文字变成近大远小的透视效果，如图 3.160 所示。

图 3.159

图 3.160

（7）单击“滤镜”→“扭曲”→“波纹”菜单命令，产生水波纹效果，如图 3.161 所示。其中参数：数量为-40，大小为大。

（8）在“图层”调板中设置混合模式为“变亮”，使河水与文字混合，并将图层的不透明度设置为 80%，产生水中文字的效果，如图 3.162 所示。

图 3.161

图 3.162

3. 玻璃滤镜

该滤镜的作用是产生各种玻璃透镜扭曲变形，看起来就像是透过不同纹理的玻璃观看图像的效果。玻璃的纹理有：块、画布、结霜、小镜头和载入纹理（即自己定义纹理）。该命令执行后的对话框及参数如图 3.163 所示。

图 3.163

(1) 设置其参数：扭曲度为 5，平滑度为 3，纹理为块状（如图 3.163 所示）。执行后产生块状的玻璃扭曲效果，如图 3.164 所示（见彩图 75）。

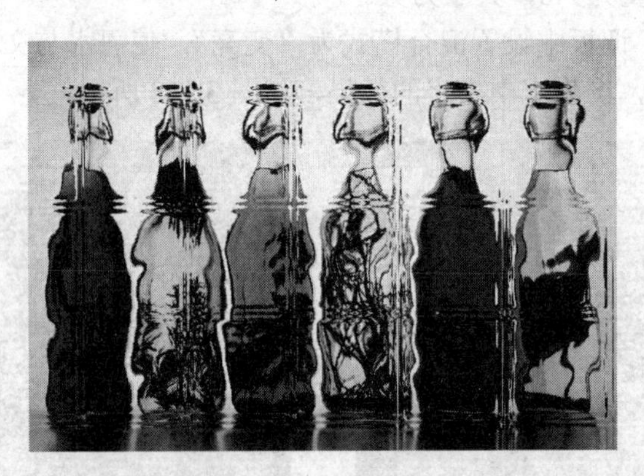

图 3.164

(2) 设置其参数：扭曲度为 10，平滑度为 3，纹理为磨砂。执行后产生磨砂玻璃扭曲效果，如图 3.165 所示（见彩图 76）。

(3) 设置其参数：扭曲度为 15，平滑度为 6，纹理为小镜头。执行后产生小镜头玻璃扭曲效果，如图 3.166 所示（见彩图 77）。

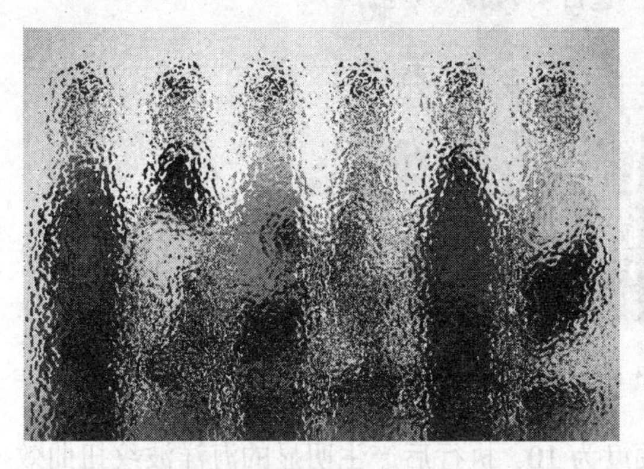
图 3.165

图 3.166

4. 海洋波纹滤镜

该滤镜的作用是产生随机的水纹折射扭曲变形，看起来就像是透过不同波纹的海水观看海底图像的效果。该命令执行后的对话框及参数如图 3.167 所示。

图 3.167

(1) 设置其参数：波纹大小为 3，波纹幅度为 6（如图 3.167 所示）。执行后产生轻微的海洋波纹扭曲效果，如图 3.168 所示（见彩图 78）。

图 3.168

(2) 设置其参数：波纹大小为 9，波纹幅度为 10。执行后产生明显的海洋波纹扭曲效果，如图 3.169 所示（见彩图 79）。

(3) 设置其参数：波纹大小为 15，波纹幅度为 20，执行后产生剧烈的海洋波纹扭曲效果，如图 3.170 所示（见彩图 80）。

图 3.169

图 3.170

【课堂制作 3.13】 制作戏海效果

(1) 单击“文件”→“打开”菜单命令，打开一幅戏水图像，如图 3.171 所示，其文件名为“B06.psd”。

(2) 选中背景图层，单击“仿制图章工具”按钮，设置画笔大小为 100，按住 Alt 键，在图像右上方海水中选中目标点，然后将目标点的海水仿制到图像的其它位置，形成一幅海水图像。

(3) 选中穿泳装的女孩图层，单击“移动工具”按钮，将女孩移到画面的中央，如图 3.172 所示。

(4) 单击“多边形套索工具”按钮，取消“消除锯齿”复选框，选中人物的下半身。

(5) 单击“图层”→“新建”→“通过剪切的图层”菜单命令，将选中的图像剪切并形成一个新图层。

(6) 在“图层”调板中将混合模式设置为柔光；不透明度设置为 80%，这样女孩的下半身就在水中了，如图 3.173 所示。

图 3.171

图 3.172

(7) 在“图层”调板中单击▾☰→“合并图层”菜单命令，将所有图层进行合并。

(8) 单击“滤镜”→“扭曲”→“海洋波纹”菜单命令，产生海洋波纹效果，如图 3.174 所示。其中参数：波纹大小为 4，波纹幅度为 5。

图 3.173

图 3.174

(9) 单击“历史记录画笔工具”按钮。在“历史记录”调板中的“合并图层”前设置历史记录画笔标记，并用历史记录画笔描画女孩下半身以外的躯体，取消上半身的波浪效果，这样一幅戏海图像就制作完成了，如图 3.175 所示。

图 3.175

5. 极坐标滤镜

该滤镜的作用是用来将图形的平面坐标与极坐标进行相互转换，产生圆形或放射形的变形效果。该命令执行后的对话框及参数如图 3.176 所示。

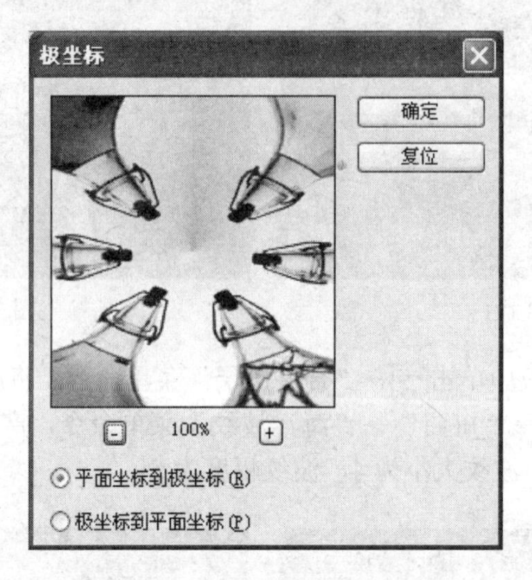

图 3.176

(1) 设置其参数：选中“平面坐标到极坐标”单选钮，如图 3.176 所示，执行后的效果如图 3.177 所示（见彩图 81）。

(2) 设置其参数：选中“极坐标到平面坐标”单选钮，执行后的效果如图 3.178 所示（见彩图 82）。

图 3.177

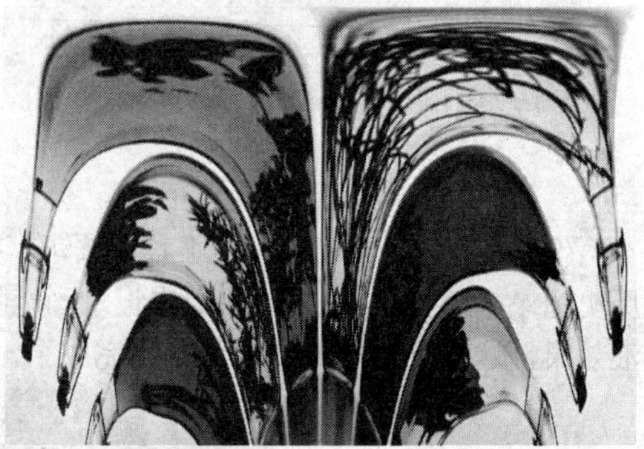

图 3.178

【课堂制作 3.14】制作圆圈字和扇形字

(1) 单击“文件”→“打开”菜单命令，打开一幅横排文字图像，如图 3.179 所示，其文件名为“B07.jpg”。

(2) 单击“滤镜”→“扭曲”→“极坐标”菜单命令，其中参数：选项为平面坐标到极坐标。产生圆圈字，如图 3.180 所示。

(3) 单击“文件”→“打开”菜单命令，打开一幅竖排文字图像，如图 3.181 所示，其文件名为“B08.jpg”。

图 3.179

图 3.180

(4) 单击“滤镜”→“扭曲”→“极坐标”菜单命令，其中参数：选项为平面坐标到极坐标。产生扇形字，如图 3.182 所示。

图 3.181

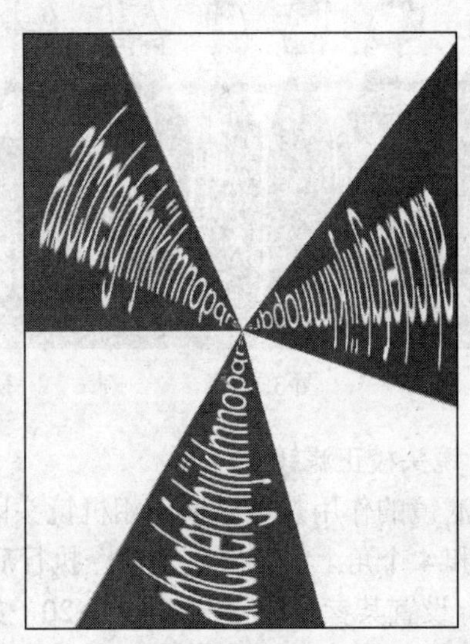

图 3.182

6. 挤压滤镜

该滤镜的作用是产生向内或向外的挤压变形效果，数量的取值范围为-100 到+100。数量为负值时向外挤压，数量为正值时向内挤压。就像透过凹透镜和凸透镜观看图像一样。该命令执行后的对话框及参数如图 3.183 所示。

(1) 设置其参数：数量为-100%（如图 3.183 所示）。执行后产生向外挤压的效果，如图 2.184 所示（见彩图 83）。

(2) 设置其参数：数量为 50%。执行后产生轻微的向内挤压的效果，如图 3.185 所示（见彩图 84）。

(3) 设置其参数：数量为 100%。执行后产生强烈的向内挤压的效果，如图 3.186 所示（见彩图 85）。

图 3.183

图 3.184

图 3.185

图 3.186

7. 镜头校正滤镜

该滤镜的作用是可以校正相机镜头因广角或长焦而产生的枕状变形，并可调整图像的色差和 4 个角上的亮度。该命令执行后的对话框及参数如图 3.187 所示。

(1) 设置其参数：移去扭曲为+20，如图 3.187 所示，执行后产生向内挤压的枕状变形效果，如图 3.188 所示（见彩图 86）。

(2) 设置其参数：移去扭曲为+50，修复红/青边为-100，修复蓝/黄边为-100，晕影数量为-100，垂直透视为 50，水平透视为 0。执行后产生更强烈的向内挤压的枕状变形效果，并且图像的 4 个角变黑了，其中图像边缘的外侧出现了青边和黄边，整个图像向下扩展，其效果如图 3.189 所示（见彩图 87）。

(3) 设置其参数：移去扭曲为-30，修复红/青边为+100，修复蓝/黄边为+100，晕影数量为+80，垂直透视为 0，水平透视为-30。执行后产生向外挤压的枕状变形效果，并且图像的 4 个角变白了，其中图像边缘的外侧出现了红边和蓝边，整个图像向左扩展，其效果如图 3.190 所示（见彩图 88）。

8. 扩散亮光滤镜

该滤镜的作用是以背景色为基色光产生逆光散射的效果，就像在逆光下透过磨砂玻璃观看图像一样。该命令执行后的对话框及参数如图 3.191 所示。

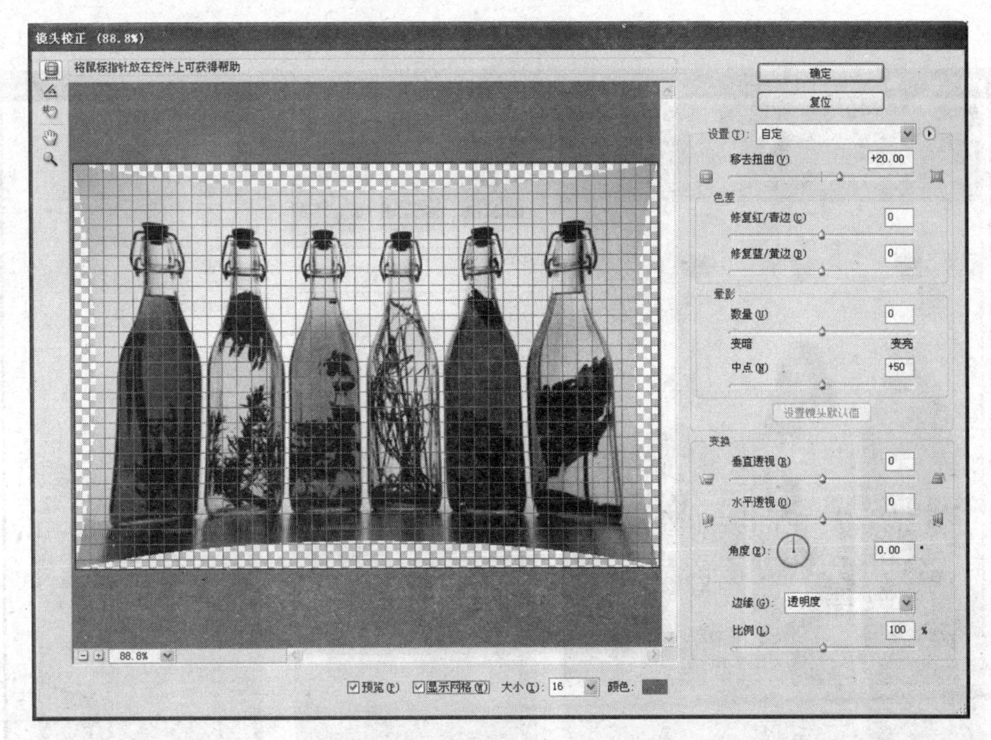

图 3.187

图 3.188

图 3.189

图 3.190

图 3.191

(1) 设置其参数：粒度为 6，发光量为 10，清除数量为 15（如图 3.191 所示）。执行后产生轻微的扩散亮光效果，如图 3.192 所示（见彩图 89）。

图 3.192

(2) 设置其参数：粒度为 2，发光量为 18，清除数量为 10。执行后产生颗粒度较细且发亮的扩散亮光效果，如图 3.193 所示（见彩图 90）。

(3) 设置其参数：粒度为 10，发光量为 5，清除数量为 1。执行后产生颗粒度较粗且发暗的扩散亮光效果，如图 3.194 所示（见彩图 91）。

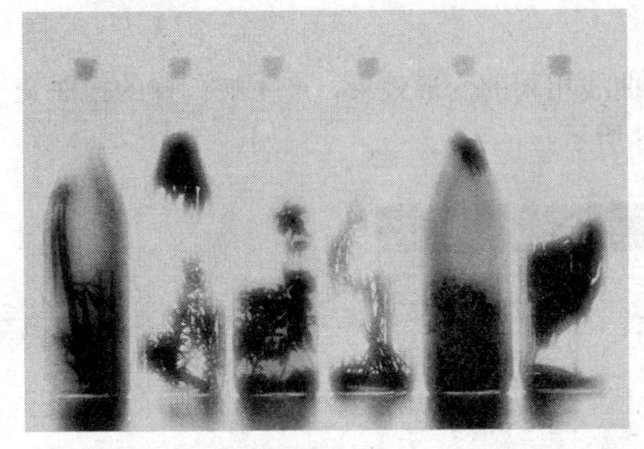

图 3.193　　图 3.194

【课堂制作 3.15】 制作石雕效果

(1) 单击“文件”→“打开”菜单命令，打开一幅猫的图像，如图 3.195 所示，其文件名为“B09.jpg”。

(2) 单击“滤镜”→“风格化”→“浮雕效果”菜单命令，产生浮雕效果，如图 3.196 所示，其中参数：角度为 70，高度为 8，数量为 140%。

图 3.195　　图 3.196

(3) 单击“图像”→“调整”→“去色”菜单命令，去除图像的颜色。

(4) 单击“滤镜”→“扭曲”→“扩散亮光”菜单命令，产生石雕效果，如图 3.197 所示。其中参数：粒度为 6，发光量为 10，消除数量为 15。

图 3.197

9. 切变滤镜

该滤镜的作用是产生与用户定义的变形曲线相同的变形效果，产生蛇一样的扭曲变形。该命令执行后的对话框及参数如图 3.198 所示。

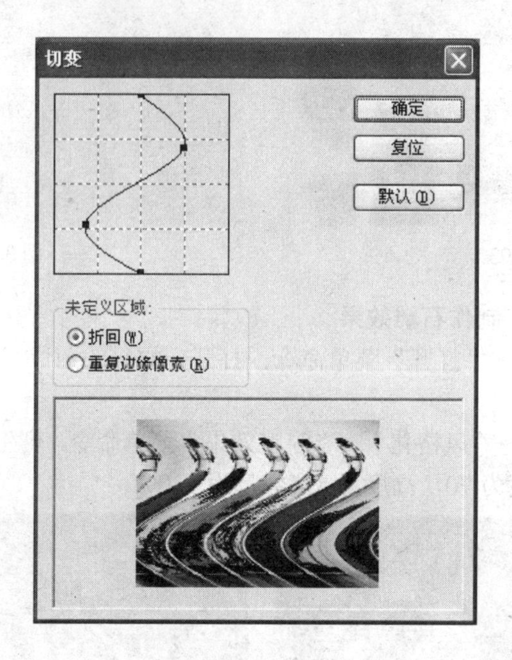

图 3.198

(1) 设置其参数：调整切变曲线的形状为蛇形，未定义区域为折回（如图 3.198 所示）。执行后产生折回的弯曲切变效果，如图 3.199 所示（见彩图 92）。

(2) 设置其参数：调整切变曲线的形状为蛇形，未定义区域为重复边缘像素。执行后产生重复边缘像素的弯曲切变效果，如图 3.200 所示（见彩图 93）。

图 3.199　　　　图 3.200

10. 球面化滤镜

该滤镜的作用是产生将图像包在球面上的挤压变形效果，数量的取值范围为-100 到+100。数量为负值时向内凹陷变形，数量为正值时向外凸出变形，就像图像贴在球体的内表面和外表面一样。该命令执行后的对话框及参数如图 3.201 所示。

(1) 设置其参数：数量为-100%（如图 3.201 所示）。执行后产生向内凹陷的球面化变形效果，如图 3.202 所示（见彩图 94）。

图 3.201

图 3.202

(2) 设置其参数：数量为 50%。执行后产生轻微向外凸出的球面化变形效果，如图 3.203 所示（见彩图 95）。

(3) 设置其参数：数量为 100%。执行后产生强烈向外凸出的球面化变形效果，如图 3.204 所示（见彩图 96）。

图 3.203

图 3.204

【课堂制作 3.16】 制作球面字

(1) 单击“文件”→“新建”菜单命令，创建一幅新的图像，其中参数：宽度为 16 厘米，高度为 7 厘米，分辨率为 72 像素/英寸，颜色模式为 RGB 颜色，背景内容为白色。

(2) 在“图层”调板中单击“创建新图层”按钮，创建一个新图层。

(3) 单击“椭圆选框工具”按钮，设置羽化值为 0，按住 Shift 键，在图像的左边产生一个圆形选区。

(4) 设置前景色为白色，背景色为红色。单击“渐变工具”按钮，设置渐变颜色为前景到背景，渐变方式为径向渐变。从圆形的左上方向右下方拖出一条渐变线，产生一个红色圆球渐变效果，如图 3.205 所示。

(5) 单击“横排文字蒙版工具”按钮，输入文字“球”，其中参数：字体为楷体，大小为 120 点。

(6) 将前景色设置为黄色，按下 Alt+Delete 键，将文字填充黄色，如图 3.206 所示。

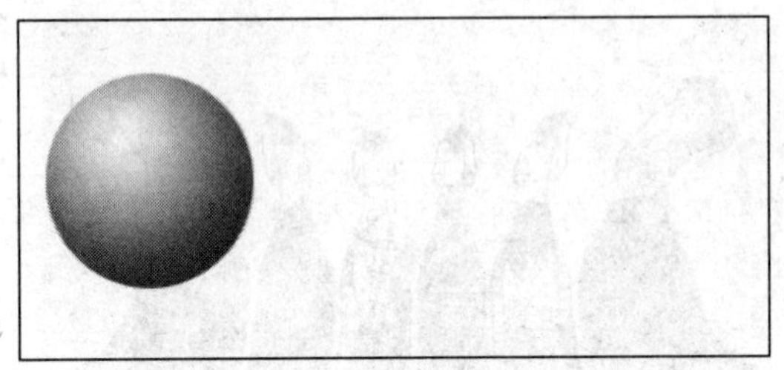

图 3.205

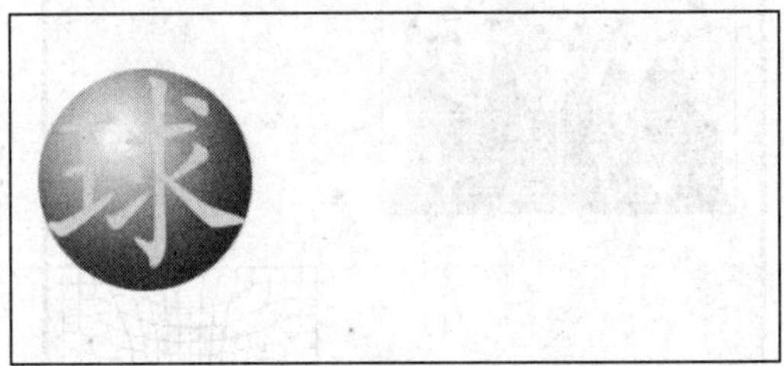

图 3.206

(7) 单击“魔棒工具”按钮，选中空白区域。单击“选择”→“反选”菜单命令，选中球体。

(8) 单击“滤镜”→“扭曲”→“球面化”菜单命令，产生球面效果。其中参数：数量为 100%。

(9) 单击“滤镜”→“扭曲”→“球面化”菜单命令，再次产生球面效果。其中参数：数量为 60%。这样就产生了一个球面字，如图 3.207 所示。

(10) 按下 Ctrl+D 键，取消选择。

(11) 重复步骤(2) ~ (10)的操作，制作其它的球面字，如图 3.208 所示。

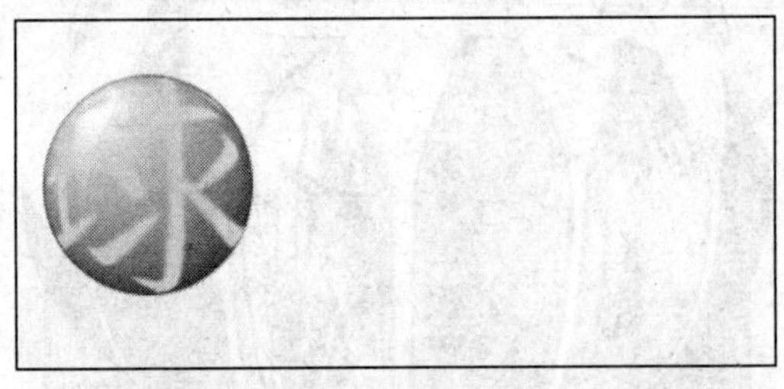

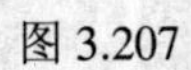

图 3.207

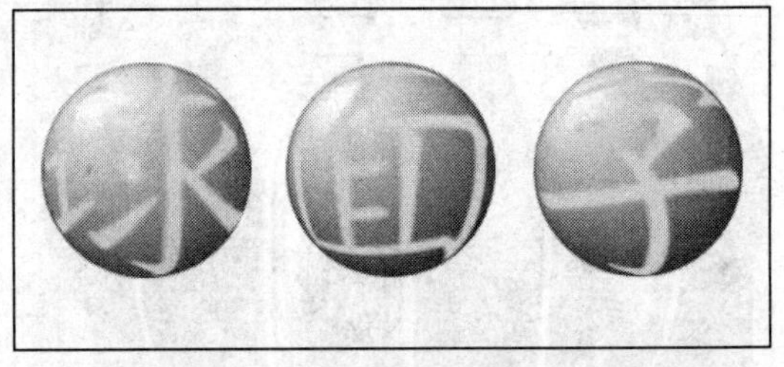

图 3.208

11. 水波滤镜

该滤镜的作用是产生由中心向外的涟漪变形，就像投石入水时的波纹效果。该命令执行后的对话框及参数如图 3.209 所示。

(1) 设置其参数：数量为 20，起伏为 10，样式为水池波纹（如图 3.209 所示）执行后产生水池波纹扭曲效果，如图 3.210 所示（见彩图 97）。

(2) 设置其参数：数量为 40，起伏为 15，样式为从中心向外。执行后产生从中心向外的波纹扭曲效果，如图 3.211 所示（见彩图 98）。

(3) 设置其参数：数量为 20，起伏为 5，样式为从围绕中心。执行后产生围绕中心的波纹扭曲效果，如图 3.212 所示（见彩图 99）。

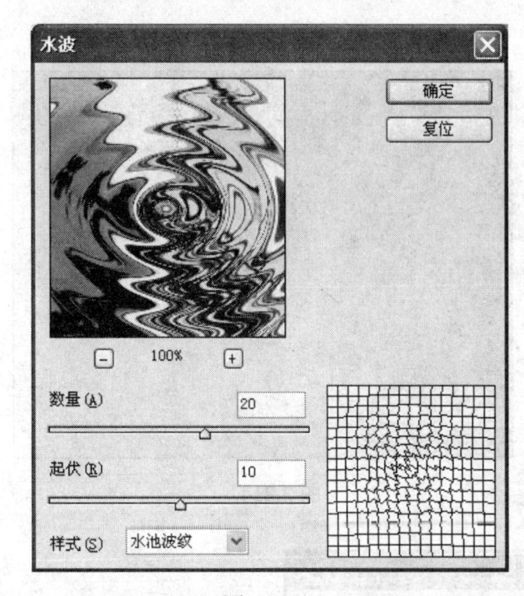

图 3.209

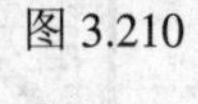

图 3.210

图 3.211

图 3.212

【课堂制作 3.17】 制作涟漪的池

(1) 单击“文件”→“新建”菜单命令，新建一个图像，其中参数：宽度为 640 像素，高度为 480 像素，分辨率为 72 像素/英寸，颜色模式为 RGB，背景颜色为白色。

(2) 在“图层”面板中单击“创建新图层”按钮，创建一个新图层。

(3) 设置前景色为蓝色，背景色为白色。单击“渐变工具”按钮，设置渐变颜色为“前景到背景色”，渐变方式为线性渐变。从图像的左上方向右下方拖出一条渐变线，产生蓝白渐变效果，如图 3.213 所示。

(4) 单击“滤镜”→“扭曲”→“水波”菜单命令，产生一个水波纹的效果，如图 3.214 所示。其中参数：数量为 50，起伏为 20，样式为围绕中心。这样一汪涟漪的池水就制作完成了。

12. 旋转扭曲滤镜

该滤镜的作用是围绕中心产生旋涡变形效果，角度的取值范围为-100 到+100。角度为负值时产生逆时针旋转变形，角度为正值时产生顺时针旋转变形。该命令执行后的对话框及参数如图 3.215 所示。

图 3.213

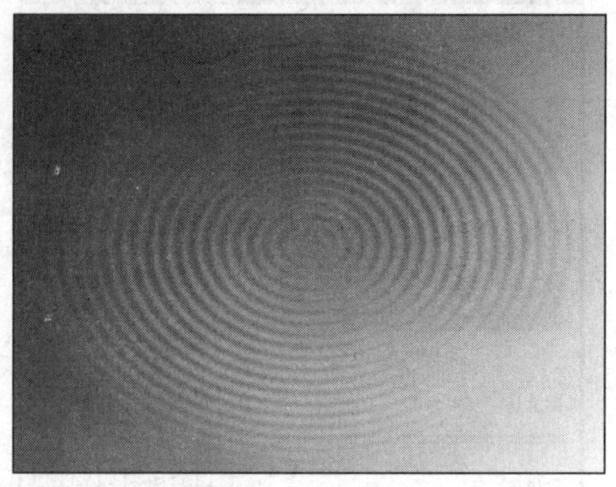

图 3.214

图 3.215

(1) 设置其参数：角度为-300（如图 3.215 所示）。执行后产生逆时针的旋转扭曲，其效果如图 3.216 所示（见彩图 100）。

(2) 设置其参数：角度为 600。执行后产生顺时针的旋转扭曲，其效果如图 3.217 所示（见彩图 101）。

图 3.216

图 3.217

【课堂制作 3.18】 制作卷发字

(1) 单击“文件”→“新建”菜单命令，新建一个图像，其中参数：宽度为 12 厘米，高度为 6 厘米，分辨率为 72 像素/厘米，颜色模式为 RGB，背景颜色为白色。

(2) 在“图层”调板中单击“创建新图层”按钮，创建一个新图层。

(3) 单击“横排文字蒙版工具”按钮，输入文字“卷发”，其中参数：字体为黑体，大小为 120 点。

(4) 单击“渐变工具”按钮，设置渐变颜色为“色谱渐变”，渐变方式为线性渐变。从文字的左上方向右下方拖出一条渐变线，产生色谱渐变字，如图 3.218 所示。

(5) 按下 Ctrl+D 键，取消选择。单击“椭圆选框工具”按钮，设置羽化值为 0，在卷字的左上角选择一个圆形选框。

(6) 单击“滤镜”→“扭曲”→“旋转扭曲”菜单命令，产生一个顺时针旋涡状的卷发，如图 3.219 所示。其中参数：角度为 999 度。

图 3.218

图 3.219

(7) 单击“椭圆选框工具”按钮，设置羽化值为 0，在卷字的右上角选择一个圆形选框。

(8) 单击“滤镜”→“扭曲”→“旋转扭曲”菜单命令，产生一个逆时针旋涡状的卷发，如图 3.220 所示。其中参数：角度为−999 度。

(9) 重复步骤（5）~（8）的操作，制作出若干个卷发，如图 3.221 所示。

图 3.220

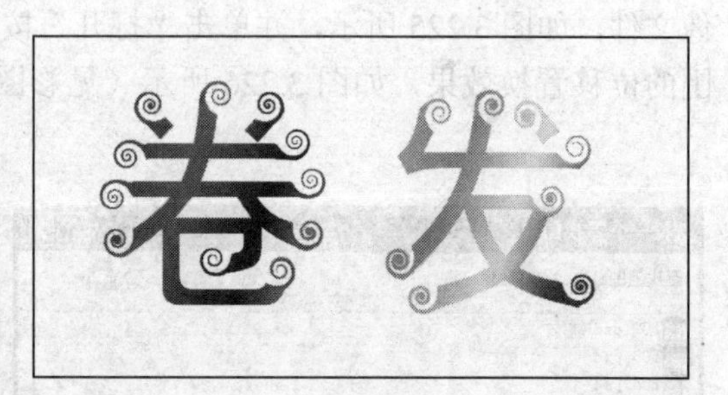

图 3.221

(10) 单击“图层”→“图层样式”→“投影”菜单命令，产生一个阴影效果，其中参数：混合模式为正片叠底，距离为 5，大小为 5。这样一个卷发字就制作完成了，如图 3.222 所示。

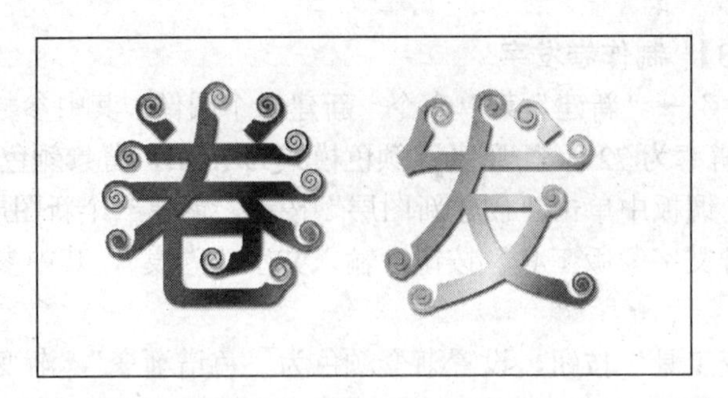

图 3.222

12. 置换滤镜

该滤镜的作用是以置换图为选择区，选择区以外的原图区域产生位移，在对话框中可以设置位移的距离。置换图必须为 PSD 格式的图形，这里选择“马术.psd”图形文件作为置换图，如图 3.223 所示。

(1) 打开“瓶子.JPG”图形文件。单击“滤镜”→“扭曲”→“置换滤镜”菜单命令。在弹出的“置换”对话框中设置其参数为：水平比例为 100，垂直比例为 50，并单击“确定”按钮，如图 3.224 所示。

图 3.223

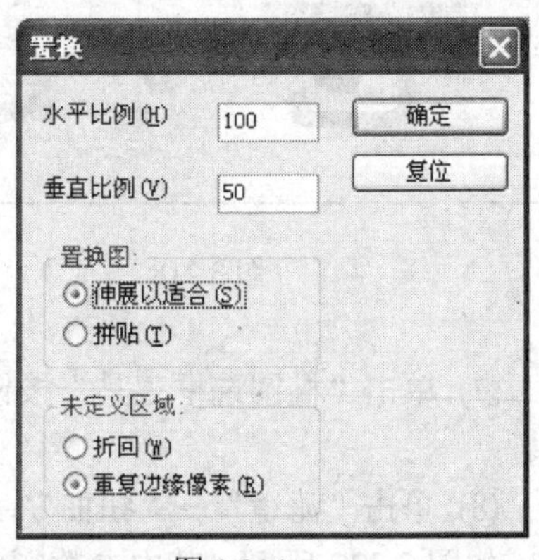

图 3.224

(2) 这时屏幕上又弹出一个“选择一个置换图”对话框，选中其中的“马术.psd”图像文件，如图 3.225 所示，并单击“打开”按钮。产生一个以“马术”图形内容为移动范围的位移置换效果，如图 3.226 所示（见彩图 102）。

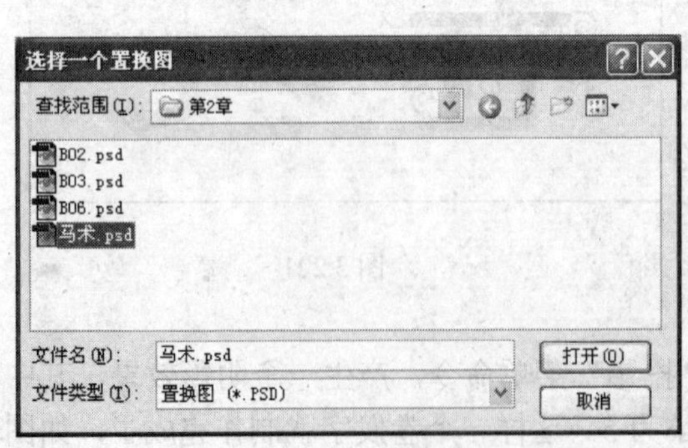

图 3.225

图 3.226

【课堂制作 3.19】 制作雕刻字

(1) 单击“文件”→“新建”菜单命令，创建一幅新的图像，其中参数：宽度为 10 厘米，高度为 5 厘米，分辨率为 72 像素/厘米，颜色模式为 RGB 颜色，背景内容为白色。

(2) 设置前景色为 30%灰，按下 Alt+Delete 键，将图像填充为浅灰色。

(3) 在“图层”调板中单击“创建新图层”菜单命令，创建一个新图层。

(4) 设置前景色为白色，单击“横排文字工具”按钮，输入文字“雕刻字”，如图 3.227 所示。其中参数：字体为行楷体，大小为 100 点。

(5) 单击“文件”→“存储”菜单命令，将文件存储为“置换文件.psd”。

(6) 单击“文件”→“存储为”菜单命令，再将文件存储为“雕刻字.psd”。

(7) 在“图层”调板中将“雕刻字”图层移到“创建新图层”按钮上，复制一个副本图层。

(8) 双击副本图层中的“T”字按钮[T]，编辑文本图层。单击“色板”调板中的黑色色块，将文字填充为白色。这样就产生了一个黑色的雕刻字，如图 3.228 所示。

图 3.227

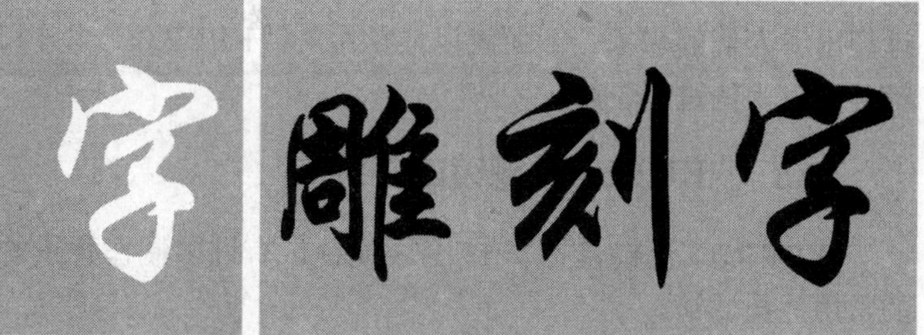

图 3.228

(9) 重复步骤 (7)～(8) 的制作，再制作一个 50%灰的雕刻字，如图 3.229 所示。

(10) 在“图层”调板中的“雕刻字”上单击鼠标右键，在弹出的快捷菜单中单击“栅格化文字”菜单命令，将这 3 个“雕刻字”文字图层都转换成普通图层。

(11) 在“图层”调板中选中黑色的雕刻字图层，单击“滤镜”→“扭曲”→“置换”菜单命令，将图层进行置换。其中参数：水平比例为-5%，垂直比例为-5%，置换图为伸展以适合，未定义区域为重复边缘像素，选择一个置换图为“置换文件.psd”。这样就产生了一个黑色的雕刻阴影，如图 3.230 所示。

图 3.229

图 3.230

(12) 在“图层”调板中选中白色的雕刻字图层，单击“滤镜”→“扭曲”→“置换”菜单命令，将图层进行置换。其中参数：水平比例为5%，垂直比例为5%，置换图为伸展以适合，未定义区域为重复边缘像素，选择一个置换图为“置换文件.psd”。这样就产生了一个白色的雕刻阴影。

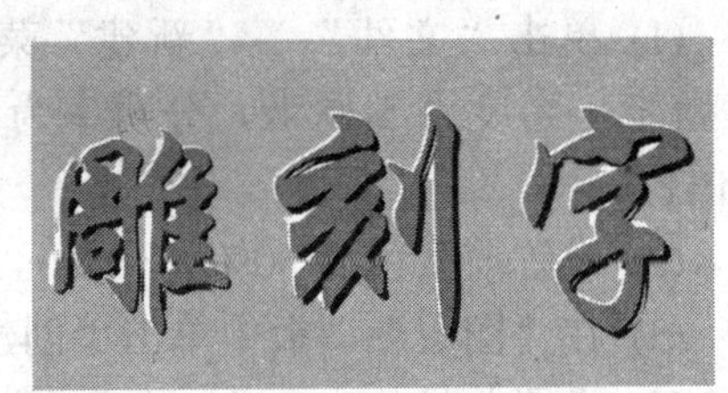

图 3.231

(13) 在“图层”调板中将灰色文字图层放在最上面，黑色文字图层放在中间层，白色文字图层放在最下面。这样就产生了具有立体感的雕刻字，如图 3.231 所示。

由于篇幅的限制，其它滤镜的使用请参看实例中的使用方法。

3.2 外挂滤镜

除了 Photoshop CS3 自带的这 18 类滤镜以外，各种设计公司还制作了许多其它的滤镜，称为外挂滤镜。这些滤镜可以安装在 Photoshop 中使用。其功能和效果丰富多彩，远远超出了人们的想象。下面就以最常用的“KPT 3.0”滤镜和“Eye Candy 3.0”（甜蜜眼神）滤镜为例进行讲解。

3.2.1 “KPT 3.0”滤镜的安装

“KPT 3.0”滤镜包括了 19 个子滤镜，有许多制作背景的滤镜效果，是一个功能强大的常用外挂滤镜。

安装“KPT 3.0”滤镜按下列步骤进行操作：

(1) 运行“滤镜\KPT302\Setup”安装程序。

(2) 这时出现一个 KPT 滤镜安装屏幕，单击对话框中的“Next”按钮，进行安装。

(3) 这时对话框中出现了 KPT 滤镜的安装说明，单击“Next”按钮，继续安装。

(4) 这时屏幕上出现了一个“Choose Directory”（选择安装路径）对话框，如图 3.232 所示，要求用户选择滤镜的安装文件夹。现选择“c:\program files\adobe\photoshop cs3\增效工具\滤镜”文件夹。其中“滤镜”文件夹是所有 Photoshop 版本中的通用滤镜文件夹，外挂滤镜都是安装在此文件夹中。单击“Next”按钮，继续安装。

图 3.232

(5) 这时对话框中显示出了要安装的滤镜文件夹的路径，确定正确后单击“Install”按钮进行安装。

(6) 这时屏幕上出现了一个安装进度对话框，其中显示出安装的进度条。

(7) 安装完毕后会弹出一个安装完毕说明对话框，单击其中的“确定”按钮，完成安装。

(8) 这时屏幕上出现了一个注册表对话框，可以输入所有内容并按“Send”按钮进行网上注册。这里单击“Register Later”（下一次再注册）按钮，即以后再注册。这样“KPT

3.0”滤镜就安装完毕了。

3.2.2 “Eye Candy 3.0”滤镜的安装

“Eye Candy 3.0”滤镜包括了 21 个子滤镜，可以制作许多独特的变形效果，是一个应用领域广泛的常用外挂滤镜。

安装“Eye Candy 3.0”滤镜按下列步骤进行操作：

(1) 运行“滤镜\Eye\Setup”安装程序。

(2) 这时出现一个 Eye 滤镜安装屏幕，单击对话框中的“OK”按钮，进行安装。

(3) 这时出现了一个“Read Me”对话框，其中出现了 Eye 滤镜的安装说明，单击“OK”按钮，继续安装。

(4) 这时屏幕上出现了一个“Select Destination Directory”（选择安装路径）对话框，如图 3.233 所示。要求用户选择滤镜的安装文件夹。现选择“c:\program files\adobe\ Photoshop CS3\增效工具\滤镜”文件夹。单击“OK”按钮，继续安装。

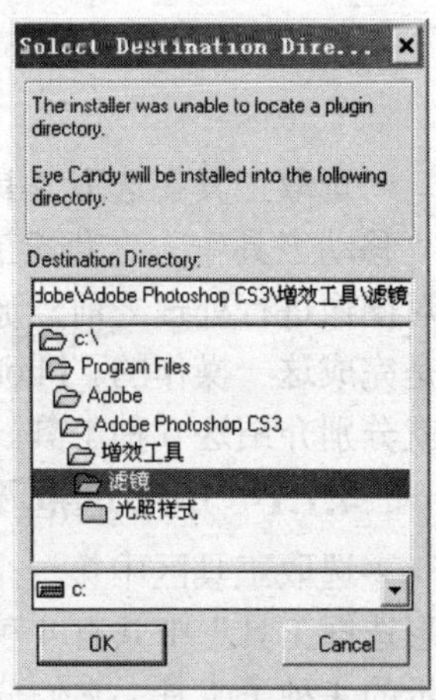

图 3.233

(5) 这时屏幕上出现了一个安装进度对话框，其中显示出安装的进度条。

(6) 安装完毕后会弹出一个安装完毕说明对话框，单击其中的“OK”按钮，完成安装。

3.2.3 外挂滤镜的使用

安装完上述两个外挂滤镜后，重新启动 Photoshop CS3，单击“滤镜”菜单，用户可以看到滤镜的下面出现了两个新的外挂滤镜，这就是“Eye Candy 3.0”滤镜和“KPT 3.0”滤镜，如图 3.234 所示。

在第一次使用“Eye Candy 3.0”滤镜时，屏幕上将弹出一个“Register Eye Candy”（注册甜蜜眼神）对话框，请输入姓名、单位名称和序列号，如图 3.235 所示，并单击“OK”按钮，完成注册。以后再使用该滤镜就不用注册了。

这两个滤镜的具体使用方法请参见实例，这里就不细说了。

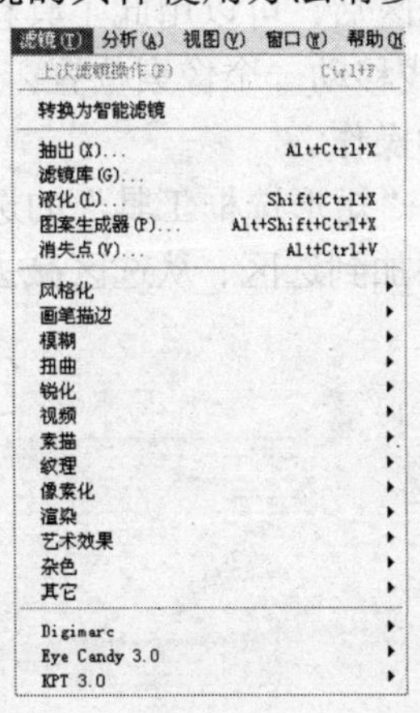

图 3.234

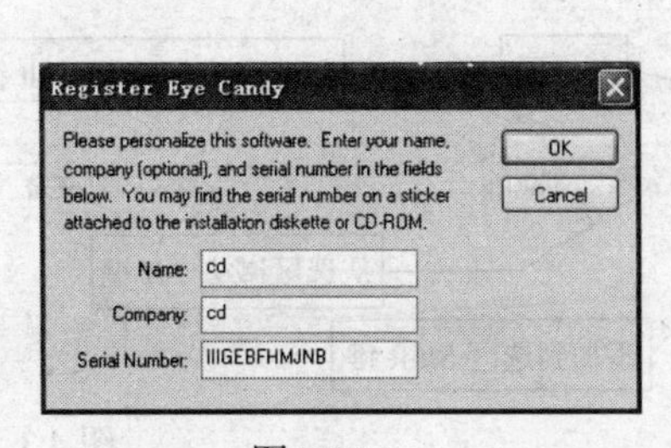

图 3.235

第4章 选择区的使用

学习目标

通过选择区可以对图像的不同区域进行编辑、修改，使图像产生更丰富的变化。对选择区的深入了解和熟练掌握，是学习 Photoshop CS3 最基本的要求。本章将介绍各种选择功能的使用及填充技巧。

4.1 选取工具

选取工具在选取工具区中，如图 4.1 所示。共有 6 个工具格，分别是“矩形选框工具”、“移动工具”、“套索工具”、“快速选择工具”、“裁剪工具”和“切片工具”。在对图像进行处理之前，通常需要首先选定某一区域，叫选取操作，以上这 6 个工具格就是完成这一操作的。Photoshop CS3 允许使用选取工具以各种不同的方式进行选取，下面就分别介绍这 6 种工具。

4.1.1 矩形选框工具

选取工具区中第一个工具就是“矩形选框工具”，它是用来创建选取区域的。“矩形选框工具”中共有 4 种子工具，单击“矩形选框工具”不放，可以看到如图 4.2 所示的 4 种子工具，它们分别是“矩形选框工具”、“椭圆选框工具”、“单行选框工具”、“单列选框工具”。下面介绍如何使用这些选择工具选取区域。

图 4.1

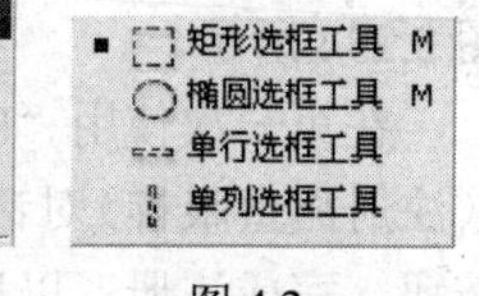

图 4.2

1. 矩形选框工具

“矩形选框工具”：用来选取一个矩形选择区域，按住键盘上的 Shift 键，可以选择正方形选择区域，按住 Alt 键可以从中心向外选择。当图像中已经有了选择区后，可以用此工具移动选区，若按下键盘上的上、下、左、右方向键，则可以使选取线移动一个像素位置；若加上 Shift 则可以移动 10 个像素单位，此方法可以用于一切移动操作。

单击“矩形选框工具”，这时选项栏中显示的是“矩形选框工具”的选项栏。其中各选项的说明及快捷键如图 4.3 所示。其中新选区、添加到选区、从选区减去、与选区交叉

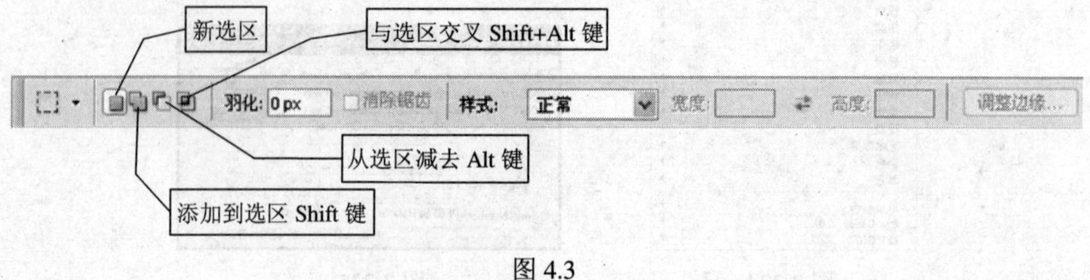

图 4.3

4 个选项可以用于所有的选取工具。

羽化值为 0 时，选区的边界最清晰，羽化值越大边界越模糊、越圆滑。可用于所有的选择工具。

2. 椭圆选框工具

“椭圆选框工具”：用来选取一个椭圆选择区域，按住键盘上的 Shift 键，可以选择一个正圆形选择区域，按住 Alt 键可以从中心向外选择。选中“消除锯齿”复选框，可以使选择区的边界更平滑。

3. 单行选框工具

“单行选框工具”：用来定义一行恰好为一个像素宽度的选取线。

4. 单列选框工具

“单列选框工具”：用于定义一列恰好为一个像素宽度的选取线。

【课堂制作 4.1】 制作天空反光效果

(1) 单击“文件”→“打开”菜单命令，打开一幅天空图像，如图 4.4 所示，其文件名为“D01.jpg”。

(2) 单击“选择”→“全选”菜单命令，将图像全部选中。

(3) 单击“编辑”→“拷贝”菜单命令，将图像拷贝到剪切板中。

(4) 单击“文件”→“打开”菜单命令，打开一幅怀表图像，如图 4.5 所示，其文件名为“D02.psd”。

图 4.4

图 4.5

(5) 在“图层”调板中将 Layer1 图层移到“创建新的图层”按钮中复制一个 Layer1 副本图层。

(6) 单击“编辑”→“自由变换”菜单命令，将怀表旋转并移动到画面的左上角，如图 4.6 所示。

(7) 在“图层”调板中选中 Layer1 图层，单击“椭圆选框工具”按钮，按住 Alt 键，从怀表的中心向外拖出一个椭圆形，包住怀表的玻璃表蒙。

(8) 单击“编辑”→“贴入”菜单命令，将天空图像粘贴入椭圆选区中，如图 4.7 所示。

(9) 在“图层”调板中将天空图层的混合模式设置为“柔光”，产生天空的反光效果，如图 4.8 所示。

(10) 重复步骤(7) ~ (9) 的操作，制作左上角表蒙的天空反光效果，并将图层的混合模式设置为“叠加”，产生另一种天空反光效果，如图 4.9 所示。

图 4.6

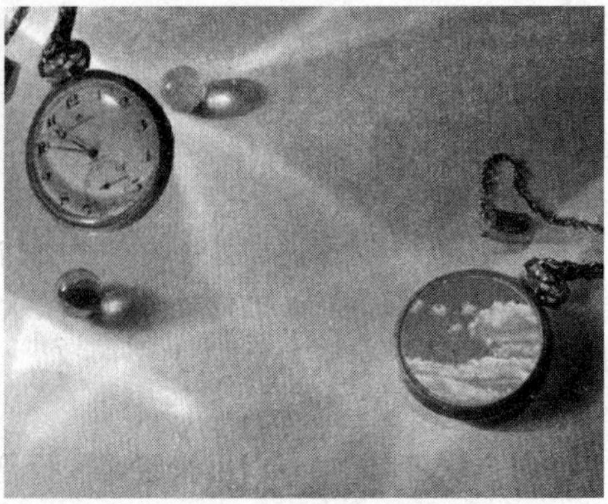

图 4.7

图 4.8

图 4.9

4.1.2 移动工具

“移动工具”：它的作用是移动图像或移动图像中被选取的区域。“移动工具”还有以下 4 个特点：

(1) 按下键盘上的 Shift 键时拖动选取的图像，则将沿水平、垂直或 45 度的方向进行移动。

(2) 对于任何一个选取区域，当用户按下键盘上的方向键时，可以使它按 1 个像素的距离上、下、左、右移动；若同时按下 Shift 键，则将按 10 个像素的距离进行移动。

(3) 当拖动选取图像到另一个图像窗口时，将复制被选取的图像，并且放置在一个新图层中。

(4) 按下键盘上的 Alt 键时来拖动图像，可移动并复制图像。

4.1.3 套索工具组

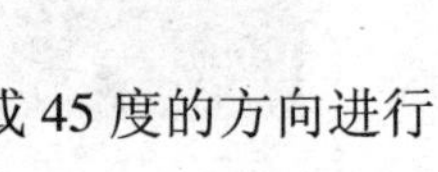

套索工具 L
多边形套索工具 L
磁性套索工具 L

图 4.10

套索工具组是一组特殊的选取工具，它的功能针对不规则选择区域。套索工具组中共有 3 种工具。单击“套索工具”不放，可以看到如图 4.10 所示的 3 种工具，它们分别是“套索工具”、“多边形套索工具”和“磁性套索工具”。按住 Alt 键再单击此工具格，可以在这 3 种工具的操作中进行切换。

与“矩形选框工具”的区别是：“矩形选框工具”选取的形状是规则的区域，而“套索工具”选取的区域是不规则的。“套索工具”主要用于选取那些边界线复杂的图像部分，凡是那些不易由规则的边界包围的区域都可以考虑使用它来定义。下面介绍“套索工具”的用法。

1. 套索工具

“套索工具”[图标]：使用这个工具可以在图像窗口中徒手绘制一条封闭的曲线，让该曲线围住并选取所要选取的内容。如果选择的曲线或线段的终点没有回到起点，在放开鼠标或键盘按键后，Photoshop 会自动连接终点和起点，成为一个封闭的选择区域。

【课堂制作 4.2】 制作环环相扣的效果

(1) 单击“文件”→“打开”菜单命令，打开一幅含有 2000 文字的图像，如图 4.11 所示，其文件名为“D03.psd”。

(2) 在“图层”调板中选中 Layer2 图层，单击“矩形工具”按钮，选中蓝色的 0 文字。

(3) 单击“图层”→“新建”→“通过剪切的图层”菜单命令，将蓝色的文字剪切并复制成新的图层（图层 1）。

(4) 单击“编辑”→“自由变换”菜单命令，将蓝色文字旋转并移动到其它文字的上面，如图 4.12 所示。

(5) 单击“套索工具”按钮，设置羽化值为 0，并取消“消除锯齿”复选框。在蓝色文字的左上方与其它文字相交的位置画出一个选择区域，如图 4.13 所示。

(6) 单击“图层”→“新建”→“通过剪切的图层”菜单命令，将所选的部分蓝色文字剪切并复制成新的图层（图层 2）。

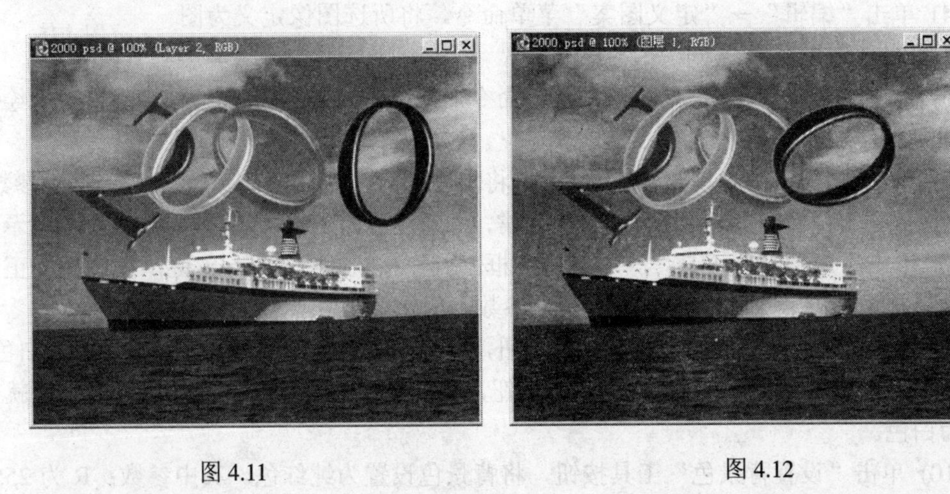

图 4.11

图 4.12

(7) 在“图层”调板中将图层 2 移到 Layer 2 图层的下面，形成字符之间环环相扣的效果，如图 4.14 所示。

2. 多边形套索工具

“多边形套索工具”[图标]：这个工具用于绘制一个由多段直线构成的多边形，并且选取由这个多边形围住的图像内容。所以，使用“多边形套索工具”可以选取三角形、梯形和五角星等一些不规则形状的多边形区域。

图 4.13　　　　图 4.14

在选择封闭选区时，如果最后光标不在起点上，双击鼠标可以闭合选区。

【课堂制作 4.3】 制作选择区绘图

(1) 单击“文件”→“新建”菜单命令，建立一个新文件“未标题-1”。其中参数：宽度为 640 点，高度为 480 点，分辨率为 72 像素/英寸，颜色模式为 RGB 颜色，背景内容为白色。

(2) 单击“文件”→“打开”菜单命令，打开一幅蓝色的星形图像，如图 4.15 所示。其文件名为“D04.jpg”。

图 4.15

(3) 单击“选择”→“全选”菜单命令（或按 Ctrl+A 键），选中所有图像。

(4) 单击“编辑”→“定义图案”菜单命令，将所选图像定义为图案，其图案名称为星形。

(5) 单击“窗口”→“未标题-1”菜单命令（或单击“未标题-1”窗口），将当前绘图窗口切换到“未标题-1”窗口。

(6) 单击“编辑”→“填充”菜单命令，将刚才定义的图像填充到新文件中。其中参数：使用为图案，自定义图像为星形，模式为正常，不透明度为 100%。其效果如图 4.16 所示。

(7) 单击“矩形选框工具”→“椭圆选框工具”按钮，按住 Shift 键，在图像的正上方拖动鼠标，选择一个正圆形选区。其中参数：羽化值为 0。

(8) 单击“默认前景和背景色”工具按钮，将前景色设置为黑色，背景色设置为白色。

(9) 单击“切换前景和背景色”工具按钮，将前景色与背景色调换，这样前景色就被设置为白色。

(10) 单击“设置背景色”工具按钮，将背景色设置为纯红色。其中参数：R 为 255。

(11) 单击“渐变工具”按钮，在工具选项栏中设置参数：渐变颜色为前景色到背景色渐变，渐变方式为径向渐变。并在图形选框的左上方向右下方拖出一条渐变线，如图 4.17 所示。其效果如图 4.18 所示。

(12) 单击“画笔工具”按钮，在工具选项栏中设置参数：主直径为 100px，硬度为 0%，模式为正常，流量为 20%，并按下“喷枪工具”按钮。在球体的右下角绘出简单的背光效果，如图 4.19 所示。

图 4.16

图 4.17

图 4.18

图 4.19

(13) 单击“视图”→“标尺”菜单命令，显示标尺。在标尺上拖出如图 4.20 所示的参考线。

(14) 单击“套索工具”→“多边形套索工具”按钮，在球体的下面绘制一个直线边的、书形的选择区域。其中参数：羽化为 0。

(15) 在“色板”调板中单击“黄色”色块，将前景色设置为黄色。其中参数：R 为 255，G 为 255，B 为 0。

(16) 按下 Alt+Delete 键，填充选择区域；再按下 Ctrl+D 键，取消选择。这时可看到屏幕上出现了一本打开的黄色书本图形，如图 4.20 所示。

(17) 单击“横排文字蒙版工具”按钮，在屏幕的正下方输入字母“ABC”。其中参数：字体为 Arial，字型为 Bold（加粗字型），字体大小为 140pt，在工具栏中单击“调板”按钮，在“字符”调板中设置字间距为 20。

(18) 单击“编辑”→“描边工具”按钮，绘制一个黄色的外框。其中参数：宽度为 3px，颜色为黄色，位置为居外，模式为正常，不透明度为 100%。其效果如图 4.21 所示。

(19) 将前景色设置为纯绿色。其中参数：G 为 255。

(20) 单击“渐变工具”按钮，在工具选项栏中设置参数：渐变颜色为透明条纹渐变；渐变方式为线性渐变。并在文字选框的左上方向右下方拖出一条渐变线，产生一个绿色透明条纹渐变。其效果如图 4.21 所示。

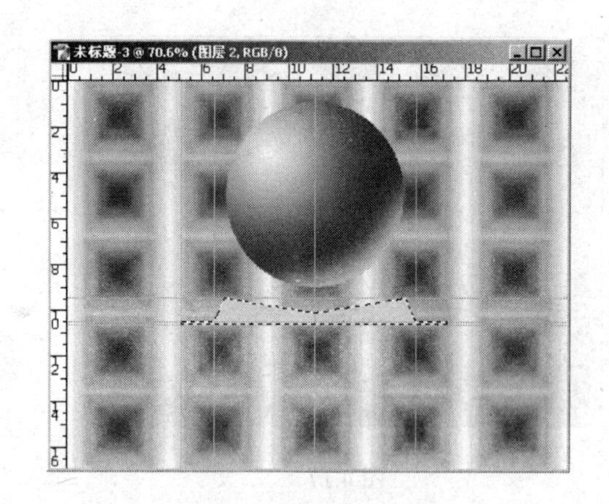

图 4.20

图 4.21

(21) 单击“文件”→“储存为”菜单命令，以“选区绘图.tif”文件名保存。

3. 磁性套索工具

“磁性套索工具”：它是一个带有特殊“磁性”的套索工具，可自动跟踪图像中物体的边界，使用它可以紧贴着图像的边缘自动绘制出一个封闭的区域，以便选取该区域中的图像内容。

单击“磁性套索工具”，这时选项栏中显示的是“磁性套索工具”的选项，如图 4.22 所示。

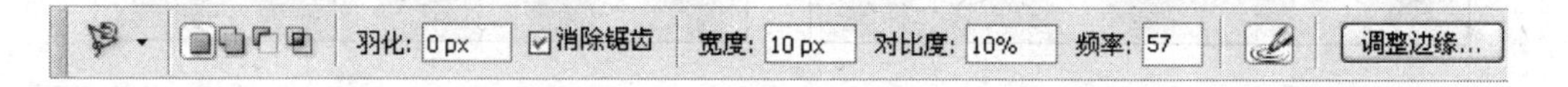

图 4.22

其中各选项的说明如下。

(1) 宽度：指定探测宽度（1 像素~256 像素），“磁性套索工具”只探测从光标开始到指定距离以内的边缘。所以宽度越小，鼠标要画得越精确，光标离边缘要求越近。

使用磁性套索工具创建选区时，可以按下“[”键将宽度减少 1 个像素；按下“]”键将宽度增加 1 个像素。

(2) 对比度：指定套索对图像边缘的灵敏度（1%~100%），较高的值只探测与周围强烈对比的边缘，较低的值探测低对比度的边缘。

(3) 频率：指定套索设置紧固点的频率（0~100），较高的值会使紧固点变得密集。

(4) 如果使用光笔绘图板，可选中“钢笔压力”复选框，钢笔压力的增强会使套索宽度变小。

【课堂制作 4.4】制作超低空飞行效果

(1) 单击“文件”→“打开”菜单命令，打开一幅飞机图像，如图 4.23 所示，其文件名为“D05.psd”。

(2) 在“图层”调板中将飞机图层隐藏，并选中背景图层。

(3) 单击“磁性套索工具”按钮，将右边的山石选中，如图 4.24 所示。

(4) 单击“图层”→“新建”→“通过拷贝的图层”菜单命令，将右边的山石拷贝成一个新的图层（图层 1）。

图 4.23

图 4.24

(5) 在“图层”调板中将“飞机”图层移到图层 1 的下面，使飞机在山石的后面，如图 4.25 所示。

(6) 单击“移动工具”按钮，调整飞机的位置，产生飞机从山谷间飞出的效果，如图 4.26 所示。

图 4.25

图 4.26

【课堂制作 4.5】 制作公园雕塑

(1) 单击“文件”→“打开”菜单命令，打开一幅圆球图像，如图 4.27 所示，其文件名为“D06.jpg”。

(2) 单击“椭圆选框工具”按钮，设置羽化值为 0，按住 Alt+Shift 键，从球体的中心向外拖出一个圆形选区，选中球体。

(3) 单击“编辑”→“拷贝”菜单命令，将球体拷贝到剪切板中。

(4) 单击“文件”→“打开”菜单命令，打开一幅街心花园图像，如图 4.28 所示，其文件名为“D07.jpg”。

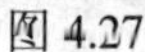
图 4.27

图 4.28

(5) 单击“编辑”→“粘贴”菜单命令，将球体粘贴到当前文件中并形成图层 1。单击“移动工具”按钮，将球体移到图像的底部，如图 4.29 所示。

(6) 单击“图层”→“复制”菜单命令，将球体图层复制成图层 1 副本。

(7) 单击“椭圆选框工具”，按住“Shift”键画一个比球体稍小的正圆，单击“移动工具”将正圆选区移到适当位置。

(8) 按下 Delete 键，删除选区中的图像，形成一个空心的球体，如图 4.30 所示。按下 Ctrl+D 键取消选择。

图 4.29

图 4.30

(9) 在“图层”调板中选中图层 1，单击“编辑”→“自由变换”菜单命令，按住 Shift 键，将球体等比例缩小，并移到空心球体的下边，如图 4.31 所示。

(10) 单击“移动工具”按钮，按下 Alt 键，复制 3 个球体，将它们移到空心球体的上边、左边和右边，形成公园雕塑，如图 4.32 所示。

图 4.31

图 4.32

4.1.4 魔棒工具与快速选择工具

“魔棒工具”与“快速选择工具”是两种特殊的选取工具，它的功能针对不规则选择区域选择取样点附近与之相似颜色的区域。“快速选择工具”格中共有两种子工具，单击“快速选择工具”不放，可以看到如图 4.33 所示的两种子工具。它们分别是快速选择工具和魔棒工具。按下 Shift+W 键可以在这两种工具的操作中进行切换。

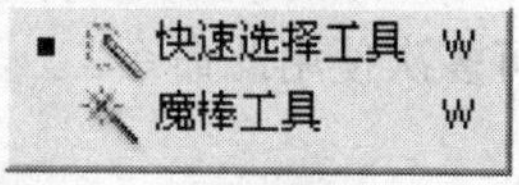

快速选择工具 W
魔棒工具 W

图 4.33

1. 魔棒工具

“魔棒工具”：没有一个神奇而又有用的选取工具能与“魔棒工具”相媲美，如果使用它在图像中单击一个点，那么附近与该点颜色相同或者相近的像素就将被选取到。所以“魔棒工具”的作用是让用户选择相连的颜色、相似的区域，而不必在颜色的周围勾画其轮廓。此工具还可以调整“容差”参数，其值范围为 0~255，根据相邻像素的颜色近似程度来确定选择区域的大小。容差越大选择范围越大。

利用“魔棒工具”选择区域非常便捷，假设用户要选中某个图像中的某个颜色相同或相似的字和图形，那么只需用“魔棒工具”在图像窗口中单击要选的图形便可达到目的。

【课堂制作 4.6】 制作合成图像效果

(1) 单击“文件”→“打开”菜单命令，打开一幅海湾图像，如图 4.34 所示，其文件名为“D08.jpg”。

(2) 单击“选择”→“全选”菜单命令，将图像全部选中。

(3) 单击“编辑”→“拷贝”菜单命令，将所选图像拷贝到剪切板中。

(4) 单击“文件”→“打开”菜单命令，打开一幅教堂图像，如图 4.35 所示，其文件名为“D09.jpg”。

(5) 单击“魔棒工具”按钮，设置容差为 32，单击天空位置。

(6) 单击“选择”→“选取相似”菜单命令，将所有含有天空颜色的区域都选中。

(7) 单击“矩形选框工具”按钮，按住 Alt 键，将图像下部的选择区取消，只留下天空选区。

图 4.34

图 4.35

(8) 单击“编辑”→“粘贴入”菜单命令，将海湾图像粘贴到选择区中，形成有云的天空，如图 4.36 所示。

(9) 单击“选择”→“全选”菜单命令，将图像全部选中。

(10) 单击“编辑”→“合并拷贝”菜单命令，将所有图层的内容都拷贝到剪切板。

(11) 单击“文件”→“打开”菜单命令，打开一幅绿树图像，如图 4.37 所示，其文件名为“D10.jpg”。

(12) 单击“魔棒工具”按钮，单击蓝色天空。

(13) 单击“选择”→“选取相似”菜单命令，将所有含有天空颜色的区域都选中，可多次使用此命令。

图 4.36

图 4.37

(14) 单击“矩形选框工具”按钮，按住 Alt 键，将图像下部的选择区取消，只留下天空选区。

(15) 单击“编辑”→“粘贴入”菜单命令，将教堂图像粘贴到选择区中。

(16) 单击“移动工具”按钮，调整教堂图像的位置，如图 4.38 所示，完成图像的合成。

图 4.38

2. 快速选择工具

“快速选择工具”：“快速选择工具”是 Photoshop CS3 新增的一个工具，使用这个工具可以像画笔画图一样在所要选择的区域进行拖动，那么附近与画笔痕迹颜色相同或者相近的像素就将被选取，这与“魔棒工具”很相似。不同的是“魔棒工具”以“容差”的大小控制选择区的大小，而“快速选择工具”是以设置画笔的大小来控制选择区的大小。画笔的直径越大选择范围越大。

利用“快速选择工具”选择区域非常便捷，假设用户要选中某个图像中的某个颜色相同或相似区域，那么只需用“快速选择工具”在该区域中拖动便可达到目的。

单击“快速选择工具”，这时选项栏中显示的是快速选择工具的选项栏。其中各选项的说明及快捷键如图 4.39 所示。其中“画笔”选取器下拉按钮用于调整画笔的大小。

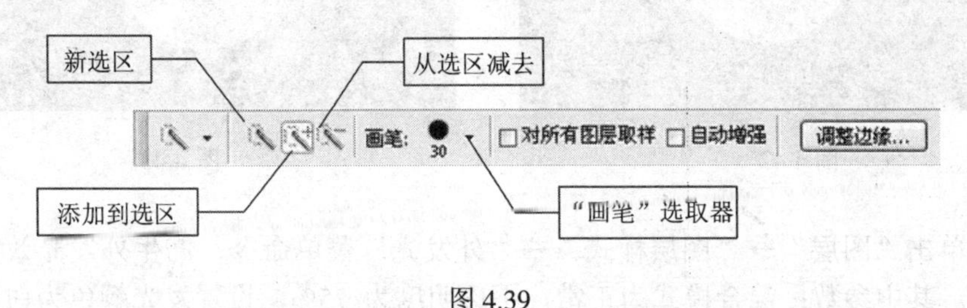

图 4.39

【课堂制作 4.7】 制作发光金牌

(1) 单击“文件”→“打开”菜单命令，打开一幅蓝色小球图像，如图 4.40 所示，其文件名为“D11.jpg”。

(2) 单击“魔棒工具”按钮，设置容差为 60，选择蓝色小球。

(3) 单击“选择”→“选取相似”菜单命令，将蓝色小球全部选中，可进行多次此命令的操作。

(4) 单击“选择”→“反向”菜单命令，将小球以外的区域选中。

(5) 将前景色设置为黑色，按下 Alt+Delete 键，将选择区域填充为黑色，如图 4.41 所示。

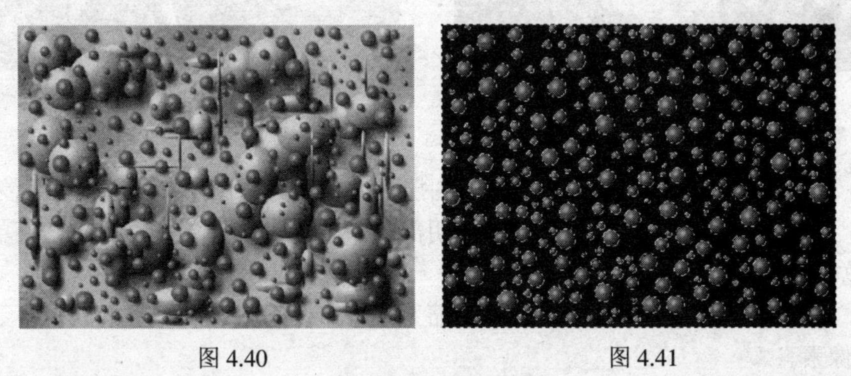

图 4.40　　　　图 4.41

(6) 单击“文件”→“打开”菜单命令，打开一幅金牌图像，如图 4.42 所示，其文件名为“D12.jpg”。

(7) 单击“快速选择工具”按钮，单击黑色部分，选中黑色区域。

(8) 单击“选择”→“反向”菜单命令，选中金牌。

(9) 单击“编辑”→“拷贝”菜单命令，将金牌图像拷贝到剪切板中。

(10) 选中蓝色小球图像，单击“编辑”→“粘贴”菜单命令，将金牌图像粘贴到当前文件中，如图 4.43 所示。

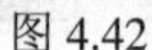

图 4.42

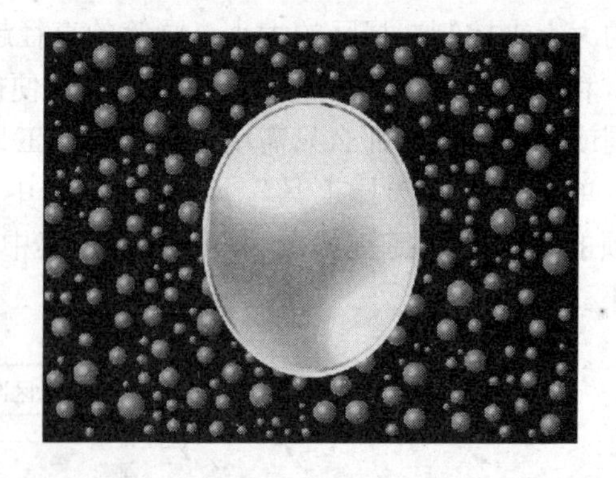

图 4.43

(11) 单击“图层”→“图层样式”→“外发光”菜单命令，产生外发光效果，如图 4.44 所示。其中参数：混合模式为正常，不透明度为 75%，设置发光颜色为白色，扩展为 10%，大小为 140 像素。

(12) 单击“文件”→“打开”菜单命令，打开一幅枫叶图像，如图 4.45 所示，其文件名为“D13.psd”。

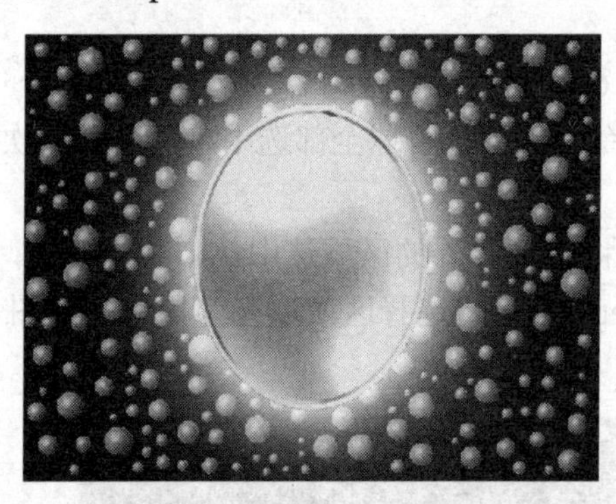

图 4.44

图 4.45

(13) 在“图层”调板中选中紫色枫叶图层，并隐藏其它图层，如图 4.46 所示。

(14) 单击“魔棒工具”按钮，选中透明部分。单击“选择”→“反向”菜单命令，选中紫色枫叶。

(15) 单击“选择”→“修改”→“收缩”菜单命令，将选区缩小。其中参数：收缩量为 10 像素。

(16) 按下 Delete 键，删除选择区的内容，形成中空的枫叶，如图 4.47 所示。

(17) 单击“选择”→“选取相似”菜单命令，选中所有的空白区域。

(18) 单击“选择”→“反向”菜单命令，选中紫色的枫叶。

(19) 单击“编辑”→“拷贝”菜单命令，将枫叶拷贝到剪切板中。

(20) 选中蓝色小球文件，单击“编辑”→“粘贴”菜单命令，将枫叶粘贴到金牌上，这样一个发光的金牌就制作完成了，如图 4.48 所示。

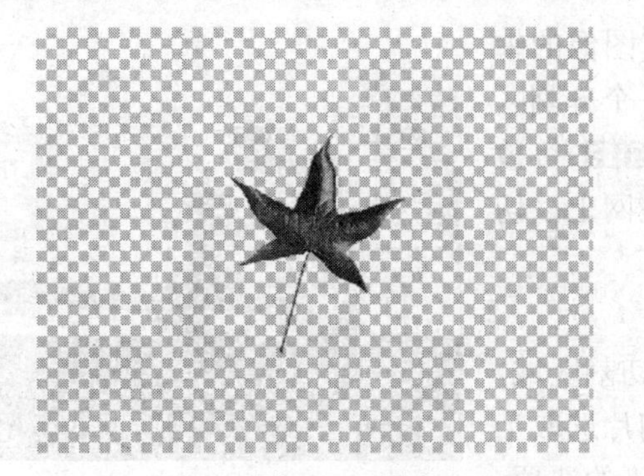

图 4.46

图 4.47

图 4.48

4.1.5 裁剪工具

“裁剪工具”：这个工具专门用于保留一部分图像区域。首先可用此工具选取一个矩形区域选择框，然后按下 Enter 键。这样就保留了选择框内的图像内容，裁去了选择框外的图像内容。

4.1.6 切片工具

切片是将图像划分成几个区域，每个区域叫一个切片。在网络上可以实现切片的单独使用和链接。这样可以提高图像在网上的使用效率。单击“切片工具”不放，可以看到其中有两个子工具，如图 4.49 所示。下面介绍如何使用这些切片工具进行切片操作。

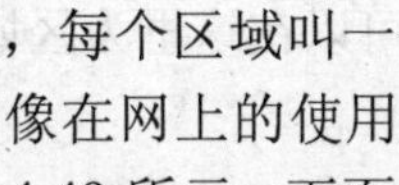

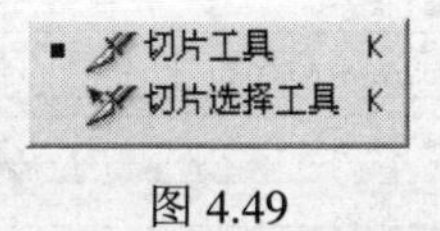

图 4.49

1. 切片工具

“切片工具”：使用切片工具可以分割图像，极大地提高网络图像的传输速度。按下列步骤进行操作：

(1) 单击“文件”→“打开”菜单命令，打开“样本”文件夹中的“岛上的小女孩”图形文件。

(2) 在工具箱中单击“切片工具”，在图像的中部画一个矩形，这时可看到图像上出现了 3 个分割区域。被分割区域的左上角以01、02、03等数字编号显示，如图 4.50 所示。以后就可以在网上以切片为单位进行传输和链接。

图 4.50

2. 切片选取工具

“切片选取工具”：用于选择和调整切割区域，并能够为切割区域指定链接地址。双击“切片选取工具”，这时选项栏中显示的是“切片选取工具”的选项，如图 4.51 所示。

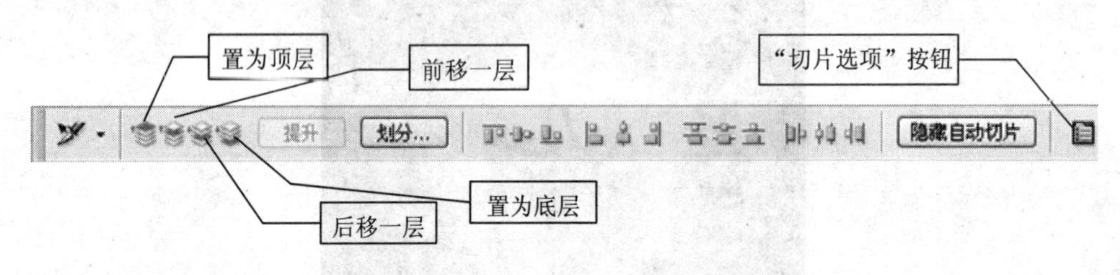

图 4.51

在切割图像时往往会出现重叠区域，使用按钮可以调整切片的位置，其中各个按钮的功能如下。

(1) 置为顶层：把所选的切片调整到最上层。

(2) 前移一层：把所选的切片向上移动一层。

(3) 后移一层：把所选的切片向下移动一层。

(4) 置为底层：把所选的切片调整到最下层。

选中一个切片，单击“提升”按钮，可将切割区域转换为可用切片，切割区域左上角的数字编号也由灰色变成蓝色。

单击“为当前的切片设置选项”按钮，或双击切割区域中的图像，将弹出“切片选项”对话框，如图 4.52 所示，用户可以在这里为区域中的图像切片创建链接。请按下列步骤进行操作。

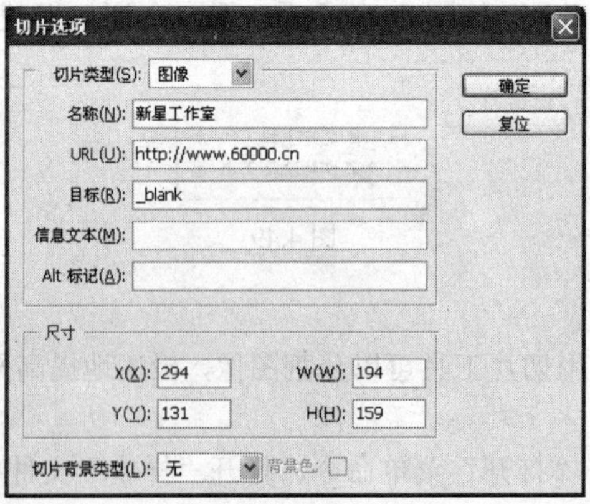

切片选项
切片类型(S): 图像
名称(N): 新星工作室
URL(U): http://www.60000.cn
目标(R): _blank
信息文本(M):
Alt 标记(A):
尺寸
X(X): 294 W(W): 194
Y(Y): 131 H(H): 159
切片背景类型(L): 无 背景色:
确定
复位

图 4.52

(1) 在“名称”输入框中输入“新星工作室”，在“URL”输入框中输入键接的网页地址“http://www.60000.cn”，在“目标”输入框中输入“_blank”，在新窗口中打开此网页，并按“确定”按钮。

(2) 单击“文件”→“存储为 Web 和设备所用格式”菜单命令。在“存储为 Web 和设备所用格式”对话框中按下 Ctrl+A 键选中所有切片，在“优化的文件格式”下拉列表框中选择“JPEG”格式，在“压缩品质”下拉列表框中选择“中”选项，并单击“存储”按钮，如图 4.53 所示。

图 4.53

(3) 在弹出的“将优化结果存储为”对话框中输入“www60000cn”，在这里一定要输入英文文件名，中文文件名在网页中是不可识别的，“保存类型”为“HTML 和图像（*.html）”。单击“保存”按钮，如图 4.54 所示。

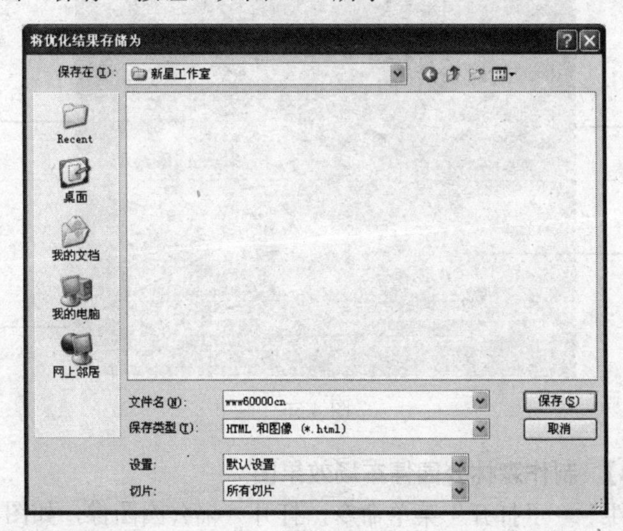

图 4.54

(4) 打开“www.60000.cn”网页，在切片位置单击鼠标即可进入新星工作室的软件学习网 www.60000.cn 的主页。

4.2 “选择”菜单

“选择”菜单的作用是创建选择区域并对选区进行修改和编辑。单击“选择”菜单，将弹出一个下拉菜单，如图 4.55 所示。从图中可以看出，“选择”菜单共有 15 个菜单命令：“全部”、“取消选择”、“重新选择”、“反向”、“所有图层”、“取消选择图层”、“相似图层”、“色彩范围”，“调整边缘”、“修改”、“扩大选取”、“选取相似”、“变换选区”、“载入选区”和“存储选区”。Photoshop CS3 根据其功能又将选择命令分成 7 类，每类之间以横线隔开，其中第 1 类、第 3 类为创建选区命令，第 2 类为多图层选区操作，其它的命令为编辑和修改选区命令。下面分别介绍这些命令的使用方法。

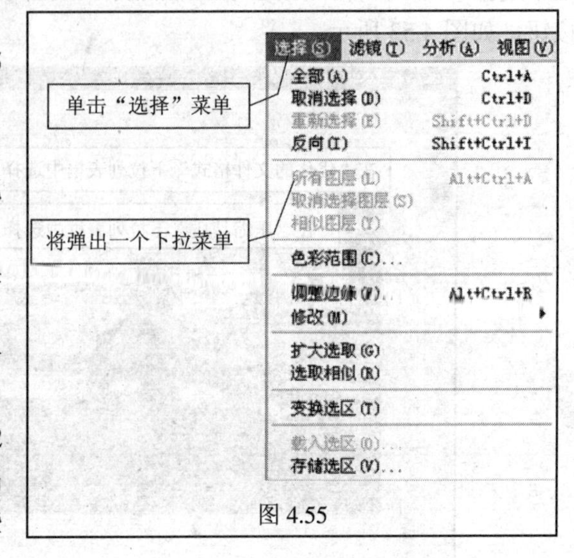

图 4.55

4.2.1 “全部”命令

该命令的作用是用来选择某一图层的全部内容。首先打开一幅图像，这里打开“天空.jpg”图形文件，然后单击“选择”→“全部”菜单命令。这时可看到整个图像的周围有一圈闪烁的虚框线，说明图像中所有的天空都被选中了，如图 4.56 所示。

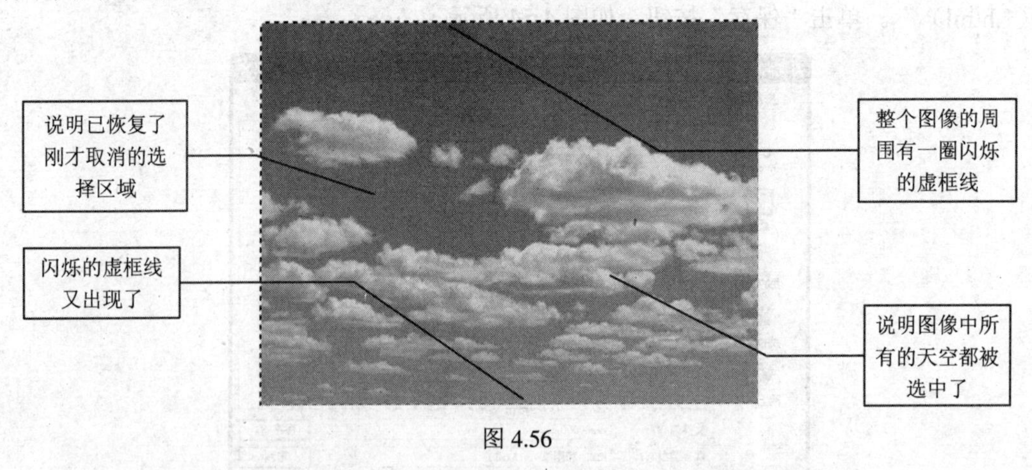

图 4.56

【课堂制作 4.8】 制作森林公园停车场效果图

(1) 单击“文件”→“打开”菜单命令，打开一幅公园图像，如图 4.57 所示，其文件名为“D14.jpg”。

(2) 单击“选择”→“全部”菜单命令，将图像全部选中。

(3) 单击“编辑”→“拷贝”菜单命令，将所选图像拷贝到剪切板中。

(4) 单击“文件”→“打开”菜单命令，打开一幅森林图像，如图 4.58 所示，其文件名为“D15.jpg”。

图 4.57

图 4.58

(4) 单击“魔棒工具”按钮，设置容差值为 32，选中森林后面的白色背景。

(5) 单击“选择”→“选取相似”菜单命令，将白色背景全部选中。

(6) 单击“矩形选框工具”按钮，按住 Alt 键，将图像下部的选择区取消，只留下白色背景选区。

(7) 单击“编辑”→“贴入”菜单命令，将公园作为背景粘贴到选择区中，形成森林公园。

(8) 单击“移动工具”按钮，移动公园图像，使森林中透出公园的背景，如图 4.59 所示。

(9) 在“图层”调板中选中背景图层，单击“磁性套索工具”按钮，关闭“消除锯齿”复选框，选中一段树干，如图 4.60 所示。

图 4.59

图 4.60

(10) 单击“图层”→“新建”→“通过剪切的图层”菜单命令，将树干剪切并形成一个新的图层。

(11) 单击“文件”→“打开”菜单命令，打开一幅小汽车图像，如图 4.61 所示，其文件名为“D16.jpg”。

(12) 单击“魔棒工具”按钮，选中白色背景。

(13) 单击“选择”→“反向”菜单命令，将小汽车选中。

(14) 单击“编辑”→“拷贝”菜单命令，将小汽车拷贝到剪切板中。

(15) 选中树林图像，单击“编辑”→“粘贴”菜单命令，将小汽车粘贴到树林中。

(16) 在“图层”调板中将小汽车图层移到树干图层的后面。

(17) 单击“移动工具”按钮，调整小汽车的位置，形成小汽车停放在树林中的效果。这样，一个森林公园停车场就制作完成了，如图 4.62 所示。

图 4.61

图 4.62

4.2.2 “取消选择”命令

该命令的作用是用来取消创建的选择区域。下面在图 4.56 例子中继续操作，单击“选择”→“取消选择”菜单命令，这时可看到闪烁的虚框线消失了，说明已取消了刚才创建的选择区域。

4.2.3 “重新选择”命令

该命令的作用与“取消选择”命令相反，用来恢复所取消的选择区域，该命令必须在取消选择命令执行后才能使用。

在上一个例子中继续操作，单击“选择”→“重新选择” 菜单命令，这时可看到闪烁的虚框线又出现了，说明已恢复了刚才取消的选择区域，如图 4.56 所示。

4.2.4 “反向”命令

该命令的作用是用来把图像中的选择区域和非选择区域反转，也就是选中非选择区域。下面举例说明这个命令的使用方法。按下列步骤操作：

(1) 单击“文件”→“打开”菜单命令，打开一幅图像。这里打开“吉他.psd”图形文件，下面要选择吉他图像，如图 4.63 所示。

(2) 单击工具箱中的“魔棒工具”，在图像的背景处单击鼠标，以创建背景选择区，用户可看到已经选择了透明的背景区域。

(3) 单击“选择”→“反向”菜单命令，选择透明背景以外的图像区域。

这时可看到原来被选中的透明背景区域取消了选择，而原来未被选中的吉他区域成为了选择区，如图 4.64 所示。

【课堂制作 4.9】 制作窗前的模特

(1) 单击“文件”→“打开”菜单命令，打开一幅开满白花的梨树图像，如图 4.65 所示，其文件名为“D17.jpg”。

(2) 单击“魔棒工具”按钮，设置容差值为 32，选中蓝色天空。

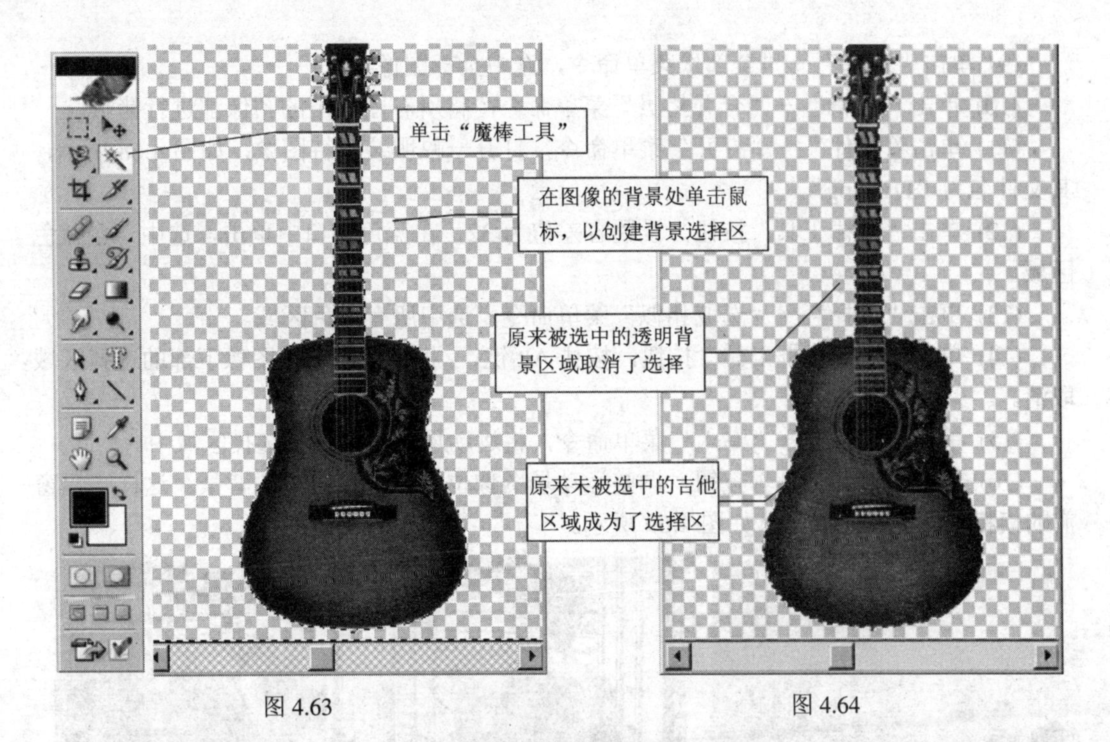

图 4.63　　图 4.64

(3) 单击“选择”→“选取相似”菜单命令，选中所有蓝色天空背景。

(4) 单击“选择”→“反向”菜单命令，选中梨树。

(5) 单击“编辑”→“拷贝”菜单命令，将梨树拷贝到剪切板中。

(6) 单击“文件”→“打开”菜单命令，打开一幅运动场图像，如图 4.66 所示，其文件名为“D18.jpg”。

图 4.65

图 4.66

(7) 单击“编辑”→“粘贴”菜单命令，将梨树粘贴到运动场图像中。

(8) 单击“编辑”→“自由变换”菜单命令，将梨树放大并移到图像的下部，如图 4.67 所示。

(9) 单击“选择”→“全部”菜单命令，选中全部图像。

(10) 单击“编辑”→“合并拷贝”菜单命令，将所有图层中的图像都进行拷贝。

(11) 单击“文件”→“打开”菜单命令，打开一幅服装模特图像，如图 4.68 所示，其文件名为“D19.jpg”。

(12) 单击“魔棒工具”按钮，设置容差值为 32，在蓝色窗口中单击，选中一个蓝色区域。

(13) 单击“选择”→“选取相似”菜单命令，选中所有蓝色区域。

(14) 单击“矩形选框工具”按钮，按住 Alt 键， 将模特脸部和图像下部的选择区域取消。

(15) 单击“编辑”→“贴入”菜单命令，将运动场图像粘贴到选择区域中。

(16) 单击“移动工具”按钮，调整运动场图像位置，形成窗中的背景。这样一幅窗前的模特图就制作完成了，如图 4.69 所示。

图 4.67

图 4.68

图 4.69

4.2.5 “色彩范围”命令

该命令的作用是指定一种颜色或用吸管吸取一种颜色作为一种标准颜色，并以此标准颜色为中心指定一个颜色范围，图像中的颜色在此颜色范围内的区域将被创建为选择区。

下面举例说明“色彩范围”命令的操作方法及“色彩范围”对话框中选项的作用。按下列步骤进行操作。

(1) 单击“文件”→“打开”命令来打开一幅图像，这里打开“山丘.bmp”图像文件，如图 4.70 所示。

(2) 单击“选择”→“色彩范围”菜单命令，将弹出一个“色彩范围”对话框，如图 4.71 所示。

(3) “选择”选项：单击该对话框中的“选择”列表框右边的向下箭头，可以列出“取样颜色”、各种颜色、各种亮度及“溢色”选项，如图 4.72 所示。可以选择一种选项作为选择的标准颜色，在这里选择“取样颜色”选项，如图 4.72 所示。

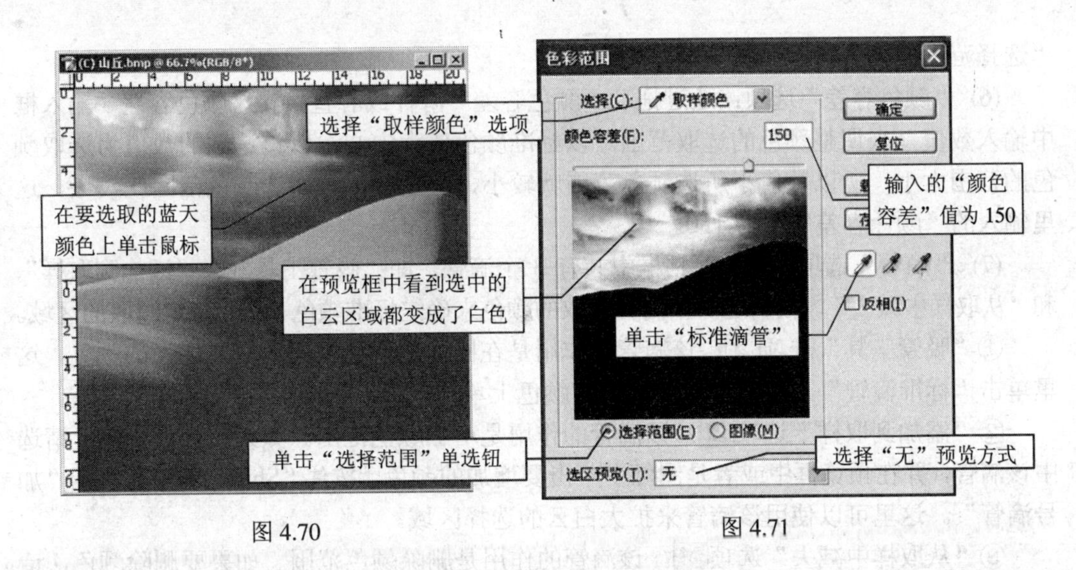

图 4.70　　　　　　　　　　　　图 4.71

(4) “选区预览”选项：单击“选区预览”列表框右边的向下箭头，将弹出一个预览方式列表框，其中有“无”、“灰度”、“黑色杂边”、“白色杂边”和“快速蒙版”预览方式。其作用和功能如下所述。

①“无”预览方式：在图像窗口中不显示预览效果。

②“灰度”预览方式：预览的效果如同图像是以灰色通道显示一样，即将未被选中的区域用黑色显示，被选中的区域用白色显示。

③“黑色杂边”预览方式：以黑色杂边为背景来衬托被选中的区域，即将未被选中的区域用黑色显示，被选中的区域颜色不变。当被选中的区域较亮时常选用此预览方式。

④“白色杂边”预览方式：以白色杂边为背景来衬托被选中的区域，即将未被选中的区域用白色显示，被选中的区域颜色不变。当被选中的区域较暗时常选用此预览方式。

⑤“快速蒙版”预览方式：以当前蒙版所设置的颜色为背景来衬托被选中的区域，即将未被选中的区域用蒙版颜色显示，被选中的区域颜色不变。

可以从上面的 5 种预览方式中选择一种作为当前的预览方式，这里选择“无”预览方式，如图 4.73 所示。

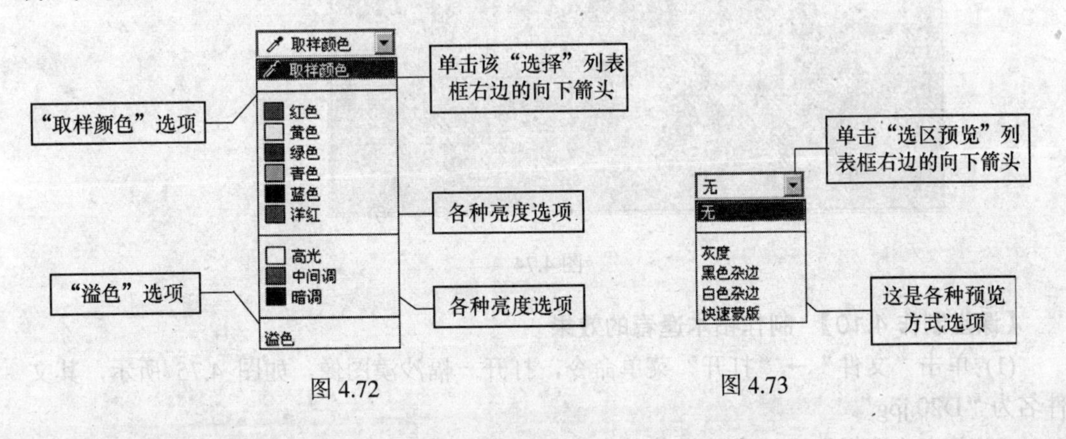

图 4.72　　　　　　　　　　　　图 4.73

(5) “选择范围”选项与“图像”选项：选中“选择范围”单选钮，在预览框中将显示被选中的图像范围；选中“图像”单选钮，在预览框中将显示整幅图像。在这里单击

"选择范围"单选钮，如图 4.71 所示。

(6) "颜色容差"选项：通过拖动"颜色容差"滑杆或者直接在"颜色容差"输入框中输入数值，来调整颜色的选取范围。以标准颜色值为中心，以该选项的数值为选取颜色的范围大小，所以数值小所选颜色范围就较小，反之数值大所选颜色范围就较大。这里输入的"颜色容差"值为 150。

(7) "滴管"选项：在该对话框中共有 3 个滴管，即"吸管工具"、"添加到取样"和"从取样中减去"。根据这 3 个滴管选取的颜色来确定标准颜色，从而确定选取的区域。

①"吸管工具"选项：该滴管的作用是在图像或调色板中选取要选择的颜色。这里单击"标准滴管"，并在要选取的白云颜色上单击鼠标。

②"添加到取样"选项：该滴管的作用是增加颜色范围。如果要增加颜色，请选中该滴管，并在预览框中或者是图像中单击要增加的颜色，按住"Shift"键可以激活"加号滴管"。这里可以使用该滴管来扩大白云的选择区域。

③"从取样中减去"选项：该滴管的作用是删除颜色范围。如果要删除颜色，请选中该滴管，并在预览框中或者是图像中单击要删除的颜色，按住"Alt"键可以激活"减号滴管"。这里可以使用该滴管来删除蓝色天空的颜色选择区域。

(8)"反相"选项：单击"反相"复选框可以选择与原来选定区域相反的区域。

(9) 设置完上述选项后，可在预览框中看到选中的白云区域都变成了白色，单击"确定"按钮，完成颜色选择，如图 4.71 所示。

这时可看到在图像中的白云区域都被选中了，如图 4.74 所示。颜色选择命令是一个重要的选择命令，在工作中会经常用到，希望用户熟练掌握。

图 4.74

【课堂制作 4.10】 制作枯木逢春的效果

(1) 单击"文件"→"打开"菜单命令，打开一幅沙漠图像，如图 4.75 所示，其文件名为"D20.jpg"。

(2) 单击"选择"→"全部"菜单命令，选中所有图像。

(3) 单击"编辑"→"拷贝"菜单命令，将沙漠图像拷贝到剪切板中。

(4) 单击“文件”→“打开”菜单命令，打开一幅枯木的图像，如图 4.76 所示，其文件名为“D21.jpg”。

图 4.75

图 4.76

(5) 单击“魔棒工具”按钮，设置容差值为 32，选中绿色地面。

(6) 单击“选择”→“选取相似”菜单命令，选中所有绿色地面。

(7) 单击“魔棒工具”按钮，按住 Shift 键单击地面，将还未选取的地面选取。按住 Alt 键，将树干上的选择区域取消。

(8) 单击“编辑”→“贴入”菜单命令，将沙漠图像粘贴到选择区域中。

(9) 单击“编辑”→“自由变换”菜单命令，将沙漠图像放大并调整其位置，如图 4.77 所示。

(10) 单击“文件”→“打开”菜单命令，打开一幅绿芽图像，如图 4.78 所示，其文件名为“D22.jpg”。

(11) 单击“选择”→“色彩范围”菜单命令。其中参数：选择为取样颜色，颜色容差为 150，选中“选择范围”单选钮。单击“吸管工具”按钮，在图像中单击绿芽，这样就选中了绿芽图像。

(12) 单击“编辑”→“拷贝”菜单命令，将绿芽拷贝到剪切板中。

(13) 选中枯木文件，单击“编辑”→“粘贴”菜单命令，将绿芽粘贴到当前文件中。

(14) 单击“编辑”→“自由变换”菜单命令，将绿芽缩小并移到枯木的顶端，形成枯木逢春的效果，如图 4.79 所示。

图 4.77

图 4.78

图 4.79

4.2.6 “羽化”命令

该命令的作用是用来使选择区域的边缘变得模糊，从而产生一种羽化效果。羽化就是通过扩散选区的轮廓，从而达到模糊边缘的目的。要想羽化选择区，可以使用以下两种方法。

1. 使用选项栏方法

在创建选区之前，可以在“选框工具”、“套索工具”或“魔棒工具”的选项栏中的“羽化”框中键入羽化值。

2. 使用“羽化”命令方法

在创建选区之后，可以单击“选择”→ “修改”→“羽化”菜单命令，打开“羽化选区”对话框，在“羽化半径”输入框中键入羽化值。下面就举例说明“羽化”命令的使用方法。按下列步骤操作：

(1) 在上面图 4.74 例子中已经创建了白云选择区，下面继续上例的操作。单击“选择”→“修改”→“羽化”菜单命令，将打开一个“羽化选区”对话框，如图 4.80 所示。

(2) 在“羽化”输入框中输入羽化值，羽化值越大，选择区边缘的模糊程度也就越强烈。这里输入羽化半径为 5，如图 4.80 所示。

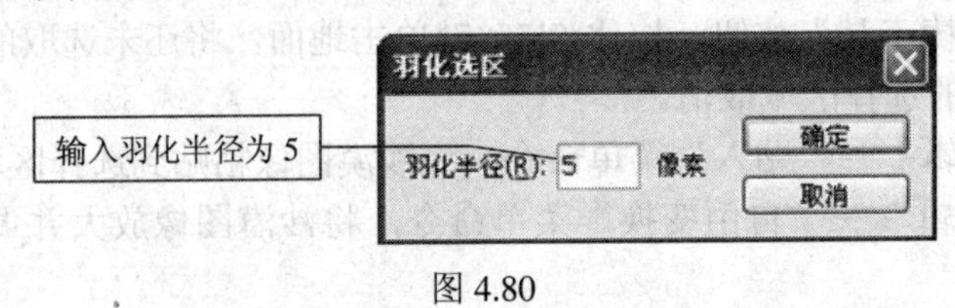

图 4.80

(3) 单击“确定”按钮完成羽化操作。

可以看到羽化后的选择区边缘变得模糊和圆滑了，并且有的选择区还扩展成了一片，如图 4.81 所示。

图 4.81

【课堂制作 4.11】 制作多棱镜效果

(1) 单击“文件”→“打开”菜单命令，打开一幅黄色的花朵图像，如图 4.82 所示，其文件名为“D23.jpg”。

(2) 单击“默认前景和背景色”工具按钮，设置背景色为白色。

(3) 单击“椭圆选框工具”按钮，设置羽化值为 30，在黄色的花朵上拖出一个椭圆选区。

(4) 单击“选择”→“反向”菜单命令，选中椭圆以外区域。按下 Delete 键，删除选区内容，这样图像的边缘就产生了羽化效果，如图 4.83 所示。

图 4.82

图 4.83

(5) 单击“文件”→“打开”菜单命令，打开一幅女人图像，如图 4.84 所示，其文件名为“D24.jpg”。

(6) 单击“椭圆选框工具”按钮，在人物的头部拖出一个圆形选择区。

(7) 单击“编辑”→“拷贝”菜单命令，将人物的头部拷贝到剪切板中。

(8) 选中黄花图像，单击“椭圆选框工具”按钮，设置羽化值为 10，在黄花的中央拖出一个椭圆选择区域。

(9) 单击“编辑”→“贴入”菜单命令，将人物脸部粘贴到椭圆选择区中。

(10) 单击“移动工具”按钮，将人脸调整到椭圆选区的中央，如图 4.85 所示。产生一个羽化值为 10 的人物头像。

图 4.84

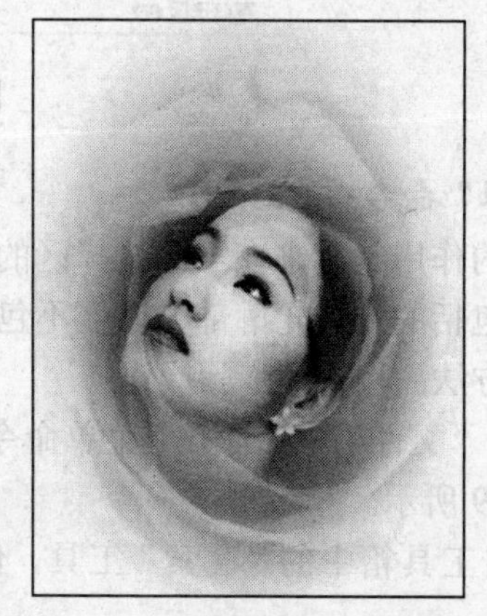

图 4.85

(11) 再次单击“椭圆选框工具”按钮，设置羽化值为 20，在黄花的左上角拖出一个椭圆选择区域。

(12) 重复步骤(9) ~(10) 的操作，产生一个羽化值为 20 的人物头像，如图 4.86 所示。

(13) 重复步骤(11) ~(12) 的操作，在图像的四周分别再产生羽化值为 20 的人物头像，形成多棱镜成像效果，如图 4.87 所示。

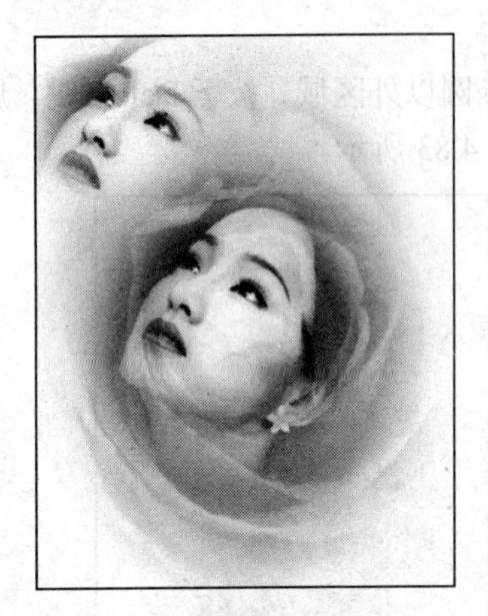

图 4.86

图 4.87

4.2.7 “修改”命令

该命令的作用是用来修改选择区边缘的羽化效果和选区的轮廓。单击“选择”→“修改”菜单命令，将弹出一个子菜单，如图 4.88 所示。从图中可以看到它的 5 个子命令，分别用于对选择区的轮廓进行边界、平滑、扩展、收缩和羽化等操作。其中最后一个羽化命令已在前面介绍过了，下面分别介绍前 4 个命令的使用方法。

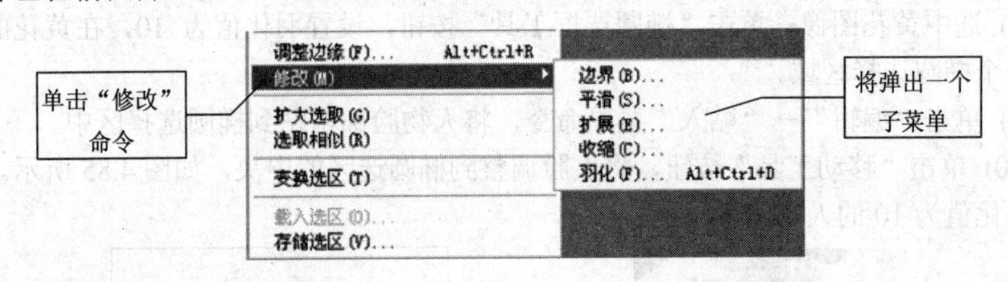

图 4.88

1. “边界”命令

该命令的作用是用来在当前选择区的边缘创建一圈带有像素宽度的选择圈。该选择区只有虚框包括的周边轮廓部分，而不包括选区中的其它部分。下面举例说明“边界”命令的使用方法。按下列步骤操作：

(1) 单击“文件”→“打开”菜单命令来打开一幅图像，这里打开“牛头.tif”图形文件，如图 4.89 所示。

(2) 单击工具箱中的“套索”工具，使用该工具在图像中选择牛头区域，如图 4.89 所示。

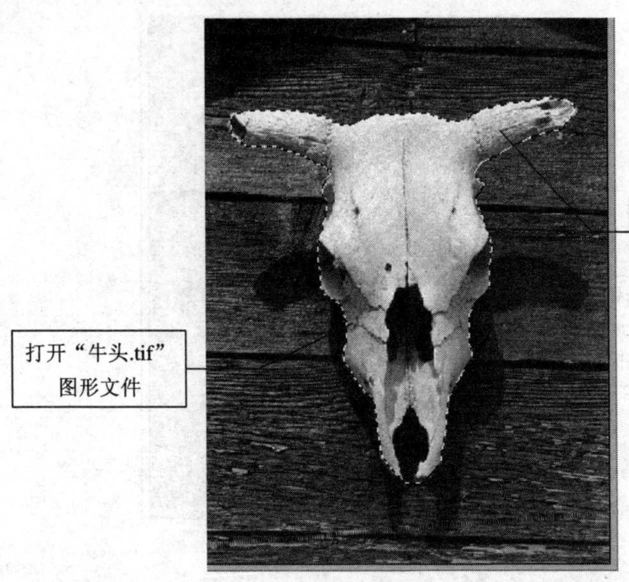

图 4.89

(3) 单击“选择”→“修改”→“边界”菜单命令，将打开一个“边界选区”对话框，在该对话框中的输入框中输入要选择边界的宽度，这里输入边界的宽度为 40 像素，设置完毕后单击“确定”按钮，如图 4.90 所示。

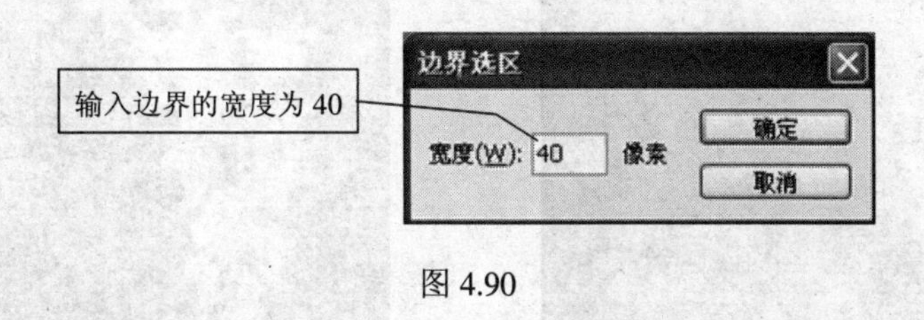

图 4.90

现在可以看到在原选择区的轮廓上创建了一圈宽度为 40 像素的选择区域，如图 4.91 所示。

【课堂制作 4.12】 制作艺术照片

(1) 单击“文件”→“新建”菜单命令，创建一幅新的图像。其中参数：宽度为 340 像素，高度为 480 像素，分辨率为 72 像素/英寸，颜色模式为 RGB 颜色，背景内容为白色。

(2) 设置前景色为蓝色，背景色为白色。单击“渐变工具”按钮，设置渐变颜色为前景到背景、渐变方式为线性渐变。从右下角向左上角拖出一条渐变线，产生蓝色向白色的渐变效果，如图 4.92 所示。

(3) 单击“文件”→“打开”菜单命令，打开一幅花卉图像，如图 4.93 所示，其文件名为“D25.jpg”。

(4) 单击“魔棒工具”按钮，设置羽化值为 32，单击黑色背景，选中黑色区域。

(5) 单击“选择”→“选取相似”菜单命令，将黑色背景全部选中。

(6) 单击“选择”→“反向”菜单命令，将花卉选中。

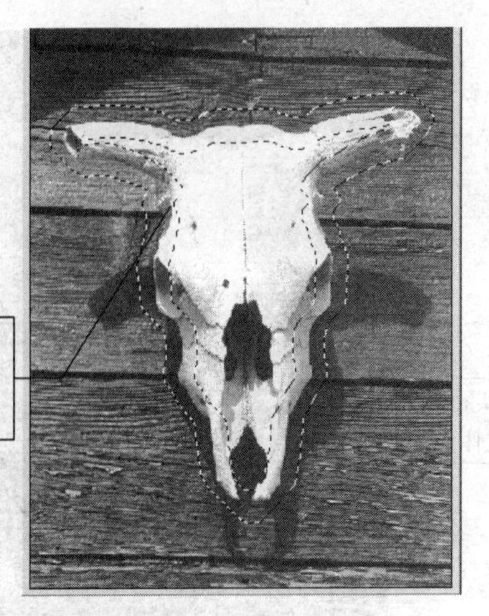

图 4.91

图 4.92

图 4.93

(7) 单击“编辑”→“拷贝”菜单命令，将花卉拷贝到剪切板中。

(8) 选中新建文件，单击“编辑”→“粘贴”菜单命令，将花卉粘贴到新建文件中。

(9) 单击“移动工具”按钮，调整花卉位置如图 4.94 所示。

(10) 单击“选择”→“全部”菜单命令，选中所有图像。

(11) 单击“选择”→“修改”→“边界”菜单命令。设置参数：宽度为 30，以产生宽度为 30 像素的轮廓选区。

(12) 将前景色设置为纯黄色，按下 Alt+Delete 键，将轮廓选区填充纯黄色，如图 4.95 所示，这样就产生了一个带有边框的艺术照片。

2. “平滑”命令

该命令的作用是通过在选择区域边缘上增加或减少像素来平滑选区边缘的尖角及消除锯齿，使得选择区边缘更加光滑。下面举例说明平滑命令的使用方法。按下列步骤操作：

图 4.94

图 4.95

(1) 在上面的牛头例子的图像窗口中单击“编辑”→“还原扩边”菜单命令，使图像恢复到执行扩边命令以前的状态，如图 4.89 所示，可以看到图像中有一个牛头选择区。

(2) 单击“选择”→“修改”→“平滑” 菜单命令，可打开一个“平滑选区”对话框，在该对话框中的“取样半径”输入框中输入取样半径。取样半径越大，选择区域边缘越光滑。这里输入取样半径为 16，如图 4.96 所示。

(3) 设置完毕后单击“确定”按钮，完成平滑操作。

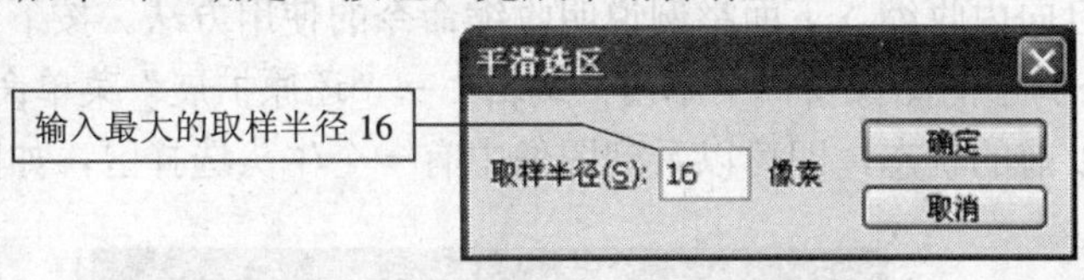

图 4.96

这时可以看到改变了牛头选择区域的边缘粗糙程度，达到了一种平滑的选择效果，如图 4.97 所示。

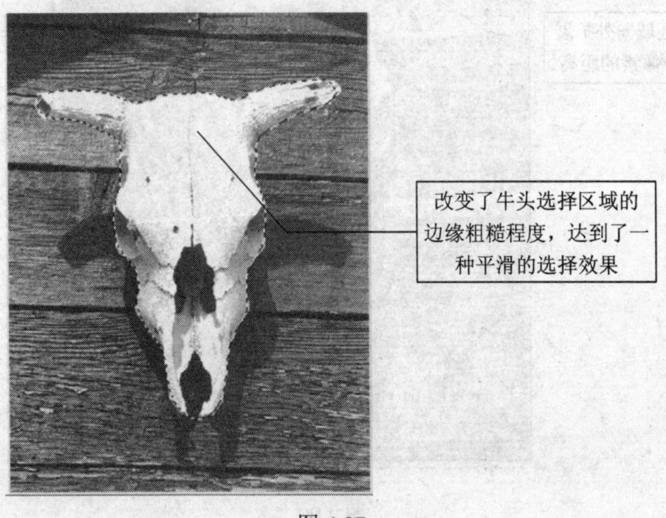

图 4.97

3. “扩展”命令

该命令的作用是用来将当前选择区域按照设定的方向向外扩展，扩展的单位为像素，可以在“扩展选区”对话框中设定要扩展的像素数目。下面举例说明扩展命令的使用方法。按下列步骤进行操作：

(1) 在上一个例子的图像窗口中单击“编辑”→“还原平滑”菜单命令，使图像恢复到执行平滑命令以前的状态，可以看到图像中有一个牛头选择区，如图 4.89 所示。

(2) 单击“选择”→“修改”→“扩展”菜单命令，将打开一个“扩展选区”对话框，在该对话框中的“扩展量”输入框中输入要扩展的像素数目。扩展量越大，选择区域向外扩展越多。这里输入扩展量为 16 像素，如图 4.98 所示。

(3) 选择完毕后，单击“确定”按钮，完成扩展操作。

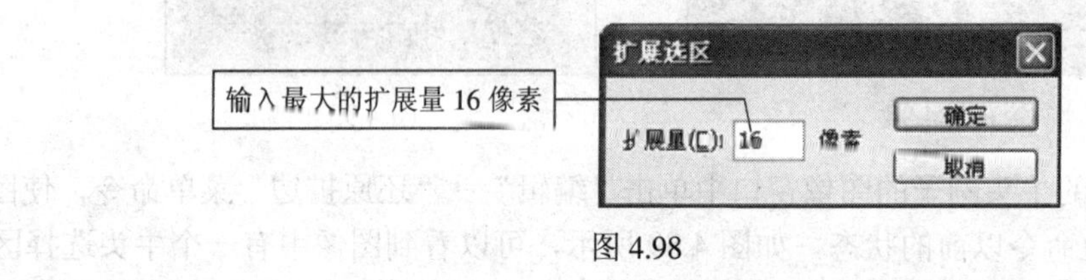

图 4.98

这时可看到原选择区域向外扩展了 16 像素的距离，如图 4.99 所示。

4. “收缩”命令

该命令的作用与“扩展”命令的功能正好相反，此命令可以让用户将当前选择区域按设定的像素数目向内收缩。下面举例说明收缩命令的使用方法。按下列步骤操作：

(1) 在上一个例子的图像窗口中单击“编辑”→“还原扩展”菜单命令，使图像恢复到执行扩展命令以前的状态，即可以看到图像中有一个牛头选择区，如图 4.89 所示。

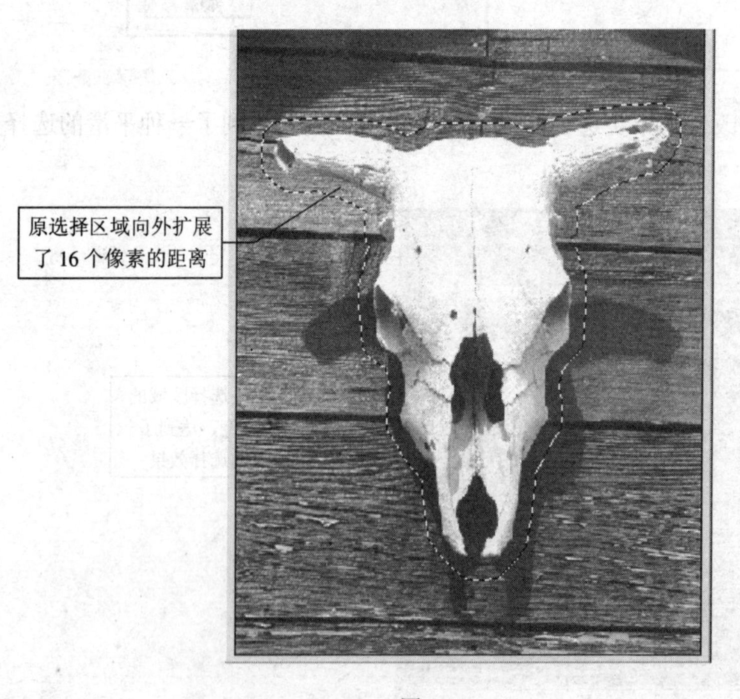

图 4.99

(2) 单击“选择”→“修改”→“收缩”菜单命令，将打开一个“收缩选区”对话框，如图 4.100 所示，在该对话框中的“收缩量”输入框中输入要收缩的像素数目。收缩量越大，选择区域向内收缩越多。这里输入收缩量为 16 像素。

(3) 选择完毕后单击“确定”按钮，完成收缩操作。

这时可看到原选择区域向内收缩了 16 像素的距离，如图 4.101 所示。

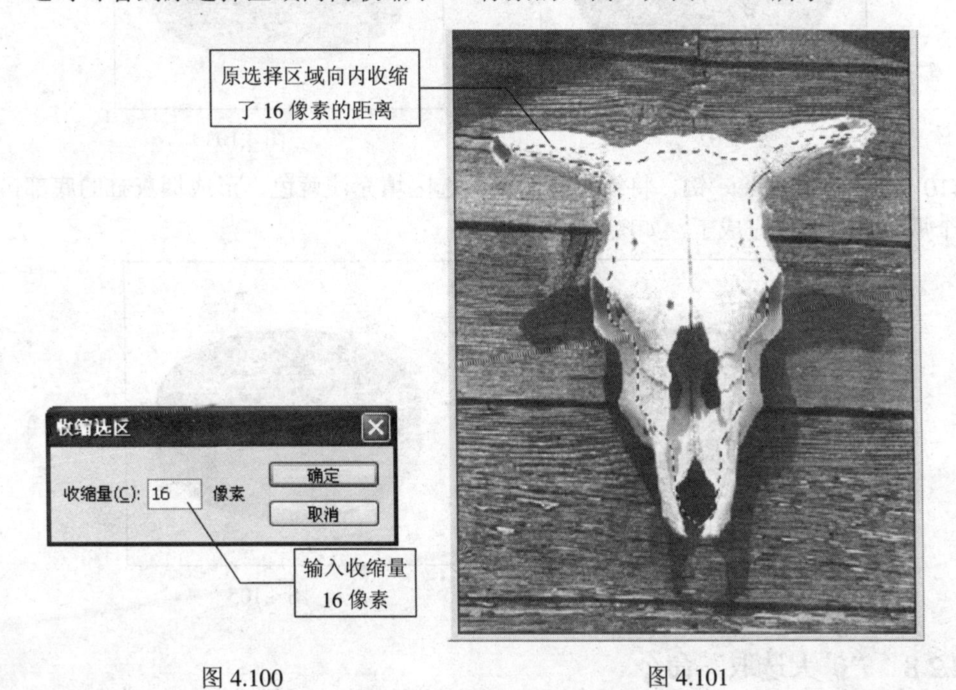

图 4.100　　　　图 4.101

【课堂制作 4.13】 制作烟灰缸

(1) 单击“文件”→“新建”菜单命令，创建一幅新的图像。其中参数：宽度为 11 厘米，高度为 10 厘米，分辨率为 72 像素/英寸，模式为 RGB 颜色，内容为白色。

(2) 设置前景色为浅蓝色，背景色为深蓝色。单击“椭圆选框工具”按钮，设置羽化值为 0，在图像中拖出一个椭圆选区。

(3) 按下 Ctrl+Delete 键，将椭圆选区填充为深蓝色。

(4) 单击“编辑”→“描边”菜单命令。其中参数：宽度为 1，颜色为浅蓝色，位置为居中，混合模式为正常，不透明度为 90%。产生一个宽度为 1 像素的浅蓝色轮廓线，如图 4.102 所示。

(5) 单击“移动工具”按钮，按住 Alt 键，多次按下↑键头，向上复制图像，产生立体的圆柱体，如图 4.103 所示。

(6) 单击“选择”→“修改”→“收缩”菜单命令，将椭圆选框缩小。其中参数：收缩量为 16 像素。

(7) 单击“椭圆选框工具”按钮，将椭圆选区稍微向上移动一点。

(8) 重复步骤(4) 的操作，产生一个宽度为 1 像素的浅蓝色轮廓线。

(9) 单击“移动工具”按钮，按住 Alt 键，多次按下↓键头，向下复制图像，产生反向的内部圆柱体，如图 4.104 所示。

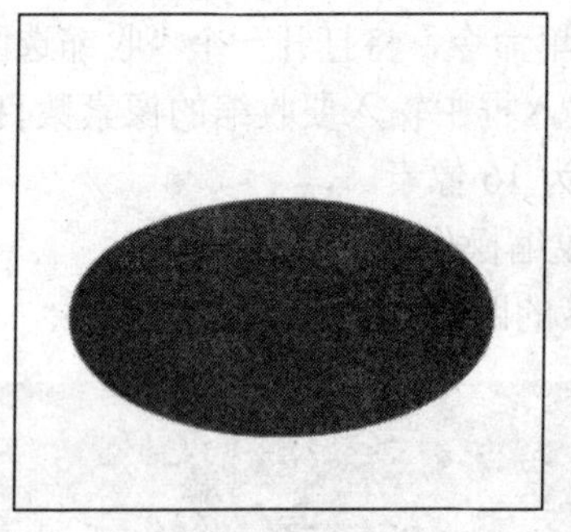

图 4.102

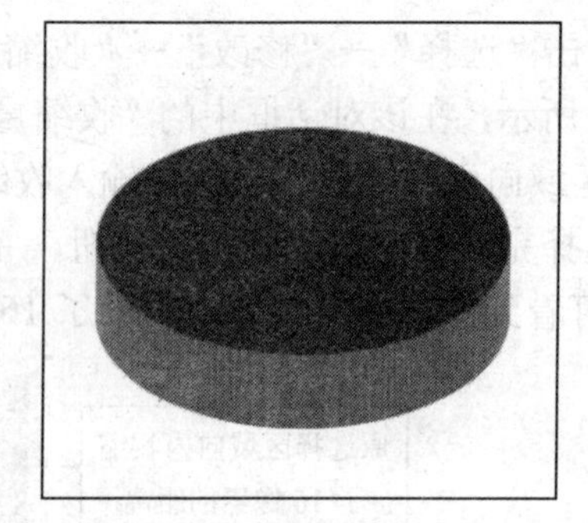

图 4.103

(10) 按下 Alt+Delete 键，将缩小后的椭圆选区填充浅蓝色，形成烟灰缸的底部，这样一个烟灰缸就制作完成了，如图 4.105 所示。

图 4.104

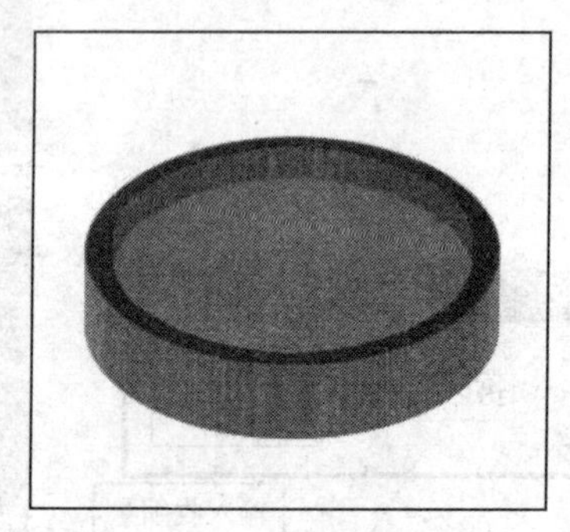

图 4.105

4.2.8 “扩大选取”命令

该命令的作用是可以使选择区域在图像上延伸，将连续的、色彩相近的像素点一起扩大到选择区域内，就如同“魔棒选取”工具的色差范围一样。下面举例说明“扩大选取”命令的使用方法。按下列步骤操作：

(1) 单击“文件”→“打开”菜单命令，打开一幅图像，这里打开“D26.jpg”图形文件，如图 4.106 所示。

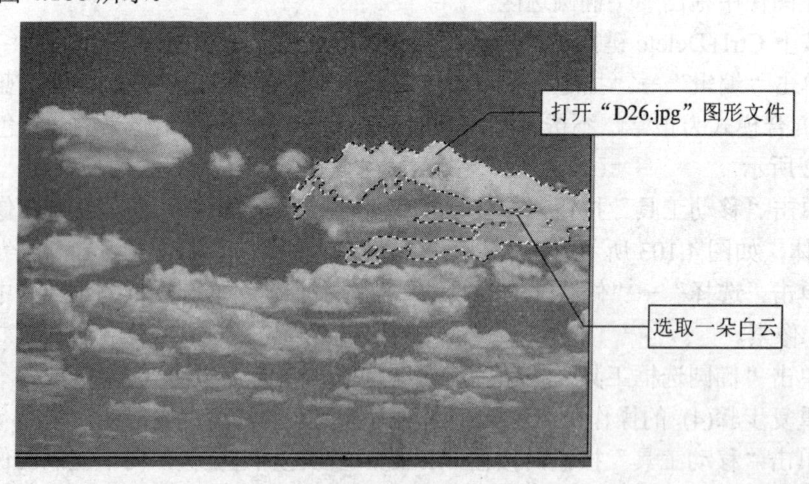

图 4.106

(2) 单击工具箱中的“魔棒工具”按钮，使用该工具选取一朵白云，如图 4.106 所示。

(3) 单击“选择”→“扩大选取”菜单命令。

这时可看到与原选择区相连的白云因为像素颜色相近，所以都被选中了，如图 4.107 所示。

图 4.107

4.2.9 “选取相似”命令

该命令的作用是可以使选择区域在图像上延伸，将画面中连续的和不连续的所有色彩相近的像素点都扩展到选择区域内。下面举例说明“选取相似”命令的使用方法。按下列步骤操作：

(1) 单击“文件”→“打开”菜单命令，打开一幅图像，这里打开“D26.jpg”图形文件，如图 4.108 所示。

图 4.108

(2) 单击工具箱中的“矩形选框工具”按钮，使用该工具在一朵白云中选取一个矩形区域，如图 4.108 所示。

(3) 单击“选择”→“选择相似”菜单命令。这时可看到所有的与原选择区颜色相似的白云，不管是相连的还是不相连的都被选中了，如图 4.109 所示。

图 4.109

4.2.10 “变换选区”命令

该命令的作用是可以任意地变换选择区域。下面举例说明变换选区命令的使用方法。按下列步骤操作：

(1) 单击“文件”→“打开”菜单命令，打开一幅图像，这里打开“D26.jpg”图形文件，如图 4.110 所示。

图 4.110

(2) 单击工具箱中的“矩形选框工具”按钮，使用该工具在图像上选取一个矩形区域，如图 4.110 所示。

(3) 单击“选择”→“变换选区” 菜单命令。

(4) 这时在屏幕上出现了一个带有调整句柄的调整框，可以用鼠标拖动调整框来移动选择区域，也可以拖动调整句柄来改变选择区域的长度和宽度，还可以拖动旋转句柄来旋转选择区域，如图 4.110 所示。

(5) 调整完选择区域后按键盘上的 Enter 键，可以结束变换选区操作。

4.2.11 “存储选区”命令

该命令的作用是将选择区域存放到通道中。这个功能是很有用的，当用户选择了一个区域时，如果用户以后还要用到这个选择区域，那么把它保存为一个通道是一个有效的方法，以后还可以用载入选区命令将通道中存放的选择区域还原到图像中。下面举例说明“存储选区”命令的使用方法。按下列步骤操作：

(1) 单击“文件”→“打开”菜单命令来打开一幅图像，这里打开“牛头.tif”图形文件。

(2) 单击工具箱中的“套索工具”按钮，使用该工具在图像中选择牛头区域，如图 4.89 所示。

(3) 单击“选择”→“存储选区”菜单命令。

(4) 这时屏幕上弹出了一个“存储选区”对话框，在“文档”输入框中输入要保存的文件名，这里保留默认文件名“牛头.tif”，在“通道”输入框中输入要保存的通道名称，这里保留默认的通道名称“新建”，在“名称”对话框中输入存储选区的名称，这里输入存储选区的名称为“牛头”，如图 4.111 所示。

(5) 设置完毕后，单击“确定”按钮，将当前的选择区域存储到通道中。

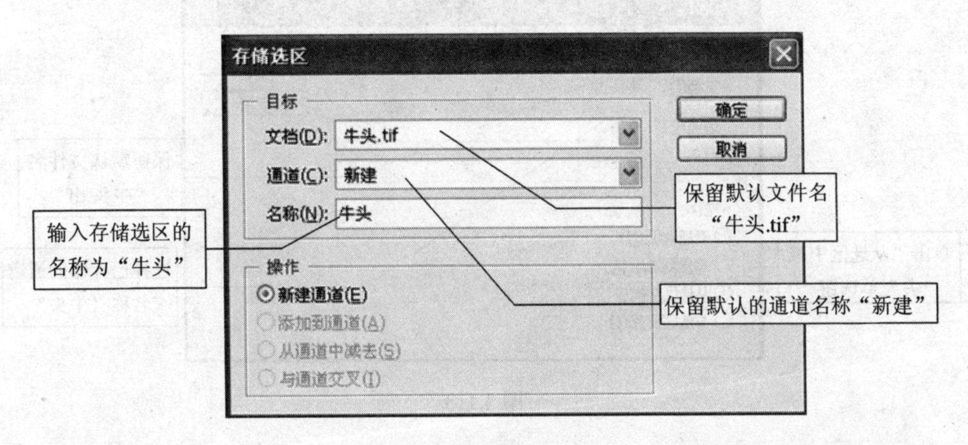

图 4.111

4.2.12 “载入选区”命令

该命令与“存储选区”命令联合使用，此命令将使用“存储选区”命令存储在通道中的选择区域还原到当前图像中来，并可以做新选区、添加到选区、从选区中减去和与选区交叉操作。下面举例说明“载入选区”命令的使用方法。按下列步骤操作。

(1) 在上一个例子所操作的图像上继续进行操作，单击工具箱中的“椭圆选框工具”按钮，在图像上选择一个椭圆选择区域，如图 4.112 所示。

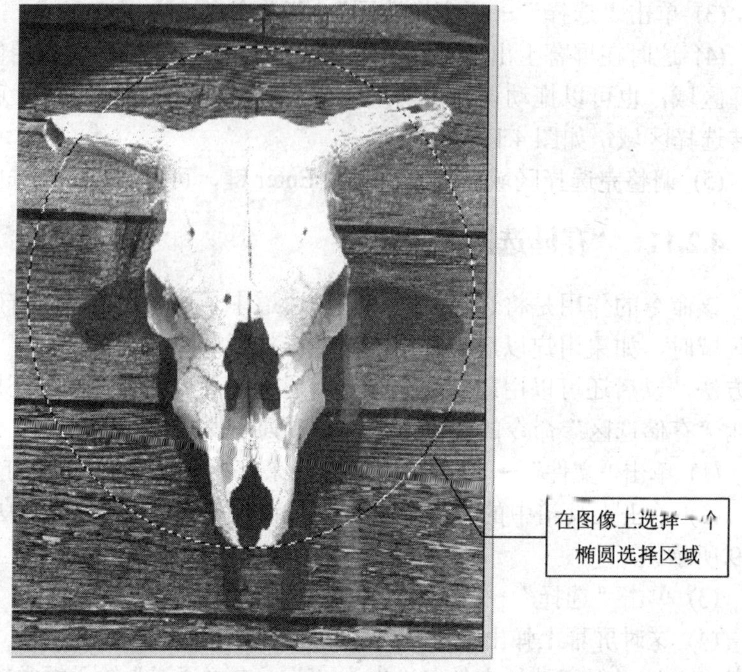

图 4.112

(2) 单击“选择”命令，在弹出的下拉菜单中单击“载入选区”命令，来打开“载入选区”对话框，如图 4.113 所示。

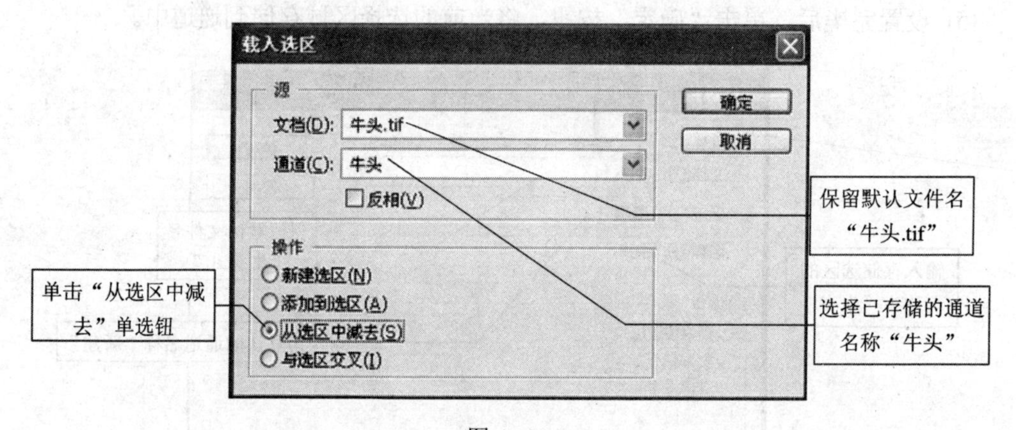

图 4.113

(3) 在该对话框中的“文档”输入框中输入要保存的文件名，这里保留默认文件名“牛头.tif”，如图 4.113 所示。

(4) 在“通道”列表框中输入已保存的通道名称，这里选择已存储的通道名称“牛头”，如图 4.113 所示。

(5) 在对话框的下面有 4 个单选钮，代表 4 种载入操作。这里单击“从选区中减去”单选钮，说明要将“牛头”选择区域从当前的椭圆区域中减去。

(6) 设置完毕后，单击“确定”按钮，将所选的区域载入到当前的图像中。

现在可看到3个选择区域，它们是原椭圆区域减去载入的“牛头”区域后所形成的，如图4.114所示。

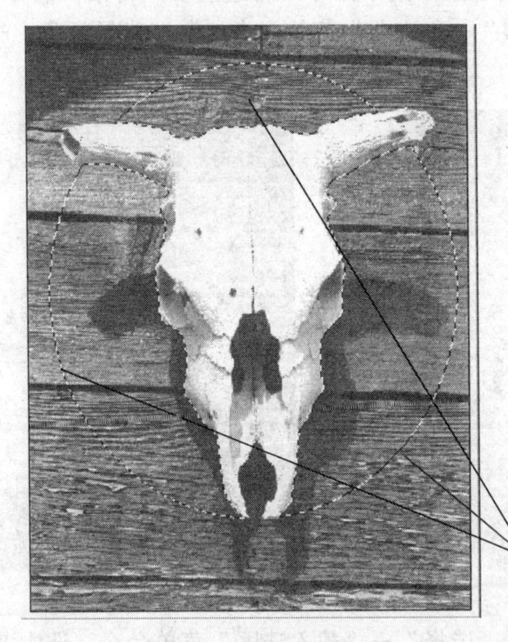

图 4.114

【课堂制作 4.14】 制作不同背景的图像

(1) 单击“文件”→“打开”菜单命令，打开一幅插花图像，如图4.115所示。其文件名为“D27.jpg”。

(2) 单击“图像”→“复制”菜单命令，复制一幅图像。

(3) 单击“魔棒工具”按钮，并单击“背景”区域，选中蓝色背景。

(4) 多次单击“选择”→“选取相似”菜单命令，选中大部分背景区域，如图4.116所示。

图 4.115

图 4.116

(5) 单击“矩形选框工具”按钮，按下 Shift 键，增加选区，将所有背景区域选中，如图 4.117 所示。

(6) 单击“选择”→“存储选区”菜单命令，将选区以“背景”名称存储。

(7) 单击“图像”→“调整”→“去色”菜单命令，取消背景颜色，产生一幅灰度背景的图像，如图 4.118 所示。

图 4.117

图 4.118

(8) 选中另一幅图像，单击“选择”→“载入选区”菜单命令，选中背景图像，如图 4.117 所示。

(9) 单击“图像”→“调整”→“色相/饱和度”菜单命令。其中参数：选中“着色”复选框，设置色相为 355，饱和度为 47。这样就产生了一个紫红色的背景，如图 4.119 所示。

图 4.119

4.3 填充工具及命令的使用

4.3.1 “渐变工具”概述

此工具可以在选择区内填充颜色。单击“渐变工具”按钮不放，可以看到其中共有两个子工具，它们分别是“渐变工具”和“油漆桶工具”，如图4.120所示。下面详细介绍这两个工具的使用方法。

图 4.120

1. 渐变工具

“渐变工具”：“渐变工具”能够在选择区内填充一种连续色调的渐变颜色，这种连续色调可以从一种颜色过渡到另一种颜色、从前景色过渡到背景色、从一种颜色过渡到透明色等，从而产生一种照明或阴影的特殊效果。在Photoshop CS3中，共有5种渐变方式，在“渐变工具”选项栏中可以看到这5种渐变方式按钮，如图4.121所示。它们分别是：“线性渐变方式”、“径向渐变方式”、“角度渐变方式”、“对称

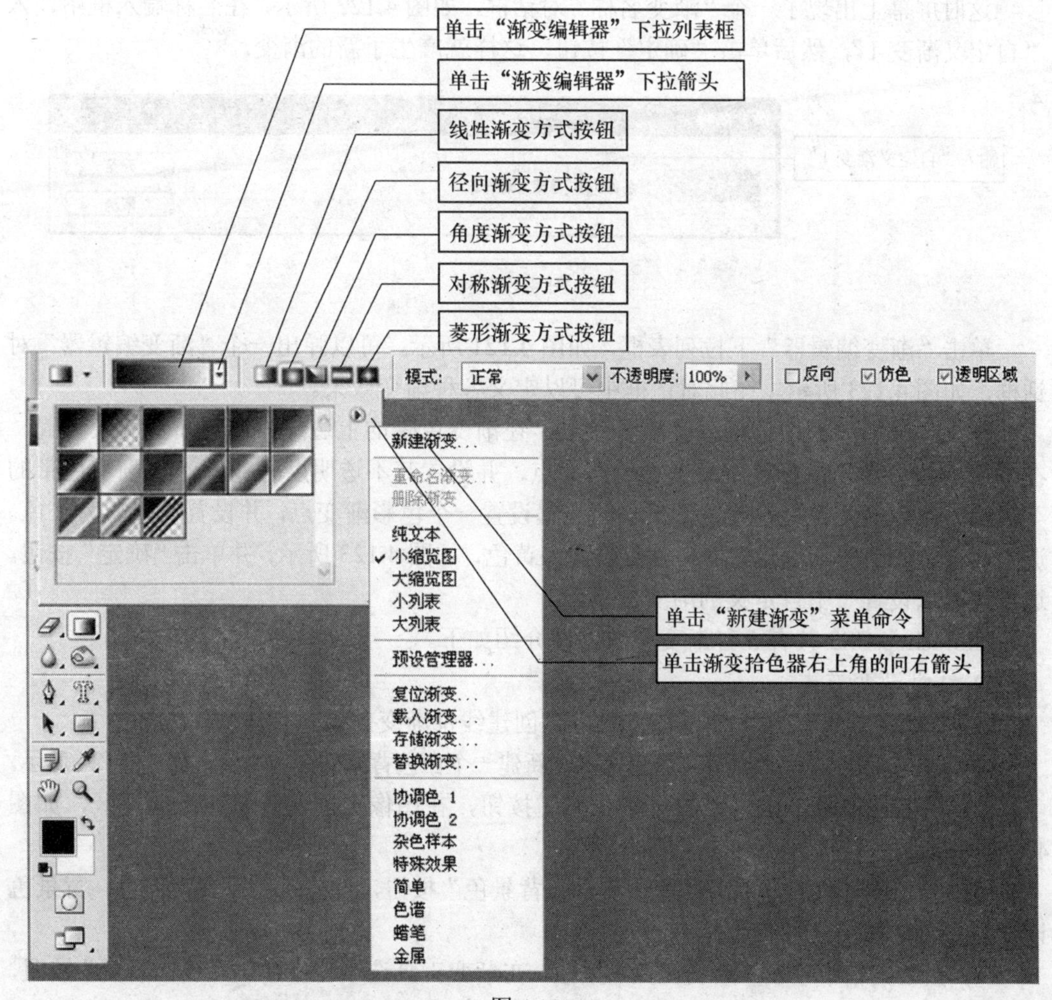

图 4.121

渐变方式”和“菱形渐变方式”。这 5 种渐变方式的选项栏内容完全相同，“渐变编辑器”对话框也一样，因此它们的使用方法是一致的，在选项栏中选中“反向”复选框，可使渐变填充时的颜色顺序反过来。

在使用支持 8 位（或更少颜色）的显示系统时，显示器只能显示 256 种不同的颜色。例如，24 位 RGB 图像能够显示 1670 万种颜色。如果显示器只能显示其中的 256 色，在显示图像时就会产生失真，Photoshop 将使用叫做抖动的技术混合可用颜色的像素，并以此模拟当前没有的颜色，也就是说，当显示器无法用真彩色显示时，抖动就有用了。这时就要选中“仿色”复选框，产生抖动效果。

选中“透明区域”复选框，可使渐变中的透明设置产生作用，形成透明效果。未选中“透明区域”复选框，渐变中的透明设置不产生作用。

单击“渐变编辑器”下拉箭头，可以打开渐变拾色器，其中显示出各种渐变效果。各种渐变效果的使用方法请参考实例。在渐变拾色器的右上角有一个向右箭头，单击此箭头可以打开一个渐变拾色器菜单，其中出现了各种有关渐变的操作命令。单击其中的“新渐变”菜单命令。

这时屏幕上出现了一个“渐变名称”对话框，如图 4.122 所示，在名称输入框中输入“自定义渐变 1”，然后单击“确定”按钮，这样就产生了新的渐变。

图 4.122

单击“渐变编辑器”下拉列表框，如图 4.121 所示，可以弹出一个“渐变编辑器”对话框，如图 4.123 所示。在此对话框中可以定义各种渐变效果。

在“预设”一栏中选择一种渐变效果，在渐变色带的上边缘为透明渐变效果设置，在 60%的位置单击鼠标产生一个透明渐变点，并设置其不透明度为 50%。在渐变色带的下边缘为色彩渐变效果设置，在 50%的位置设置一个色彩渐变点，并设置其色彩为红色。选中最右边的色彩渐变点，将其色彩设置为黄色，如图 4.123 所示，并单击“确定”按钮。这样就可以设置一个自定义的渐变效果。

Photoshop CS3 共有 5 种渐变方式，现介绍如下。

1) 线性渐变方式

“线性渐变方式”：使用该方式可以创建线性渐变效果。具体操作方法如下：

(1) 单击“文件”→“新建”菜单命令，新建一个白色背景的图像文件，如图 4.124 所示。

(2) 在工具箱中单击“矩形选框工具”按钮，在图像上创建一个矩形选择区，如图 4.124 所示。

(3) 在工具箱的下方单击“默认前景和背景色”按钮，将前景色设置为黑色，背景色设置为白色，如图 4.124 所示。

(4) 在工具箱中单击“渐变工具”按钮，在渐变工具选项栏中单击“线性渐变”按钮，如图 4.124 所示，选择线性渐变方式。

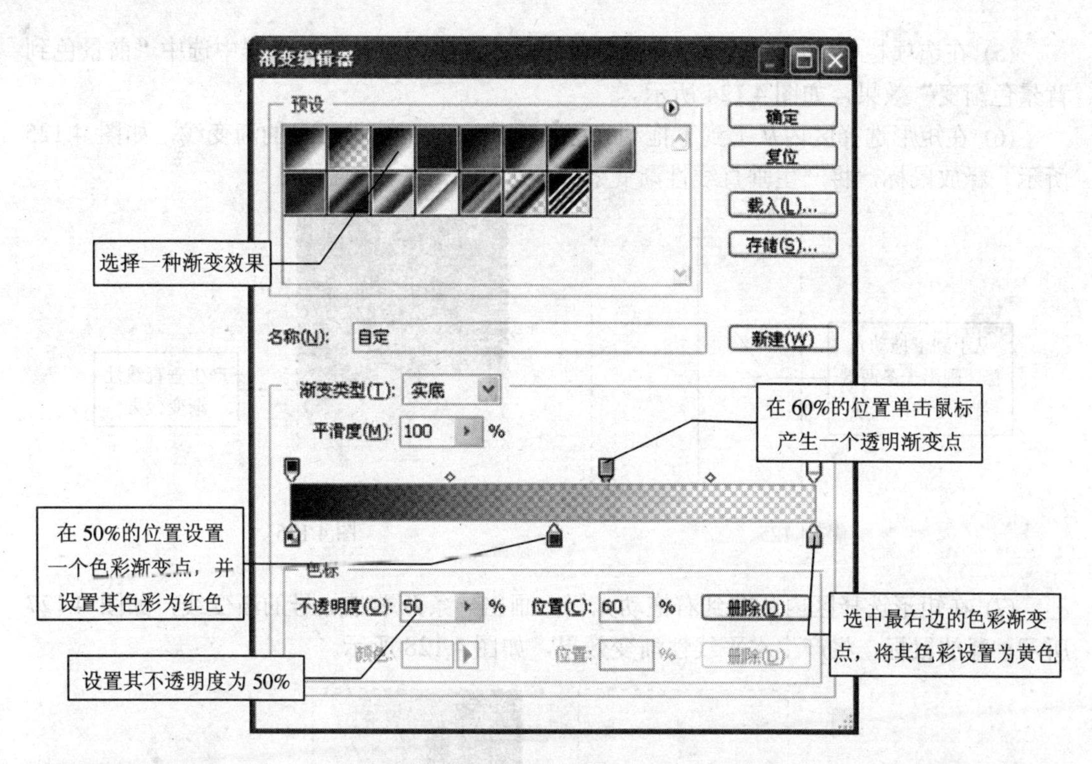
渐变编辑器
预设
确定
复位
载入(L)...
存储(S)...
选择一种渐变效果
名称(N): 自定
新建(W)
渐变类型(T): 实底
平滑度(M): 100 %
在60%的位置单击鼠标产生一个透明渐变点
在50%的位置设置一个色彩渐变点，并设置其色彩为红色
色标
不透明度(O): 50 %
位置(C): 60 %
删除(D)
选中最右边的色彩渐变点，将其色彩设置为黄色
颜色:
位置:
删除(D)
设置其不透明度为50%

图 4.123

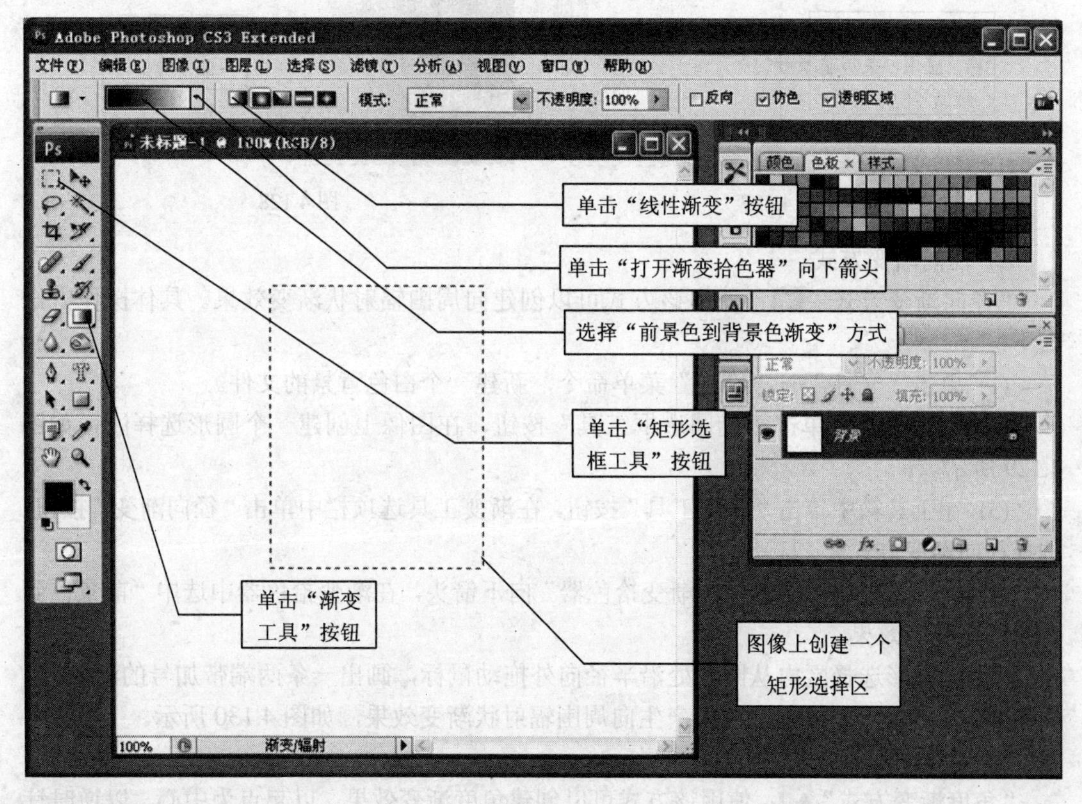
Adobe Photoshop CS3 Extended
文件(F) 编辑(E) 图像(I) 图层(L) 选择(S) 滤镜(T) 分析(A) 视图(V) 窗口(W) 帮助(H)
模式: 正常
不透明度: 100%
反向
仿色
透明区域
未标题-1 @ 100%(RGB/8)
颜色 色板 样式
单击“线性渐变”按钮
单击“打开渐变拾色器”向下箭头
选择“前景色到背景色渐变”方式
单击“矩形选框工具”按钮
正常
不透明度: 100%
锁定:
填充: 100%
背景
单击“渐变工具”按钮
图像上创建一个矩形选择区
100%
渐变/辐射

图 4.124

(5) 在选项栏中单击“打开渐变拾色器”向下箭头，在渐变拾色器中选中“前景色到背景色渐变”效果，如图 4.124 所示。

(6) 在矩形选择区内从上到下拖动光标，画出一条两端带加号的渐变线，如图 4.125 所示。释放鼠标，将产生垂直线性渐变效果，如图 4.126 所示。

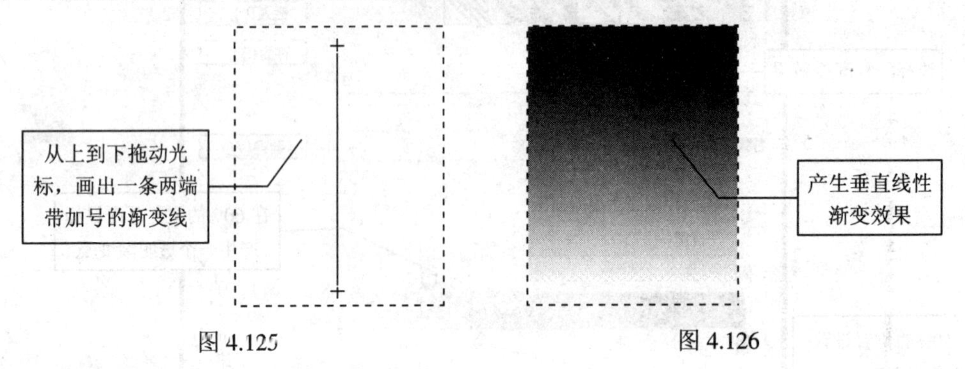

图 4.125　　图 4.126

(7) 在矩形选择区内从左到右拖动光标，画出一条两端带加号的渐变线，如图 4.127 所示。释放鼠标，将产生水平线性渐变效果，如图 4.128 所示。

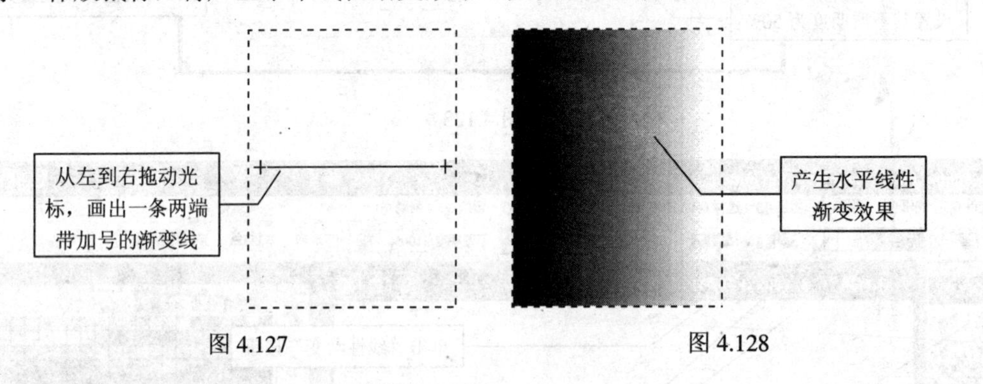

图 4.127　　图 4.128

2) 径向渐变方式

“径向渐变方式”：使用该方式可以创建向周围辐射状渐变效果。具体操作方法如下：

(1) 单击“文件”→“新建”菜单命令，新建一个白色背景的文件。

(2) 在工具箱中单击“椭圆选框工具”按钮，在图像上创建一个圆形选择区，如图 4.129 所示。

(3) 在工具箱中单击“渐变工具”按钮，在渐变工具选项栏中单击“径向渐变”按钮，选择径向渐变方式。

(4) 在选项栏中单击“打开渐变拾色器”向下箭头，在渐变拾色器中选中“前景色到背景色渐变”效果。

(5) 在圆形选择区内从圆心处沿半径向外拖动鼠标，画出一条两端带加号的渐变线，如图 4.129 所示。释放鼠标，将产生向周围辐射状渐变效果，如图 4.130 所示。

3) 角度渐变方式

“角度渐变方式”：使用该方式可以创建角度渐变效果。以起点为中心，以逆时针方向环绕起点逐渐改变。具体操作方法如下：

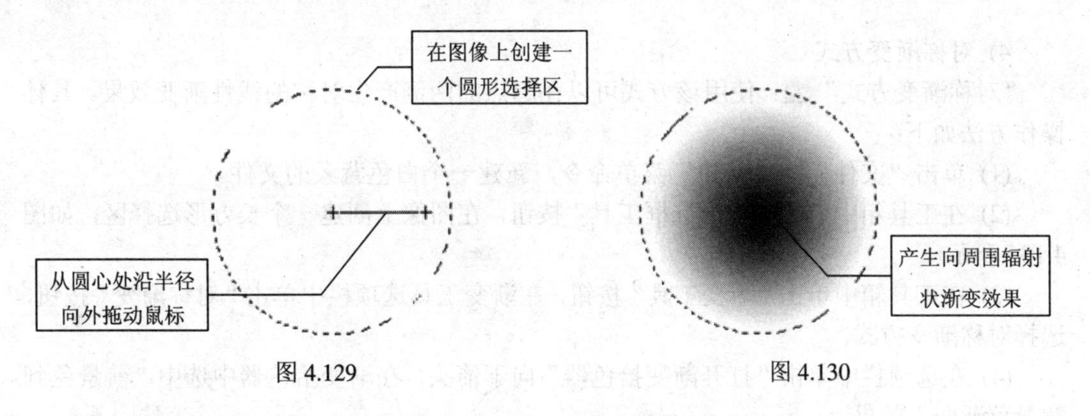

图 4.129　　图 4.130

(1) 单击“文件”→“新建”菜单命令，新建一个白色背景的文件。

(2) 在工具箱中单击“矩形选框工具”按钮，在图像上创建一个正方形选择区，如图 4.131 所示。

(3) 在工具箱中单击“渐变工具”按钮，在渐变工具选项栏中单击“角度渐变”按钮，选择角度渐变方式。

(4) 在选项栏中单击“打开渐变拾色器”向下箭头，在渐变拾色器中选中“前景色到背景色渐变”效果。

(5) 在正方形选择区内从中心向右水平拖动鼠标， 画出一条两端带加号的渐变线，如图 4.131 所示。释放鼠标，将产生中心形的角度渐变效果，如图 4.132 所示。

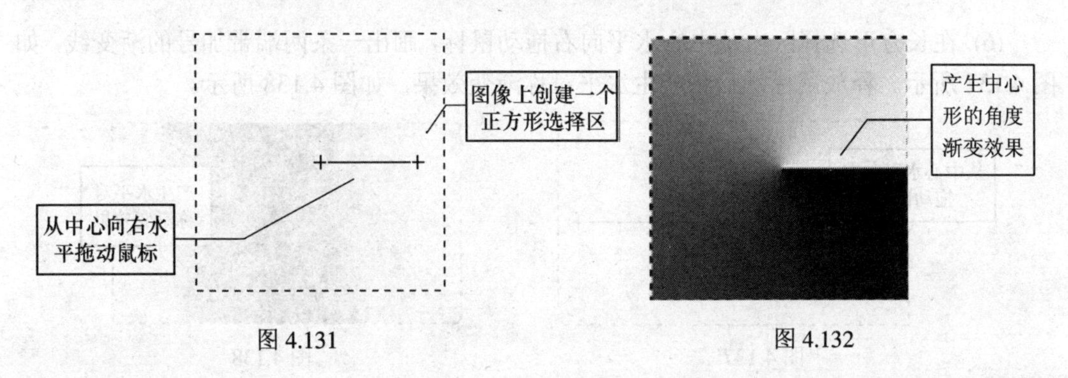

图 4.131　　图 4.132

(6) 在正方形选择区内从左上到右下沿对角线拖动鼠标，画出一条两端带加号的渐变线，如图 4.133 所示。释放鼠标键后将产生对角线形的角度渐变效果，如图 4.134 所示。

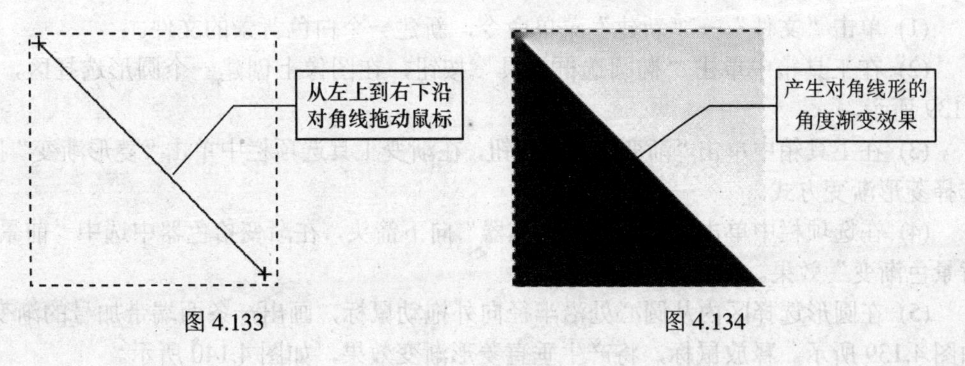

图 4.133　　图 4.134

4) 对称渐变方式

“对称渐变方式”▭：使用该方式可以在起点的两侧产生对称的线性渐变效果。具体操作方法如下：

(1) 单击“文件”→“新建”菜单命令，新建一个白色背景的文件。

(2) 在工具箱中单击“矩形选框工具”按钮，在图像上创建一个长方形选择区，如图4.135所示。

(3) 在工具箱中单击“渐变工具”按钮，在渐变工具选项栏中单击“对称渐变”按钮，选择对称渐变方式。

(4) 在选项栏中单击“打开渐变拾色器”向下箭头，在渐变拾色器中选中“前景色到背景色渐变”效果。

(5) 在长方形选择区内从中心垂直向下拖动鼠标，画出一条两端带加号的渐变线，如图4.135。释放鼠标，将产生垂直对称渐变效果，如图4.136所示。

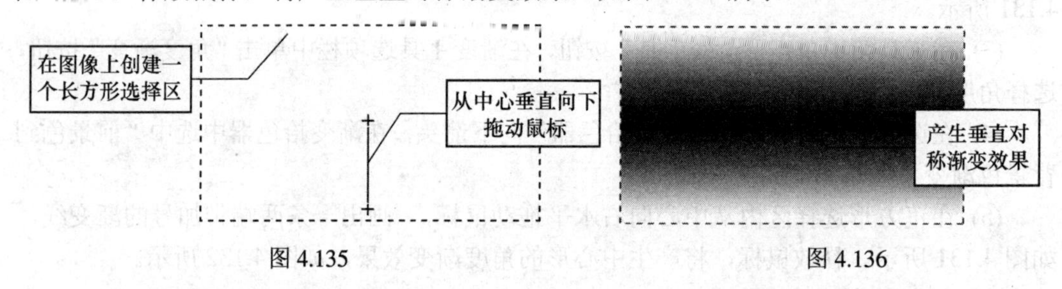

图4.135　　图4.136

(6) 在长方形选择区内从中心水平向右拖动鼠标，画出一条两端带加号的渐变线，如图4.137所示。释放鼠标键后将产生水平对称渐变效果，如图4.138所示。

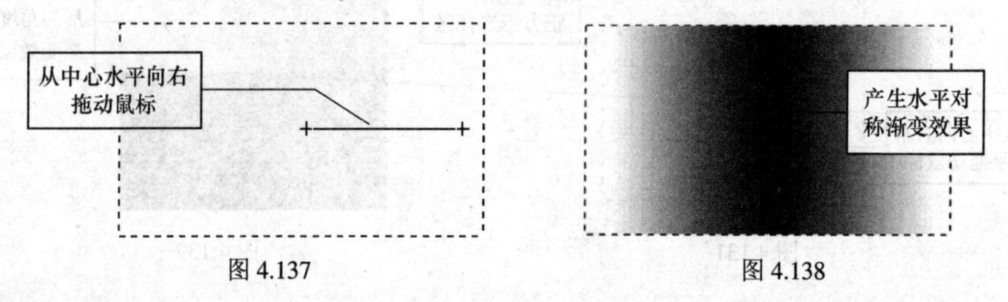

图4.137　　图4.138

5) 菱形渐变方式

“菱形渐变方式”◆：使用该方式可以创建菱形渐变效果。从起点向外以菱形图案逐渐变化，终点定义为菱形的一个角。按下列步骤操作：

(1) 单击“文件”→“新建”菜单命令，新建一个白色背景的文件。

(2) 在工具箱中单击“椭圆选框工具”按钮，在图像上创建一个圆形选择区，如图4.139所示。

(3) 在工具箱中单击“渐变工具”按钮，在渐变工具选项栏中单击“菱形渐变”按钮，选择菱形渐变方式。

(4) 在选项栏中单击“打开渐变拾色器”向下箭头，在渐变拾色器中选中“前景色到背景色渐变”效果。

(5) 在圆形选择区内从圆心处沿半径向外拖动鼠标，画出一条两端带加号的渐变线，如图4.139所示。释放鼠标，将产生垂直菱形渐变效果，如图4.140所示。

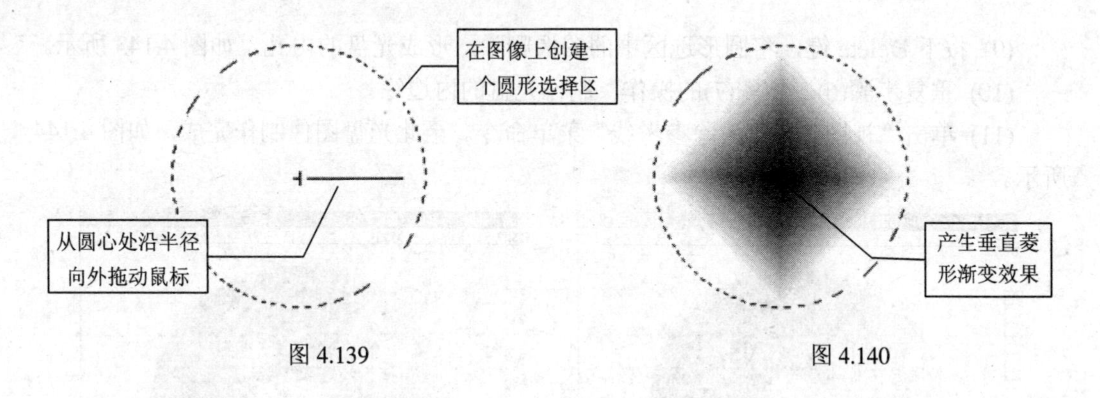

图 4.139　　　　图 4.140

【课堂制作 4.15】 制作光盘图像

(1) 单击“文件”→“新建”菜单命令，创建一幅新的图像。其中参数：宽度为10 厘米，高度为 8 厘米，分辨率为 100 像素/英寸，颜色模式为 RGB 颜色，背景内容为白色。

(2) 单击“图层”→“新建”→“图层”菜单命令，创建一个新图层。

(3) 单击“视图”→“标尺”菜单命令，显示标尺，在标尺上拖出如图 4.141 所示的参考线。

(4) 单击“椭圆选框工具”按钮，设置羽化值为 0，按住 Alt+Shift 键，从图像的中心向外拖出一个圆形选区。

(5) 单击“渐变工具”按钮，设置渐变颜色为色谱渐变、渐变方式为角度渐变。从圆形的中心向外拖出一条渐变线，形成七彩的光盘效果，如图 4.141 所示。

(6) 单击“选择”→“修改”→“边界”菜单命令，设置其宽度为 6，形成一个 6 像素宽度的圆环轮廓选区。

(7) 单击“渐变工具”按钮，设置渐变颜色为铬黄渐变、渐变方式为线性渐变。从圆环的左上角向右下角拖出一条渐变线，形成光盘的外边缘，如图 4.142 所示。

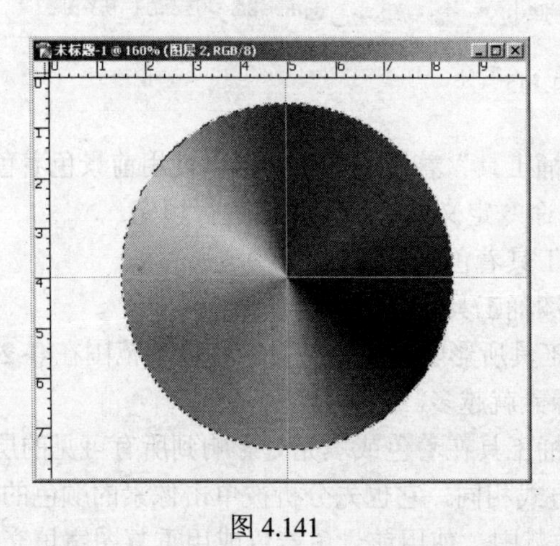

图 4.141

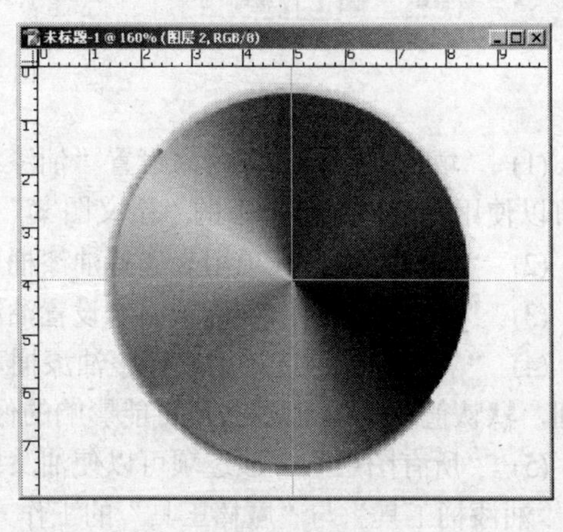

图 4.142

(8) 单击“椭圆选框工具”按钮，按住 Alt+Shift 键，从圆心向外拖出一个小一点的圆形选区。

(9) 按下 Delete 键，将圆形选区中的图像删除，形成光盘的内孔，如图 4.143 所示。

(10) 重复步骤(6)、步骤(7)的操作，制作光盘的内边缘。

(11) 单击“视图”→“清除参考线”菜单命令。至此光盘图像制作完成，如图 4.144 所示。

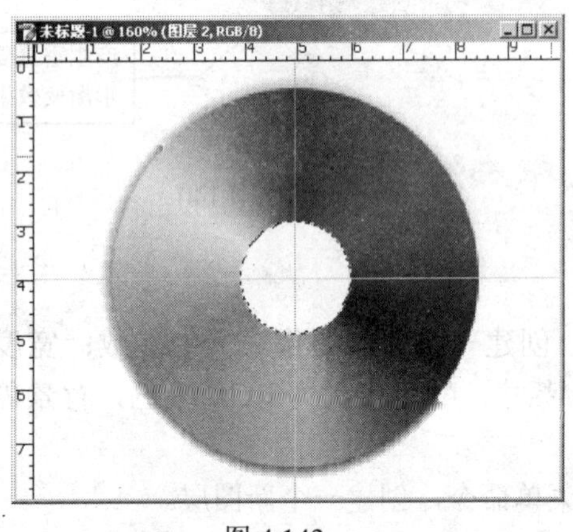

图 4.143

图 4.144

2. 油漆桶工具

“油漆桶工具”：用来将前景色颜色或图案填充到一个图像或选择区域中去。在用“油漆桶工具”进行填充时，首先要选定前景色，然后再进行填充。被着色区域的大小取决于被选定的颜色与周围像素颜色的相似程度，越相似就越容易着色。另外，如果用户在图像中选定某一个区域进行填充，那么着色的区域就被固定在被选择区域之内。在用“油漆桶工具”进行颜色填充时，选项栏上有 5 个重要参数，如图 4.145 所示，它们的作用如下所述。

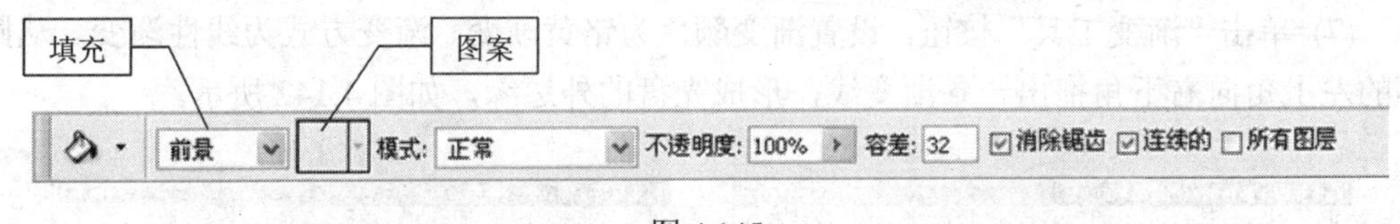

图 4.145

(1) “填充”：该选项用来设置“油漆桶工具”着色的内容。可以使用前景色着色，也可以使用“编辑”菜单下的“定义图案”命令定义的可重复图案进行填充。

(2) “图案”：该选项用来选择油漆桶工具着色的图案内容。

(3) “不透明度”：该选项用来设置油漆桶工具着色的内容的透明度。

(4) “容差”：该选项用来调整油漆桶工具所影响的像素数目。其值的范围在 0~255 之间，默认值为 32。值越大，可能影响的像素就越多。

(5) “所有图层”：该选项可以使油漆桶工具在着色或填充时影响到所有可见的层。

“油漆桶工具”与“魔棒工具”的工作方式相同，它也先分析被单击像素的颜色的亮度值，然后根据“容差”的值来确定着色的范围，使用前景色着色或用重复图案填充。“油漆桶工具”与“魔棒工具”的工作方式相同。它也先分析被单击像素颜色的亮度值，然后根据“容差”的值来确定着色的范围，使用前景色着色或用重复图案填充。

4.3.2 “填充”命令

该命令的作用是将选定的颜色或图案内容按指定的模式填入图像的选择区域内或直接将其填入图层内。

4.3.3 “描边”命令

该命令的作用是用前景颜色在选择区域边缘填入指定宽度的线条。

4.3.4 “定义图案”命令

该命令的作用是将选择区内的图像定义为图案，定义的图案可以用于填充工具。具体的操作方法是：

(1) 在屏幕上打开一个图形文件，其文件名为“热带鱼”，并用选框工具选择一个区域。这里单击“矩形选框工具”，如图 4.146 所示。

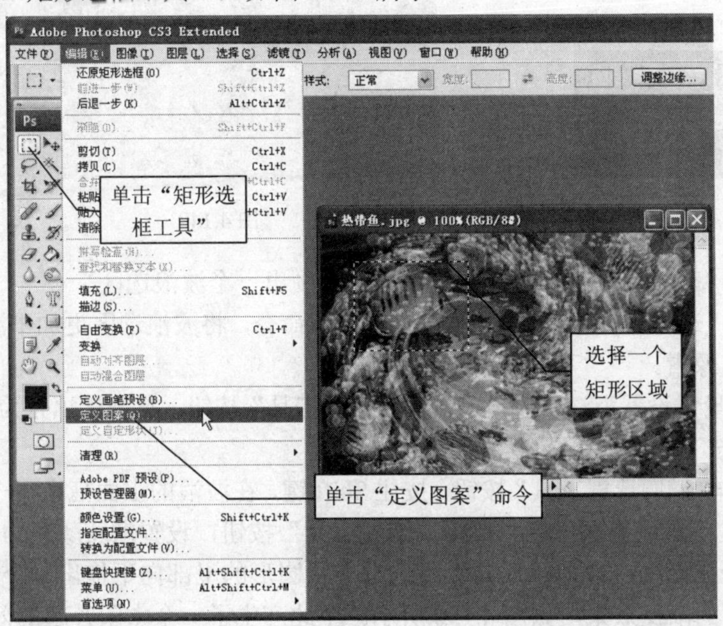

图 4.146

(2) 拖曳鼠标在图像上选择一个矩形区域，没有羽化值，这里选择一条热带鱼，如图 4.146 所示。

(3) 在菜单栏中单击“编辑”→“定义图案”菜单命令，如图 4.146 所示。

这样就将气球定义为一个图案了，以后利用填充工具就可以将气球图案填充到指定的位置。

【课堂制作 4.16】 制作日出图像

(1) 单击“文件”→“新建”菜单命令，创建一幅新的图像。其中参数：宽度为 128 像素，高度为 96 像素，分辨率为 72 像素/英寸，颜色模式为 RGB 颜色，背景内容为白色。

(2) 在“图层”面板上单击“创建新图层”按钮，创建一个新图层。单击“渐变工具”

按钮，设置渐变颜色为“蓝色、红色、黄色”，渐变方式为菱形渐变，选中“反向”复选框，在图像的正中心向右拖出一条渐变线，形成一个菱形的图形，如图 4.147 所示。

(3) 单击“选择”→“全部”菜单命令，将图像全部选中。

(4) 单击“编辑”→“定义图案”菜单命令，将图像定义为图案，图案名称为“菱形”。

(5) 单击“文件”→“新建”菜单命令，创建一幅新的图像。其中参数：宽度为 640 像素，高度为 480 像素，分辨率为 72 像素/英寸，模式为 RGB 颜色，内容为白色。

(6) 单击“编辑”→“填充”菜单命令，将所定义的图案填充到新建的文件中，如图 4.148 所示。其中参数：内容使用为图案，自定图像为菱形，混合模式为正常，不透明度为 30%。

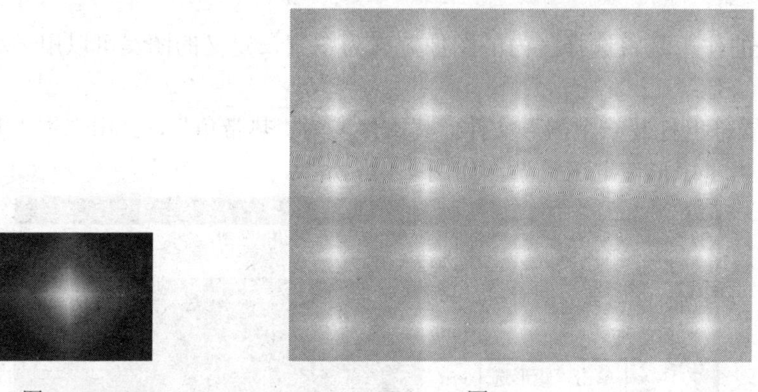

图 4.147　　　　图 4.148

(7) 单击“套索工具”按钮，在图像的下部画出一个波浪选区。

(8) 单击“选择”→“修改”→“平滑”菜单命令，将波浪选区更加平滑。其中参数：取样半径为 5 像素。

(9) 将前景色设置为深蓝色，单击“油漆桶工具”按钮，将波浪填充为深蓝色，如图 4.149 所示。按下 Ctrl+D 键，取消选择。

(10) 单击“椭圆选框工具”按钮，按住 Shift 键，在波浪的上面拖出一个正圆形选区。

(11) 设置前景色为深红色。单击“渐变工具”按钮，设置渐变颜色为前景到透明，渐变方式为径向渐变；取消“反向”复选框。从圆形的上部向下拖出一个渐变线，产生由红色向透明的渐变效果，如图 4.150 所示。至此产生了一个太阳升起的效果。

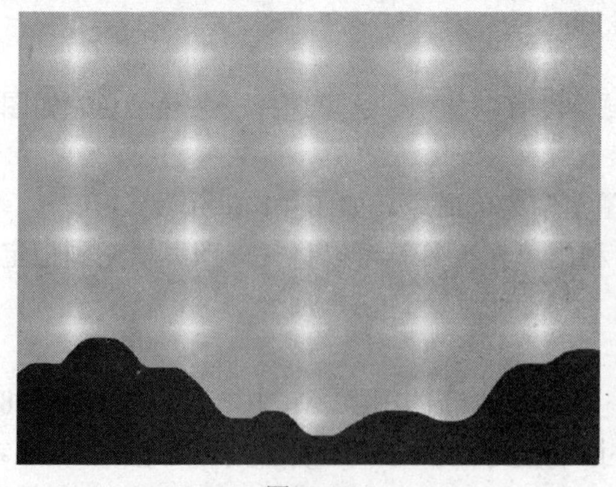

图 4.149

图 4.150

(12) 单击“矩形选框工具”按钮，设置羽化值为 0，在太阳的下部拖出一个矩形选区。

(13) 单击“渐变工具”按钮，设置：渐变颜色为透明彩虹渐变，渐变方式为线性渐变。按住 Shift 键，从矩形的左侧向右侧拖出一条水平的渐变线，产生透明彩虹渐变效果，如图 4.151 所示。

(14) 单击“横排文字蒙版工具”按钮，在透明彩虹区域输入文字“STAR”。其中参数：字体为 Arial Black，大小为 80 点。

(15) 将前景色设置为白色，单击“编辑”→“描边”菜单命令，将文字描上白边，如图 4.151 所示。其中参数：宽度为 5 像素，颜色为白色，位置为居外，混合模式为正常，不透明度为 100%。

(16) 设置前景色为红色。单击“渐变工具”按钮，设置：渐变颜色为透明条纹，渐变方式为线性渐变。从文字的左上角向右下角拖出一条渐变线，形成透明条纹渐变，如图 4.152 所示。

图 4.151

图 4.152

(17) 单击“多边形套索工具”按钮，设置羽化值为 0，在图像的左边画一个闪电选区。

(18) 单击“渐变工具”按钮，设置：渐变颜色为白到黑，渐变方式为对称渐变。在闪电选区的中心向右上方拖出一条渐变线，形成中间白两边黑的对称渐变效果，形成一个闪电，如图 4.153 所示。至此一个雨过天晴的效果就制作完成了。

图 4.153

4.4 实 例 操 作

4.4.1 《京剧艺术》书籍封面

实例分析

这是一幅京剧艺术书籍的封面，如图 4.154 所示。用中灰色书脊将浅灰色封面分为正面（封 1）和底面（封 4）。正面上出现了一幅彩色脸谱，以夸张的色彩和线条突出表现了人物的特征与性格，极富装饰性。底面上是浮雕效果的脸谱，利用浮雕效果滤镜将彩色脸谱变成浮雕效果的脸谱。两个脸谱相互辉映，京剧艺术的无穷魄力尽在其中。“京剧艺术”4 个字使用红色繁体字，烘托出整个封面的一种形式美。整个封面的设计与书籍内容融为一体，具有一定的民族习俗及文化韵味。

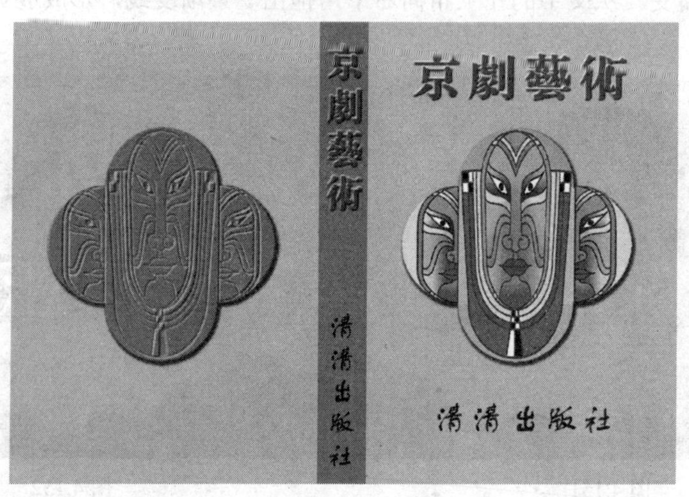

图 4.154

制作方法

1. 制作底图

(1) 单击“色板”调板，按住 Ctrl 键并单击“25%灰色”色块，设置背景色为 25%灰色。

(2) 单击“文件”→“新建”菜单命令，建立一幅新图像。其中参数：名称为京剧艺术书籍封面，宽度为 28 厘米，高度为 19 厘米，分辨率为 72 像素/英寸，颜色模式为 RGB 颜色，背景内容为背景色。产生一幅底色为淡灰色的图像。

(3) 单击“视图”→“显示标尺”菜单命令，将标尺打开。

(4) 在“色板”调板中单击“50%灰色”色块，设置前景色为 50%灰色。

(5) 在工具箱中单击“矩形选框工具”，在图像的中央画一个矩形框，其宽度为 2 厘米。

(6) 按下 Alt+Delete 键，将选区内填充为中灰色，制作出封面的书脊，如图 4.155 所示。

2. 嵌入京剧脸谱

(1) 单击“文件”→“打开”菜单命令，打开一幅文件名为“D28.jpg”的图像，如图 4.156 所示。

图 4.155

图 4.156

(2) 单击“魔棒工具”按钮，单击图像中的空白区域。如果只选中了一部分空白区域，可按住 Shift 键继续选择，直到选中所有的空白区域。

(3) 单击“选择”→“反选”菜单命令，将脸谱选取。

(4) 单击“移动工具”按钮，拖动脸谱到底图中。

(5) 单击“编辑”→“自由变换”菜单命令，按住 Shift 键，将脸谱按比例缩放并进行移动。

(6) 单击“图像”→“调整”→“亮度/对比度”菜单命令，将脸谱加亮。其中参数：亮度为 25，对比度为 9。

(7) 单击“图层”→“图层样式”→“投影”菜单命令，将脸谱加上投影。其中参数：混合模式为正片叠底，不透明度为 75，角度为 120，距离为 4，扩展为 40%，大小为 5。效果如图 4.157 所示。

(8) 单击“移动工具”按钮，按下 Alt+Shift 键，将京剧脸谱复制并移动到书脊的左边。

(9) 单击“图像”→“调整”→“去色”菜单命令，去掉脸谱上的颜色，如图 4.158 所示。

(10) 单击“滤镜”→“风格化”→“浮雕效果”菜单命令，对脸谱制作浮雕效果。其中参数：角度为 135，高度为 3，数量为 100。效果如图 4.158 所示。

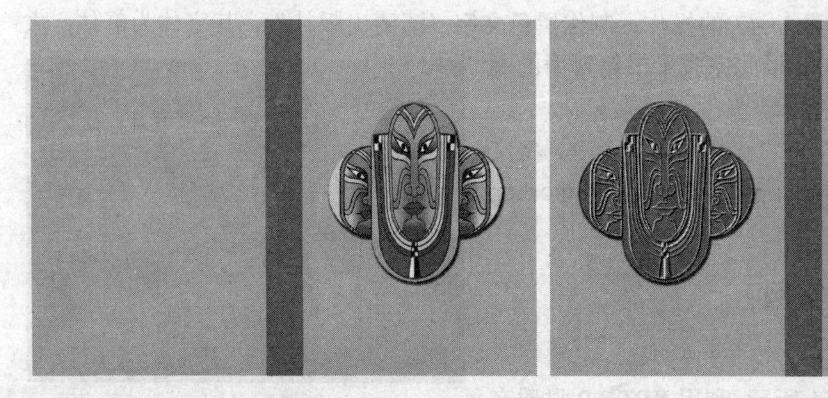

图 4.157　　图 4.158

(11) 在“图层”调板上，设置混合模式为“排除”，产生一个低对比度的图像，其画面黑白对比较柔和，效果如图 4.159 所示。

3. 制作文字

(1) 单击“横排文字工具”按钮，在选项栏中设置字体为小标宋繁体；设置字体大小为 55，设置文字颜色为红色。

(2) 单击选项栏中的“调板”按钮，调出“文字”调板。设置所选字符的字距为 200，然后在图像上单击鼠标左键，输入“京剧艺术”4 个字。

(3) 单击“移动工具”按钮，将这 4 个文字移动到脸谱图像的上面，如图 4.160 所示。

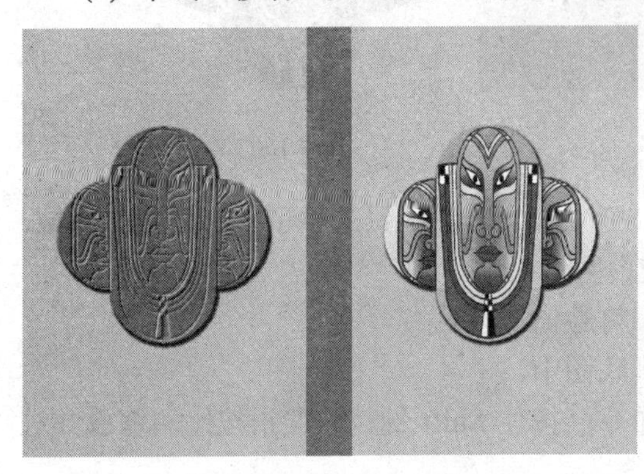

图 4.159

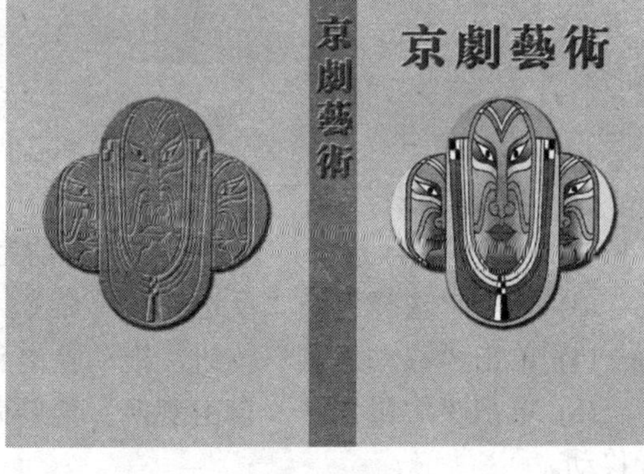

图 4.160

(4) 单击“图层”→“图层样式”→“斜面和浮雕”菜单命令，使文字产生立体效果。其中参数：样式为外斜面，方法为平滑，深度为 200%，方向为上，大小为 3，软化为 0，阴影角度为 120 度，高度为 30 度，高亮模式为屏幕，高亮不透明度为 75，阴影模式为正片叠底，阴影不透明度为 75。

(5) 在“图层”调板上，拖动文字图层到“创建新的图层”按钮，将文字图层进行复制。

(6) 单击“横排文字工具”按钮，在文字上单击鼠标右键→“垂直”菜单命令，将文字“京剧艺术”垂直显示。

(7) 单击“编辑”→“自由变换”菜单命令，将 4 个文字缩小，并移到书脊的上部，效果如图 4.160 所示。

(8) 重复执行步骤(1)~(7)的操作，制作黑色文字“清清出版社”，其字体为舒体，大小为 40，字距为 100。至此完成了书籍封面的制作，效果如图 4.154 所示。

(9) 单击“文件”→“存储”菜单命令，将文件 “京剧艺术书籍封面.psd”存储为 Photoshop 格式文件。

4.4.2 祝福卡实例

实例分析

祝福卡如图 4.161 所示。利用 KPT 3.0 材质产

图 4.161

生器滤镜制作出绚丽的底纹。利用渐变工具在文字框内填充上美丽的七色彩虹，再利用Eye Candy 3.0滤镜中的玻璃滤镜使文字产生亮晶晶的立体效果。利用切变滤镜使文字弯曲，产生一种动感美。利用色相/饱和度命令，将黄色花朵变成橘红色花朵、粉色花朵。将黄色花朵和橘红色花朵、粉色花朵分别放在弯曲文字“happiness”的不同位置，以产生一种装饰美。整个卡片色彩奔放，表达了浓浓的祝福之情。

制作方法

1. 制作底图

(1) 单击“文件”→“新建”菜单命令，建立一个新图像。其中参数：宽度为19.51厘米，高度为14厘米，分辨率为100像素/英寸，颜色模式为RGB颜色，背景内容为白色。

(2) 单击“滤镜”→“KPT3.0”→“KPT Texture Explorer3.0”（材质产生器）菜单命令，制作一幅底纹图，效果如图4.162所示。这是一个随机产生的图像，所以不可能每一次都相同。

2. 制作文字

(1) 在“图层”调板上，单击“创建新的图层”按钮，建立一个新图层。

(2) 单击“横排文字蒙版工具”按钮，在选项栏中设置文字的字体为Times，设置字型为Bold（粗体），大小为110点。在图像上单击鼠标左键，输入文字“happiness”，然后单击“提交所有当前编辑”按钮。

(3) 单击“矩形选框工具”按钮，将文字框移动到适当位置。

(4) 单击“渐变工具”按钮，在选项栏中单击“线性渐变”按钮并设置渐变方式为透明彩虹。

(5) 按住Shift键，在文字框上，从上至下画一条直线，将文字框内填充为透明彩虹渐变色，如图4.163所示。

图4.162

图4.163

(6) 单击“滤镜”→“Eye Candy 3.0（甜蜜眼神）”→“Glass（玻璃）”菜单命令，制作玻璃文字。其中参数：“Bevel Width”（斜面宽度）为40，“Bevel Shape”（斜面形状）为“Mesa”，“Flaw Spacing”（裂纹间隙）为30，“Flaw Thickness”（裂纹深度）为30，“Opacity”（不透明度）为50，“Refraction”（折射率）为30，“Glass Color”（玻璃颜色）为浅灰色，“Highlight Brightness”（高光区亮度）为100，“Highlight Sharpness”

（高光区清晰度）为 40，“Direction”（方向）为 135，“Inclination”（倾角）为 45，并在表面材质下拉选择框中选中“Illuminated Lumps”（凹凸不平的亮坑）。效果如图 4.164 所示。

(7) 按下 Ctrl+D 键，清除文字框。

(8) 单击“图像”→“旋转画布”→“旋转 90 度（逆时针）”菜单命令，将图像逆时针旋转 90 度。

(9) 单击“滤镜”→“扭曲”→“切变”菜单命令，将文字弯曲。其中参数：将切变线调整为 S 形曲线，未定义区域为折回。如果要删除切变点，可将切变点移出切变曲线图框。

(10) 单击“图像”→“旋转画布”→“旋转 90 度（顺时针）”菜单命令，将图像顺时针旋转 90 度，效果如图 4.165 所示。

图 4.164

图 4.165

3. 嵌入花朵

(1) 单击“文件”→“打开”菜单命令，打开一幅黄色花卉图像，如图 4.166 所示，文件名为“D29.jpg”。

图 4.166

(2) 单击“魔棒工具”按钮，在选项栏中设置容差为 32，单击蓝色以选中蓝色背景。

(3) 单击“选择”→“反向”菜单命令，将两朵小花选中。

(4) 单击“多边形套索工具”按钮，按住 Alt 键，拖动鼠标将要选取的花朵以外的花梗及另一个花朵从选框中减去。这样就选中了一个花朵。

(5) 单击“移动工具”按钮，拖动花朵到底图。

(6) 单击“编辑”→“自由变换”菜单命令，将花朵移动并缩放，效果如图 4.167 所示。

(7) 单击“移动工具”按钮，按下 Alt 键，拖动花朵进行复制。

(8) 单击“编辑”→“变换”→“水平翻转”菜单命令，将花朵水平翻转。

(9) 单击“编辑”→“自由变形”菜单命令，将花朵缩小、旋转并移动到适当位置。

(10) 单击“图像”→“调整”→“色相/饱和度”菜单命令，将黄色花朵调节为橘红色花朵。其中参数：编辑为全图，色相为-27，饱和度为 2，明度为 0。效果如图 4.168 所示。

图 4.167

图 4.168

(11) 在“图层”调板中选中黄色花朵图层。

(12) 单击“移动工具”按钮，按下 Alt 键，拖动黄色花朵进行复制，并在“图层”调板中将复制的花朵移到最上面一层。

(13) 单击“编辑”→“自由变形”菜单命令，将花朵缩小、旋转并移动到适当位置。

(14) 单击“图像”→“调整”→“色相/饱和度”菜单命令，将黄色花朵调节为红粉色花朵。其中参数：编辑为黄色，色相为-94，饱和度为 4，明度为 32。至此已完成祝福卡的制作，效果如图 4.169 所示。

(15) 单击“文件”→“存储为”菜单命令，在弹出的“存储为”对话框中的“文件名”输入框中输入“祝福卡”，在格式选项栏中选择“EPS”文件格式，并单击“保存”按钮。

(16) 这时屏幕上弹出一个“EPS 选项”对话框。其中参数：预览为 TIFF（1 位/像素），编码为二进制。单击“确定”按钮，这样就存储了一个 EPS 格式的图形文件。

第 5 章　图像构成及色彩调整

学习目标

Photoshop CS 中“图像”菜单的内容是丰富的，包括了图像的模式变换、图像的复制和混合、图像的尺寸调整、统计信息和图像的色彩调整等。

通过本章的学习，使读者尽快掌握图像色彩模式的转换及其应用的范围以及色彩的调整等技能。

5.1 “图像”菜单

5.1.1 “图像”菜单概述

“图像”菜单的内容是丰富的，包括了图像的模式变换、图像的色彩调整、图像的复制和混合、图像的尺寸调整、统计信息等。单击“图像”菜单命令， 可以弹出“图像”下拉式菜单，如图 5.1 所示。从图中可以看出“图像”菜单中包含“模式”、“调整”、“复制”、“应用图像”、“计算”、“图像大小”、“画布大小”、“像素长宽比”、“旋转画布”、“裁剪”、“裁切”、“显示全部”、“变量”、“应用数据组”、“陷印” 菜单命令，并且“图像”菜单根据这些命令的基本功能可以划分为 6 类，不同的类型之间用横线分开。下面分别介绍其中常用命令的用法。

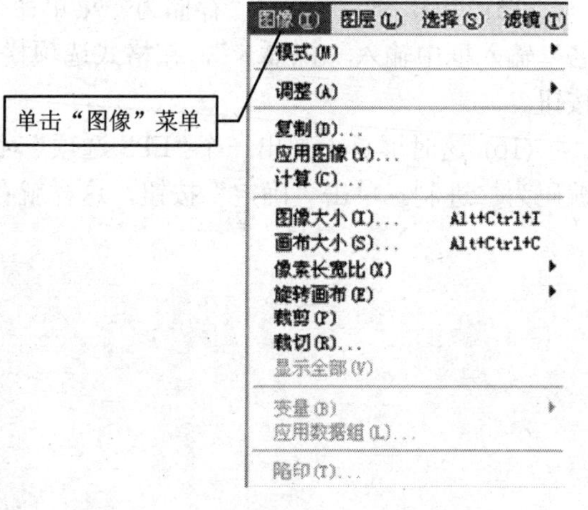

图 5.1

5.1.2 “模式”命令

该命令用于改变图像的色彩模式。它反映了图像文件不同的色彩范围，各图像模式之间可以进行互相转换。

“模式”菜单命令包含有下一级子菜单，单击“模式”命令，可以弹出“模式”菜单，如图 5.2 所示。它主要包括“位图”、“灰度”、“双色调”、“索引颜色”、“RGB 颜色”、“CMYK 颜色”、“Lab 颜色”、“多通道”、“8 位/通道”、“16 位/通道”、“32 位/通道”和“颜色表”菜单命令。下面介绍“模式”菜单下常用命令的功能和作用。

1. “位图”命令

该命令的作用是将当前的颜色模式转换为位图颜色模式。在使用“位图”命令之前，

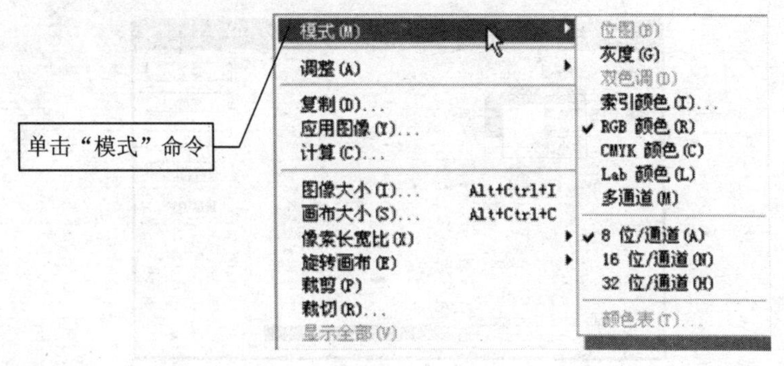

图 5.2

必须将当前的颜色模式转换为灰度模式才能选择位图模式。当图像中还有未合并的图层时，会遇到警告对话框，如图 5.3 所示，询问用户是否合并图层。当用户单击“拼合”按钮时，就能顺利转换成位图颜色模式。

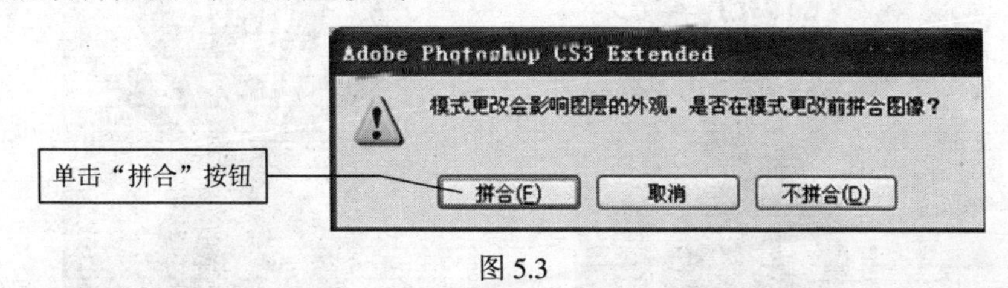

图 5.3

2. “灰度”命令

该命令的作用是将当前的颜色模式转换为灰度颜色模式。在转换成灰度颜色模式的过程中，当图像中还有未合并的图层时，会遇到警告对话框，如图 5.3 所示，询问用户是否合并图层。当用户单击“拼合”按钮时，会遇到警告对话框，询问用户是否真要扔掉颜色信息，如图 5.4 所示。当单击“扔掉”按钮时，就能顺利转换成灰度颜色模式。

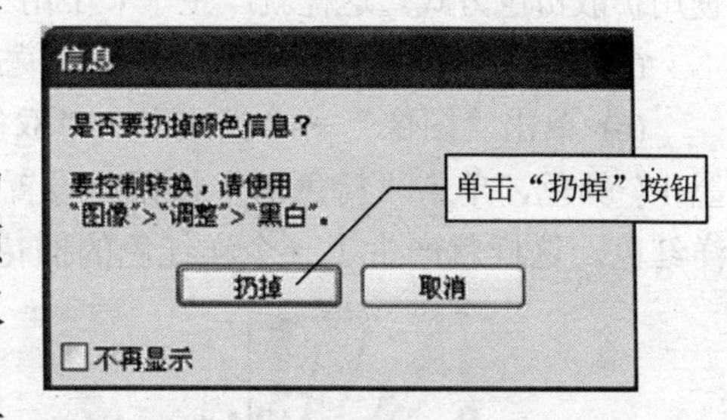

图 5.4

3. “双色调”命令

该命令的作用是将当前的颜色模式转换为双色调颜色模式。在使用“双色调”之前，必须将当前的颜色模式转换为灰度模式，才能选择双色调模式。在转换成双色调颜色模式的过程中，会弹出一个“双色调选项”对话框，如图 5.5 所示，询问用户是否转换为“单色调”、“双色调”、“三色调”或“四色调”模式，并能设置色调的颜色和调整各种颜色的图像中的亮度曲线。当按下“确定”按钮时，就能顺利转换成双色调模式。

【课堂制作 5.1】 制作位图和双色调图像

(1) 单击“文件”→“打开”菜单命令，打开一幅插花图像，如图 5.6 所示，其文件名为“E01.jpg”。

(2) 单击“图像”→“复制”菜单命令，复制一幅图像。

(3) 选中复制的图像，单击“图像”→“模式”→“灰度”菜单命令，将图像转换为灰度模式，如图 5.7 所示。

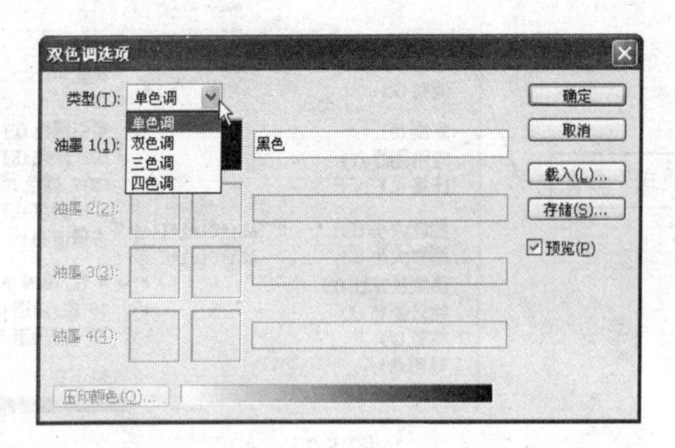

图 5.5

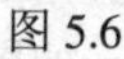

图 5.6

图 5.7

(4) 单击“图像”→“模式”→“位图”菜单命令。设置其参数：输出为 72 像素/英寸；使用扩散仿色方式。这样就产生了一个由小细点组成的黑白位图，如图 5.8 所示。

(5) 选中原文件，单击“图像”→“模式”→“灰度”菜单命令，将图像转换为灰度模式。

(6) 单击“图像”→“模式”→“双色调”菜单命令，设置类型为单色调，单击“油墨 1”颜色，单击“拾色器”按钮。设置 C 为 0%、M 为 100%、Y 为 0%、K 为 0%的洋红色。这样就产生了一个洋红色的插花图像，如图 5.9 所示。

图 5.8

图 5.9

4. “索引颜色”命令

该命令的作用是将当前的颜色模式转换为索引颜色模式。在转换到“索引颜色”模式之前，应保存原模式的文件，因为 Photoshop CS3 中文版在把索引颜色模式转换到原模式时，会丢失色彩信息。另外，转换到索引颜色模式后，Photoshop CS3 中文版的滤镜等功能将失效。

【课堂制作 5.2】 制作红色蝴蝶花

(1) 单击“文件”→“打开”菜单命令，打开一幅蝴蝶花图像，如图 5.10 所示，其文件名为“E02.jpg”。

(2) 单击“图像”→“调整”→“替换颜色”菜单命令，设置颜色容差为 163，并单击紫色，选中花朵。设置变换参数：色相为 79，饱和度为 29。这样，紫色的花朵就变成红色。

(3) 单击“图像”→“调整”→“亮度/对比度”菜单命令。设置其参数：亮度为-37；对比度为 18。使整个图像的亮度降低，其效果如图 5.11 所示。

图 5.10

图 5.11

(4) 单击“图像”→“模式”→“索引颜色”菜单命令。其中参数：颜色为 256。这样图像就转换为 256 色的索引模式图像。

5. “RGB 颜色”命令

该命令的作用是将当前的颜色模式转换为 RGB 颜色模式。RGB 颜色模式是一种最常见的图像颜色模式，是计算机屏幕显示所用的颜色模式。大多数扫描仪描出的图像、多数电脑图形文件都采用这种颜色模式。它使用三原色在屏幕上产生多达 1770 万种颜色。因此每像素的颜色信息为 24 位。

【课堂制作 5.3】 制作正立彩色图像

(1) 单击“文件”→“打开”菜单命令，打开一幅倒立的大楼图像，如图 5.12 所示，其文件名为“E03.tif”。

(2) 单击“图像”→“旋转画布”→“180 度”菜单命令，将倒立的图像旋转 180 度，变为正立的图像。

(3) 单击“图像”→“模式”→“RGB 颜色”菜单命令，将灰度图像模式转换为彩色图像模式。

(4) 单击“图像”→“调整”→“色相/饱和度”菜单命令。其中参数：选中“着色”复选框，色相为 92，饱和度为 35。使灰度颜色的图像变成绿色，这样一个正立的彩色图像就制作完成了，如图 5.13 所示。

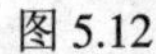

图 5.12

图 5.13

6. “CMYK 颜色”命令

该命令的作用是将当前的颜色模式转换为 CMYK 颜色模式。在此模式中，C 代表青色，M 代表品红色，Y 代表黄色，K 代表黑色。该颜色模式主要用于印刷和打印图像，在印刷过程中，使用这 4 种颜色混合打印产生各种颜色，称为四色处理打印。

当准备将一幅图像付诸打印时，应该使用 CMYK 颜色模式。将 RGB 图像转换为 CMYK 图像会产生色彩分离。如果用户是从 RGB 图像开始的，最好在 RGB 图像模式下进行编辑和打印，当要进行印刷输出时再转换为 CMYK 模式图像进行印刷输出。用户可以使用 CMYK 颜色模式直接处理来自扫描仪的图像或者来自高精度系统的图像。

【课堂制作 5.4】 制作三种色彩效果

(1) 单击“文件”→“打开”菜单命令，打开一幅菊花图像，如图 5.14 所示，其文件名为“E04.jpg”。

(2) 单击“椭圆选框工具”按钮，设置羽化值为 20，在图像的左上方花蕊处画出一个椭圆选区。

(3) 单击“图像”→“调整”→“去色”菜单命令，将椭圆选区中的颜色变为灰度颜色。

(4) 单击“椭圆选框工具”按钮，在图像的右边花蕊处画一个椭圆选区。

(5) 单击“图像”→“调整”→“反相”菜单命令，将选区中的颜色变为补色。

(6) 单击“椭圆选框工具”按钮，在图像的左下方花蕊处画一个椭圆选区。

(7) 单击“图像”→“调整”→“色相/饱和度”菜单命令。设置其参数：饱和度为 45°，使选区中的图像更鲜艳，如图 5.15 所示。

(8) 单击“图像”→“模式”→“CMYK 颜色”菜单命令，将图像的模式转换为 CMYK 颜色模式。

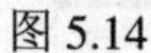

图 5.14

图 5.15

7. “Lab 颜色”命令

该命令的作用是将当前的颜色模式转换为 Lab 颜色模式。Lab 颜色模式的颜色范围最广，并且是一种与设备无关的色彩模式，既不依赖于光线，也不依赖于油墨或颜料，可用来编辑任何图像。而且，Photoshop CS3 中文版在把图像从 RGB 模式转换为 CMYK 模式时，会在内部先把 RGB 模式转换为 Lab 模式，然后再转换为 CMYK 模式。

可以利用 Lab 颜色模式处理 Photo CD 图像，独立编辑图像的亮度和颜色值。可以在系统之间互用图像，打印到 PostScript Level 2 和 Level 3 打印机。为了将 Lab 图像打印到其它的打印设备，应该先转换到 CMYK 模式。

8. “多通道”命令

该命令的作用是将当前的颜色模式转换为多通道颜色模式。1 幅图像可以有多至 24 个通道。默认的位图颜色模式、灰度颜色模式、双色调颜色模式及索引颜色模式图像只有 1 个通道，RGB 和 Lab 颜色模式图像有 3 个通道，CMYK 颜色模式图像有 4 个通道。除了位图模式之外，可以给任何模式的图像增加通道。

注意：不能够打印多通道颜色模式组成的图像，而且许多输出文件的格式不支持多通道模式图像，但是可以将一幅图像输出至 Photoshop PSD 图形格式，再进行打印。

9. “8 位/通道”命令

该命令的作用是将当前的颜色模式转换为 8 位/通道颜色模式。该颜色模式的图像每像素有 8 位颜色，用于特定的打印。

10. “16 位/通道”命令

该命令的作用是将当前的颜色模式转换为 16 位/通道颜色模式。该颜色模式的图像每像素有 16 位颜色，用于特定的打印。

11. “32 位/通道”命令

该命令的作用是将当前的颜色模式转换为 32 位/通道颜色模式。该颜色模式的图像每像素有 32 位颜色，用于特定的打印。

12. “颜色表”命令

该命令的作用是用来对屏幕色彩以及打印机的喷墨调配比例进行设置，并且只有当图像处于索引颜色模式时才能使用该命令。单击“图像”→“模式”→“颜色表” 菜单命令，可以弹出如图 5.16 所示的“颜色表”对话框。单击“颜色表”下拉列表框右边的向下箭头，可以弹出一个颜色表选项列表，其中有“自定”、“黑体”、“灰度”、“色谱”、“系统(Mac OS)”和“系统(Windows)”6 个选项。各自的作用在 2.1 节中已经详细介绍过了，用户可以选择自己需要的一种“颜色表”作为系统默认的颜色表，应用于当前索引颜色模式的图形文件。

【课堂制作 5.5】 制作红色玫瑰花

(1) 单击“文件”→“打开”菜单命令，打开一幅玫瑰花图像，如图 5.17 所示，其文件名为“E05.jpg”。

(2) 单击“图像”→“模式”→“RGB 颜色”菜单命令，将灰度图像转换为 RGB 彩色模式。

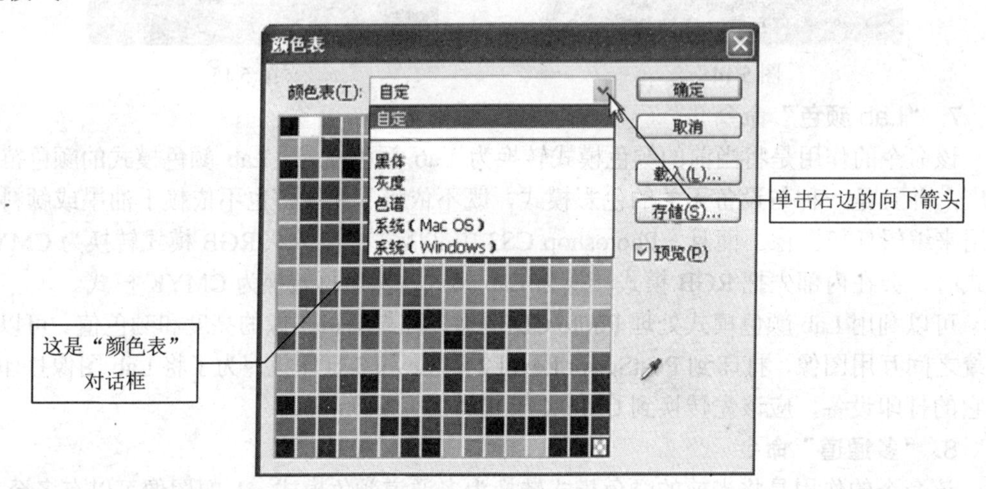

图 5.16

(3) 单击“图像”→“调整”→“色相/饱和度”菜单命令，将灰色的花朵变为色彩艳丽的红色花朵，如图 5.18 所示。其中参数：选中“着色”复选框；相色为 2；饱和度为 60；明度为 6。这样就将灰色的图像变为了彩色的图像。

图 5.17

图 5.18

5.1.3 “调整”命令

该命令的作用是对图像进行色调和颜色基调的调整，主要用于调整图像的层次、亮度、对比度、色彩平衡、色调、饱和度等。在“调整”命令下还有子菜单命令，单击“图像”→“调整” 菜单命令，可以弹出“调整”子菜单，如图 5.19 所示，其中有 23 个子命令，根据这些命令的基本功能可以划分为 4 类，不同类型之间用横线分开。下面介绍其中的常用命令的用法。

1. “自动色阶”命令

Photoshop CS3 中文版中的“色阶”是指图像中颜色或者颜色中的某一个组成部分的亮度范围。“调整”子菜单中提供了两个命令来调整图像的色阶，即“色阶”和“自动色阶”命令。当使用“自动色阶”命令时，系统不会显示任何对话框，而只以默认值来

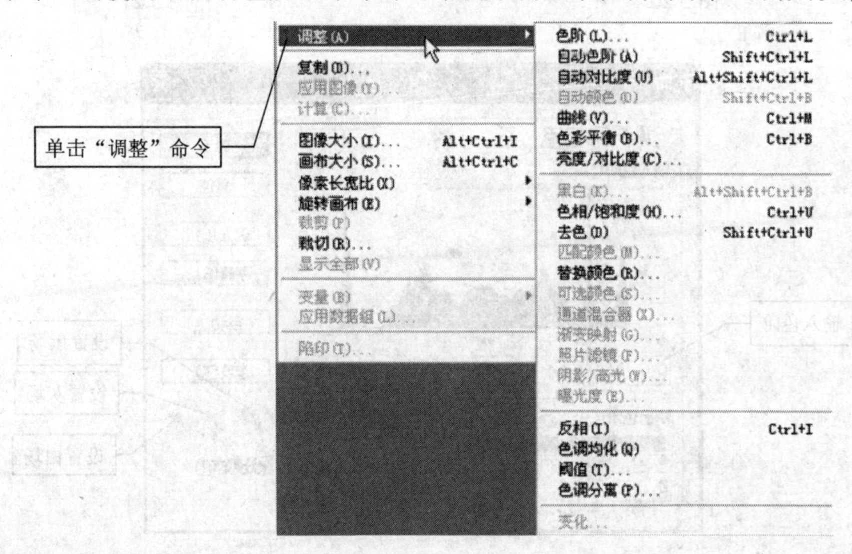

图 5.19

调整图像颜色的亮度。一般来说，这种调整只能针对该图像中所有颜色来进行，而不能够只针对某一种色调来调整。

按下列步骤操作：

(1) 单击“文件”→“打开”菜单命令，打开文件名为“E06”的图形文件，如图 5.20 所示，可看到一个金色的圆环。

(2) 单击“图像”→“调整”→“自动色阶”菜单命令。可看到屏幕上的图像发生了改变，金色圆环的亮度层次变得丰富了，从最亮处的白色到最暗处的黑色都显示了出来，调整后的图像如图 5.21 所示。

2. “色阶”命令

该命令用于精确地手工调整色阶。单击“图像”→“调整”→“色阶”菜单命令，弹出“色阶”对话框，如图 5.22 所示。使用其中的选项能够修改图像的最亮处、最暗处及中间色调，或者使用吸管工具设置图像的黑场、灰场和白场，来调整图像的色彩平衡。

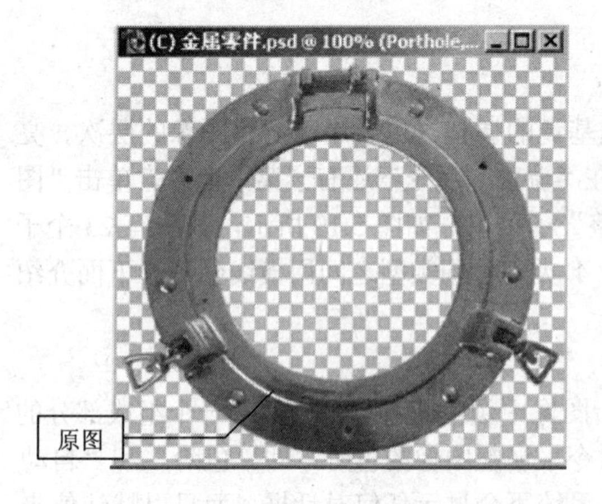

图 5.20　　　　图 5.21

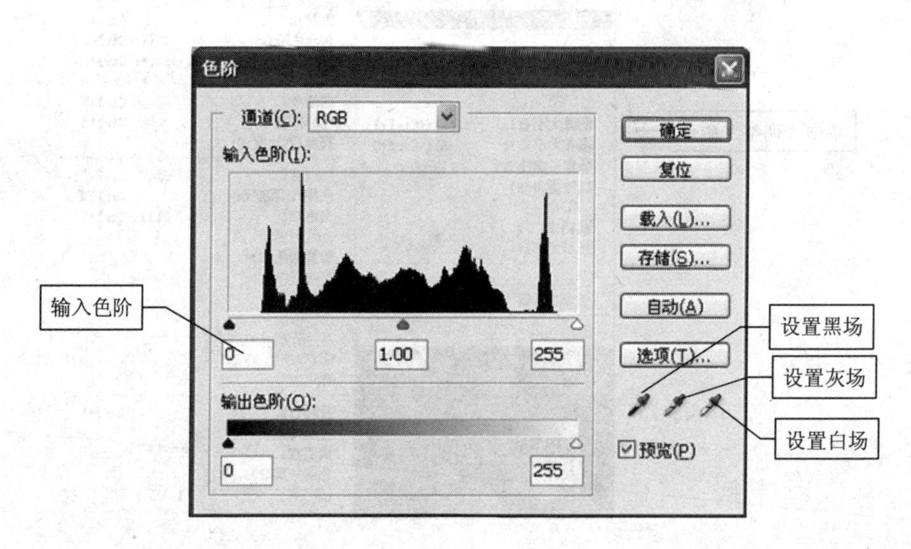

图 5.22

该对话框包括以下选项：

(1) 通道：该列表框中包括了图像所使用的颜色模式以及各种原色通道。默认时，图像应用 RGB 颜色模式，在此选项中可选择 RGB 通道、红色通道、绿色通道和蓝色通道。在这里所做的选择直接影响到该对话框中其它的选项。

(2) 输入色阶：该输入框主要用来指定颜色的亮暗值。在左边的输入框中输入选定的通道下图像最暗处的亮度值；在中间的输入框中输入选定的通道下图像中间色调的亮度值；在右边的输入框中输入选定的通道下图像最亮处的亮度值。在这 3 个输入框中输入的数值直接影响着色调分布图中的 3 个滑块的位置。

(3) 色调分布图：用以显示图像中明、暗色调的分布示意图。根据在通道选项中选择的颜色通道的不同，该示意图有不同的显示。

(4) 最暗色调控制滑块：该滑块主要用来调整图像中最暗处的亮度值。默认的该滑块位于最左端，向右拖动会使图像的颜色变暗。

(5) 中间色调控制滑块：该滑块是用来调整图像中间色调的亮度值。默认时，位于中间位置，向左拖动增加图像的亮度，向右拖动会使图像变暗。

(6) 最亮色调控制滑块：该滑块主要用来调整图像最亮处的亮度值。默认时该滑块位于最右端，向左拖动会使图像变暗。

(7) 吸管工具："色阶"对话框中有 3 个吸管工具，位于最左边的是黑色吸管，中间是中间色调吸管，右边是白色吸管。无论在哪一个吸管上双击，都可以打开 Photoshop CS3 中文版的"拾色器"，从而可以为图像的不同明、暗色调选择一种颜色。

(8) 输出色阶：该输入框中的值主要用来改变最暗色调与最亮色调的标准值。它也包括两个滑块：一个是最暗控制滑块，向右拖动可将最暗色调变得稍亮些；一个是最亮控制滑块，向左拖动它可将最亮色调变得稍暗些。它们能够指定图像输出时的最亮值和最暗值。

(9) 自动按钮：单击"自动"按钮，系统会执行"自动色阶"命令。

【课堂制作 5.6】 制作郁金香

(1) 单击"文件"→"打开"菜单命令，打开一幅郁金香图像，如图 5.23 所示，其文件名为"E07.jpg"。

(2) 单击"图像"→"调整"→"色相/饱和度"菜单命令。其中参数：饱和度为-26。这样就降低了图像的饱和度。

(3) 单击"图像"→"调整"→"色阶"菜单命令，将"色阶"对话框中的中间三角指针向左移动，得到"输入色阶"的中间值为 2.70。这样花朵的颜色变白了，从而使图像更加柔和，花上的水滴更加明显，如图 5.24 所示。

图 5.23

图 5.24

3. "曲线"命令

该命令的作用是使用曲线图来调整颜色。曲线图是 Photoshop CS3 中文版中应用非常广泛的一种颜色调整工具，它不像"色阶"对话框那样只用 3 个控制点来调整颜色，而是将颜色范围分为 17 个小方块，每个方块都能够控制一个亮度层次的变化。下边以一个实例来说明如何使用曲线图来调整图像的颜色。

(1) 单击"文件"→"打开"菜单命令，在 Photoshop CS3 中文版中打开一幅想要调整颜色的图像，这里打开文件名为“E08”的图形文件，如图 5.25 所示。

图 5.25

(2) 单击“图像”→“调整”→“曲线”菜单命令。

(3) 屏幕上出现了一个“曲线”对话框，如图 5.26 中的对话框。该对话框中有一个色调曲线图，水平轴代表原来图像的输入亮度值，垂直轴代表调整后图像的输出亮度值。移动鼠标光标到曲线图中时，该对话框底部的“输入”与“输出”的值会随着光标的移动而变化。左上方有两个工具按钮：左边的一个是曲线工具，默认时系统会启用它，可以在曲线图中制造节点而产生色调曲线；右边的工具是铅笔工具，用它可以在曲线图中绘制自由形状的色调曲线。

(4) 按下键盘上的 Alt 键，再单击该曲线图，曲线图中的网格线会变得非常紧密，如图 5.27 所示。

(5) 把鼠标光标移动到曲线图上曲线的任意一个位置上单击，在该位置上会出现一个小圆圈，然后向曲线两方拖动，就可以预览图像颜色的变化，多次单击并拖动将曲线调整为如图 5.27 所示，最后单击“确定”按钮。

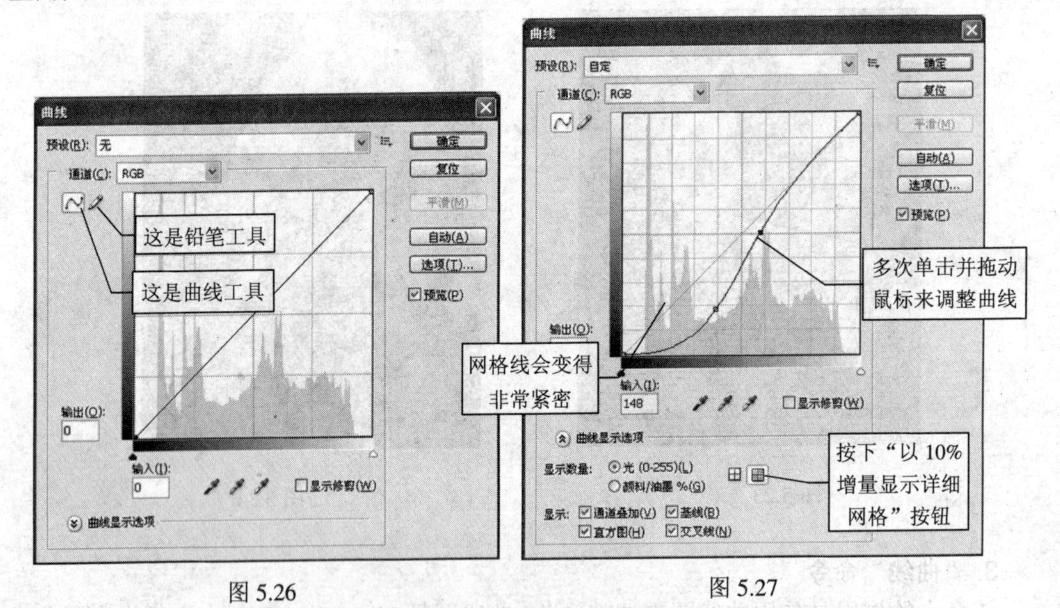

图 5.26　　图 5.27

(6) 现在可看到出现了与调整后亮度曲线相对应的图像，如图 5.28 所示。

【课堂制作 5.7】 制作白花绿地

(1) 单击“文件”→“打开”菜单命令，打开一幅黄色花朵图像，如图 5.29 所示，其文件名为“E09.jpg”。

图 5.28

(2) 单击“图像”→“调整”→“曲线”菜单命令，在“曲线”对话框中设置“通道”为 RGB。向左上方拖动图像色彩调整曲线的中点，使其“输入值”为 82、“输出值”为 156。单击“确定”按钮，如图 5.30 所示。

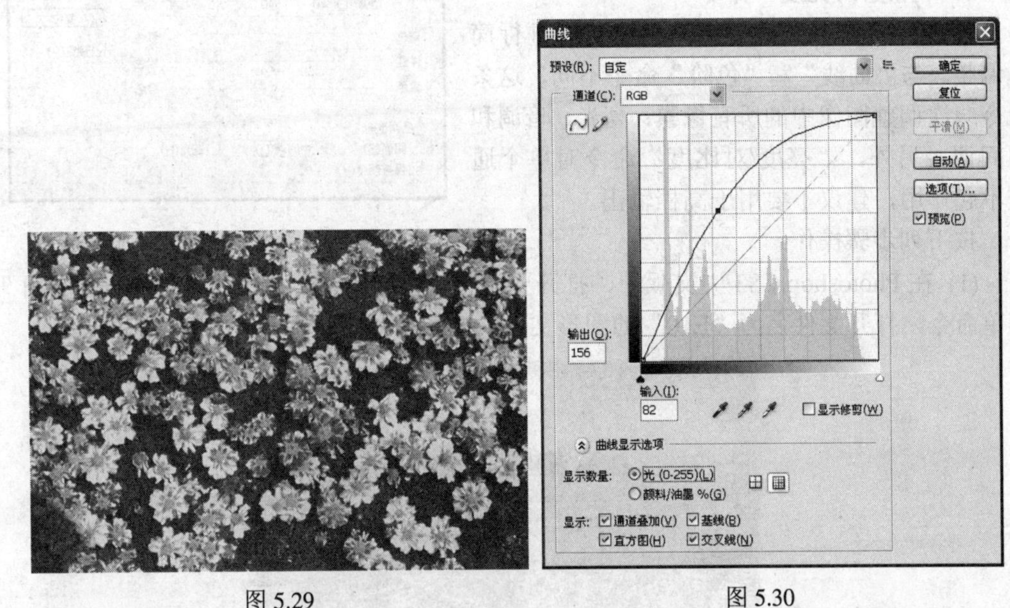

图 5.29　　图 5.30

(3) 这时看到图像中出现了绿色的草地，如图 5.31 所示。单击“图像”→“调整”→“可选颜色”菜单命令。其中参数：颜色为黄色，黄色值为-95%。这样花朵的黄色就变成了白色，形成了一个开满白花的绿地图像，如图 5.32 所示。

4. “色彩平衡”命令

对图像中每种色彩进行的调整都会影响到整个颜色的平衡。如果图像偏红，可以直接降低红色，或增加红色的互补色青色，也可以增加青色两边的颜色即绿色和蓝色而达到降低红色的目的。调整色彩平衡就是利用这个原理来进行的。

要想在 Photoshop CS3 中文版中调整图像的色彩使之平衡，请单击“图像”→“调整”→“色彩平衡”菜单命令，即可打开“色彩平衡”对话框，如图 5.33 所示。

图 5.31

图 5.32

“色彩平衡”对话框的上面有 3 个标尺可以控制各主要色彩的增减。下方有 3 个单选钮，可以选择调整图像颜色的最暗处、中间色调或最亮处。如果启用“预览”复选框，则可以在进行调整的同时观察生成的效果，如图 5.33 所示。

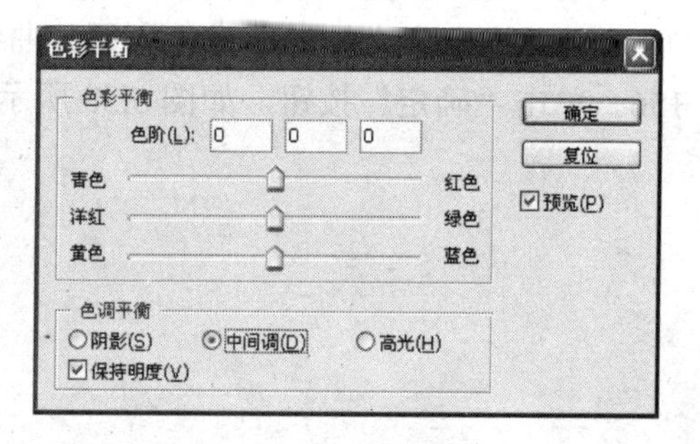

图 5.33

5. “亮度/对比度”命令

该命令的作用是对图像的色调范围进行简单调整。与“曲线”和“色阶”命令不同，这条命令一次调整图像中的所有像素：高光、暗调和中间调。另外，“亮度/对比度”命令对单个通道不起作用，建议不要用于高档输出。

按下列步骤操作：

(1) 在 Photoshop CS3 中文版中，打开要调整颜色的图像。单击“文件”→“打开”菜单命令，打开文件名为“E10”的图形文件，如图 5.34 所示。

图 5.34

(2) 单击“图像”→“调整”→“亮度/对比度”菜单命令，打开“亮度/对比度”对话框，如图 5.35 所示。

(3) 在该对话框中拖动滑块以调整亮度和对比度。向左拖动降低亮度和对比度，向右拖动则增加亮度和对比度；每个滑块右侧的数字显示亮度和对比度值，数值的范围为 -100~+100。设置其中的参数如图 5.35 所示。

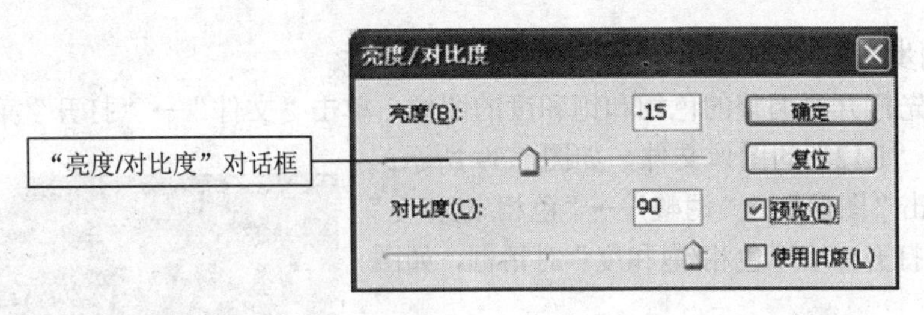

图 5.35

(4) 完成调整之后，单击"确定"按钮即可。如果选中该对话框中的"预览"复选钮，则可以在调整的同时对生成的效果进行预览，如图 5.36 所示。

图 5.36

【课堂制作 5.8】 制作大丽花

(1) 单击"文件"→"打开"菜单命令，打开一幅大丽花图像，如图 5.37 所示，其文件名为"E11.jpg"。

(2) 单击"图像"→"调整"→"色相/饱和度"菜单命令。其中参数：饱和度为 61。这样花的颜色就变得非常鲜艳。

(3) 单击"图像"→"调整"→"亮度/对比度"菜单命令。其中参数：亮度为 17，对比度为 30。至此一张色彩鲜艳亮丽的大丽花图像就制作完成了，如图 5.38 所示。

6. "色相/饱和度"命令

该命令是用来调整图像中单个颜色成分的色相、饱和度和亮度。与色彩平衡命令一样，此命令依赖于选定的颜色模式。要进行色相或颜色的调整其实就是要使选定的颜色范围在颜色向量中移动；调整饱和度或颜色的纯度，则表示在颜色向量中沿半径方向移动。

图 5.37

图 5.38

按下列步骤操作：

(1) 首先打开要调整的色相和饱和度的图像，单击“文件”→“打开”菜单命令，打开文件名为“E12”的图像文件，如图 5.39 所示。

(2) 单击“图像”→“调整”→“色相/饱和度”菜单命令，打开一个“色相/饱和度”对话框，如图 5.40 所示。

图 5.39

该对话框包括以下主要选项：

① 编辑：单击该框右边的向下箭头可以打开 Photoshop CS3 允许调整的范围，它不但能够对全部包含的颜色进行调整，也能够分别对图像中的某一种颜色进行调整。

② 色相标尺：拖动该标尺上的滑块使颜色在色轮上来回移动，对话框最底部的色谱中显示了这种变化的效果。该值的范围在-180~+180。

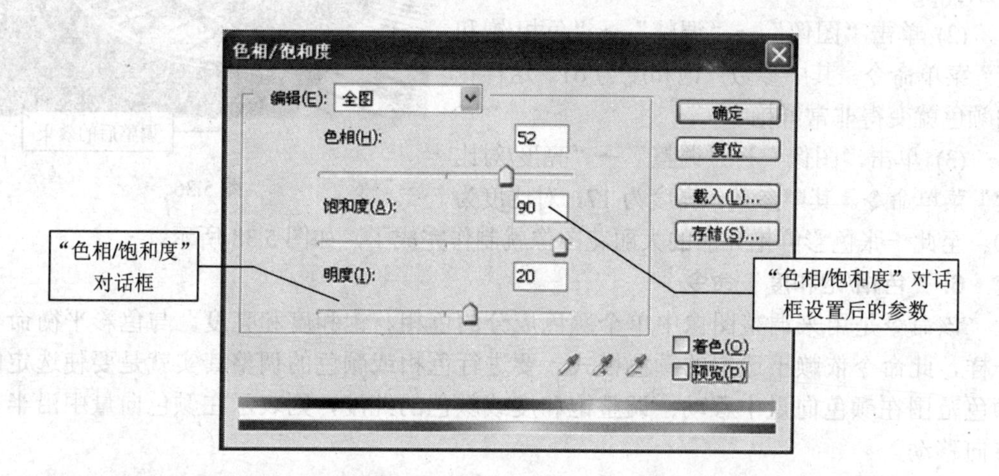

图 5.40

③ 饱和度标尺：拖动该标尺上的滑块以增大或者减少颜色的饱和度，饱和度值的变化范围在-100~+100。

④ 明度标尺：拖动标尺上的滑块可以调整颜色的明亮程度，向左拖动变暗，向右拖动变亮。该值的变化范围也在-100~+100；最小值时图像完全变成黑色，最大值时则完全变成白色。

⑤ 着色：选中此复选框时会给图像添加不同程度的灰色或者单色。

(3) 将参数设置为图 5.40 所示，完成设置后，单击“确定”按钮可以按指定的值来调整图像的颜色，选中“预览”选项可以随时观察调整的效果。调整了色相和饱和度后所产生的效果如图 5.41 所示。

【课堂制作 5.9】 制作变色圆柱体

(1) 单击“文件”→“打开”菜单命令，打开一幅彩色圆柱体图像，如图 5.42 所示，其文件名为“E13.jpg”。

图 5.41

(2) 单击“图像”→“调整”→“色相/饱和度”菜单命令。其中参数：色相为-128；饱和度为 21。这时可看到图像的色相和饱和度都发生了变化，如图 5.43 所示。

图 5.42

图 5.43

(3) 单击“剪切工具”按钮，在图像的中部选择一个矩形框，并进行旋转，如图 5.44 所示，然后按 Enter 键。一个旋转剪切后的变色圆柱体就制作完成了，其效果如图 5.45 所示。

图 5.44

图 5.45

7. “去色”命令

该命令的作用是用来去掉彩色图像中的所有颜色值，将其转换为相同颜色模式的灰度图像。这条命令使用方法简单，单击“图像”→“调整”→“去色”菜单命令，系统就会自动地将彩色图像转换为灰度图像，它没有对话框，也没有其它的设置选项。

【课堂制作 5.10】 制作阳光下的田园

(1) 单击“文件”→“打开”菜单命令，打开一幅田园风光图像，如图 5.46 所示，其文件名为“E14.jpg”。

(2) 单击“多边形选框工具”按钮，设置羽化值为 0，选中图像下部的黄色田地。

(3) 单击“图像”→“调整”→“去色”菜单命令，将黄色田地变为灰色的田地。

(4) 单击“椭圆选框工具”按钮，设置羽化值为 10，在天空中选择一个椭圆形选区。

(5) 单击“图像”→“调整”→“色相/饱和度”菜单命令。其中参数：选中“着色”复选框，色相为 0，饱和度为 74，明度为 0。这样天空中就出现了一个红色的太阳，如图 5.47 所示。

图 5.46

图 5.47

8. “替换颜色”命令

该命令能够在图像中基于特定颜色创建蒙版来调整色相、饱和度和明度值。也就是说，它能够把图像的全部或者选定部分的颜色使用指定的颜色来代替。

下面举例说明，按照下列步骤进行操作：

(1) 在 Photoshop CS3 中，单击“文件”→“打开”菜单命令，打开一幅图像。其文件名为“E15”，如图 5.48 所示。

图 5.48

(2) 单击“图像”→“调整”→“替换颜色”菜单命令，打开“替换颜色”对话框，如图 5.49 所示。

(3) 在该对话框中选中以下两个单选钮中的一个，这里选中“选区”单选钮。

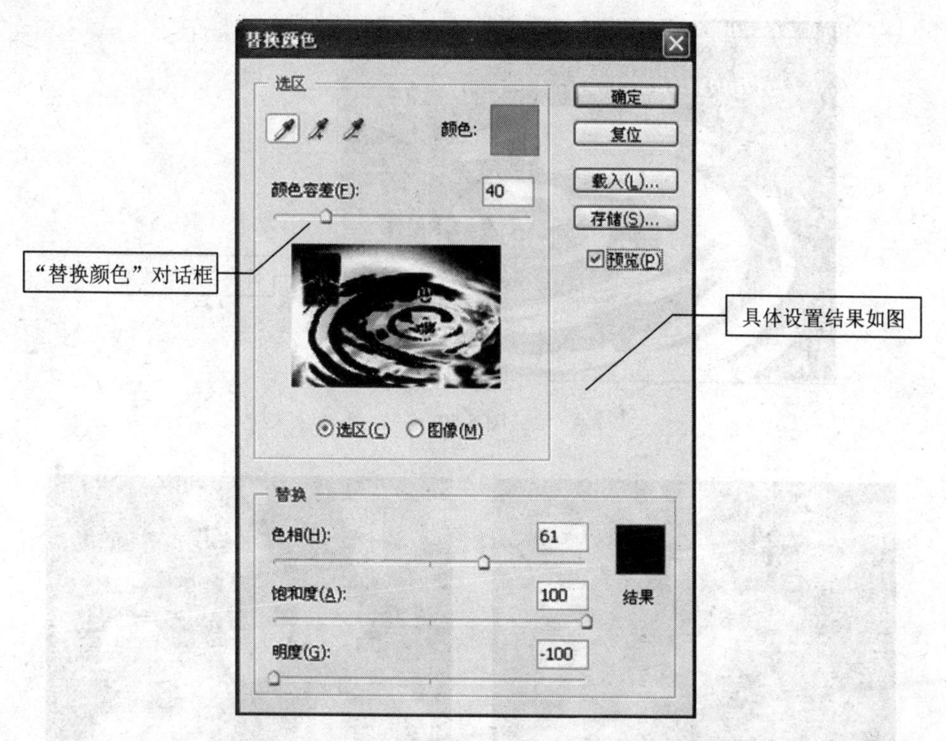

图 5.49

① 选区：该选项的作用是在预览框中显示蒙版，被蒙版区域为黑色，未蒙版区域为白色。部分被蒙版区域会根据不透明度显示不同的灰色色阶。

② 图像：该选项的作用是能够在预览框中显示图像。在处理放大的图像或仅有有限屏幕空间时，此选项非常有用。

(4) 使用左边的吸管工具在图像预览框中单击水面。

其它两个吸管的使用方法如下：按住 Shift 键或使用带"＋"号的吸管按钮单击选定区域，可以添加所选择的区域；按住 Alt 键或使用带"－"号的吸管按钮单击选定区域，则可以减少该选择区域。

(5) 使用滑块或输入"颜色容差"值调整要替换成的颜色的容差，此选项控制选区中包括各种相关颜色的程度。

(6) 拖动色相、饱和度和明度滑块或在文本框中输入数值，更改所选区域的颜色，具体设置结果如图 5.49 所示。

(7) 完成设置后单击"确定"按钮，替换这种颜色，替换以后的效果如图 5.50 所示。

【课堂制作 5.11】 制作红蕊白花

(1) 单击"文件"→"打开"菜单命令，打开一幅黄蕊白花图像，如图 5.51 所示，其文件名为"E16.jpg"。

(2) 单击"图像"→"调整"→"曲线"菜单命令，将曲线的中部向上移动形成弧线。其中参数：输入为 105，输出为 174。这样花朵的颜色就变得更白了，如图 5.52 所示。

图 5.50

图 5.51

图 5.52

(3) 单击“图像”→“调整”→“替换颜色”菜单命令，在“替换颜色”对话框中用“吸管工具”单击黄色花蕊，并选中黄色花蕊。其中参数：颜色容差为 95，色相为-81，饱和度为 28，明度为 12，如图 5.53 所示。这样花蕊的颜色就变成了红色，如图 5.54 所示。

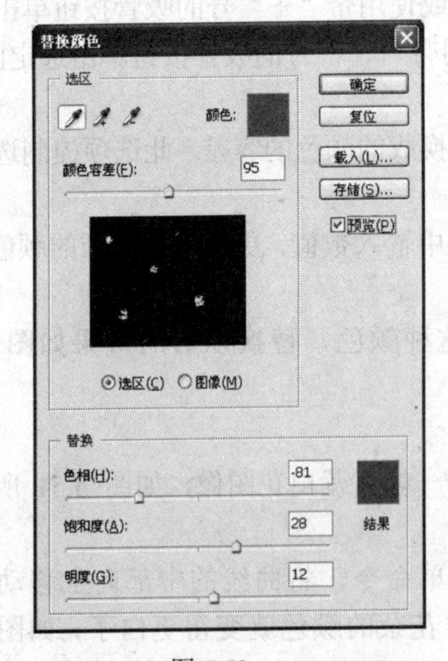

图 5.53

图 5.54

9. “可选颜色”命令

该命令与其它颜色校正工具相同，它能够很好地校正颜色的不平衡和调整颜色。可选颜色校正是高档扫描仪和分色程序使用的一项技巧，它在图像中的每个加色和减色的原色成分中增加和减少印刷颜色的量。使用该命令的好处是能够只改变某一主色中的某一印刷色的成分而不影响该印刷色在其它主色中的表现。例如，可以使用可选颜色校正来显著减少某一图像中绿色成分中的青色，同时保留蓝色成分中的青色不变。

打开一个要用“可选颜色”命令调整的图像，单击“图像”→“调整”→“可选颜色”菜单命令，打开“可选颜色”对话框，如图 5.55 所示。

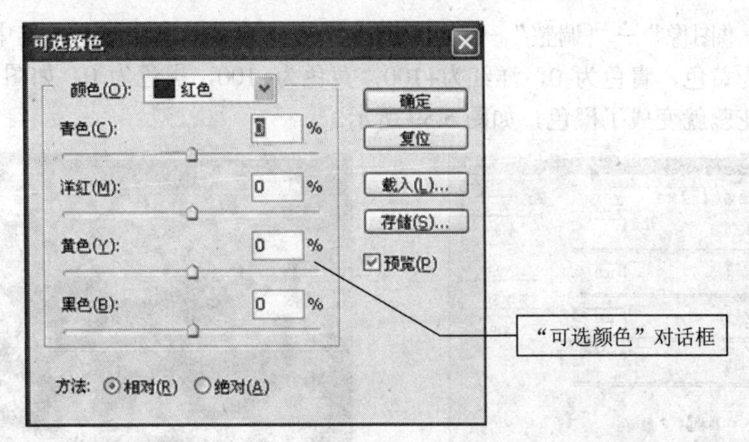

图 5.55

该对话框包括以下选项：

(1) 颜色列表框：从该列表框中可以选择要调整的颜色。这组颜色由“加色原色和减色原色”与“白色、中性色和黑色”组成。

(2) 方法选项：该选项主要用来指定添加或者减少颜色的方法。选中“相对”单选钮时，能够按照总量的百分比更改现有的青色、洋红、黄色和黑色量。例如，如果从 50%洋红的像素开始添加 10%，则 5%会被添加洋红（50%的 10%为 5%），结果为 55%的洋红。此选项不能调整纯反光白光，因为它不包含颜色成分。如果选中“绝对”单选钮，则按绝对值调整颜色。例如，如果从 50%的洋红开始添加 10%，则洋红油墨会被设置为 70%。

(3) 青色标尺：拖动标尺上的滑块来增加或减少选定颜色中的青色含量，取值范围在 -100~+100。

(4) 洋红标尺：用来增加或者减少选定颜色中洋红色的含量。

(5) 黄色标尺：用来增加或者减少选定颜色中的黄色的含量。

(6) 黑色标尺：用来增加或者减少选定颜色中的黑色的含量。

【课堂制作 5.12】 制作变色野菊花

(1) 单击“文件”→“打开”菜单命令，打开一幅野菊花图像，如图 5.56 所示，其文件名为“E17.jpg”。

(2) 单击“图像”→“调整”→“色调均化”菜单命令，使图像的色彩更加柔和均匀，其效果如图 5.57 所示。

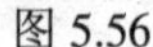
图 5.56

图 5.57

(3) 单击“图像”→“调整”→“可选颜色”菜单命令。其中参数：选中“绝对”单选钮，颜色为黄色，青色为 0，洋红为+100，黄色为+100，黑色为 0，如图 5.58 所示。这样黄色的花蕊就变成了橙色，如图 5.59 所示。

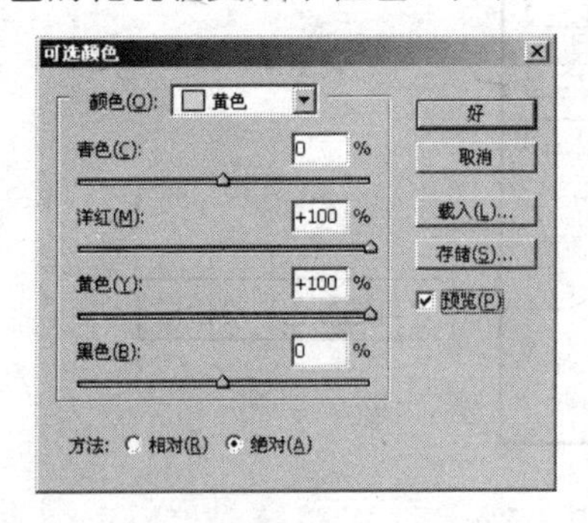

图 5.58

图 5.59

(4) 单击“图像”→“模式”→“CMYK 颜色”菜单命令，将图像的模式由 RGB 模式转换成 CMYK 模式，以便于印刷。这样一幅变色野菊花就制作完成了。

10. “通道混合器”命令

该命令是用混合当前颜色通道的方法来修改颜色通道。使用这个命令，可以进行以下 5 种图像调整操作：

(1) 进行创造性的颜色调整，这点用其它颜色调整工具不易做到。

(2) 选取每种颜色通道一定的百分比创建高品质的灰度图像。

(3) 创建高品质的深棕色调或其它色调的图像。

(4) 将图像转换到一些备选色彩空间，如 YCrCb，或从中转换图像。

(5) 交换或复制通道。

具体使用方法按下列步骤操作：

图 5.60

(1) 首先在 Photoshop CS3 中打开一幅需要进行通道混合的图像，单击“文件”→“打开”菜单命令，打开一幅文件名为“E18”的图像文件，如图 5.60 所示。

(2) 单击“图像”→“调整”→“通道混合器”菜单命令，弹出一个“通道混合器”对话框，如图 5.61 所示。在该对话框中可以在“输出通道”列表框中选择一种颜色通道，调整三原色及常用颜色的百分比，来调整当前通道的颜色。

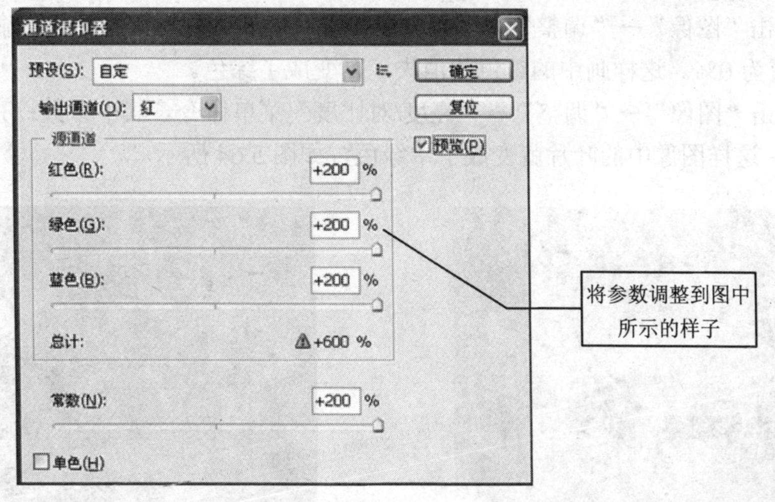

图 5.61

将任一源通道的滑块拖向左边以减少源通道在输出通道中所占的百分比，向右边拖移则增加所占百分比，或者在文本框内输入-200%~ +200%的数值。使用负值会使源通道反相，再将其加入到输出通道。

如果拖动滑块或为“常数”选项输入一个值，这个值将一个不同透明度的通道添加到输出通道：负值作为黑色通道，正值作为白色通道。

如果选取“单色”复选框，对所有输出通道应用相同的设置，会创建仅包含灰色值的彩色图像。

若打算将其转换为灰度的图像，选择“单色”非常有用。如果先选择这个选项，然后又取消选择，可以单独修改每个通道的混合，为图像创建一种手绘色调的印象。

(3) 将以上参数调整到如图 5.61 所示的样子，然后单击“确定”按钮。可以看到屏幕上出现了通道混合后图像的效果，如图 5.62 所示。

图 5.62

【课堂制作 5.13】 制作翠绿色树叶

(1) 单击“文件”→“打开”菜单命令，打开一幅树叶图像，如图 5.63 所示，其文件名为“E19.jpg”。

(2) 单击“图像”→“调整”→“通道混和器”菜单命令。其中参数：输出通道为红色，红色值为 0%。这样画中的红色就消失了，变成了绿色。

(3) 单击“图像”→“调整”→“亮度/对比度”菜单命令。其中参数：亮度为 7；对比度为 10。这样图像中的叶片就变成了翠绿色，如图 5.64 所示。

图 5.63

图 5.64

11. “反相”命令

该命令的作用是生成类似于打印中的阴片（负片）的效果。它可以对图像进行反相，也就是能够将一个阳片（正片）黑白图像变成阴片，或从扫描的黑白阴片中得到一个阳片；如果是一幅彩色的图像，它能够把每一种颜色都反转成它的互补色。例如，值为 255 的阳片图像中的像素全变为 0，值为 5 的像素会变为 250。

“反相”命令的使用方法很简单，首先打开要进行反相操作的图像，其文件名为“E20”，如图 5.65 所示。然后单击“图像”→“调整”→“反相”菜单命令。图 5.66 就是使用了“反相”命令后的效果。

12. “色调均化”命令

该命令的作用是能够重新分布图像中像素的亮度值，以使它们更均匀地呈现在所有亮度级范围内。使用此命令时，Photoshop CS3 会查找图像中的最亮和最暗值，以使最暗值表示黑色或最可能相近的颜色，最亮值表示白色。然后，Photoshop CS3 将对亮度进行色调均化，也就是说，在整个灰度中均匀分布中间像素。当扫描的图像显得比原稿暗，而要平衡这些值以产生较亮的图像时，可以使用此命令，它能够清楚地显示亮度的前后比较结果。

下面举例说明该命令的使用方法，按下列步骤操作：

(1) 单击“文件”→“打开”菜单命令，打开一个要色调均化的图像，这里选择文件名为“E21”的图像文件，如图 5.67 所示。

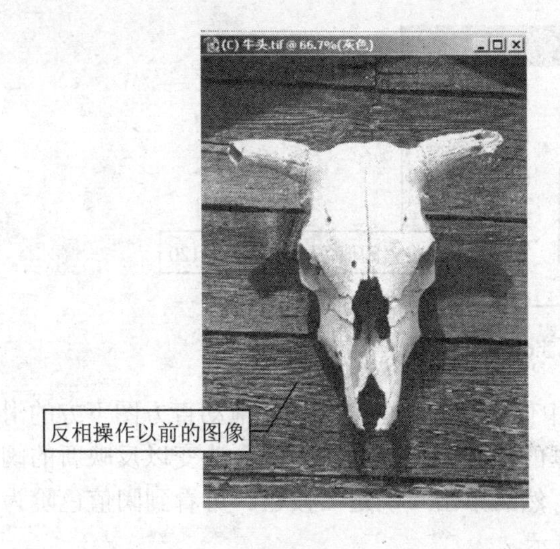

图 5.65

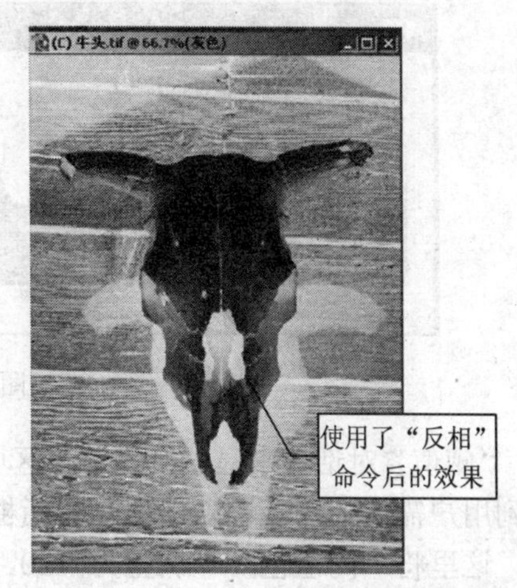

图 5.66

(2) 单击“图像”→“调整”→“色调均化”菜单命令，这时屏幕上出现了色调均化后的图像效果，如图 5.68 所示。

图 5.67

图 5.68

13. “阈值”命令

该命令的作用可将一个灰度或彩色的图像转换为高对比度的黑白图像。此命令能够将一定的色阶指定为阈值，所有比该阈值亮的像素会被转换为白色，所有比该阈值暗的像素会被转换为黑色。

下面举例说明“阈值”命令的作用，按下列步骤操作：

(1) 在 Photoshop CS3 中单击“文件”→“打开”菜单命令，打开一幅名为“E23”的图像文件。

(2) 单击“图像”→“调整”→“阈值”菜单命令，打开“阈值”对话框，如图 5.69 所示。

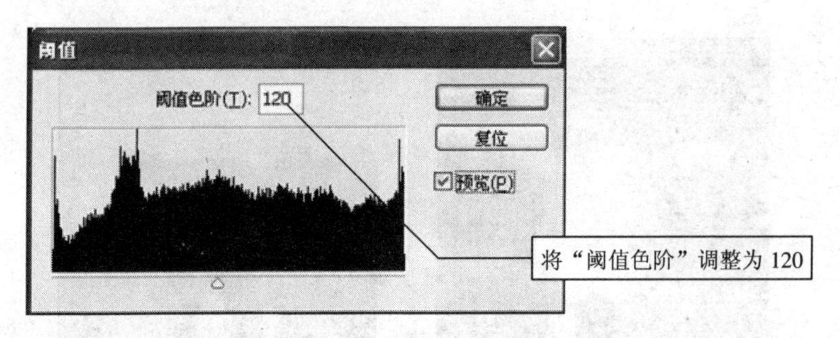

图 5.69

(3) “阈值”对话框中显示有当前选区中像素亮度级的直方图。拖动直方图下方的滑块，直到用户需要的阈值色阶出现在对话框的顶部。在拖动时图像会改变以反映新的阈值设置。这里将“阈值色阶”调整为 120，然后单击“确定”按钮。可看到阈值色阶为 120 的图像效果出现在屏幕上，如图 5.70 所示。

(4) 再次调整阈值，将“阈值色阶”调整为 80，然后单击“确定”按钮。可看到阈值色阶为 80 的图像效果出现在屏幕上，如图 5.71 所示，这个图像的黑色部分要比左边的图像少。

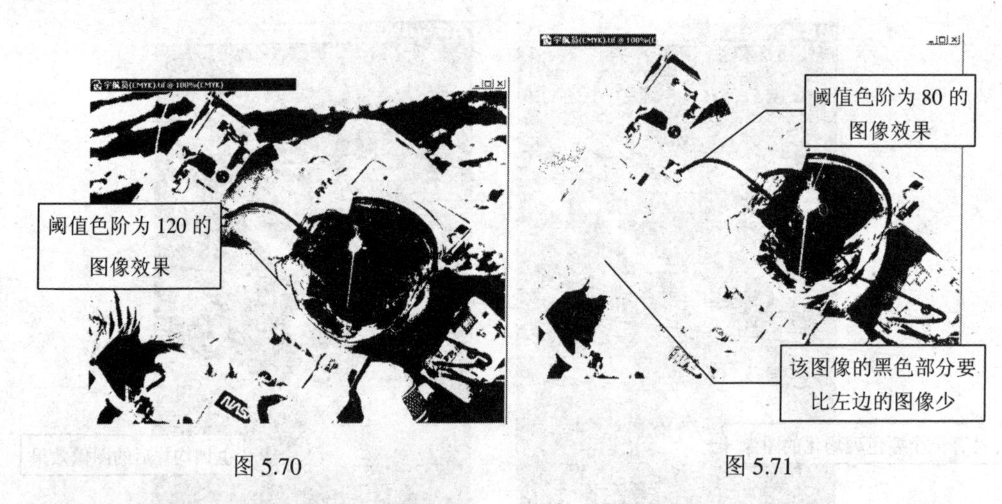

图 5.70　　　　图 5.71

【课堂制作 5.14】 制作三色效果图

(1) 单击“文件”→“打开”菜单命令，打开一幅花丛图像，如图 5.72 所示，其文件名为“E24.jpg”。

(2) 单击“矩形选框工具”按钮，设置羽化值为 0，在图像的上部画一个 1/3 高度的矩形选择框。

(3) 单击“图像”→“调整”→“阈值”菜单命令。其中参数：色阶为 128。这时看到选区中色阶大于 128 的部分变为白色，小于 128 的部分变成了黑色，形成了位图效果，如图 5.74 所示。

(4) 将选择区移到图像的下部，单击“图像”→“调整”→“去色”菜单命令，这时看到图像下部的颜色取消了，产生了灰度的效果，如图 5.73 所示。这样一幅彩色图像就形成了上、中、下 3 种色彩效果。

图 5.72

图 5.73

14. “色调分离”命令

该命令能够指定图像中每个通道的色调级或亮度值的数目，并将这些像素映射为最接近的匹配色调上。例如，在 RGB 图像中选择 2 个色调可以产生 6 种颜色：2 个红色、2 个绿色和 2 个蓝色。在照片中制作特殊效果，如制作大的单色调区域时，此命令非常有用。在减少灰度图像中的灰色色阶数时，它的效果最为明显。但它也可以在彩色图像中产生一些特殊效果。

另外，如果想在图像中使用一个特定的颜色数，将该图像转换为灰度并指定需要的色阶数，然后再将该图像转换为以前的色彩模式，并使用想要的颜色替换不同的灰色调。

下面举例说明色调分离命令的作用，按下列步骤操作：

(1) 单击“文件”→“打开”菜单命令，打开一幅想要进行色调分离操作的图像，这里打开一幅文件名为“E25”的图像。

(2) 单击“图像”→“调整”→“色调分离”菜单命令，打开“色调分离”对话框，如图 5.74 所示。

(3) 在该对话框中的“色阶”框中输入一个色阶数，这里输入 2，然后单击“确定”按钮。看到屏幕上出现了一个色阶为 2 的图像效果，如图 5.75 所示。

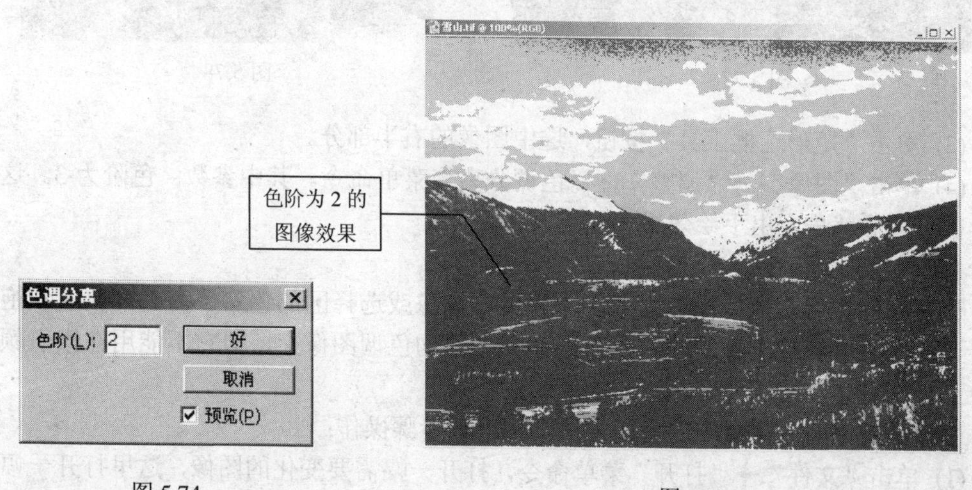

图 5.74　　图 5.75

(4) 再一次使用“色调分离”命令，在“色调分离”对话框中的“色阶”框中再输入一个色阶数，这里输入 5，然后单击“确定”按钮。可看到屏幕上出现了一个色阶为 5 的图像效果，如图 5.76 所示。与图 5.75 比较可以发现，它的明暗层次要多。

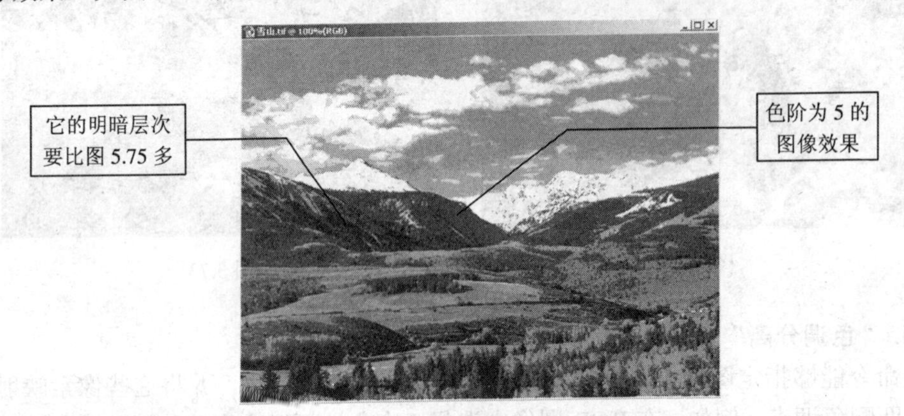

图 5.76

【课堂制作 5.15】 制作负片与手绘效果

(1) 单击“文件”→“打开”菜单命令，打开一幅紫色小花图像，如图 5.77 所示，其文件名为“E26.jpg”。

(2) 单击“图像”→“调整”→“反相”菜单命令，产生负片效果，如图 5.78 所示。

图 5.77

图 5.78

(3) 单击“矩形选框工具”按钮，选中图像的右半部分。

(4) 单击“图像”→“调整”→“色调分离”菜单命令。其中参数：色阶为 3。这样右半部分图像就呈现出手绘效果，如图 5.79 所示。

15. “变化”命令

该命令的作用是能以模拟显示的方式调整图像或选择区的色彩平衡、对比度和饱和度。该命令主要应用于不需要精确色彩调整的平均色调图像上，但它不能用在索引颜色图像上。

下面举例说明变化命令的使用方法，按下列步骤操作：

(1) 单击“文件”→“打开”菜单命令，打开一幅需要变化的图像，这里打开一幅文件名为“E27”的图像。

图 5.79

(2) 单击“图像”→“调整”→“变化”菜单命令，打开“变化”对话框，如图 5.80 所示。

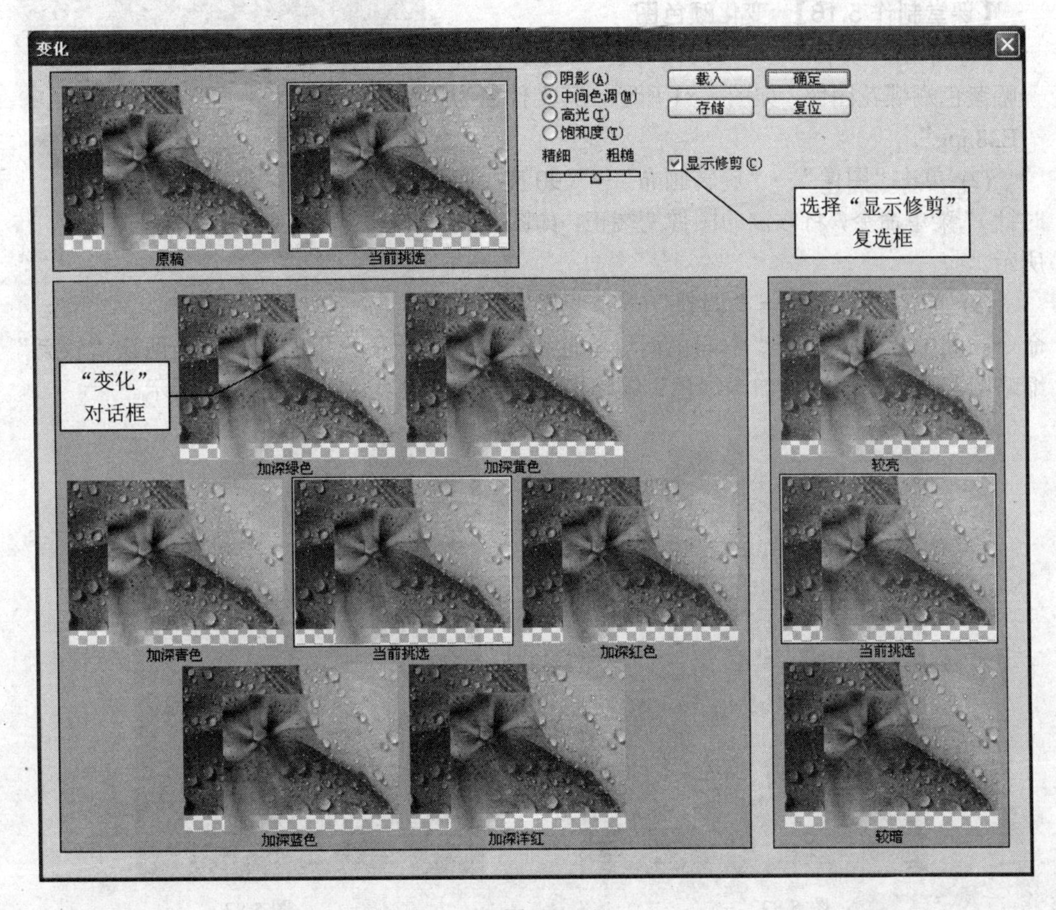

图 5.80

(3) 在该对话框顶部的 2 个缩略图区显示原始选区(原稿)和包含当前所选调整的选区(当前挑选)。在第一次打开该对话框时，这两个图像是一样的。随着不断地进行调整，“当前挑选”图像会随着选择发生改变。

(4) 在该对话框右上方的单选按钮区包括以下几个选项：

① 暗调、中间色调或高光：指示是否需要调整暗、中间或亮区域。

② 饱和度：在选中此单选钮后可以更改图像中的色相度数。在选择了“显示修剪”复选框时，图像可以显示调整后的剪切区域。这表示已超出了最大的颜色饱和度。

③ 精细/粗糙滑块：确定每次调整的数量。将滑块向右移动一格可使调整数量双倍增加。

(5) 在对话框的右下方提供的 3 个缩略图中可以调整亮度：每次单击“较亮”缩略图形可以增加图像的亮度；而单击“较暗”缩略图则可以使图像变暗。中间缩略图总是反映当前的选择。

(6) 要改变图像中的各种颜色色调，在对话框左下方的各缩略图上单击即可。例如，要增加图像中的绿色，单击“加深绿色”缩略图即可。

(7) 完成设置后，单击“好”按钮。这样就使用“变化”命令调整了图像。

【课堂制作 5.16】 变化颜色图

(1) 单击“文件”→“打开”菜单命令，打开一幅紫色蝴蝶花图像，如图 5.81 所示，其文件名为“E28.jpg”。

(2) 单击“图像”→“旋转画布”→“90 度（逆时针）”菜单命令，将倾倒的图像变端正，如图 5.82 所示。

图 5.81

(3) 单击“图像”→“调整”→“变化”菜单命令。其中参数：选中“中间色调”单选钮；单击“原稿”缩略图；单击两次“较亮”缩略图，再单击两次“加深绿色”缩略图，使图像变亮变绿，如图 5.83 所示。

图 5.82

图 5.83

5.1.4 “复制”命令

该命令的作用是用来制作当前图像文件的复制品。单击“图像”→“复制”菜单命令，打开“复制图像”对话框，如图 5.84 所示。在对话框中出现一个当前文件的副本文件名，如果不用默认的副本文件名，可自己输入新的文件名。如果选中“仅复制合并的图层”复选框，将合并当前图像的图层。单击“确定”按钮，完成复制操作。

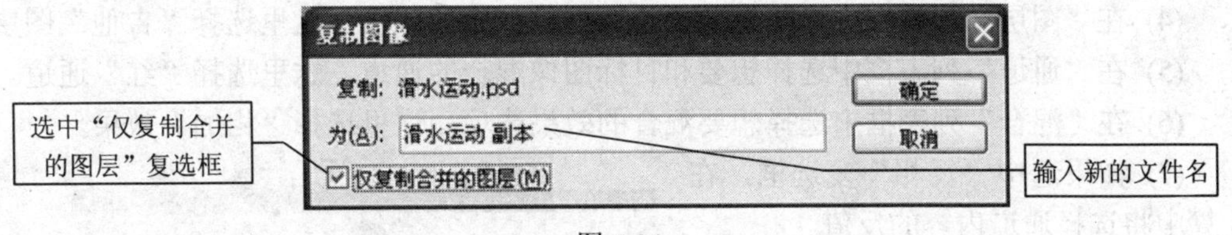

图 5.84

5.1.5 “应用图像”命令

该命令用来将一幅图像的层和通道与一幅目标图像的层和通道混合起来。下面举例加以说明，按下列步骤操作：

(1) 单击“文件”→“打开”命令，打开一幅图像。这里打开文件名为“E29”的图像文件，如图 5.85 所示。

图 5.85

(2) 单击“图像”→“应用图像”菜单命令，打开“应用图像”对话框，如图 5.86 所示。

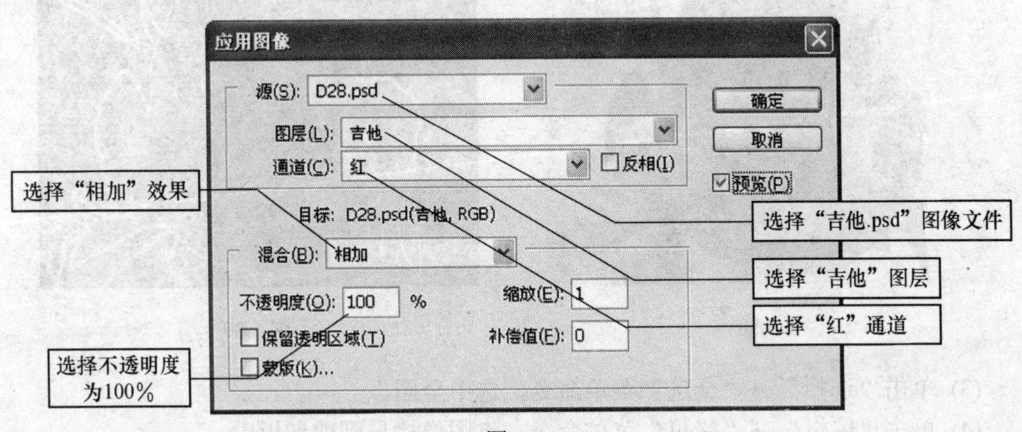

图 5.86

(3) 在“源”列表框中选择想要和目标图像混合的源图像，这里选择“E28.psd”图像文件。

(4) 在“图层”列表框中选择想要和目标图像混合的图层，这里选择“吉他”图层。

(5) 在“通道”列表框中选择想要和目标图像混合的通道，这里选择“红”通道。

(6) 在“混合”列表框中选择想要混合的效果选项，这里选择“相加”效果。

(7) 如果选中“反相”复选框，在计算中将选择通道内容的反值。

(8) 在“不透明度”输入框中选择100。

(9) 如果选中“保留透明区域”复选框，则操作仅仅对结果图层中不透明的区域起作用。

(10) 如果想对一个蒙版使用混色，选中“蒙版”复选框，并选择包含蒙版的图像和层。可以选择任意颜色或者Alpha 通道使用蒙版，也可以根据目标图像的选定区域或者选定层的边界使用蒙版。

图 5.87

(11) 单击“确定”按钮，实施混色效果。混色后的图像如图 5.87 所示，因为选择的是“相加”混色方式，所以图像变亮了。

【课堂制作 5.17】 制作木雕花纹

(1) 单击“文件”→“打开”菜单命令，打开一幅月季花图像，如图 5.88 所示，其文件名为“E30.jpg”。

(2) 单击“滤镜”→“模糊”→“特殊模糊”菜单命令。其中参数：半径为 9，阈值为 45，品质为低，模式为边缘优先。至此产生了特殊模糊效果，如图 5.89 所示。

图 5.88

图 5.89

(3) 单击“选择”→“全选”菜单命令，选中全图。

(4) 单击“编辑”→“拷贝”菜单命令，将图像拷贝到剪切板中。

(5) 单击“文件”→“打开”菜单命令，打开一幅木纹图像，如图 5.90 所示，其文件名为“E31.jpg”。

(6) 在“通道”调板中单击“创建新通道”按钮，产生一个 Alpha1 通道。

(7) 单击“编辑”→“粘贴”菜单命令，将花粘贴到 Alpha1 通道中，并按 Ctrl+D 键取消选择。

(8) 单击“滤镜”→“模糊”→“高斯模糊”菜单命令。其中参数：半径为 1.3 像素。现已产生模糊效果，如图 5.91 所示。

图 5.90

图 5.91

(9) 单击“滤镜”→“风格化”→“浮雕效果”菜单命令。其中参数：角度为-45，高度为 6，数量为 54%。现已产生浮雕效果，如图 5.92 所示。

(10) 在“通道”调板中选中 RGB 混合通道，单击“图像”→“应用图像”菜单命令。其中参数：通道为 Alpha1，选中“反相”复选框，混合为柔光，不透明度为 100%。这样就产生了一个木雕图案的效果，如图 5.93 所示。

图 5.92

图 5.93

5.1.6 “计算”命令

该命令用于将来自一个或者多个源图像的通道混合在一起。因此可以将效果应用到新的图像中或者活动图像的新通道及选定区域上，但不能对组合通道使用运算命令。

按下列步骤进行计算命令的操作：

(1) 单击“文件”→“打开”命令，打开一幅要进行运算操作的图像，这里打开文件名为“E32”的图像文件，如图 5.94 所示。

(2) 激活想要操作的图层和通道，这里单击“背景图像”图层，如图 5.95 所示。

图 5.94　　　　图 5.95

(3) 单击“图像”→“计算”菜单命令，打开“计算”对话框，如图 5.96 所示。

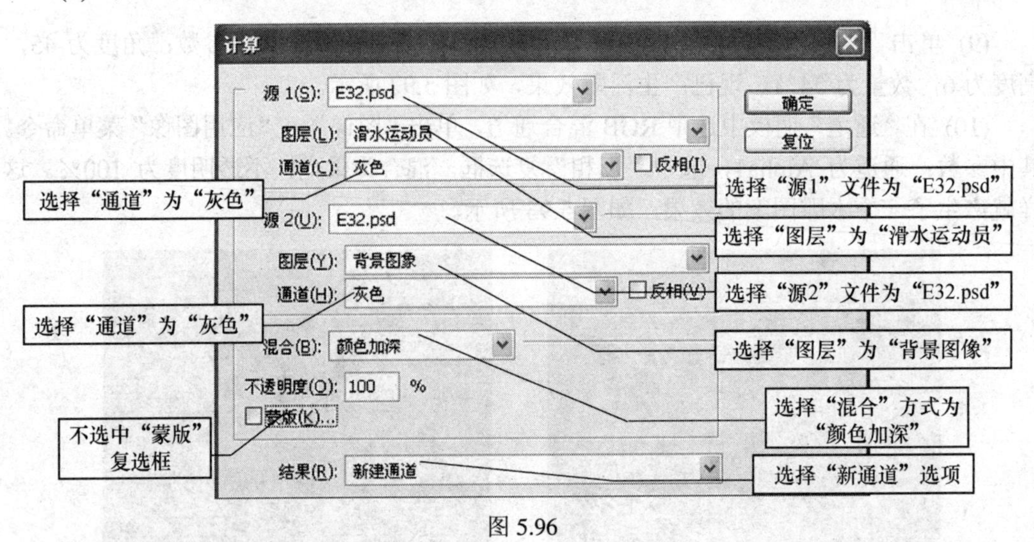

图 5.96

(4) 在该对话框中的“源 1”框中选择源文件为“E32.psd”，选择“图层”为“滑水运动员”，选择“通道”为“灰色”。

(5) 在“源 2”框中选择源文件为“E32.psd”，选择“图层”为“背景图像”，选择“通道”为“灰色”。

(6) 在“混合”列表框中选择一种混合方式，这里选择混合方式为“颜色加深”，使这两个通道混合后颜色加深。

(7) 在“不透明度”输入框中选择 100。

(8) 如果需要，还可以选中“蒙版”复选框，并可以选择蒙版文件、“图层”及“通道”。

(9) 在“结果”列表框中可以指定是把颜色混合结果存在一个新文件里，还是保存在激活图像的一个新的通道或者新的选择区域中，这里选择“新建通道”选项。

(10) 单击“确定”按钮确认上面的设置，并开始执行“计算”命令。

可以看到“计算”命令执行以后，图像中滑水运动员的颜色变深了，如图 5.97 所示。

图 5.97

【课堂制作 5.18】 制作霓虹灯字

(1) 单击“文件”→“新建”菜单命令，创建一幅新的图像。其中参数：宽度为 16 厘米，高度为 12 厘米，分辨率为 72 像素/英寸，模式为 RGB 颜色，内容为白色。

(2) 新建一个图层，并在“通道”调板中单击“创建新通道”按钮，创建一个 Alpha1 通道。

(3) 将前景色设置为白色，单击“横排文字工具”按钮，输入文字“欢迎”，如图 5.98 所示。其中参数：字体为宋体，大小为 160。

(4) 按下 Ctrl+D 键，取消选择。在“通道”调板中拖动 Alpha1 通道到“创建新通道”按钮上，产生一个“Alpha1 副本”通道。

(5) 单击“滤镜”→“模糊”→“高斯模糊”菜单命令，产生模糊效果，如图 5.99 所示。其中参数：半径为 2 像素。

(6) 单击“图像”→“计算”菜单命令。设置其中参数：源 1 通道为 Alpha1，选中右边的反相复选框，源 2 通道为 Alpha1 副本，混合为差值。这样就产生了一个 Alpha2 通道，如图 5.100 所示。

图 5.98

图 5.99

(7) 单击“图像”→“调整”→“反相”菜单命令，变成黑底白边的文字，如图 5.101 所示。

图 5.100

图 5.101

(8) 按下 Ctrl+A 键，全选图像。

(9) 单击“编辑”→“拷贝”菜单命令，将图像拷贝到剪切板中。

(10) 在“通道”调板中选中 RGB 混合通道，单击“编辑”→“粘贴”菜单命令，将文字粘贴出来。

(11) 按住 Ctrl 键，在“通道”面板上单击“Alpha2”。

(12) 单击“渐变工具”按钮，在选项栏中选中“线性渐变”按钮。设置其参数：渐变颜色为色谱渐变；渐变模式为颜色。从左向右在文字上拖出一条渐变线，形成霓虹灯文字效果，如图 5.102 所示。

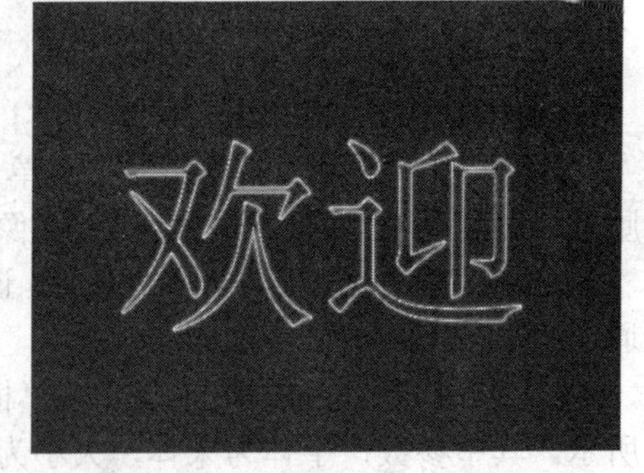

图 5.102

5.1.7 “图像大小”命令

该命令的作用是重新设定图像文件的尺寸和分辨率。当准备把图像进行联机共享时，例如放在 Web 页时，根据像素维数指定图像的大小是很重要的。要记住，改变像素数不仅影响图像在屏幕上的显示大小，而且也影响图像的质量和打印效果。同时在进行两个图像合并时也要考虑图像的大小。相关的内容可以参看图像的分辨率。

为了改变图像的大小，可以按照下面的步骤进行操作：

(1) 首先打开一幅要调整大小的图像，然后单击“图像”→“图像大小”菜单命令，打开“图像大小”对话框，如图 5.103 所示。

(2) 选中“重定图像像素”复选框，并选择插值方式为“两次立方”。

(3) 为了保持当前图像的宽和高的比例，选中“约束比例”复选框。该选项使得在改变宽度时可以自动改变高度，反之改变宽度时亦然。

(4) 在“像素大小”框和“文档大小”框中分别输入新的宽度和高度尺寸。要想输入当前图像的比例，先设定测量单位为百分比。

(5) 该对话框中还有一个“自动”按钮，它是用来自动设置图像分辨率的。单击它可以打开一个“自动分辨率”对话框，如图 5.104 所示。

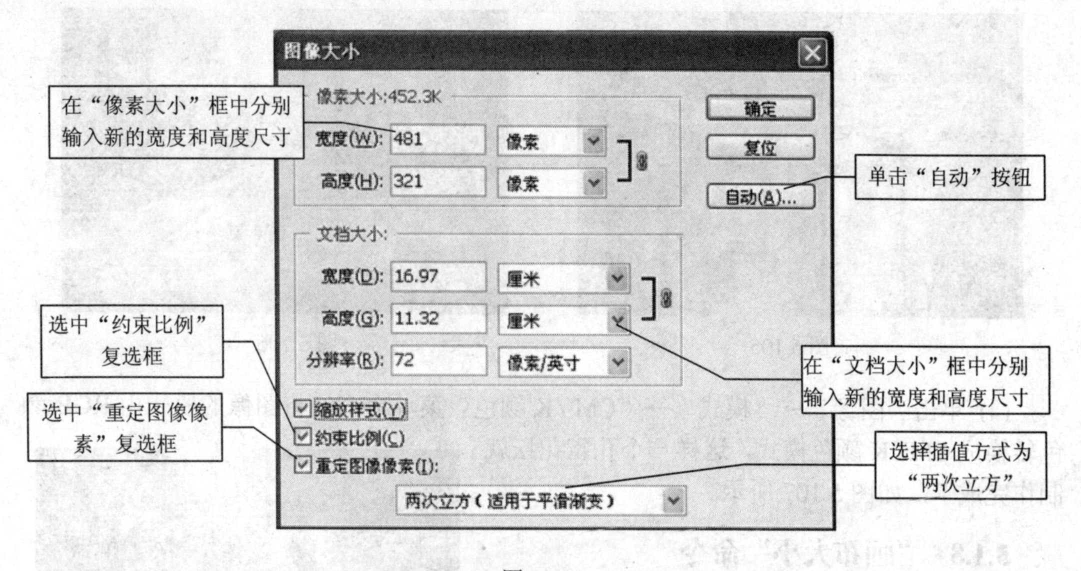

图 5.103

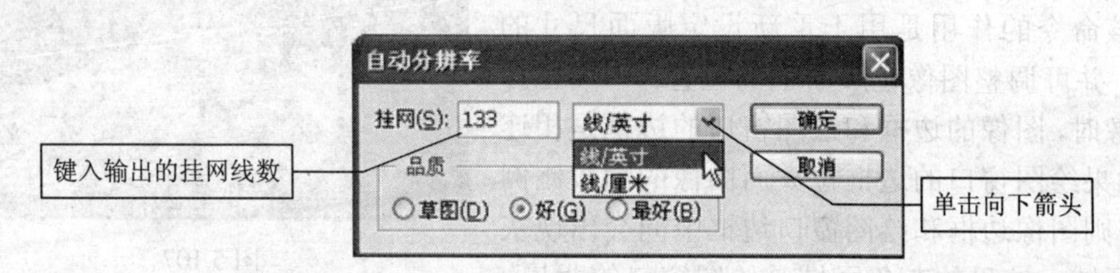

图 5.104

下面是该对话框各选项的简单介绍。

① 挂网：在“挂网”输入框中可以键入输出的挂网线数。它有两个单位：“线/英寸”和“线/厘米”，单击“挂网”右边的向下箭头可以选择这两个单位。

② 草图：选中此单选钮可以使图像的分辨率和屏幕分辨率一样，一般不低于 72dpi。质量一般，但文件最小。

③ 好：选中此单选钮可以使图像的分辨率为屏幕分辨率的 1.5 倍。图像质量好，文件大小适中。

④ 最好：选中此单选钮可以使图像分辨率为屏幕分辨率的 2 倍。图像质量最好，但是文件也最大。

(6) 单击“确定”按钮完成自动设置图像分辨率操作，并返回到“图像大小”对话框。

(7) 单击“确定”按钮改变图像的尺寸和分辨率，并重新显示图像。

【课堂制作 5.19】 制作孔雀花坛

(1) 单击“文件”→“打开”菜单命令，打开一幅倒置的孔雀花坛图像，如图 5.105 所示，其文件名为“E33.jpg”。

(2) 单击“图像”→“旋转画布”→“垂直翻转”菜单命令，将倒置的图像端正过来，如图 5.106 所示。

(3) 单击“图像”→“图像大小”菜单命令，将图像缩小。其中参数：取消“约束比例”复选框，宽度为 16 厘米，高度为 12 厘米，分辨率为 72 像素/英寸，如图 5.107 所示。

图 5.105

图 5.106

(4) 单击“图像”→“模式”→“CMYK 颜色”菜单命令，将图像的模式由 RGB 颜色转换成 CMYK 颜色模式，这样一个孔雀花坛就制作完成了，如图 5.107 所示。

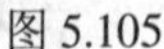

图 5.107

5.1.8 “画布大小”命令

该命令的作用是用于重新设定版面尺寸的大小，并可调整图像在版面上的位置。一般在打开图像时，图像的边框和绘图窗口的边框是相连的。如果绘图窗口的边框拉大而图像的缩放比例不变，则图像边框和绘图窗口边框中间会出现灰色的区域。这里的灰色区域是绘图窗口的背景，而不是图像的区域，在上面是不能作图的，如图 5.108 所示。

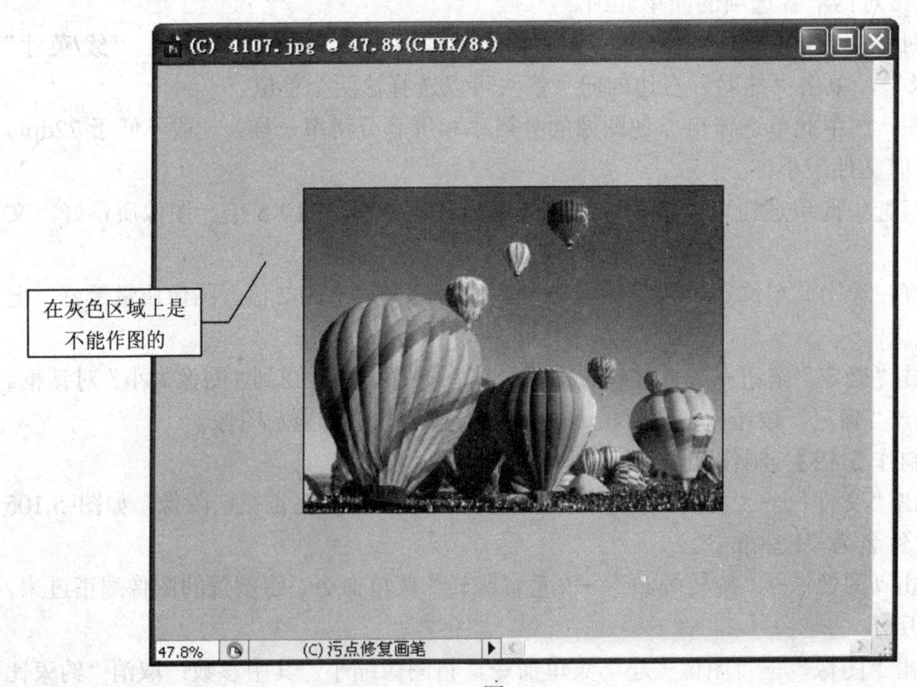

图 5.108

要想把可以作图的区域放大，原来的图像要保留，就相当于画画时，虽然原来图像的比例不能改变，但是可以在原图的周围添加画布，再在添加的画布上面作图。“添加画布”称为画布扩大。“画布大小”命令的功能就是改变画布的大小。

下面举例讲述“画布大小”命令的操作步骤：

(1) 单击“文件”→“打开”菜单命令打开一幅想要扩大画布的图像，这里打开文件名为“E34.jpg”的图形文件，如图 5.108 所示。

(2) 单击“图像”→“画布大小”菜单命令，打开“画布大小”对话框，如图 5.109 所示。在该对话框中有以下几个选项。

① 当前大小：在“当前大小”显示框中给出了当前图像的画布的宽度和高度。

② 新建大小：在“新建大小”输入框中键入用户想要更改后的大小。同样有宽度和高度选项。

首先在右边的列表框中选择一种计算单位，然后在左边的输入框中输入想要的数值。这里输入宽度为 40，高度为 30。

③ 定位：在对话框的下部有一个“定位”选择框，用来选择原来的图像在新画布中放置的位置。共有 9 个选择：居中、左上、……、右下。这里单击右下按钮。

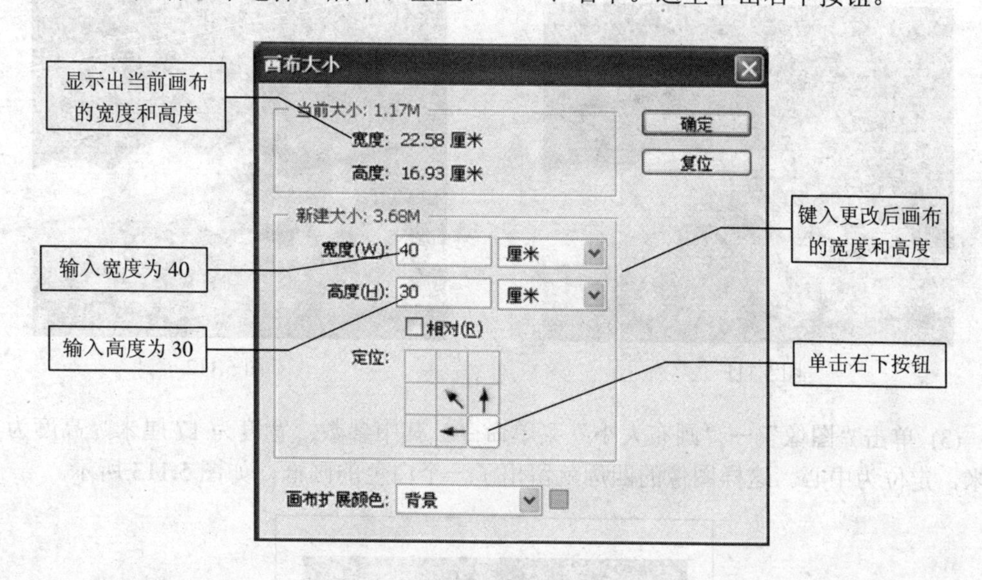

图 5.109

(3) 设置完毕以后，请单击“确定”按钮。

现在可以看到屏幕上出现了画布扩大后的图像，其中原图像在画布的右下角，如图 5.110 所示。

【课堂制作 5.20】 制作手绘效果

(1) 单击“文件”→“打开”菜单命令，打开一幅水果图像，如图 5.111 所示，其文件名为“E35.jpg”。

(2) 单击“图像”→“调整”→“色调分离”菜单命令，形成手绘效果，如图 5.112 所示。其中参数：色阶为 3。

图 5.110

图 5.111

图 5.112

(3) 单击“图像”→“画布大小”菜单命令。其中参数：宽度为 17 厘米，高度为 15 厘米，定位为中心。这样图像的四周就留出了一个白色的画框，如图 5.113 所示。

图 5.113

5.1.9 “裁剪”命令

此命令的作用是将用矩形选取工具所选取的范围裁剪下来。“裁剪”命令不改变图像的分辨率，也不需要进行重新采样，它只是把图像中不需要的边缘部分剪切掉，而不影响图像的其它部分。但当使用矩形工具时，如果设定有“羽化”效果，则无法执行“裁剪”命令。

下面举例说明“裁剪”命令的使用方法，按下列步骤操作：

(1) 单击“文件”→“打开”菜单命令，打开一幅要裁剪的图像。这里打开文件名为“E34.jpg”的图形文件，如图 5.114 所示。

(2) 单击工具箱中的“矩形选框”工具，选中蓝色的气球矩形区域，如图 5.115 所示。

(3) 单击“图像”→“裁剪”菜单命令，可以看到屏幕上出现了裁切后的效果，其中只有一个蓝气球的小图像，如图 5.116 所示。

图 5.114

图 5.115

图 5.116

工具箱里“裁剪”工具的功能之一也是剪切图像，但是它还有其它功能。详见“裁剪”工具的介绍。

5.1.10 “旋转画布”命令

该命令的作用是将图像的版面旋转方向，所有的图层、通道及路径都会一起旋转。单击“旋转画布”命令可以弹出一个子菜单，其中包括了 6 个子命令，如图 5.117 所示。它们分别是“180 度”、“90 度（顺时针）”、“90 度（逆时针）”、“任意角度”、“水平翻转画布”和“垂直翻转画布”命令。下面以图 5.118 为原图介绍各菜单命令的作用：

(1)“180 度”命令：该命令的作用是将图像旋转 180 度，如图 5.119 所示。

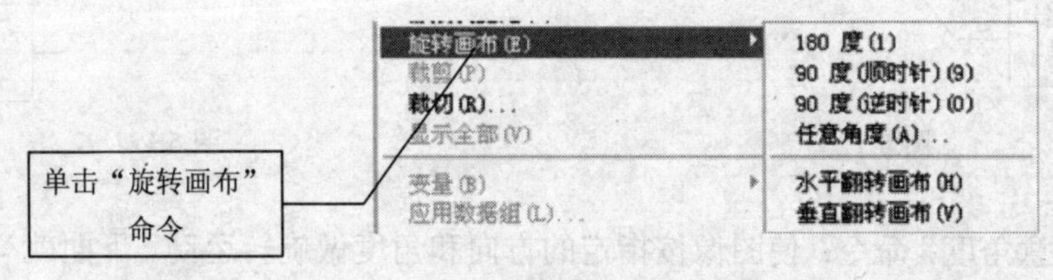

图 5.117

(2)“90 度（顺时针）”命令：该命令的作用是将图像顺时针旋转 90 度，如图 5.120 所示。

图 5.118

图 5.119

(3)“90 度（逆时针）”命令：该命令的作用是将图像逆时针旋转 90 度，如图 5.121 所示。

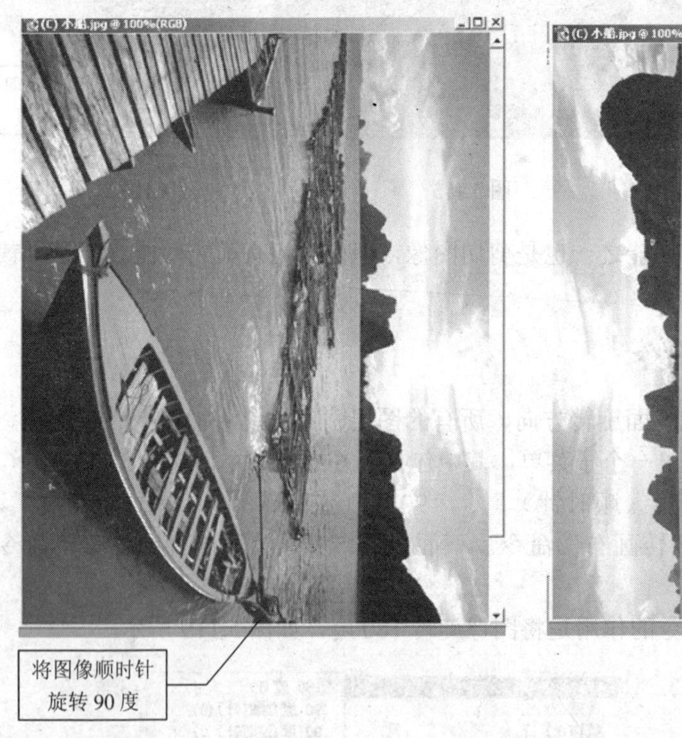

图 5.120

图 5.121

(4)“任意角度”命令：使图像按指定的方向和角度做旋转运动。下面就举例说明“任意角度”命令的操作步骤：

① 单击“图像”→“旋转画布”→“任意角度”菜单命令，打开“旋转画布”对话框，如图 5.122 所示。

② 在“角度”输入框中键入 45，选中“度（顺时针）”复选框，让图像按顺时针方向旋转 45 度。设置完毕后，单击“确定”按钮，如图 5.122 所示。

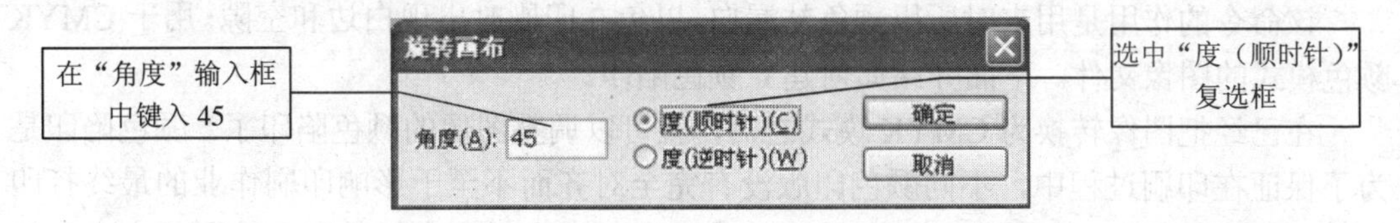

图 5.122

③ 现在可以看到图像按顺时针方向旋转了 45 度，如图 5.123 所示。

图 5.123

(5)“水平翻转画布”命令：将图像沿水平方向左右翻转，如图 5.124 所示。
(6)“垂直翻转画布”命令：将图像沿垂直方向上下翻转，如图 5.125 所示。

图 5.124

图 5.125

5.1.11 "陷印"命令

该命令的作用是用来对所用颜色补漏白，以免在印刷时出现白边和空隙。用于 CMYK 颜色模式的图像文件。下面介绍如何建立颜色陷印。

在已经把图像转换为 CMYK 模式之后，就可以调整图像的颜色陷印了。颜色陷印是为了保证在印刷过程中，不同颜色印版没有完全对齐而不至于影响印刷作业的最终打印外观。如果图像中有差别明显的颜色紧挨着，印版没有对齐会导致印出的图像中出现细小的间隙。这种防止间隙出现的技术就是所谓的陷印技术。在大多数情况下，由打印车间决定是否需要陷印，如果需要，则在"陷印"对话框中应该输入相应的数值。

请注意，使用陷印技术主要是修正 CMYK 图像中的物体色彩位置。通常，对于像照片一类连续色调的图像，没有必要为之建立颜色陷印。过分的陷印技术反而会在 C、M、Y 印版中产生轮廓线的效果，甚至交错的线条。这些问题可能在组合通道中看不出来，但是输出到胶片时会显示出来。

陷印宽度值决定打印中为了补偿位置不正，层叠颜色向外散布的程度。Photoshop 使用下列标准规则：

① 所有的颜色在黑色下散布；

② 较亮的颜色在较黑的颜色下散布；

③ 黄色在青色、洋红和黑色下散布；

④ 纯青色和纯洋红色在对方的颜色中互相散布。

按下列步骤建立陷印：

(1) 首先打开一个图像文件，这里选择"气球.jpg"图像文件。将 RGB 模式文件保存为一个副本，以防后面可能还要恢复原来的图像。

(2) 单击"图像"→"模式"→"CMYK 颜色"菜单命令，将图像转化为 CMYK 颜色模式，如图 5.126 所示。

图 5.126

(3) 单击"图像"→"陷印"菜单命令，打开"陷印"对话框，如图 5.127 所示。

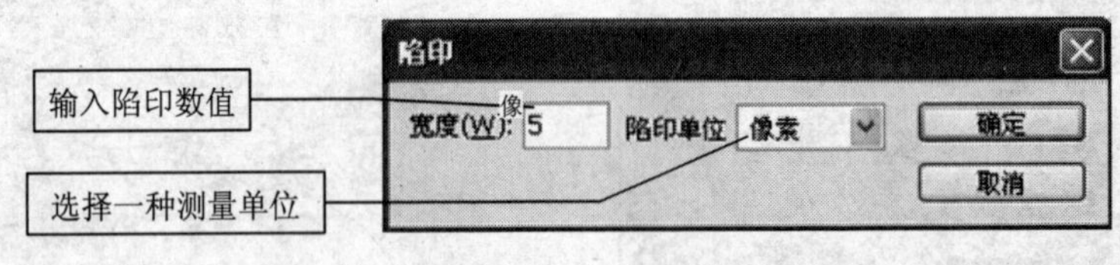

图 5.127

(4) 在"宽度"输入框中输入由印刷车间提供的陷印数值。然后选择一种测量单位。

(5) 设置完成后，请单击"确定"按钮。这样就建立了陷印，如图 5.128 所示，可以看到图像和背景之间产生了一圈边缘色。

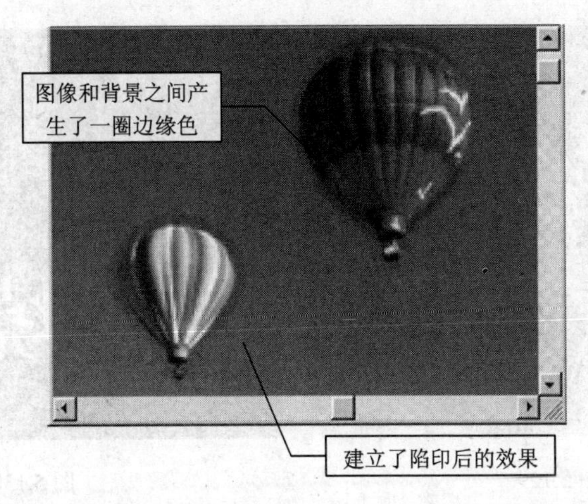

图 5.128

5.2 实例操作

5.2.1 餐馆招牌画

实例分析

餐馆的招牌画如图 5.129 所示。利用灰度模式图像，熊熊燃烧的文字“高丽烧烤城”突出了该餐馆的经营特色。烧烤箅子上两块烤好的嫩肉令人垂涎欲滴，引诱人们走进餐馆大饱口福。整个招牌画主题鲜明，体现了一种餐饮文化。

1. 制作燃烧字

(1) 单击“切换前景和背景色”按钮，设置前景为白色，背景为黑色。

(2) 单击“文件”→“新建”菜单命令，建立一个灰度模式图像。其中参数：宽度为 20.32 厘米，高度为 15.95 厘米，分辨率为 100 像素/英寸，颜色模式为灰度。背景内容为背景色。

(3) 单击“横排文字工具”按钮，在选项栏中设置文字的字体为小标宋繁体、大小为 100 pt。在图像的下部单击鼠标左键，输入文字“高丽烧烤城”，然后单击“提交所有当前编辑”按钮。

(4) 按下 Alt+Delete 键，将文字框内填充为白色，如图 5.130 所示。

(5) 单击“选择”→“存储选区”菜单命令，将文字框区域保存。

(6) 按下 Ctrl+D 键，清除文字框。

(7) 单击“图像”→“旋转画布”→“90 度（顺时针）”菜单命令，将图像旋转。

(8) 单击“滤镜”→“风格化”→“风”菜单命令，制作风吹文字的效果。其中参数：方法为风，方向为从左。

(9) 重复执行“风”滤镜，增强风吹的力度，本例执行了 4 次“风”滤镜，效果如图 5.131 所示。

(10) 单击“滤镜”→“模糊”→“高斯模糊”菜单命令，柔化风吹效果。其中参数：半径为 2.0，效果如图 5.132 所示。

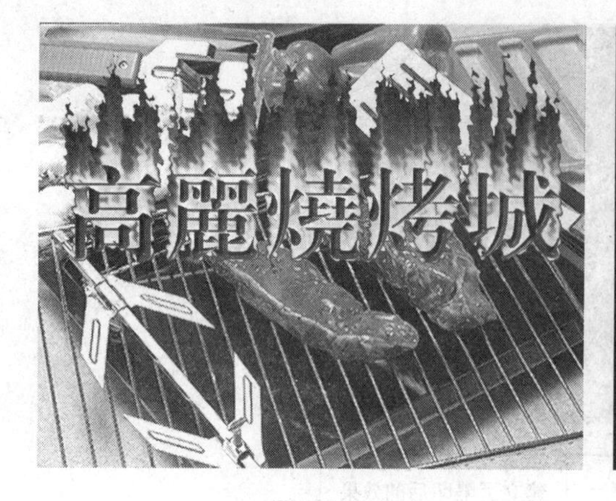

图 5.129

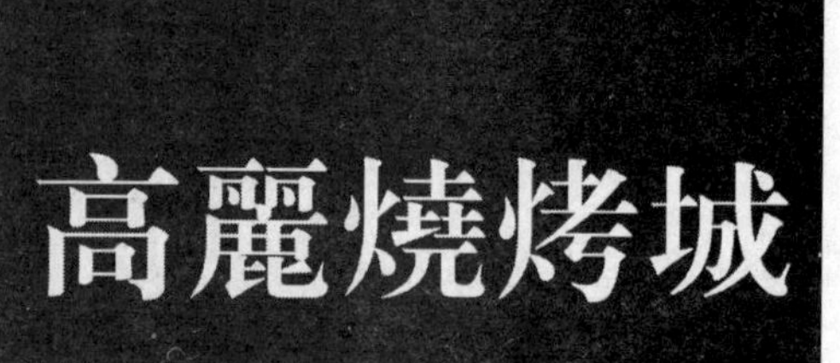

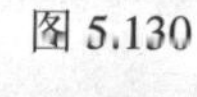

图 5.130

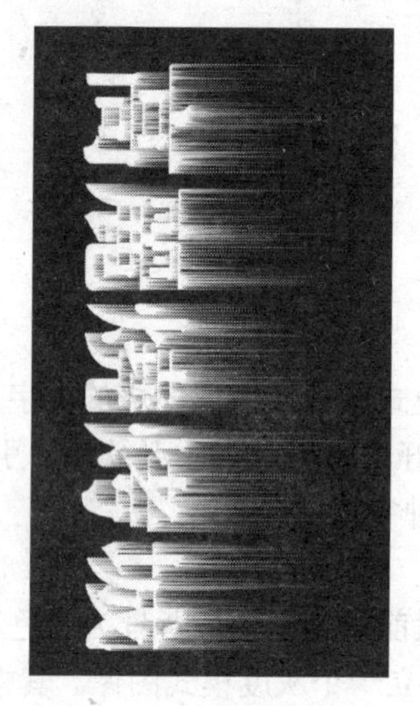

图 5.131

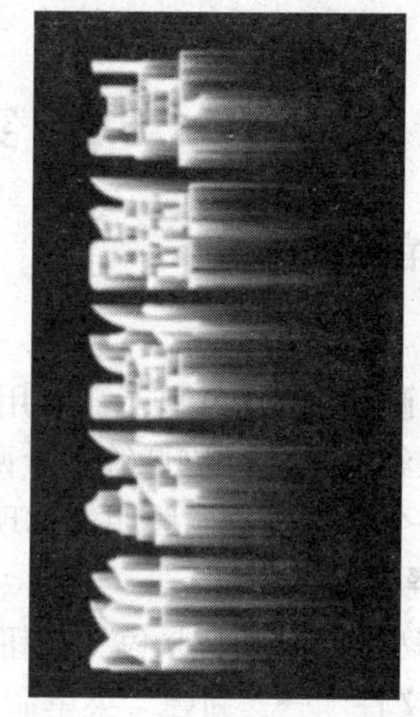

图 5.132

(11) 单击“图像”→“旋转画布”→“90 度（逆时针）”菜单命令，将图像旋转。

(12) 单击“选择”→“载入选区”菜单命令，将文字框选区调出。

(13) 单击“选择”→“反向”菜单命令，选取文字以外的部分。

(14) 单击“滤镜”→“扭曲”→“波纹”菜单命令，使火焰飘动起来。其中参数：数量为 300，大小为中。效果如图 5.133 所示。

(15) 按下 Ctrl+D 键，清除选取框。

(16) 单击“图像”→“模式”→“索引颜色”菜单命令，将图像转换成索引模式。

(17) 单击“图像”→“模式”→“颜色表”菜单命令，在“颜色表”下拉列表中选择“黑体”，文字就会产生发光燃烧的渲染效果，如图 5.134 所示。

(18) 单击“图像”→“模式”→“RGB 颜色”菜单命令，将图像转换为 RGB 模式。

(19) 单击“选择”→“载入选区”菜单命令，将文字框选区调出。

(20) 在“色板”工作面板上，单击红色色块，设置前景色为红色。

(21) 按下 Alt+Delete 键，将文字框内填充为红色。

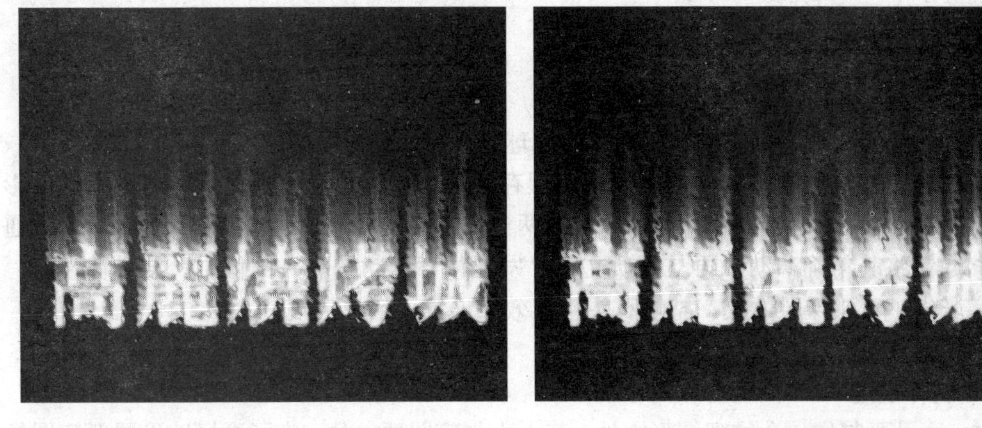

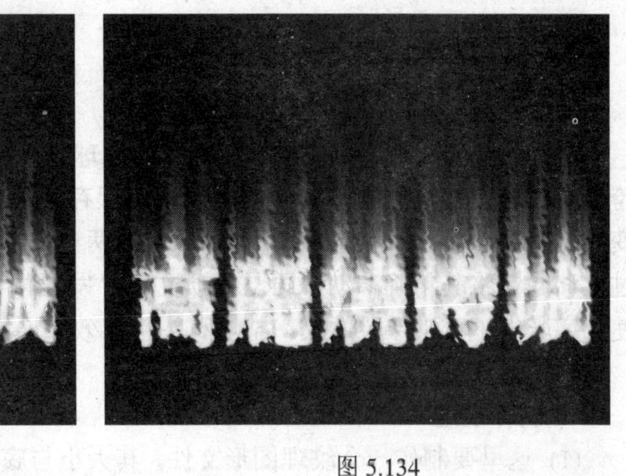

图 5.133　　　　图 5.134

(22) 单击“滤镜”→“Eye Candy 3.0”（甜蜜眼神）→“Carve（雕刻）”菜单命令，制作浮雕文字。其中参数：“Bevel Width”（斜面宽度）为 20，“Bevel Shape”（斜面形状）为“Mesa”，“Smoothness”（光滑度）为 5，“Shadow Depth”（雕刻深度）为 50，“Darken Depths”（暗部区域）为 48，“Highlight Brightness”（高光区亮度）为 100，“Highlight Sharpness”（高光区清晰度）为 30，“Direction”（方向）为 135，“Inclination”（倾角）为 45。效果如图 5.135 所示。

2. 将燃烧字嵌入到图像中

(1) 单击“魔棒工具”按钮，单击黑色区域，然后单击“选择”→“反向”菜单命令，将燃烧字选取。

(2) 单击“编辑”→“拷贝”菜单命令，将燃烧字拷贝到剪贴板。

(3) 单击“文件”→“打开”菜单命令，打开一幅图像，如图 5.136 所示，其文件名为“E36”。

图 5.135　　　　图 5.136

(4) 单击“编辑”→“粘贴”菜单命令，将燃烧字从剪贴板粘贴到图像上。

(5) 单击“移动工具”按钮，将燃烧字移动到适当位置，完成餐馆招牌画的制作，如图 5.129 所示。

5.2.2 石雕壁画

实例分析

这是一幅石头浮雕壁画，包括马术、冰球、篮球、体操、拳击、跳高、舞蹈、棒球、跨栏等内容，将这些姿态各异的运动剪影保存为纹理，再通过纹理化滤镜，则运动剪影变成了石头浮雕，如图 5.137 所示。黑、白两色文字“发展体育运动增强人民体质”，通过位移滤镜将其精确移动，再与石质文字“发展体育运动增强人民体质”结合在一起，使文字产生了石头浮雕效果。整幅石头浮雕效果逼真、活灵活现。

制作方法

1. 制作纹理

(1) 这里要制作一个纹理图形文件，其大小与底图要一致。为了更好地设置新建图像的大小和分辨率，可选择一幅底纹图形。单击“文件”→“打开”菜单命令，打开一幅文件名为“E37”的图形，如图 5.138 所示。

图 5.137

图 5.138

(2) 单击“图像”→“图像大小”菜单命令，查看和设置图像的大小和分辨率。

(3) 这时可看到屏幕上出现了一个“图像大小”对话框，其中绘出了图像的大小和分辨率，其宽度为 25 厘米、高度为 17.99 厘米、分辨率为 96 像素/英寸。这就是要新建文件的大小和分辨率。

(4) 单击“文件”→“新建”菜单命令，建立一个新图像，其大小与分辨率与上边的石头底纹图形相同，颜色模式为 RGB 颜色，背景内容为白色。

(5) 单击“文件”→“打开”菜单命令，打开 12 幅运动剪影图像。它们的文件名分别为 E38、E39、E40、E41、E42、E43、E44、E45、E46、E47、E48、E49。

(6) 因为这些图形文件的扩展名为 AI，是一种 EPS 模式的矢量图，可以任意放大、缩小和改变其分辨率，而不会使图像失真。这时，屏幕上出现了一个“导入 PDF”对话框，如图 5.139 所示。选中“消除锯齿”复选框和“约束比例”复选框，为使其分辨率与底图相同，所以设置分辨率为 96 像素/英寸。为使所有运动图像高度相同，将其高度设置为 4 厘米。然后单击“确定”按钮，将这 12 幅运动剪影图像打开。

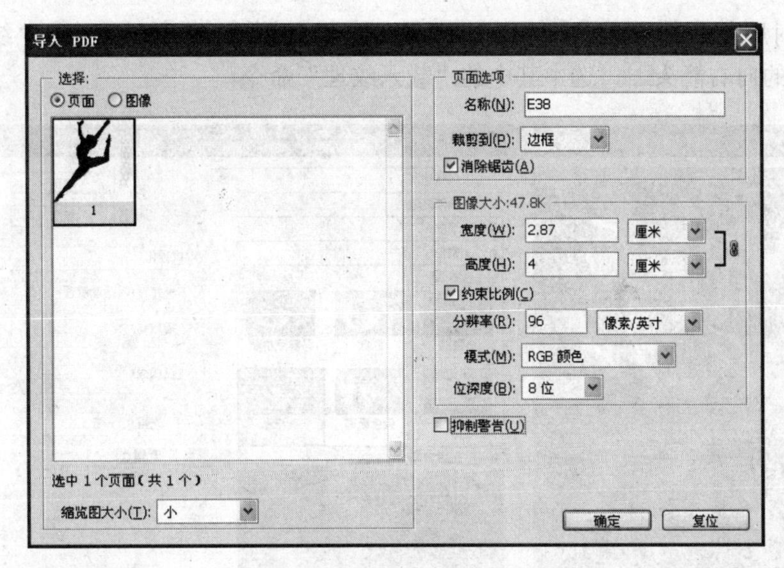

图 5.139

(7) 单击“移动工具”按钮，拖动运动图像到新建图像中，并将运动图像移动到适当位置。

(8) 多次执行步骤(7)的操作，直到所有运动图像移动到新建图像中，效果如图 5.140 所示。

(9) 在“图层”调板上，单击“ ”→“拼合图像”菜单命令，将所有图层合并为一个图层。

(10) 单击“图像”→“调整”→“反相”菜单命令，对图像的色调进行反转，效果如图 5.141 所示。

图 5.140

图 5.141

(11) 单击“文件”→“存储”菜单命令，将图像保存为“运动纹理.psd”文件。

(12) 单击“文件”→“关闭”菜单命令，将运动纹理图关闭。

2. 制作运动图像浮雕

(1) 选中石头底纹图形，单击“滤镜”→“纹理”→“纹理化”菜单命令，载入运动纹理图像，制作石头浮雕。

(2) 这时屏幕上出现了一个“纹理化”对话框，如图 5.142 所示。单击“纹理”下拉列表框右边的向右箭头▶，选中其中的“载入纹理”命令。

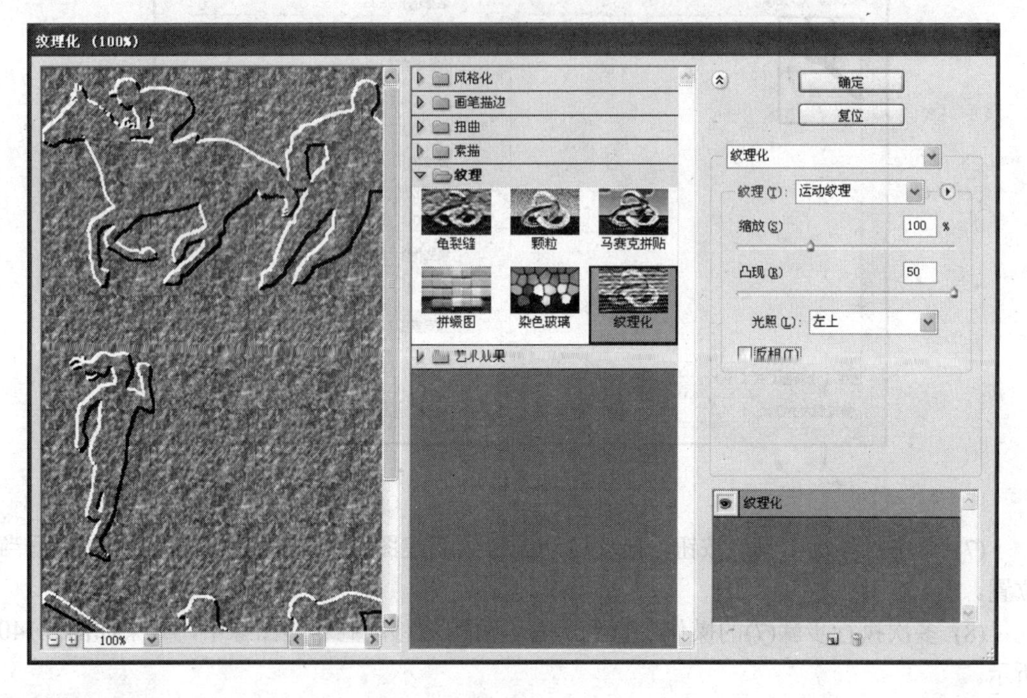

图 5.142

(3) 这时屏幕上出现了一个“载入纹理”对话框，如图 5.143 所示。选择“运动纹理.psd”文件，然后单击“打开”按钮，将运动纹理图像载入。

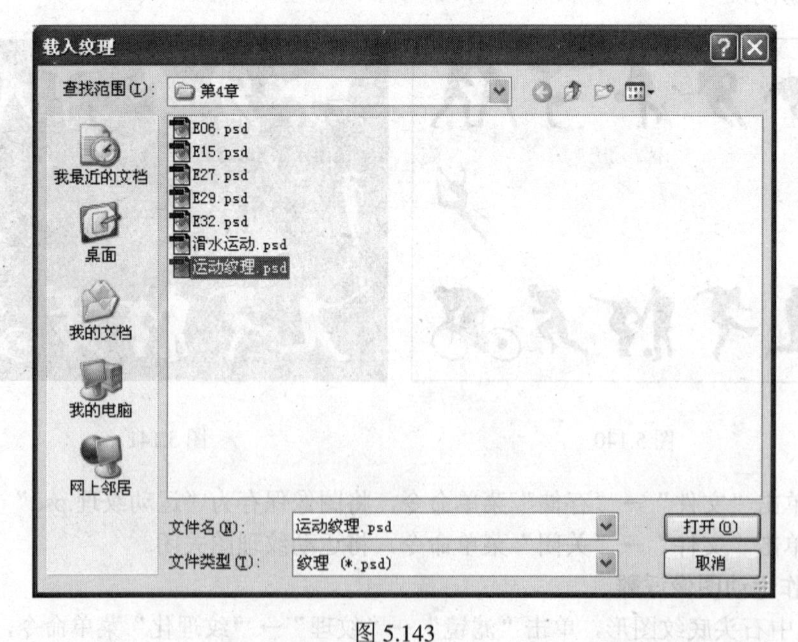

图 5.143

(4) 这时又回到了“纹理化”对话框，如图 5.142 所示。其它参数设置为：缩放为 100%，凸现为 50，光照为左上。效果如图 5.144 所示。

(5) 单击“编辑”→“渐隐纹理化”菜单命令，减弱石头浮雕效果。其中参数：不透明度为 80，模式为正常。

3. 制作文字浮雕

(1) 单击“横排文字工具”按钮，在“文字工具”选项栏中设置文字的字体为中宋，大小为 72pt，颜色为黑色，并在“字符”调板中选择字型为仿粗体。在图像上单击鼠标左键，然后输入“发展体育运动”，按 Enter 键另起一行输入“增强人民体质”。

(2) 在“图层”调板中的文字图层上单击鼠标右键→“栅格化文字”菜单命令，将文本图层转换成普通图层。

(3) 单击“移动工具”按钮，将文字移动到适当位置，如图 5.145 所示。

图 5.144

图 5.145

(4) 在“图层”调板上，拖动“背景”图层到“创建新的图层”按钮，复制“背景”图层为“背景 副本”图层，并将该图层放在文字图层之上。

(5) 按下 Ctrl 键，在“图层”调板上单击文字图层左侧的缩略图，将文字框置入“背景 副本”图层。

(6) 单击“选择”→“反向”菜单命令，再按下 Delete 键，删除文字框以外的区域，制作出石头纹理文字。

(7) 按下 Ctrl+D 键，清除文字框。

(8) 将文字图层作为当前图层，单击“滤镜”→“其它”→“位移”菜单命令，将黑色文字移动。其中参数：水平为 3、垂直为 3、未定义区域设置为透明。效果如图 5.146 所示。

(9) 在“色板”调板上，单击白色色块，设置前景色为白色。

(10) 在“图层”调板上，拖动背景副本图层到“创建新图层”按钮，复制背景副本图层为背景副本 2 图层。

(11) 按下 Ctrl 键，在“图层”调板上单击背景副本 2 图层左侧的缩略图，调出文字框。

(12) 按下 Alt+Delete 键，将文字框内填充为白色。

(13) 按下 Ctrl+D 键，清除文字框。

(14) 单击“滤镜”→“其它”→“位移”菜单命令，将白色文字移动。其中参数：水平为-3、垂直为-3、未定义区域设置为透明。效果如图 5.147 所示。

图 5.146

图 5.147

(15) 在“图层”调板上，将背景副本 2 图层移到背景副本图层的下面。

(16) 在“图层”调板上，按下 Ctrl 键单击“背景 副本”图层和“文字”图层，将“背景 副本”图层、“文字”图层和“背景副本 2”图层同时选中。然后单击“ ”→“合并图层”菜单命令，将所选图层合并为一个图层。

(17) 单击“滤镜”→“模糊”→“高斯模糊”菜单命令，对黑白文字进行模糊处理。其中参数：半径为 1。现已完成石头浮雕壁画的制作，效果如图 5.137 所示。

(18) 单击“文件”→“存储为”菜单命令，在弹出的存储为对话框中的文件名输入框中输入文件的名称为“石雕壁画”，在格式选项栏中选择“GIF”文件格式，并单击“保存”按钮。

(19) 这时屏幕上弹出一个提示对话框，如图 5.148 所示，单击“确定”按钮，拼合图层。

(20) 这时屏幕上又弹出一个“索引颜色”对话框，如图 5.149 所示。其中参数：调板为系统（Windows），仿色为扩散，数量为 75%。单击“确定”按钮。

(21) 这时屏幕上又弹出了一个“GIF 选项”对话框，如图 5.150 所示。其中参数：行序为正常。单击“确定”按钮，这样就存储了一个 GIF 格式的图形文件。

图 5.148

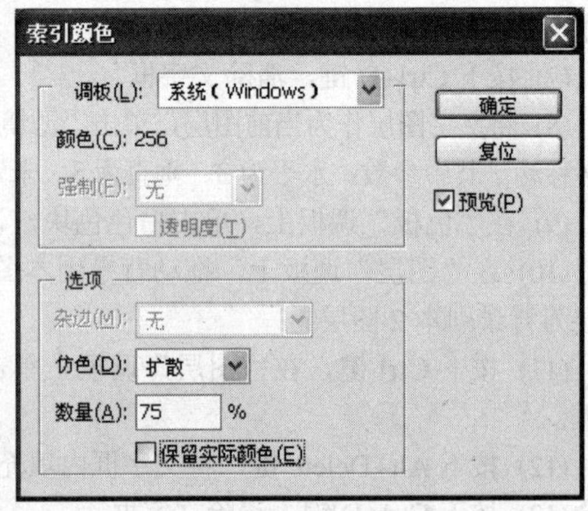

图 5.149

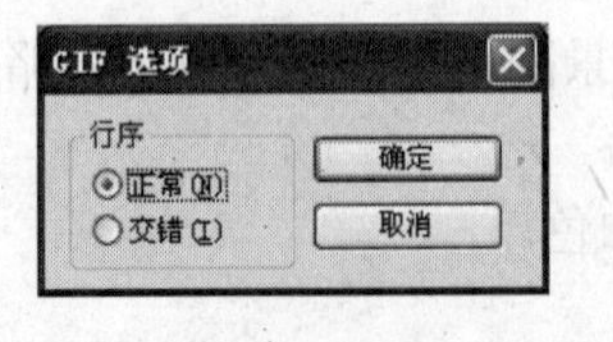

图 5.150

第6章　绘图工具及图像变换

学习目标

徒手绘图的功能突出，能绘制出各种仿真油画、素描、水彩画、版画和浮雕等效果。学好徒手绘图是精通 Photoshop CS 手绘的关键。

本章的另一个学习要点是如何对图像文件进行编辑处理。

6.1　绘图工具

绘图工具区如图 6.1 所示，共有 8 组工具，它们分别是“修复画笔工具”、“画笔工具”、“仿制图章工具”、“历史记录画笔工具”、“橡皮擦工具”、“渐变工具”、“模糊工具”和“减淡工具”。绘图工具包括了绝大多数的绘制图像功能，能绘制出各种各样的电子图像。

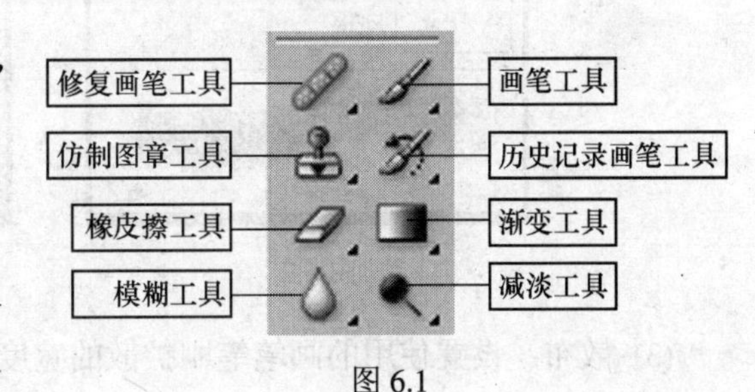

图 6.1

绘图工具的主要功能是：提供各种各样的绘图笔以绘制各种线条；提供涂改工具，可对所画的图像进行修改；提供印章工具，可以复制局部图像；提供用于调整图像色彩和图像轮廓的工具，可以对图像进行修饰。下面分别介绍其中常用的几种工具。

6.1.1　使用方法

设置绘图颜色（前景色或图案）→在工具栏中设置画笔类型 → 在工具栏中设置工具的相关参数（不透明度，混和模式）→在窗口中拖曳鼠标绘制（因绘图工具不同而有些差异）即可。

6.1.2　笔刷设置

使用绘图工具，必须定义或设置笔刷，利用各种不同的笔刷可以绘制出各种形态的图像效果。任意选择一个绘图工具，在工具栏中单击“切换画笔调板”按钮▤，就会出现画笔调板，如图 6.2 所示。下面介绍笔刷的各种设置。

(1) 画笔笔尖形状：用于设置使用的画笔笔尖的各种形状，如图 6.2 所示。

① 直径：定义笔刷的大小。

② 角度：定义笔刷使用的角度。

③ 圆度：定义笔刷的扁圆程度。

④ 硬度：定义笔刷边缘的柔和程度。

⑤ 间距：定义笔尖与笔尖的距离。

(2) 形状动态：设置使用的画笔笔尖的各种动态形状，如图 6.3 所示。

① 大小抖动：定义笔刷抖动的值。

② 最小直径：定义笔刷抖动的最小值。

③ 角度抖动：定义笔刷抖动时扭曲的角度。

④ 圆度抖动：定义笔刷抖动时的圆度。

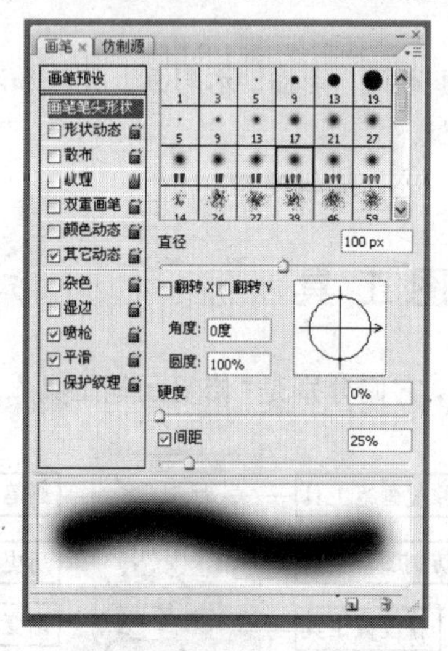

图 6.2

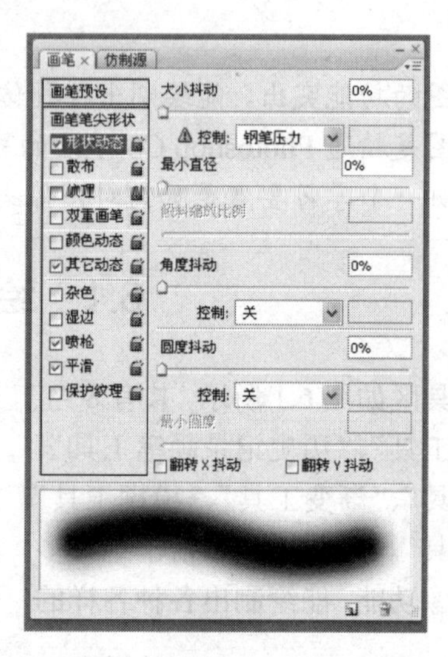

图 6.3

(3) 散布：设置使用的画笔笔刷扩散的宽度，如图 6.4 所示。

① 散布：定义笔刷散布的范围。

② 数量：定义笔刷散布的数量值。

③ 数量抖动：定义笔刷散布时抖动数量。

(4) 纹理：设置使用的画笔笔刷上的纹理，如图 6.5 所示。

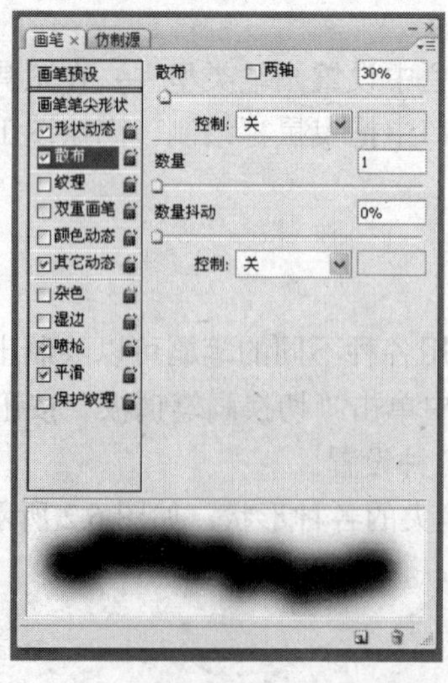

图 6.4

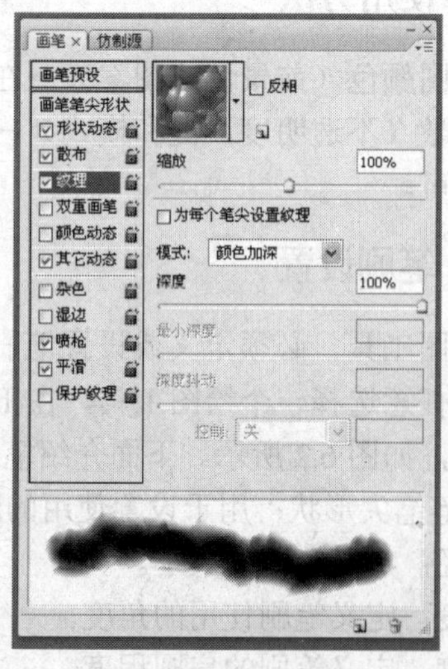

图 6.5

① 缩放：定义纹理在笔刷上映射的大小。

② 模式：定义纹理在笔刷上映射的混合模式。

③ 深度：定义纹理在笔刷上映射的深浅程度。

(5) 双重画笔：用于设置两个画笔叠加在一起使用的形态，如图 6.6 所示。

① 直径：定义笔刷叠加在一起的直径大小。

② 间距：定义笔刷与笔刷之间的距离。

③ 散布：定义笔刷扩散的程度。

④ 数量：定义笔刷边缘柔和的程度。

(6) 颜色动态：用于设置画笔绘图时使用的变化颜色，如图 6.7 所示。

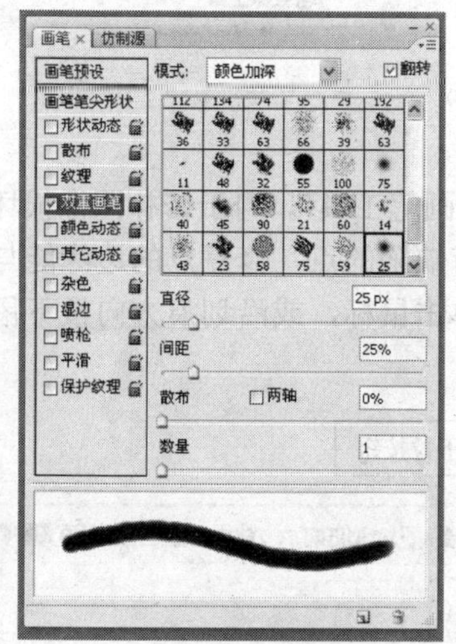
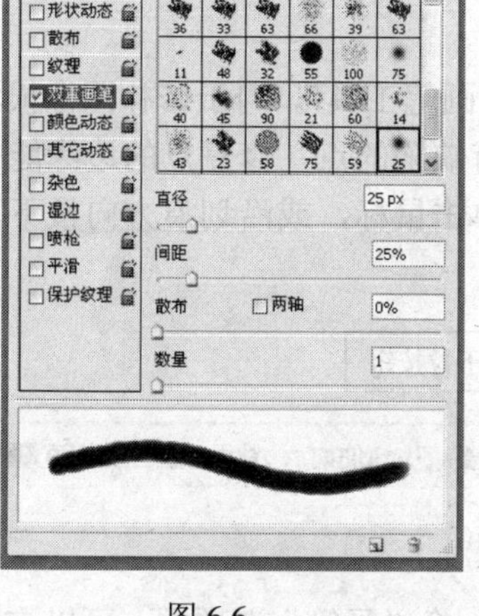

图 6.6

图 6.7

① 前景/背景抖动：定义笔刷绘图时使用的前景色到背景色变化的程度。

② 色相抖动：定义笔刷绘图时使用的色相变化程度。

③ 饱和度抖动：定义笔刷绘图时使用的色彩饱和度变化的程度。

④ 亮度抖动：定义笔刷绘图时使用的色彩亮度变化的程度。

⑤ 纯度：定义笔刷绘图时使用的色彩纯度的变化程度。

(7) 其它动态：设置画笔绘图时使用的不透明度和流量变化，如图 6.8 所示。

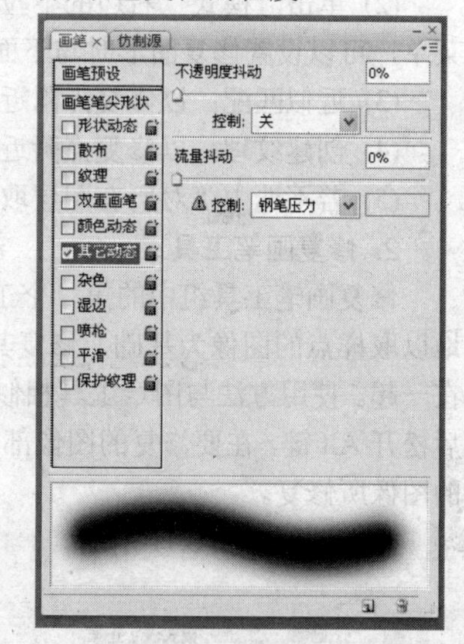

图 6.8

① 不透明度抖动：定义笔刷绘图时的不透明程度。

② 流量抖动：定义笔刷绘图时使用的色彩流淌变化程度。

(8) 杂色：添加笔刷边缘的杂点效果。

(9) 湿边：笔刷绘图时产生类似于水彩画晕染的效果。

6.1.3 修复画笔工具组

修复画笔工具组的功能是对图像中的污点、划痕、皮肤上的斑点、红眼等缺陷进行修复。修复画笔工具组中共有 4 种子工具，单击“污点修复画笔工具”不放，可以看到这 4 种子工具，如图 6.9 所示，它们分别是污点修复画笔工具、修复画笔工具、修补工具和红眼工具。下面详细介绍如何使用这些工具进行绘图。

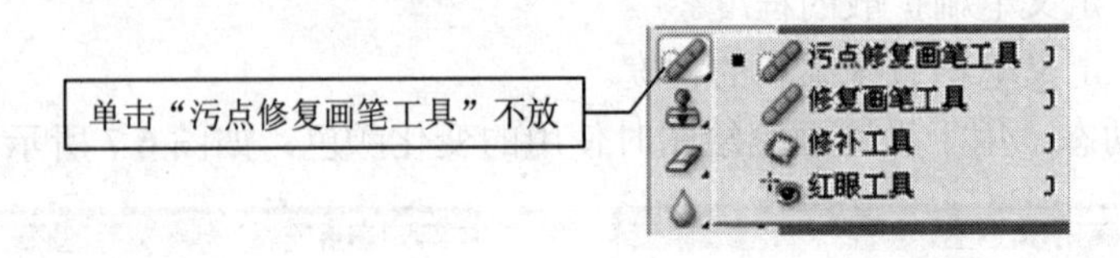

图 6.9

1. 污点修复画笔工具

绘图工具区中第一个工具就是“污点修复画笔工具”，用于修补图像损坏较轻的小污点和划痕。它可以利用周围的正常点来代替有缺陷的点，修复点的边缘能与周围的图像能很好地融合在一起。使用方法：在污点处单击鼠标，或沿划痕方向按下鼠标并拖曳即可。其选项栏如图 6.10 所示。

图 6.10

(1) 单击“画笔”选取器下拉按钮，弹出一个“画笔”选项框，可以方便地设置画笔的大小、硬度等参数。

(2) 单击“模式”右边的下拉箭头，弹出一个下拉式列表框，其中显示出了“模式”菜单，可以设置修复图形时与下面图像的色彩叠加模式。

(3) 近似匹配：以修复点附近最相似的点作为取样点进行修复。

(4) 创建纹理：以修复点附近的区域作为取样点纹理图案进行修复。

(5) 若不选中“对所有图层取样”复选框，则只对当前图层进行取样。

2. 修复画笔工具

修复画笔工具组中的第二个工具就是“修复画笔工具”，用于修复图像。它可以精确地以取样点的图像为基础，修复其它部位的图像，修复的图像边缘与原图能很好地融合在一起。使用方法与图章工具相似，按下 Alt 键在取样图像处单击鼠标设置源图像点，然后松开 Alt 键，在要修复的图像部位拖曳鼠标，这样修复点附近的图像就会被取样点附近的图像所修复。

其选项栏如图 6.11 所示。

图 6.11

(1) 单击“模式”右边的下拉箭头，弹出一个下拉式列表框，其中显示出了“模式”菜单，可以设置修复图形时与下面图像的色彩叠加模式。

(2) 单击“源”设置修复图像时使用的修复方式。共有以下两种方法。

① 取样：以取样点的图案修复图像。

② 图案：以选择的图案修复图像。

3. 修补工具

用于修补图像损坏严重的部位。使用方法：选择要修补的区域，把要修补的区域拖曳到要填充修补的位置即可。

4. 红眼工具

用于相片中因闪光灯引起的人眼红色的缺陷。使用方法：用红眼工具绘制人的眼球，使瞳孔由红色变为黑色。

6.1.4 画笔工具组

“画笔工具”：它是一个功能简单，但很重要的工具，能以类似毛笔或铅笔的风格绘制线条，“画笔工具”中共有 3 种子工具。单击“画笔工具”不放，可以看到这 3 种子工具，如图 6.12 所示，分别是“画笔工具”、“铅笔工具”和“颜色替换工具”，其选项栏的参数与喷笔工具相同。下面详细介绍如何使用这些选择工具选取区域。

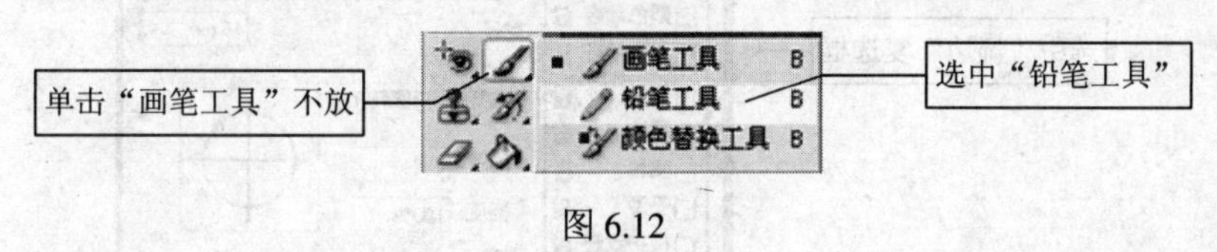

图 6.12

1. 画笔工具

用“画笔工具”绘制边缘有一定模糊程度的线条，就像用毛笔画线一样。在绘制期间用户还可以随时调整毛笔的尺寸、颜色和模糊程度。在选项栏中有一个“喷枪”复选框，用以绘出水彩效果。选中“喷枪”复选框，用以绘出水彩或毛笔的湿边效果，绘画线条会沿画笔所描的边缘递增颜色浓度。

按下列步骤绘制两条画笔线条：

(1) 在工具箱中单击“画笔工具”按钮，这时屏幕上出现了画笔工具选项栏，如图 6.13 所示。

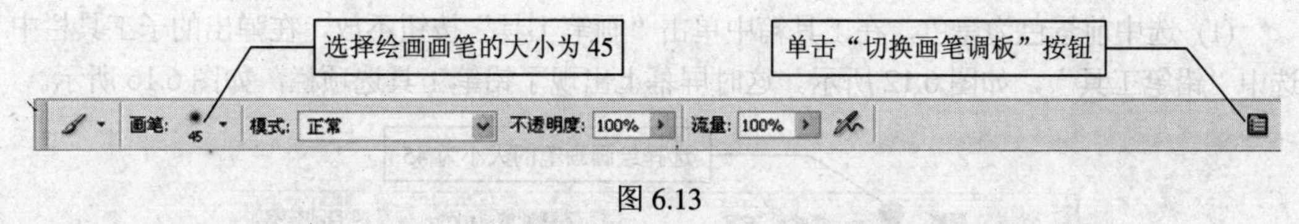

图 6.13

(2) 在选项栏中单击“绘画画笔”下拉列表框右边的向下箭头，选择绘画画笔的大小为 45，如图 6.13 所示。

(3) 在屏幕上拖动鼠标，绘制一个画笔线条，如图 6.14 所示。

(4) 在选项栏中单击“切换画笔调板”按钮，如图 6.13 所示，显示“画笔”调板。选中其中的“湿边”复选框，如图 6.15 所示，再绘制一个湿边画笔线条，如图 6.14 所示。

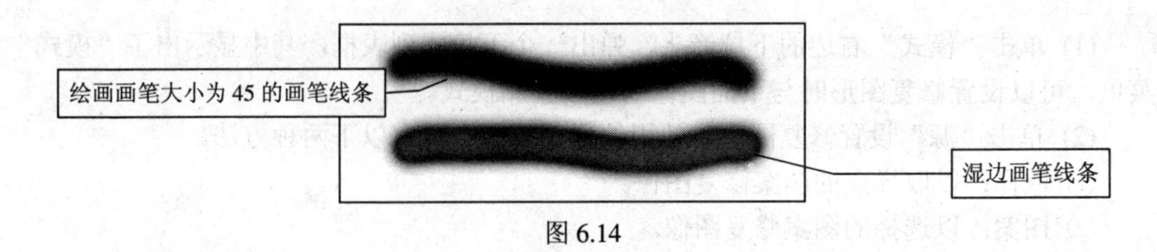

图 6.14

2. 铅笔工具

该工具用于绘制各种线条，可以使用铅笔选项栏中设置的画笔的形状和大小来控制画出的线条。在描绘时，自动使用当前的前景色。不论笔刷的宽度和形状如何设置，铅笔工具都使用硬边笔刷进行描绘，没有模糊的边缘，就像使用铅笔画出的线条一样。选项栏中的“自动抹掉”复选框可以在前景色的一个铅笔点上用背景色绘制下一铅笔点，其中下一铅笔点必须包含上一个铅笔点 50%以上区域。

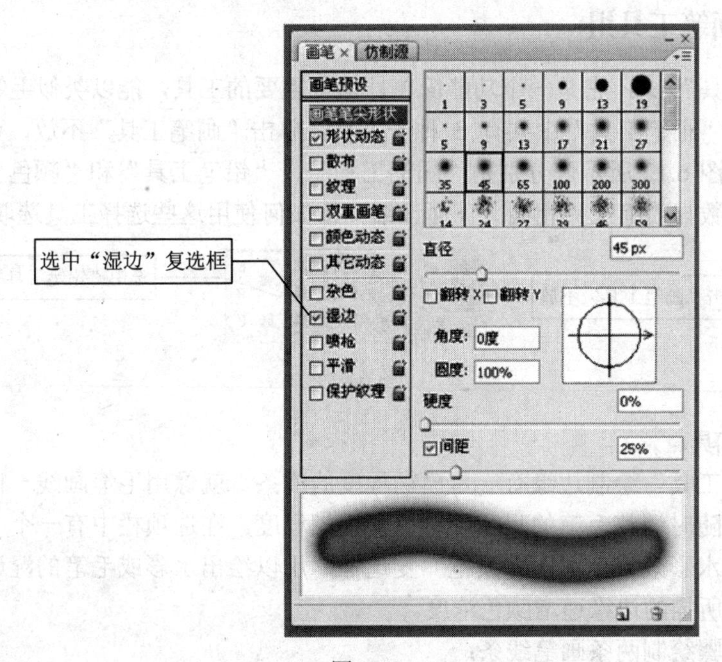

图 6.15

按下列步骤绘制两条铅笔线：

(1) 选中前景色为黑色，在工具箱中单击“画笔工具”按钮不放，在弹出的子工具栏中选中“铅笔工具”，如图 6.12 所示。这时屏幕上出现了铅笔工具选项栏，如图 6.16 所示。

图 6.16

(2) 在选项栏中单击“绘画画笔”下拉列表框右边的向下箭头，选择绘画画笔的大小为 45，如图 6.16 所示。

(3) 在屏幕上拖动鼠标，绘制一条铅笔线条，如图 6.17 所示。

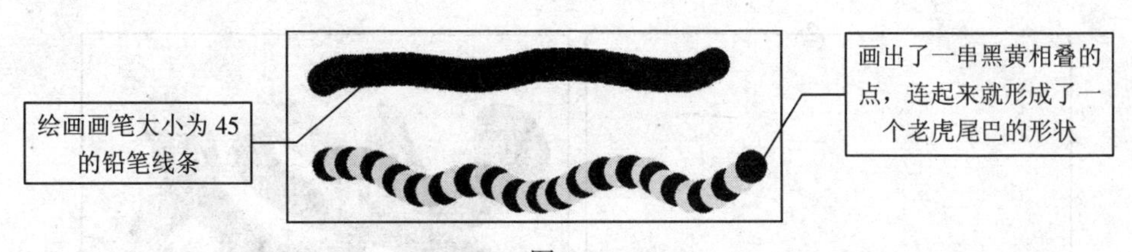

图 6.17

(4) 按住 Ctrl 键，在“色板”调板中单击浅黄色色块，将背景色设置为浅黄色。

(5) 在选项栏中选中“自动抹除”复选框，如图 6.18 所示。单击鼠标产生一个个铅笔点，并使每个后面点压住前一个点的 50%以上区域，这样就画出了一串黑黄相叠的点，连起来就形成了一个老虎尾巴的形状，如图 6.17 所示。

【课堂制作 6.1】 制作牙膏字

(1) 单击“文件”→“新建”菜单命令，新建一幅图像。其中参数：宽度为 16 厘米，高度为 12 厘米，分辨率为 72 像素/厘米，模式为 RGB，颜色为白色。

图 6.18

(2) 在“路径”调板中单击“创建新路径”按钮，创建一个“路径 1”路径层。

(3) 单击“自由钢笔工具”按钮，在工具选项栏中单击“路径”单选按钮，在画面中绘制“yes”手绘文字，如图 6.19 所示。

(4) 在“路径”调板中，将“路径 1”移到“创建新路径”按钮上，复制一个“路径 1 副本”路径。

(5) 单击“直接选择工具”按钮，选中起点以外的所有锚点。请注意：按下 Shift 键可以增加选取的锚点。

(6) 按下 Delete 键，删除所选锚点。

(7) 在“图层”调板中单击“创建新图层”按钮，创建一个新图层。

(8) 单击“画笔工具”按钮，在选项栏中单击“切换画笔调板”按钮，调出“画笔”调板，创建一个新的画笔。其中参数：直径为 38，硬度为 100%，间距为 25%。

(9) 将前景色设置为黑色。在“路径”调板中选中“路径 1 副本”路径，并单击“用画笔描边路径”按钮，这样就产生了一个以锚点为中心、38 为半径的黑色圆点。

(10) 单击“魔棒工具”按钮，选中黑色圆点。

(11) 单击“渐变工具”按钮，在选项栏中单击“角度渐变”按钮，设置渐变颜色为“色谱渐变”，由圆心向外拖出一条渐变线，产生一圈色谱渐变效果。

(12) 按下 Ctrl+D 键，取消选区。

(13) 在“路径”调板中选中“路径 1”路径。单击“涂抹工具”按钮，在选项栏中设置强度为 100%，并单击“切换画笔调板”按钮，调出“画笔”调板，创建一个新的画笔。其中参数：直径为 38，硬度为 100%，间距为 25%。

(14) 在“路径”调板中单击“用画笔描边路径”按钮，制作彩色牙膏字效果，如图 6.20 所示。

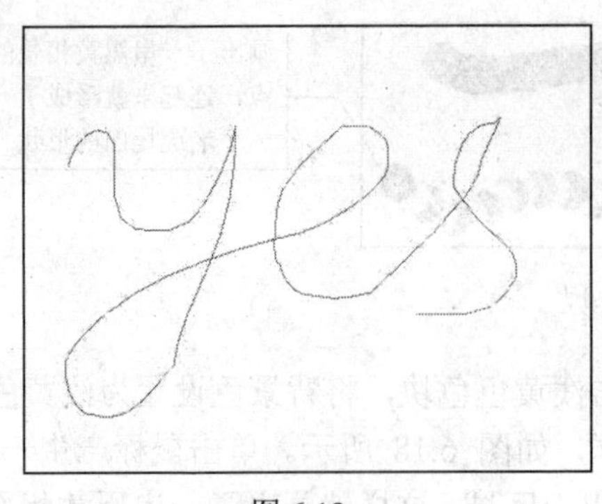

图 6.19

图 6.20

(15) 在“路径”调板的空白位置单击鼠标，隐藏路径，这样一个牙膏字就制作完成了。

6.1.5　图章工具组

“图章工具”：是一种特殊的工具，在日常使用中主要用于关联复制，即将图像或图案复制到同一个图像窗口或另一个图像窗口中用户指定的地方。关联复制与普通的复制、粘贴操作不同，它能通过单击并拖动鼠标在目标区域中确定要关联复制的内容，并能把关联复制的内容与目标区域中原有的图像完美地结合在一起。图章工具中共有两个子工具，单击“仿制图章工具”不放，可以看到这两个子工具，如图 6.21 所示。它们分别是“仿制图章工具”和“图案图章工具”。下面介绍如何使用这些图章工具。

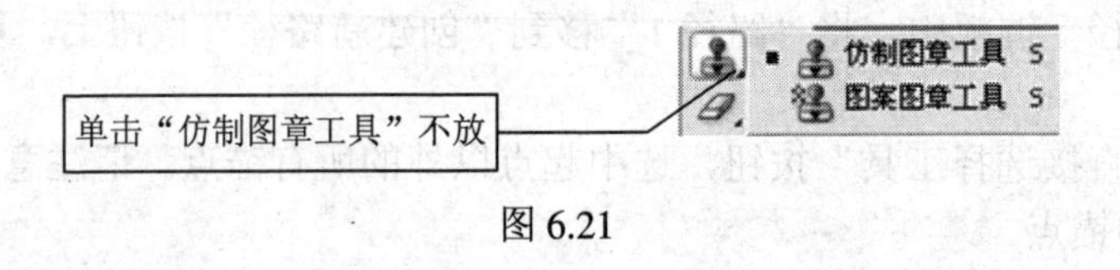

图 6.21

1. 仿制图章工具

“仿制图章工具”常常用来关联复制图像的一部分。关联复制能保证取样的源区域与关联复制到的目标区域之间保持相同的角度和距离，并可根据需要复制源区域中的任何一部分图像。

首先在选项栏中选择一个绘画画笔的大小，然后按住 Alt 键在目标区域的中心单击鼠标，确定复制图案的中心点，也叫取样源点。然后放开 Alt 键，在复制区域中心开始用鼠标拖动，这样就可将目标区域的图形复制到所需要的区域。具体使用方法参考实例。

在仿制图章选项栏中有一个选项是以往没有出现过的，那就是“对齐的”复选框。如果未选中此复选框，当放开 Alt 键后进行多次复制操作时，每一次拖动鼠标进行复制时，以每一次鼠标最先单击的位置为复制中心点进行复制，形成多个复制中心。如果选中此复选框，当放开 Alt 键后进行多次复制时，以第一次拖动鼠标进行复制时最先单击的位置为复制中心点进行复制。只产生一个复制中心点，这对于同一图形的不连续区域进行复制很有用处。

2. 图案图章工具

“图案图章工具”不是以取样源点进行关联复制，而是利用预选定义好的图案进行关联复制。首先可以在选项栏中选中要复制的图案。定义图案时可以利用矩形选框工具选择图案区域，然后单击“编辑”→“定义图案”菜单命令，自定义图案；也可以选择 Photoshop 已有的图案，然后再进行图章操作。

“图案图章工具”也有两种操作方式：一种是对齐方式，另一种是非对齐方式。在对齐方式下，图案中的所有元素在所有行上都对齐，不必考虑拖动的位置和次数，所绘制图案都是整齐排列的；而在非对齐方式下，每次单击并拖动鼠标都会重新开始绘制图案，会出现图案的重叠和覆盖。

【课堂制作 6.2】 制作生命之水

(1) 单击“文件”→“打开”菜单命令，打开一幅水稻图像，如图 6.22 所示，其文件名为“F01.jpg”。

(2) 单击“选择”→“全选”菜单命令，选择全图。

(3) 单击“编辑”→“拷贝”菜单命令，将选择内容拷贝到剪切板。

(4) 单击“文件”→“打开”菜单命令，打开一幅干涸的土地图像，如图 6.23 所示，其文件名为“F02.jpg”。

图 6.22

图 6.23

(5) 单击“编辑”→“粘贴”菜单命令，将水稻图像粘贴到当前文件中，形成图层 1。

(6) 单击“编辑”→“自由变换”菜单命令，将水稻图像放大到整个画布大小。

(7) 单击“仿制图章工具”按钮，在选项栏中选择一个较大的画笔。按住 Alt 键，在水稻最密集的中上部单击鼠标，然后松开 Alt 键，用鼠标在图像底部复制一些稻穗，如图 6.24 所示。

(8) 在“图层”调板中选中“背景”图层，并隐藏显示水稻图层。单击“套索工具”按钮，设置羽化值为 20，在水塘四周画出一个选择框。

(9) 在“图层”调板中选中水稻图层，单击“图层”→“新建”→“通过剪切的图层”菜单命令，将选择区的内容剪切下来并形成一个新的图层：图层 2。

(10) 在“图层”调板中选中“图层 1”图层，并将其混合模式设置为“滤色”。这样透过水稻看到了水塘四周的土地，如图 6.25 所示。

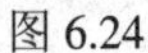

图 6.24

图 6.25

(11) 单击“图像”→“调整”→“去色”菜单命令，将水塘以外的水稻变为灰色。

(12) 将前景色设置为红色：R255。单击“横排文字工具”按钮，在图像的右下角输入“水”字，如图 6.26 所示。

(13) 单击“图层”→“拼合图像”菜单命令，将所有图层拼合成一个图层。至此一幅象征着有水就有生命的生命之水图像就制作完成了。

图 6.26

6.1.6 历史记录画笔工具组

在讲解“历史记录画笔工具”之前，首先要了解“历史记录”调板的作用。单击“窗口”→“显示历史记录”菜单命令，打开“历史记录”调板。然后在画布中进行各种 Photoshop CS3 的操作，可以看到每一步操作都被记录在了“历史记录”调板中，每一个记录也称为一个快照，如图 6.27 所示。可以单击其中的任何一步记录，从而还原到这一步操作时的图像状态。在调板的左上角有一个“设置历史记录画笔源”图标，在右下角有 3 个按钮，分别是“从当前状态创建新文档”按钮、“创建新快照”按钮和“删除当前状态”按钮。

单击历史记录调板右上角的向右箭头，如图 6.27 所示，可以弹出一个快照菜单，如图 6.28 所示，菜单中给出了各种有关历史记录的操作，单击其中的“清除历史记录”菜单命令，可以删除所有的历史记录，使图像不可还原，从而释放更多的计算机内存。

在工具箱中单击“历史记录画笔工具” 按钮不放，可以看到其中有两种子工具，如图 6.29 所示。它们分别是“历史记录画笔工具”和“历史记录艺术画笔工具”。下面详细介绍如何使用这些工具进行还原操作。

1. 历史记录画笔工具

功能是还原图像的原始状态。与“还原”命令相比，不同之处在于用户可以控制还原的范围，仅让那些用户需要的内容恢复出来。

“历史记录画笔工具”还能配合“历史记录”调板实现多次恢复操作，尤其是能够恢复某一选定对象的部分效果和不同制作步骤时的效果。按下列步骤操作：

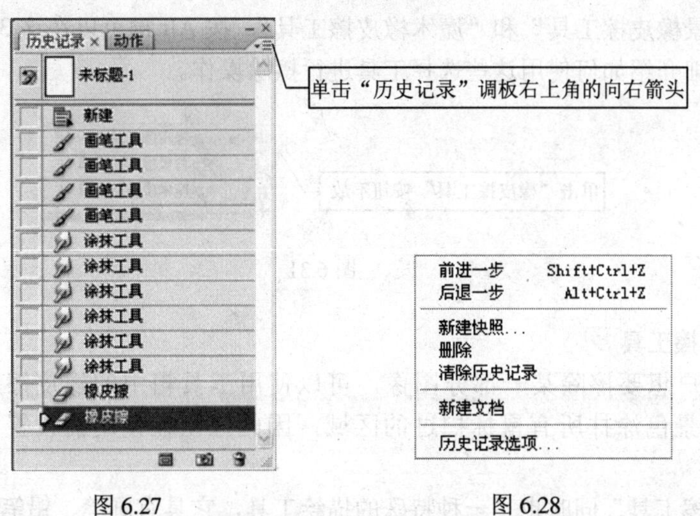

图 6.27　　图 6.28

(1) 在工具箱中单击“历史记录画笔工具”按钮。

(2) 在“历史记录”调板中要进行还原的那个记录的左边单击鼠标，这时“设置历史记录画笔的源”图标就出现了，如图 6.30 所示。

(3) 用“历史记录画笔”在画布中需要恢复的区域进行拖动，这些区域的图像就会被恢复。

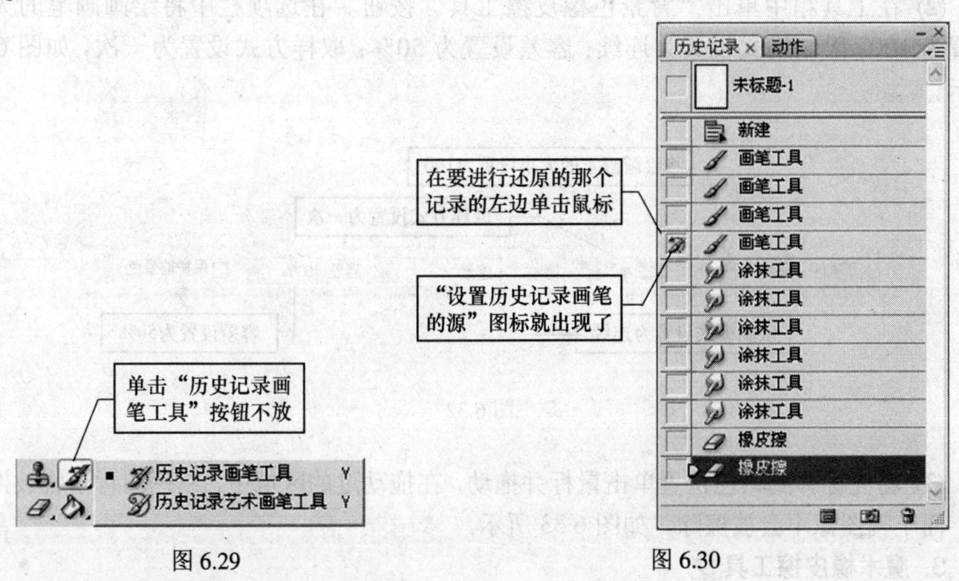

图 6.29　　图 6.30

2. 历史记录艺术画笔工具

与“历史记录画笔工具”的作用相似，以“历史记录”调板上的快照为源图像，使用具有艺术风格的画笔恢复指定区域内的图像。

6.1.7　橡皮擦工具组

“橡皮擦工具”可以用背景色或透明区域替换图像中的颜色。在工具箱中单击“橡皮擦工具”按钮不放，可以看到其中有 3 种子工具，如图 6.31 所示，它们分别是“橡皮擦工具”、“背景橡皮擦工具”和“魔术橡皮擦工具”，按 Alt 键可以在这 3 种工具间进行切换。下面详细介绍如何使用这些选择工具进行擦除操作。

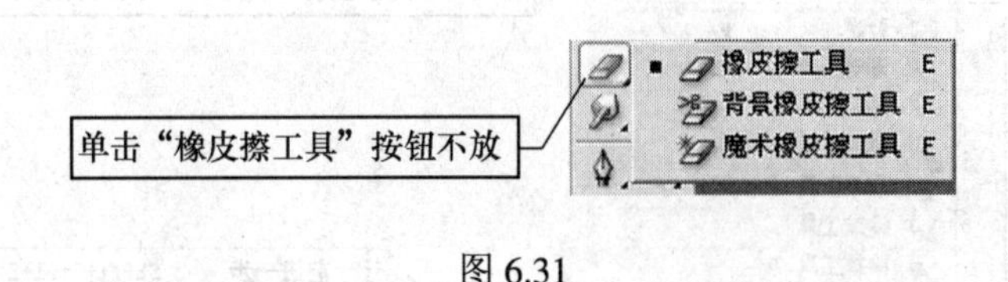

图 6.31

1. 橡皮擦工具

如果用户想要擦除某一部分图像，可以使用工具箱中的橡皮擦工具，该工具将使用当前背景色涂抹所有鼠标扫过的区域，因此应当在使用前设置背景色为擦除后的颜色。

“橡皮擦工具”同时也是一种特殊的描绘工具，它具有画笔、铅笔或者方块 3 种橡皮擦模式，可在选项栏中的“模式”下拉列表框中选择。可利用背景色来绘制。

2. 背景色橡皮擦工具

擦除指定的取样色，通过指定取样点和颜色容差范围，可以擦除与取样点相似颜色区域内的图像。按下列步骤操作：

(1) 单击“文件”→“打开”菜单命令，打开“样本”文件夹中的小鸭图形文件。

(2) 在工具箱中单击“背景色橡皮擦工具”按钮。在选项栏中将绘画画笔的大小设置为 100；限制模式设置为连续；容差设置为 50%；取样方式设置为一次，如图 6.32 所示。

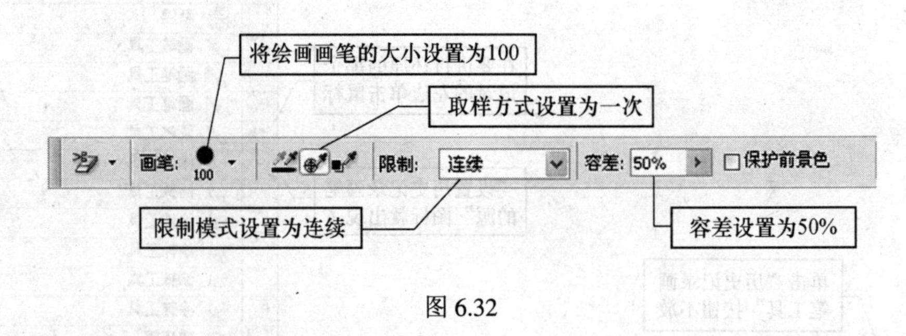

图 6.32

(3) 将光标移到白色位置单击鼠标并拖动，在拖动过的区域中，白色的背景就被擦除了，而小鸭图像不会被擦除，如图 6.33 所示。

3. 魔术橡皮擦工具

以取样点的像素色彩为基准，以容差的大小为相似依据，判断擦除的范围。这个工具其实就是“魔棒工具”和“橡皮擦工具”的完善结合。按下列步骤操作：

(1) 单击“文件”→“打开”菜单命令，打开“样本”文件夹中的小鸭图形文件。

(2) 在工具箱中单击“背景橡皮擦工具”按钮，在选项栏中设置容差为 10%。

(3) 在图形的白色位置单击鼠标，这样小鸭图像以外的所有白色区域就被擦除了，如图 6.34 所示。

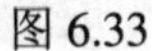

图 6.33

图 6.34

6.1.8 模糊工具组

“模糊工具”是一组常见的修饰工具，可以改变图像的清晰度和色彩的混合程序。“模糊工具”中共有 3 个子工具，单击“模糊工具”不放，可以看到这 3 个子工具，如图 6.35 所示。它们分别是“模糊工具”、“锐化工具”和“涂抹工具”。这 3 个工具的选项栏参数是相同的，其中“强度”值越大，每一次操作的变化就越大。下面介绍这 3 个工具的功能。

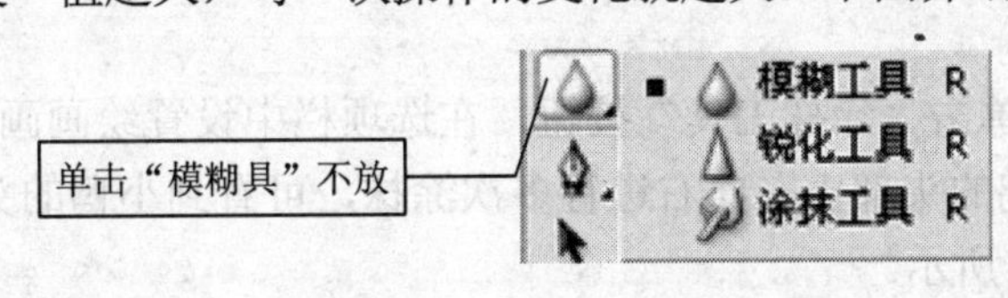

图 6.35

1. 模糊工具

具有柔和边界并消除边界处的图像之间的对比度的作用，它可以降低相邻像素之间的反差，使图像的边界或区域变得柔和，产生一种模糊的效果。因此它在图像融合方面是很有用的。使用这个工具，还可以将别的图像上喜欢的部分复制下来，然后粘贴到自己创作的图像上，再利用“模糊工具”将它和创作的图像融合在一起，使得效果自然和谐。按下列步骤操作：

(1) 单击“文件”→“打开”菜单命令，打开“F03”斑马图形文件，如图 6.36 所示。

(2) 在工具箱中单击“模糊工具”按钮，在选项栏中设置绘画画笔的大小为 200，强度值为 80%。在斑马图像上来回拖动鼠标，这时看到产生一幅模糊斑马图形，如图 6.37 所示。

2. 锐化工具

与模糊工具的作用正好相反，在图像上拖曳锐化工具，可以使相邻像素间的反差加大，从而使图像看起来更清晰明了、更加逼真，但是使用过多也可能造成像素堆积，效果失真。按下列步骤操作：

(1) 单击“文件”→“打开”菜单命令，打开“F03”斑马图形文件，如图 6.36 所示。

(2) 在工具箱中单击“锐化工具”按钮，在选项栏中设置压力值为 30%。在斑马图像上来回拖动鼠标，这时看到产生一幅黑白分明、更加清晰的斑马图形，如图 6.38 所示。

图 6.36

图 6.37

图 6.38

3. 涂抹工具

可以模拟用手搅拌颜色之后的效果。用手指工具把最先单击处的颜色提取出来，并与鼠标拖曳过的地方的颜色相融合。使用方法是在需要提取颜色的图像处单击并按住鼠标左键，然后在需要混合颜色的地方拖曳鼠标，这种工具能产生一种颜料未干时涂抹的水彩效果。按下列步骤进行操作：

(1) 单击“文件”→“打开”菜单命令，打开“样本”文件夹中的小鸭图形文件，如图 6.39 所示。

(2) 在工具箱中单击“涂抹工具”按钮，在选项栏中设置绘画画笔的大小为 45，压力值为 50%。在小鸭的头部由左向右进行多次涂抹，可看到小鸭的头部后方产生风吹的羽毛效果，如图 6.40 所示。

图 6.39

图 6.40

【课堂制作 6.3】 制作自由落体字

(1) 单击“文件”→“新建”菜单命令，新建一个图像。其中参数：宽度为 16 厘米，高度为 12 厘米，分辨率为 72 像素/厘米，颜色模式为 RGB，背景颜色为白色。

(2) 在“图层”调板中，单击“创建新图层”按钮，创建一个新图层。

(3) 单击“横排文字蒙版工具”按钮，输入文字“ABOST”。其中参数：字体为 Arial；大小为 60 点；字型为 Bold（粗体）。

(4) 将前景色设置为纯灰色：R 为 100，G 为 100，B 为 100。按下 Alt+Delete 键将文

字填为灰色，如图 6.41 所示。

(5) 单击“滤镜”→“像素化”→“彩色半调”菜单命令，产生彩色半调效果，如图 6.42 所示。其中参数：半径为 8。

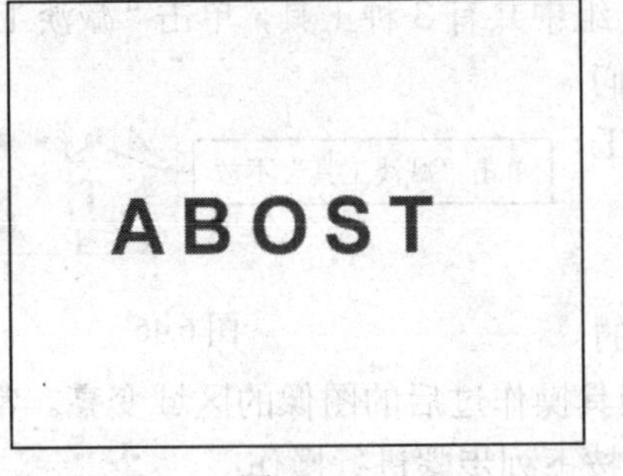

图 6.41

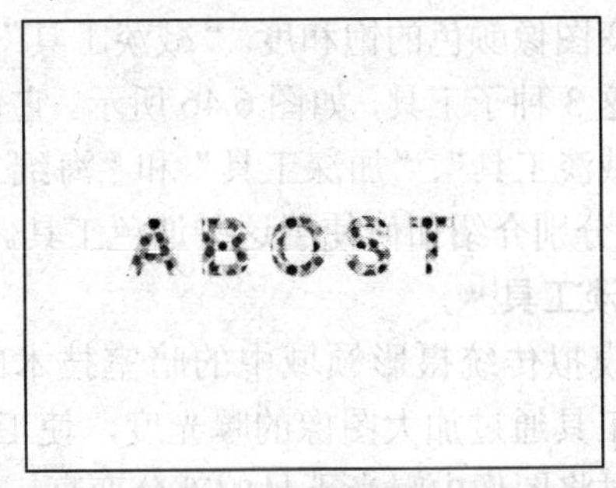

图 6.42

(6) 单击“矩形选框工具”按钮，选中“A”字，单击“编辑”→“自由变换”菜单命令，将文字旋转并移到适当的位置。

(7) 重复步骤(6)的操作，以同样的方法将其余的文字也旋转并移到适当的位置，如图 6.43 所示。

(8) 在“图层”调板中拖动文字图层到“创建新图层”按钮上，复制一个文字图层。

(9) 单击“涂抹工具”按钮，设置画笔的主直径为 35，强度为 74%。向上进行涂抹，形成较长的涂抹效果，如图 6.44 所示。

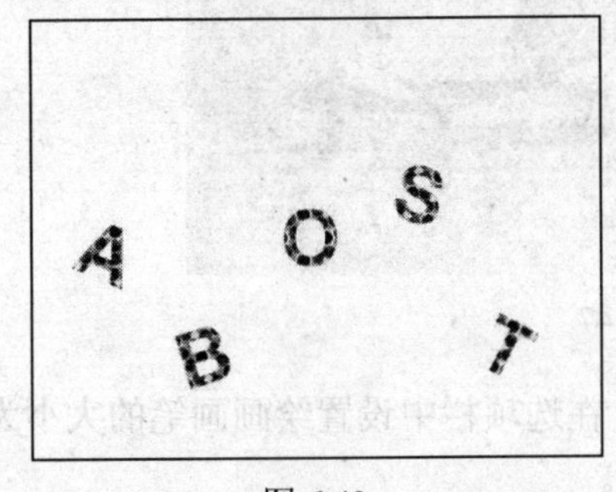

图 6.43

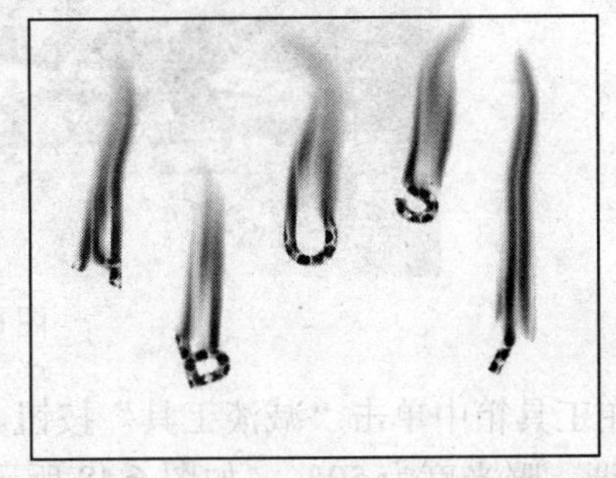

图 6.44

(10) 在“图层”调板中将原文字图层移到文字副本图层的上面。

(11) 单击“涂抹工具”按钮，设置画笔的主直径为 15，强度为 66%。向上进行涂抹，形成较短的涂抹效果，如图 6.45 所示。完成了自由落体字的制作。

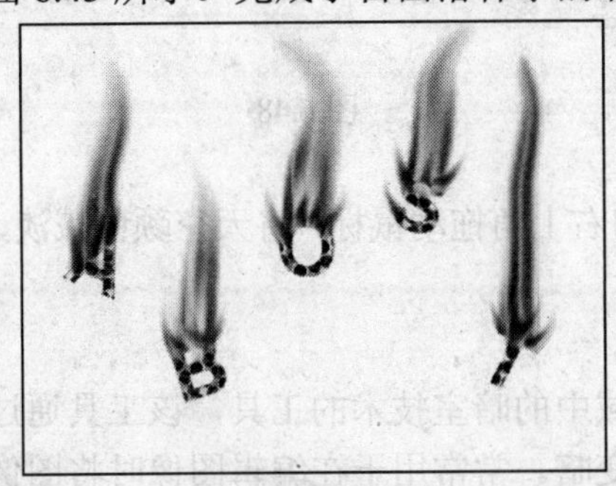

图 6.45

6.1.9 减淡工具组

“减淡工具”是一组改变画面颜色的工具，使用该工具可以使图像的颜色变浅或变深，也可以改变图像颜色的饱和度。“减淡工具”组中共有 3 种工具，单击“减淡工具”不放，可以看到这 3 种子工具，如图 6.46 所示。它们分别是“减淡工具”、“加深工具”和“海绵工具”。下面分别介绍如何使用这些调色工具。

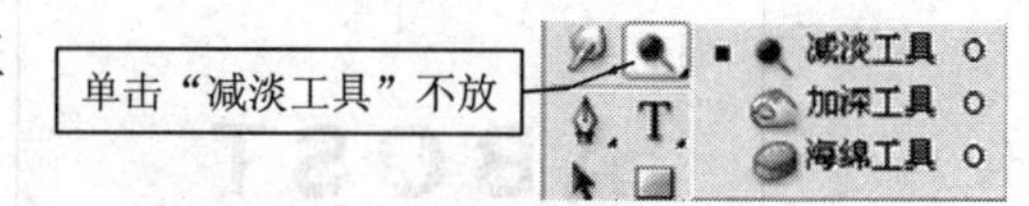

图 6.46

1. 减淡工具

它是模拟传统摄影领域中的暗室技术的工具，该工具通过加大图像的曝光度，使工具操作过后的图像的区域变亮。常常用于在编辑图像时将图像中曝光不足的部分变亮。按下列步骤进行操作：

(1) 单击“文件”→“打开”菜单命令，打开一幅文件名为“F04”的图像，如图 6.47 所示。图的上面两个角的颜色较深，这是用广角镜头拍摄照片经常出现的问题。

图 6.47

(2) 在工具箱中单击“减淡工具”按钮。在选项栏中设置绘画画笔的大小为 65，范围为中间调，曝光度为 50%，如图 6.48 所示。

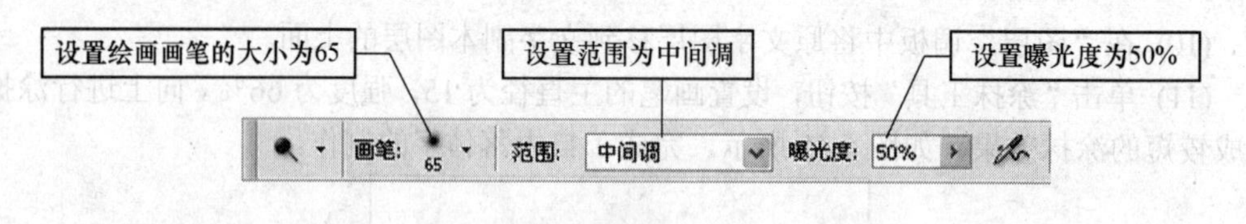

图 6.48

(3) 在图像的左上角和右上角拖动鼠标，将天空颜色减淡，使其与中间天空的颜色一致，如图 6.49 所示。

2. 加深工具

它是模拟传统摄影领域中的暗室技术的工具，该工具通过减小图像的曝光度，使工具操作过后的图像的区域变暗。常常用于在编辑图像时将图像中曝光过度的部分变暗。按下列步骤进行操作：

图 6.49

(1) 单击“文件”→“打开”菜单命令，打开一幅文件名为“F05”的图像，如图 6.50 所示。可看到图的中间树林中有一个亮光斑，这是用逆光拍摄照片经常出现的问题。

图 6.50

(2) 在工具箱中单击“加深工具”按钮。在选项栏中设置绘画画笔的大小为 200，范围为中间调，曝光度为 50%，如图 6.51 所示。

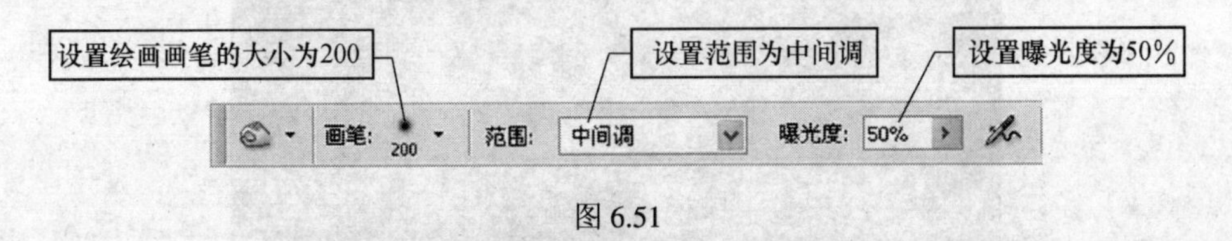

图 6.51

(3) 在图像的中央拖动鼠标，将树林的颜色加深，从而消除中间的光斑，如图 6.52 所示。

3. 海绵工具

减淡弹出式工具栏中的第 3 个工具是海绵工具，主要用来调整图像中色彩的饱和度，海绵工具根据其作用可分为以下两种方式。

(1) 去色方式：以这种方式处理图像时，能冲淡图像颜色的饱和度，使该颜色中的灰度级增加。

图 6.52

(2) 加色方式．以这种方式处理一个图像时，图像中颜色的饱和度会增加，而该颜色中的灰度级会降低。

可以将晴朗的天空变成阴天的效果，按下列步骤操作：

(1) 打开刚才已修复好的“F05”图像，如图 6.49 所示。

(2) 在工具箱中单击“海绵工具”按钮。在选项栏中设置绘画画笔的大小为 300，模式为去色，流量为 50%。如图 6.53 所示。

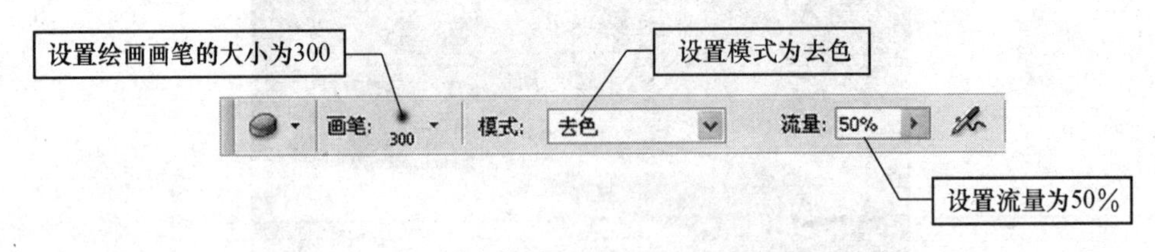

图 6.53

(3) 在图像上拖动鼠标，使天空由蓝色变成灰白色，城墙由土黄色变成灰黄色。

(4) 在工具箱中单击“加深工具”按钮，在图像上继续拖动鼠标，使图像颜色加深，变成一幅阴天下的嘉峪关图像，如图 6.54 所示。

图 6.54

6.2 “编辑”菜单

单击“编辑”菜单，可以弹出“编辑”下拉菜单，如图 6.55 所示。从图中可以看出，“编辑”菜单根据其基本功能可以划分为 11 类，不同的类型之间用横线分开。“编辑”菜单中的命令和选项主要用于对图像文件进行编辑处理。主要包括：“还原/重做”、“前进一步”、“后退一步”、“渐隐”、“剪切”、“拷贝”、“合并拷贝”、“粘贴”、“贴入”、“清除”、“拼写检查”、“查找和替换文本”、“填充”、“描边”、“自由变换”、“变换”、“自动对齐图层”、“自动混合图层”、“定义画笔预设”、“定义图案”、“定义自定形状”、“清理”、“Adobe PDF 预设”、“预设管理器”、“颜色设置”、“指定配置文件”、“转换为配置文件”、“键盘快捷键”、“菜单”和“首选项”等命令。下面开始介绍“编辑”菜单中常用命令的使用方法。

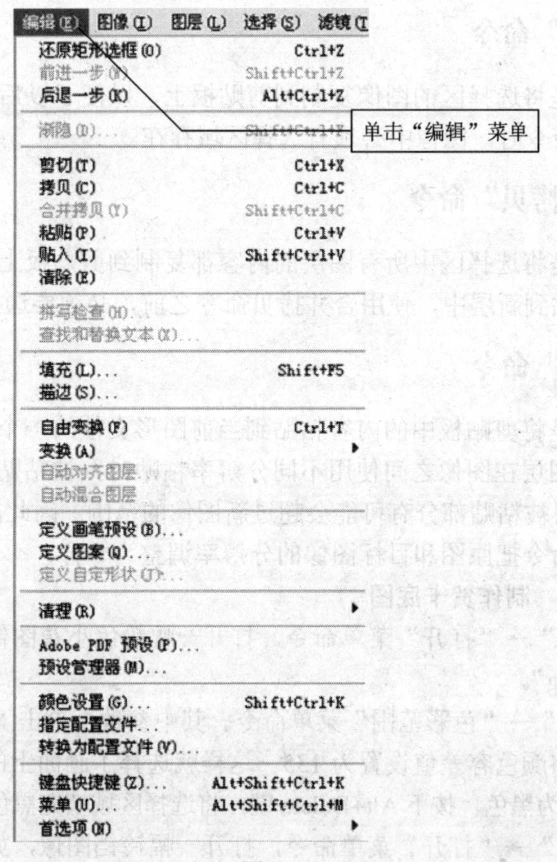

图 6.55

6.2.1 “还原/重做”命令和“前进一步/后退一步”命令

将上一次执行的命令撤消，把图形文件恢复到上一次操作前的状态，或重做上一次撤消的命令。根据上一次执行的命令不同，会出现不同的“还原/重做”命令。

例如不小心把图像的一部分剪切掉了，或者选取某种颜色着色，但是着色之后觉得颜色和图像的整体效果不相称，或者使用一种滤镜对图像进行处理，但是参数设置不对，极大地影响了处理的效果等。此时需要立即“反悔”，撤销刚进行的操作。“向前”命令就是完成这个功能的。

“后退一步”命令的作用是撤销上一次操作，重复使用此命令可再撤销一步或多步、甚至完全恢复到图像刚打开的状态，这将在以后的实例中加以介绍。

“前进一步”命令是重新恢复上一次撤销的操作。如果觉得还不应该撤销，选取“前进一步”命令又可以再向前恢复一次撤销的操作。重复使用“前进一步”命令，可以恢复一步或多步已撤消的操作。

6.2.2 “剪切”命令

该命令的作用是将选择区的图像内容剪切到剪贴板上，便于以后进行粘贴操作，原图像选择区用背景色填充，使用剪切命令时，图像中必须有选择区域存在。

6.2.3 “拷贝”命令

该命令的作用是将选择区的图像复制到剪贴板上，以便于以后进行粘贴操作，原图像不变。使用拷贝命令时，图像中必须有选择区域存在。

6.2.4 “合并拷贝”命令

该命令的作用是将选择区中所有图层的内容都复制到剪贴板上，进行粘贴时，将各图层合并为一层粘贴到新层中，使用合并拷贝命令之前，必须要选择一个区域。

6.2.5 “粘贴”命令

该命令的作用是将剪贴板中的内容粘贴到当前图形文件的一个新层中。请注意，当一个选定区域或者图层在图像之间使用不同分辨率粘贴时，被粘贴的数据保持着它原来的像素大小，这使得被粘贴部分有可能会超过新图像的范围。因此，在复制和粘贴之前，最好使用图像大小命令把原图和目标图像的分辨率调整为一样。

【课堂制作 6.4】 制作贺卡底图

(1) 单击“文件”→“打开”菜单命令，打开一幅粉色小花图像，如图 6.56 所示，其文件名为“F06.jpg”。

(2) 单击“选择”→“色彩范围”菜单命令。其中参数：单击“吸管工具”按钮，单击图像中的绿色，将颜色容差值设置为 135。这样就选择了画面上的绿色区域。

(3) 设置前景色为黑色，按下 Alt+Delete 键，将选择区域填充黑色，如图 6.57 所示。

(4) 单击“文件”→“打开”菜单命令，打开一幅铃铛图像，如图 6.58 所示，其文件名为“F07.jpg”。

(5) 单击“魔棒工具”按钮，按下 Shift 键，将所有灰色背景区域全部选中。

(6) 单击“选择”→“反向”菜单命令，将铃铛图像选中。

(7) 单击“编辑”→“拷贝”菜单命令，将铃铛图像拷贝到剪切板中。

(8) 选中粉色小花图像，单击“编辑”→“粘贴”菜单命令，将铃铛图像粘贴到当前图像中。

图 6.56

图 6.57

图 6.58

(9) 单击“编辑”→“自由变换”菜单命令，缩小铃铛大小并将其移到图像中央，如图 6.59 所示。

(10) 单击“图层”→“图层样式”→“外发光”菜单命令。其中参数：混合模式为滤色，不透明度为 75%，颜色为白色，方法为较柔软，扩展为 5%，大小为 45 像素。这样就产生了一圈外发光的效果，如图 6.60 所示，一个贺卡的底图就制作完成了。

图 6.59

图 6.60

6.2.6 “贴入”命令

该命令的作用是将剪贴板中的内容粘贴到当前图形文件的选择区中。使用“粘入”命令之前，应该先选定一个区域。

【课堂制作 6.5】 制作彩虹效果

(1) 单击“文件”→“打开”菜单命令，打开一幅彩虹图像，如图 6.61 所示，其文件名为“F08.jpg”。

(2) 单击“选择”→“全部”菜单命令，选择全图。

(3) 单击“编辑”→“拷贝”菜单命令，将选择内容拷贝到剪切板。

(4) 单击“文件”→“打开”菜单命令，打开一幅纪念碑图像，如图 6.62 所示，其文件名为“F09.jpg”。

图 6.61

图 6.62

(5) 单击“魔棒工具”按钮，选中天空，按下 Shift 键，增加选区，直到选中所有天空区域。

(6) 单击“编辑”→“贴入”菜单命令，将彩虹图像粘贴到天空区域中。

(7) 单击“移动工具”按钮，调整彩虹图像的位置，形成彩虹效果，如图 6.63 所示。

图 6.63

6.2.7 “清除”命令

该命令的作用是将选择区中的图像清除，并用背景色来填充。请注意，当使用清除或剪切命令删除背景或者某一图层中的选择区域时，若当该区域设置了透明选项时，将用透明颜色来代替原来的选择区域；若当该区域未设置透明选项，将用背景色来代替原来的选择区域。

6.2.8 “拼写检查”命令

该命令的作用是用于检查文字书写或拼法是否有错误。

6.2.9 “查找和替换文本”命令

该命令的作用是将查找的文字更改为其它文字。

6.2.10 “自由变换”命令

该命令的作用是在自由变形选择框的状态下，以手动方式调整自由变形选择框四周的调整句柄，将当前图层的图像或选择区域做任意缩放、旋转、倾斜、改变透视关系等自由变换操作。拖动句柄可以调整图像的大小、倾斜度、改变透视关系等。当将鼠标光标放在句柄附近时，鼠标光标会变成双箭头的旋转光标，这时就可以旋转自由变形选择框来旋转图像；并可移动中心参考点的位置，如图6.64所示，此例的图形文件名为“F10”。按住Ctrl键可以进行扭曲操作，按住Ctrl和Alt键可以进行斜切操作。

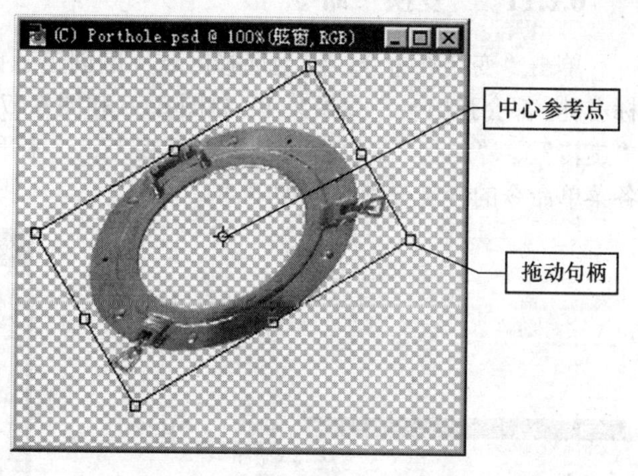

图 6.64

如果想要更精确地控制各种变换操作，可以在选项栏中设置各种变换的参数，如图6.65所示。

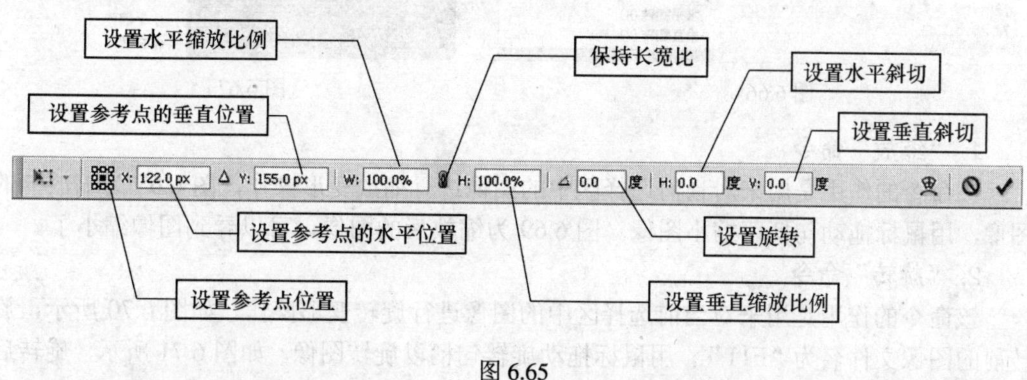

图 6.65

(1) 设置参考点位置：可以设置10个固定的参考点为图像变换的中心点，例如：中心、左边中心、右上角等。

(2) 设置参考点的水平位置：此参数值可以控制 X 轴位移量。

(3) 设置参考点的垂直位置：此参数值可以控制 Y 轴位移量。

(4) 使用参考点相关定位按钮[Δ]：当按下此按钮时以原图形的参考点为(0,0)原点坐标的相对位移量，否则以画布的左上角为(0,0)原点坐标的绝对位移量。

(5) 设置水平缩放比例：此参数值可以控制水平缩放的百分比。

(6) 设置垂直缩放比例：此参数值可以控制垂直缩放的百分比。

(7) 保持长宽比按钮：按下此按钮时长宽缩放的比例是相同的。

(8) 设置旋转：此参数值可以控制旋转的角度。

(9) 设置水平斜切：此参数值可以控制 X 轴的倾斜角度。

(10) 设置垂直斜切：此参数值可以控制 Y 轴的倾斜角度。

这些参数在变换命令菜单的各个子菜单中也可同时使用。

6.2.11 “变换”命令

单击“变换”命令，或当选择区域周围创建了自由变形选择框后，在图像中单击鼠标右键，都会弹出一个变换菜单，如图 6.66 和图 6.67 所示。用来对所选图像实施“缩放”、“旋转”、“斜切”、“扭曲”、“透视”、“水平翻转”和“垂直翻转”等变换操作。各菜单命令的含义分别介绍如下。

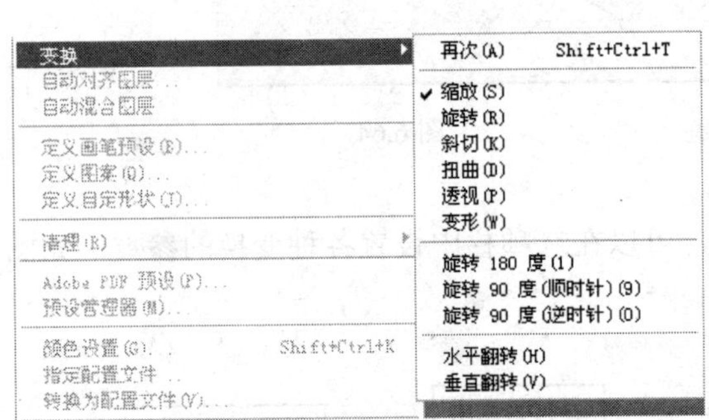

图 6.66

图 6.67

1. “缩放”命令

该命令的作用是用来对当前选择区中的图像进行缩放变形操作，图 6.68 为缩放前的图像，用鼠标拖动句柄可缩小图像。图 6.69 为缩放后的图像，可以看到图像缩小了。

2. “旋转”命令

该命令的作用是用来对当前选择区中的图像进行旋转变形操作。如图 6.70 所示，旋转前的图像文件名为“F11”，用鼠标拖动旋转句柄以旋转图像。如图 6.71 所示，旋转后的图像变换了位置。

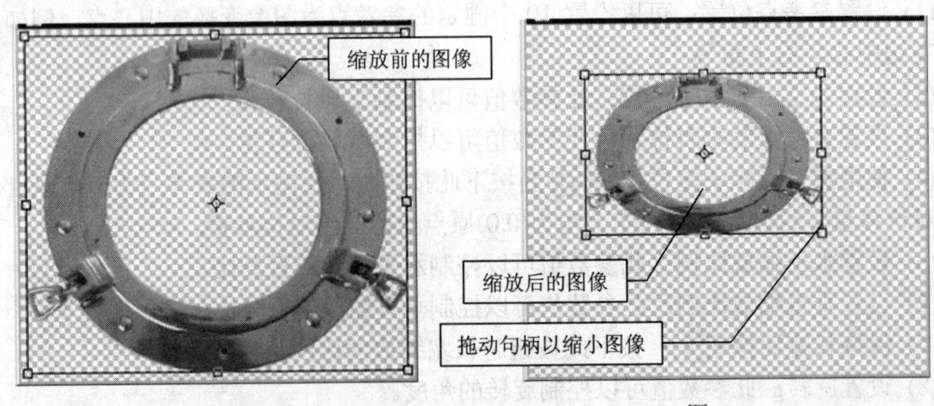

图 6.68　　图 6.69

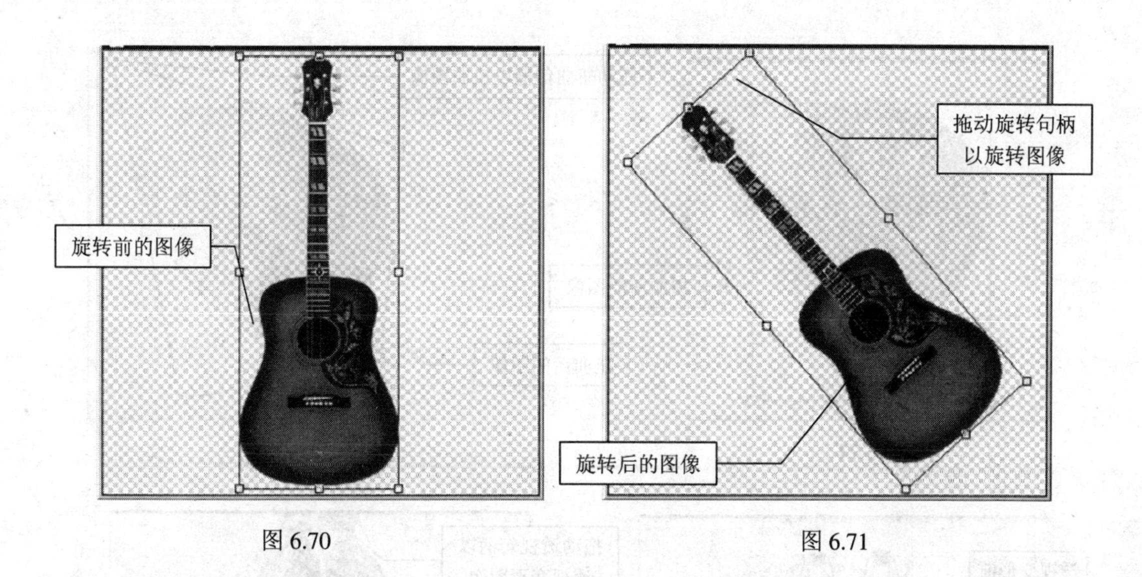

图 6.70　　图 6.71

3. “斜切”命令

该命令的作用是用来对当前选择区中的图像进行倾斜变形操作。如图 6.72 所示，倾斜前的图像文件名为“F12”，用鼠标拖动倾斜句柄以倾斜图像。图 6.73 为倾斜后的图像，可以看到图像进行了倾斜变形。

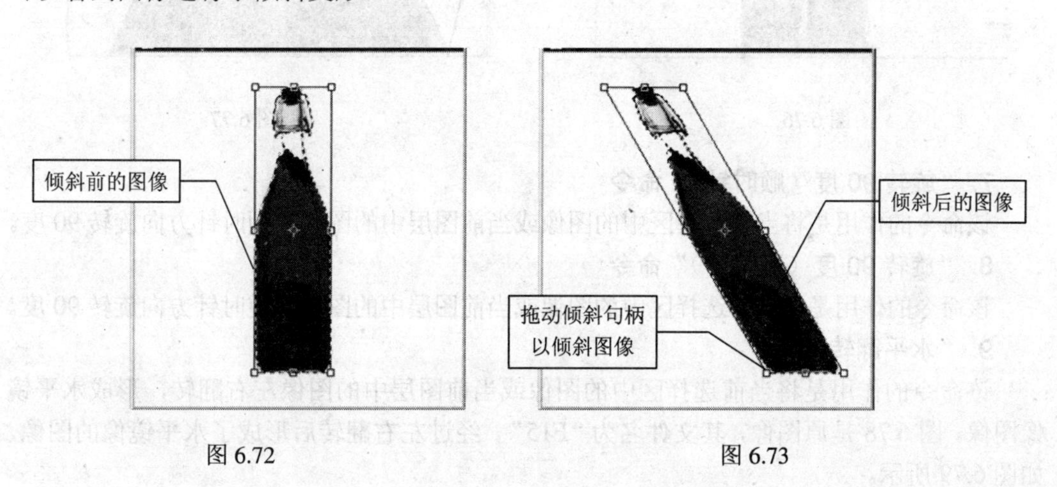

图 6.72　　图 6.73

4. “扭曲”命令

该命令的作用是用来对当前选择区中的图像进行扭曲变形操作。图 6.74 为扭曲前的图像，其文件名为“F13”，用鼠标拖动扭曲句柄以扭曲图像。图 6.75 为扭曲后的图像，可以看到图像的形状扭曲了。

5. “透视”命令

该命令的作用是用来对当前选择区中的图像进行透视变形操作。图 6.76 为透视变形前的图像，其文件名为“F14”，用鼠标拖动透视句柄以透视变形图像。图 6.77 为透视变形后的图像，可以看到透视变形后的图像有立体感了。

6. “旋转 180 度”命令

该命令的作用是用来将当前选择区中的图像或当前图层中的图像旋转 180 度。

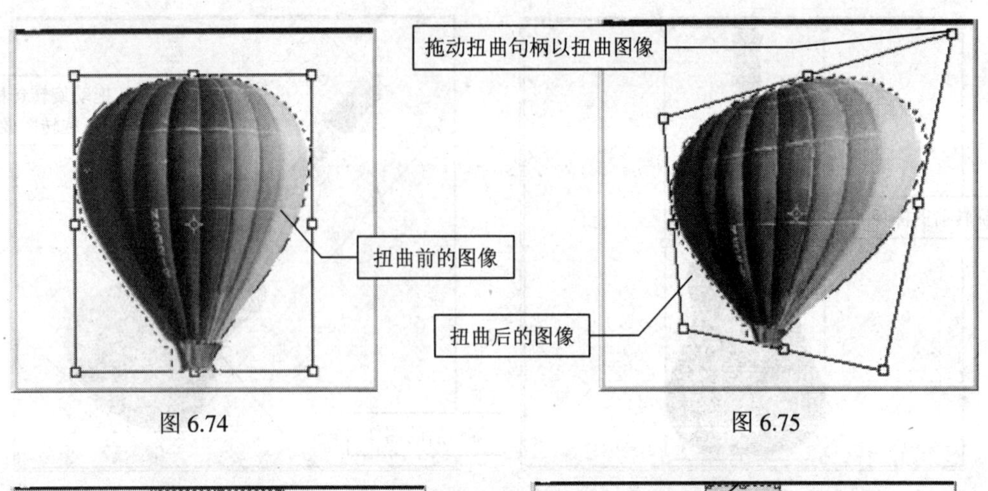

图 6.74　　　　图 6.75

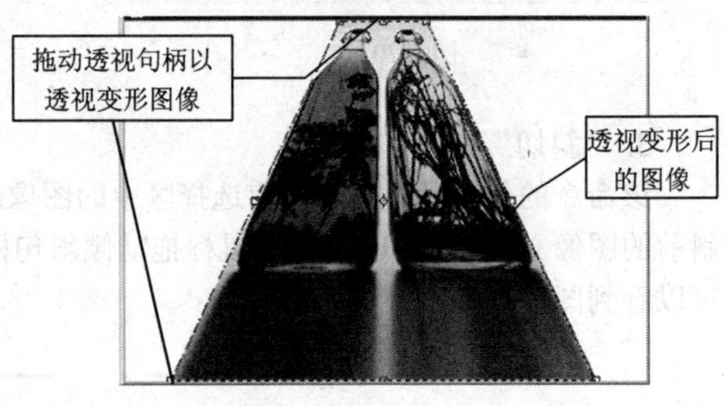

图 6.76　　　　图 6.77

7. “旋转 90 度（顺时针）”命令

该命令的作用是将当前选择区中的图像或当前图层中的图像按顺时针方向旋转 90 度。

8. “旋转 90 度（逆时针）”命令

该命令的作用是将当前选择区中的图像或当前图层中的图像按逆时针方向旋转 90 度。

9. “水平翻转”命令

该命令的作用是将当前选择区中的图像或当前图层中的图像左右翻转，形成水平镜像图像。图 6.78 是原图像，其文件名为“F15”，经过左右翻转后形成了水平镜像的图像，如图 6.79 所示。

图 6.78

图 6.79

10. “垂直翻转”命令

该命令的作用是将当前选择区中的图像上下翻转，形成垂直镜像图像。图 6.80 是原图像，其文件名为“F16”，经过上下翻转后形成了垂直镜像的图像，如图 6.81 所示。

图 6.80

垂直镜像的图像

图 6.81

【课堂制作 6.6】 制作古代园林

(1) 单击“文件”→“打开”菜单命令，打开一幅广场图像，如图 6.82 所示，其文件名为“F17.jpg”。

(2) 单击“选择”→“全部”菜单命令，选择全图。

(3) 单击“编辑”→“拷贝”菜单命令，将选择的内容拷贝到剪切板。

(4) 单击“文件”→“打开”菜单命令，打开一幅古代公园图像，如图 6.83 所示，其文件名为“F18.jpg”。

图 6.82

图 6.83

(5) 单击“魔棒工具”按钮，选中天空选区。

(6) 单击“编辑”→“贴入”菜单命令，将广场图像粘贴到天空选区中，形成蓝天白云，如图 6.84 所示。

(7) 单击“文件”→“打开”菜单命令，打开一幅雕塑花园图像，如图 6.85 所示，其文件名为“F19.jpg”。

图 6.84

图 6.85

(8) 单击“魔棒工具”按钮，选中红色花丛。

(9) 重复 4 次单击“选择”→“选取相似”菜单命令，将与红色花丛相似的区域全部选中。

(10) 单击“矩形选框工具”按钮，按下 Alt 键，将图像上半部分的选区取消，这样所有的红色花丛都被选中了。

(11) 单击“选择”→“修改”→“扩展”菜单命令，将选区扩展。其中参数：扩展量为 8。选中带有一圈绿边的花丛。

(12) 单击“编辑”→“拷贝”菜单命令，将选择内容拷贝到剪切板。

(13) 选中古代花园图像，单击“编辑”→“粘贴”菜单命令，将带绿边的花丛粘贴到古代花园图像中。

(14) 单击“编辑”→“自由变换”菜单命令，将花丛缩小，如图 6.86 所示。

(15) 单击“编辑”→“变换”→“透视”菜单命令，将花丛变成近大远小的效果，如图 6.87 所示。

图 6.86

图 6.87

(16) 单击“编辑”→“变换”→“斜切”菜单命令，将花丛倾斜，并与右侧的路边平行，形成花坛效果，如图 6.88 所示。

(17) 在“图层”调板中将花丛图层移到“创建新图层”按钮上，复制一个花丛图层。

(18) 单击“编辑”→“变换”→“水平翻转”菜单命令，将花丛水平翻转。

(19) 单击“移动工具”按钮，将花丛左移，并与左侧的路边平行，形成左边的花坛效果，如图 6.89 所示。一幅古代园林制作完成了。

图 6.88

图 6.89

6.2.12 “清理”命令

对整幅图像或者选定的区域进行“剪切”或者“复制”操作，相应的内容就会保存在剪贴板中，还有当定义了一个图案、历史记录等内容时，这些内容都将保存在内存中。把大量的数据放在内存中会极大地降低 Photoshop 的性能，因此必须不时地将内存中的内容清除掉，清理命令就是来完成这项操作的。

单击“清理”命令，将弹出“清理”子菜单，如图 6.90 所示，其中的 4 个子命令分别是：“还原”命令、“剪贴板”命令、“历史记录”命令及“全部”命令，它们各自清除不同的内存内容。

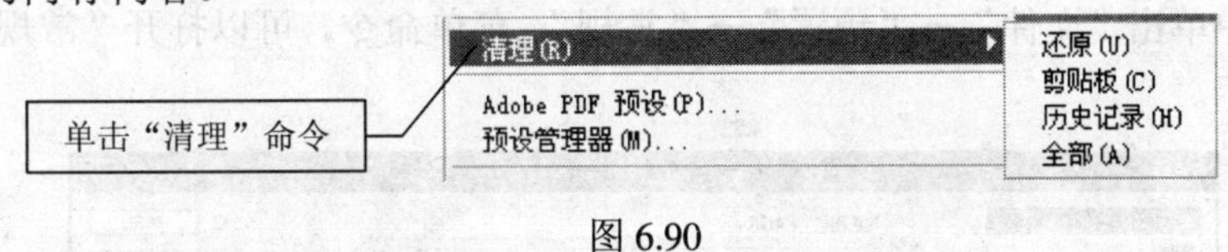

图 6.90

1. “还原”命令

该命令的作用是将保存在内存中的最后一次操作内容从内存中清除掉，执行完此命令后，将不能执行“还原”命令。

2. “剪贴板”命令

该命令的作用是将保存在“剪贴板”中的内容从内存中清除掉，执行完此命令后，将不能执行“粘贴”、“粘贴入”等与剪贴板内容有关的操作命令。

3. “历史记录”命令

该命令的作用是将保存在内存中的历史记录内容从内存中清除掉，执行完此命令后，将不能执行“历史记录画笔”工具等与历史记录有关的操作。

4. “全部”命令

该命令的作用是将以上所有内容从内存中清除掉，来最大限度地增加程序运行所能使用的内存空间。

6.2.13 “首选项”命令

Photoshop CS3 中文版允许对它的许多工具、界面等进行自定义，以适合不同用户的不同需要。要想在 Photoshop CS3 中文版中进行自定义工作，最方便的途径就是使用“首选项”菜单命令。在“首选项”命令下还有子菜单命令，使用这些相关的命令，可在很大程度上改变工具的行为与属性。此外，为了能够更好地将想要的颜色显示到显示器上，Photoshop CS3 中文版还提供了颜色设置和屏幕组件设置功能。

单击“首选项”菜单命令，可以弹出一个子菜单，其中有 10 个命令，如图 6.91 所示。它们分别是：“常规”命令，“界面”命令，“文件处理”命令，“性能”命令，“光标”命令，“透明度与色域”命令，“单位与标尺”命令，“参考线、网格、切片和计数”命令，“增效工具”命令和“文字”命令。使用这些命令，可以进行不同的参数设置以改变 Photoshop CS3 中文版工具箱中的工具或者调板的行为与属性。下面介绍常用命令及所打开的对话框的使用方法。

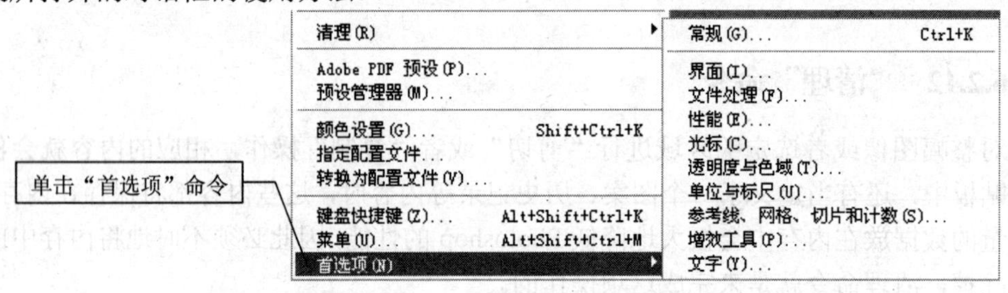

图 6.91

1. “常规”命令

“常规”命令打开的对话框包含了所有设置工作中最为重要的一些选项。在 Photoshop CS3 中文版中单击“文件”→“预置”→“常规” 菜单命令，可以打开“常规”对话框，如图 6.92 所示。

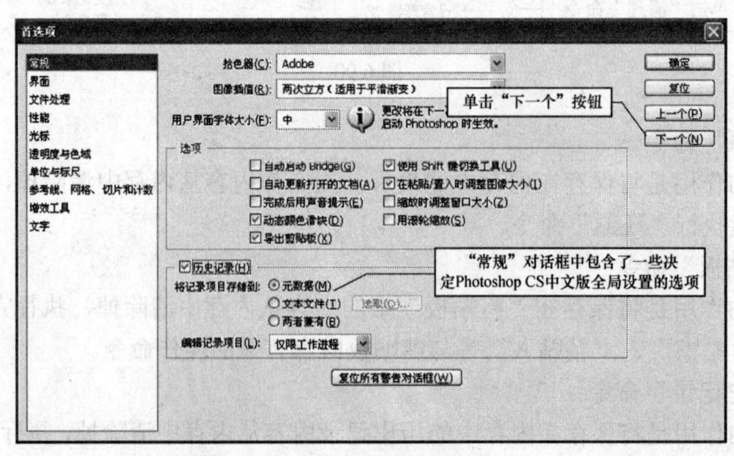

图 6.92

“常规”对话框中包含了一些决定 Photoshop CS3 中文版全局设置的选项。例如，它能够指定系统所使用的颜色，能够指定插值方法等。

下面是该对话框常用选项的简单介绍。

(1) 拾色器：该选项主要用来指定颜色拾取器的类型，它能够决定工具箱中的“颜色取样器”工具和“吸管”工具的工作方式。“拾色器”能够选取前景颜色、背景颜色和蒙版颜色等。在“常规”对话框中，可以为拾色器指定所要使用的不同颜色系统，既可以选用 Photoshop 自带的系统颜色，也可以选用 Windows 系统颜色。默认时，拾色器将使用 Photoshop 系统颜色。

(2) 图像插值：单击该选项右边的向下箭头可以显示 Photoshop CS3 提供的 5 种插值方法：邻近、两次线性、两次立方、两次立方较平滑、两次立方较好锐利。其中邻近方法速度较快，两次立方方法效果较好。

(3) 历史记录：设置历史记录存储的位置。

(4) 自动启动 Bridge：在 Photoshop CS3 启动后自动启动 Bridge。此程序可帮助查找、组织和浏览图像。

(5) 自动更新打开的文档：是否重新读取在 Photoshop CS3 外更新的已打开文档。

(6) 完成后用声音提示：选中该复选框时，用户在进行某一个较为费时间的操作的同时，可以进行其它的工作而不必担心当前操作的进度；一旦计算机完成了对图像的处理，就会弹出一个警告框进行提示，并发出完成提示音，表明当前操作已经结束。系统默认时，禁用该选项。

(7) 动态颜色滑块：选中该复选框时，色样框中的颜色会随着滑块的移动而做相应的改变，从而可以很方便地预览并选择需要的颜色。

(8) 导出剪贴板：当切换应用程序时是否导出剪贴板内容。

在 Photoshop CS3 中文版的每一个“预置”对话框的左侧都有一个列表框，单击列表框中的其它选项就可以进入其它的预设对话框，如图 6.92 所示，从而提供了一种可以在各“预置”对话框中快速切换的方法。另外一种方法是可以直接单击该对话框中的“下一步”按钮，如图 6.92 所示，将按照预设选项列表中的排列位置向下切换到另外一个“预置”对话框。

2. “界面”命令

执行该命令可让用户设置 Photoshop 中有关使用界面的选项。单击“文件”→“首选项”→“界面”菜单命令，或者直接在“首选项”对话框中单击“下一个”按钮，都可以打开“界面”对话框，如图 6.93 所示。

(1) 使用灰度工具栏图标：选中该复选框可使工具栏顶端的彩色图标变成灰色。

(2) 用彩色显示通道：选中该复选框可在“通道”调板中以彩色显示复合通道。

(3) 显示菜单颜色：选中该复选框可以显示菜单的背景色。

(4) 显示工具提示：选中该复选框时，如果移动鼠标光标到工具箱中的某一工具按钮上停留约 2 秒，屏幕上便显示出对这一工具的简短说明，并且在说明之后还标出了该工具的快捷键。默认时，Photoshop 将选中该选项，如果禁用它则不会显示工具名称了。

(5) 自动折叠图标调板：选中该复选框后，当单击应用程序中的其它位置时，将自动折叠打开的图标调板。

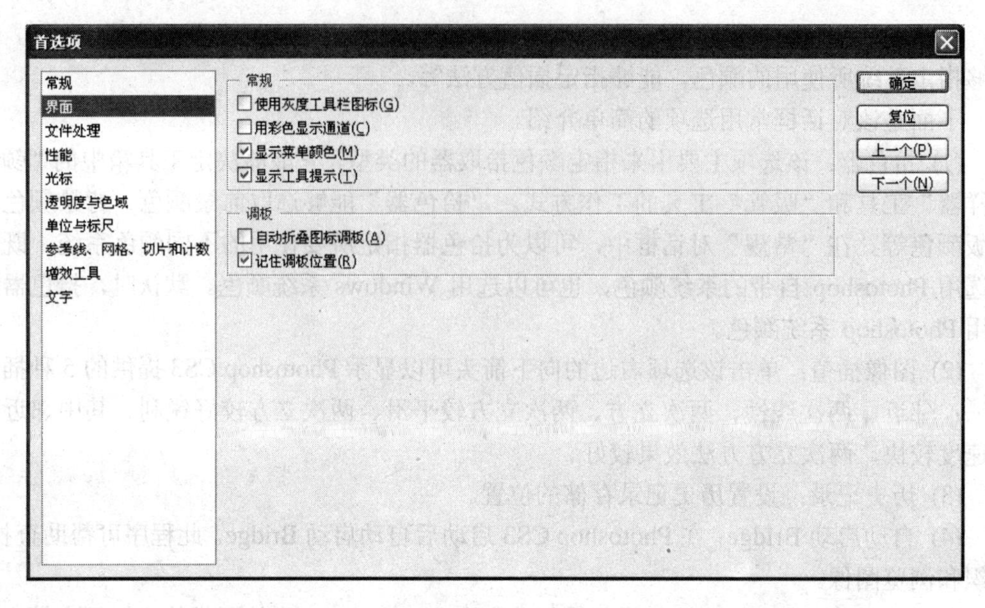

图 6.93

(6) 记住调板位置：选中该复选框时，Photoshop CS3 中文版会在每次退出时记录下各个调板的位置及大小、状态，下次启动时仍然会显示该状态。

3. “文件处理”命令

执行该命令可让用户设置保存文件有关的选项。单击“文件”→“首选项”→“文件处理”菜单命令，或者直接在“界面”对话框中单击“下一个”按钮，都可以打开“文件处理”对话框，如图 6.94 所示。

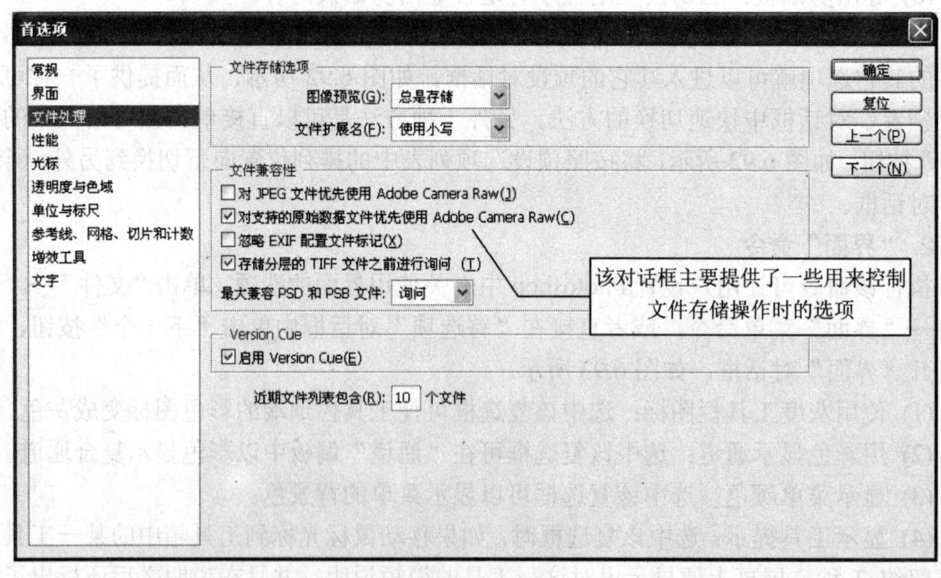

图 6.94

该对话框主要提供了一些用来控制文件存储操作时的选项，下面是该对话框的常用选项介绍：

(1) 图像预览：Photoshop CS3 中文版在存储文件时可以保存文件的缩略图，这样就可以在不打开该图像的前提下进行文件的预览或者查看文件的属性。而“存储文件”对话框中的“图像预览”选项就是用来指定是否保存图像的预览的。单击该选项右边的向下箭头，可以显示 3 个选项。如果在存储图像时需要保存文件的预览图，则可以选择“总是存储”选项；如果不需要保存图像的预览图，则选择“总不存储”选项；如果想在存储时再选择是否保存图像的预览图，则可以选择“存储时询问”选项。

(2) 文件扩展名：该选项的内容较为简单，主要用来指定存储文件时文件扩展名的拼写方式。如果选择“使用小写”选项，则存储的所有文件的扩展名都会以小写字母来表示；如果选择“使用大写”选项，则会以大写字母来表示。

(3) 存储分层的 TIFF 文件之前进行询问：选中此复选框后，当文件以 TIFF 格式进行存储时，询问是否指定要将 ZIP、JPEG 等压缩信息以及图层、注释类工具等相关信息并保存在文件中。

(4) 近期文件列表包含：在此可以设置“文件”→“最近打开的”菜单下显示的文件数量。可以方便地打开最近使用过的文件，其默认值为 10。

4. “性能”命令

该命令是用来调整 Photoshop 程序运行时的系统设置，以提高程序运行的速度和优化处理图形的性能。单击“文件处理”对话框中的“下一个”按钮或者单击“文件”→“首选项”→“性能”菜单命令，都可以打开“性能”对话框，如图 6.95 所示。

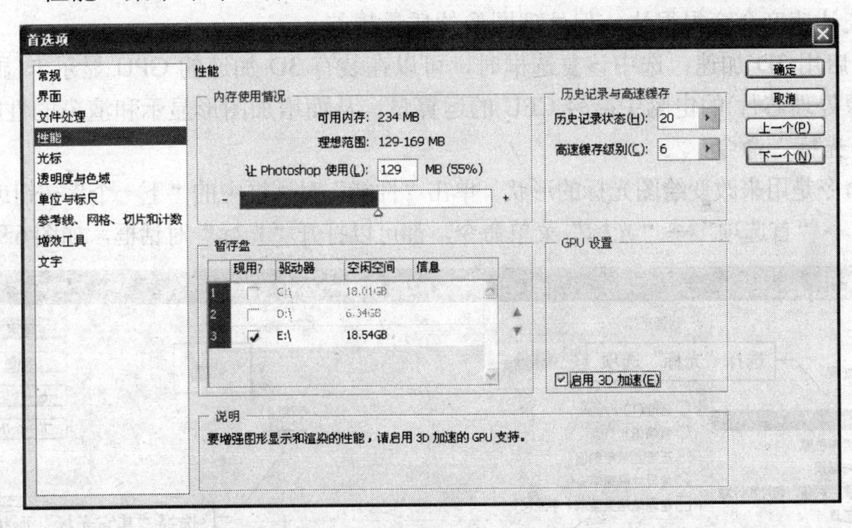

图 6.95

(1) 内存使用情况：可以查看 Photoshop CS3 中文版可用的内存情况，并在“让 Photoshop 使用”输入框中设置 Photoshop CS3 中文版可用的内存大小。让用户确定以多大比例的物理内存用量即内存空间用于 Photoshop 系统的运行。如图 6.95 所示，表示可用的物理内存为 234MB，其 55%即 129MB 内存分配给 Photoshop 系统。可以输入新的内存数据，重新设定分配给 Photoshop 系统使用的内存。

当然，分配给 Photoshop 的可用内存越多，Photoshop 运行起来就越流畅；但同时，留给其它应用程序的内存就会相应地减少。一般来说，使用 Photoshop 的默认值即可。

(2) 暂存盘：“性能”对话框中包含的另一个选项就是能够用来指定在Photoshop CS3中文版中进行图形图像处理时，放置临时文件的“暂存盘”的位置，它允许用户同时指定多个暂存盘。

选定暂存盘的方法如下：

① Photoshop允许使用者在每个硬盘分区中都设置一个暂存盘，选中“驱动器”左边的“现用?”复选框就可以选定所用的暂存盘。

② 可使用其右边的上下箭头更改暂存盘的顺序，将有大量空闲空间的内置驱动器设置为第一个暂存盘。

③ 一般不将系统盘设置为暂存盘，这样可以提高Photoshop处理大图的速度。

④ 一般来说，使用Photoshop不必把几个暂存盘都设置了。但是，如果系统有足够大的硬盘，并且处理的图像又比较大，那么可以把几个磁盘都设置成暂存盘，这样可以改善处理大图的能力。

(3) 历史记录与高速缓存的作用：

① 在“历史记录状态”输入框中可以设置“历史”调板中最多可存放的历史记录数。其数量越多占用的内存就越大。

② 在“高速缓存级别”输入框中可以设置图像高速缓存的使用级别，级别越高，使用的高速缓存越多，处理图像的速度也就相应地加快。但在统计数据直方图里的数据是根据图像中有代表性的点取样计算出来的，而不是对图像的所有像素。级别越高取样点越少，统计速度会变得很快，但处理图像的质量越差。

(4) 启用3D加速：选中该复选框时，可以在装有3D加速的GPU显示卡(显示卡上自带图像处理芯片)的电脑中减轻CPU的运算量，从而增加图形显示和渲染的性能。

5. “光标”命令

该命令是用来改变绘图光标的形状。单击“性能”对话框中的“下一个”按钮或者单击“文件”→“首选项”→“光标”菜单命令，都可以打开“光标”对话框，如图6.96所示。

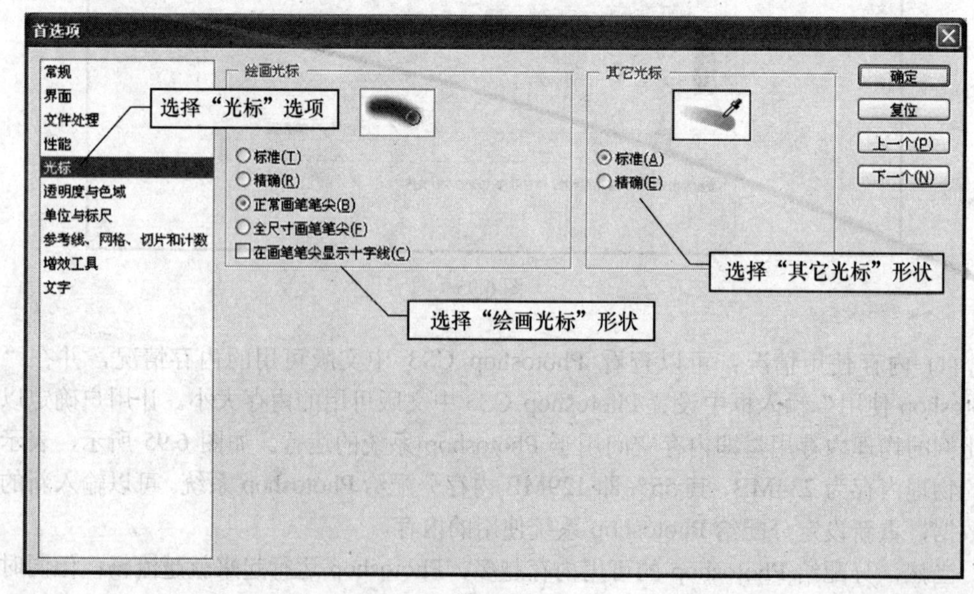

图6.96

该对话框主要提供了一些用来设置显示光标属性的选项，下面是该对话框各选项的简单介绍。

(1) 标准绘画光标：选中该单选钮时，工具箱中的画笔工具、钢笔工具等绘图工具使用默认的光标形状，如图 6.97 所示。

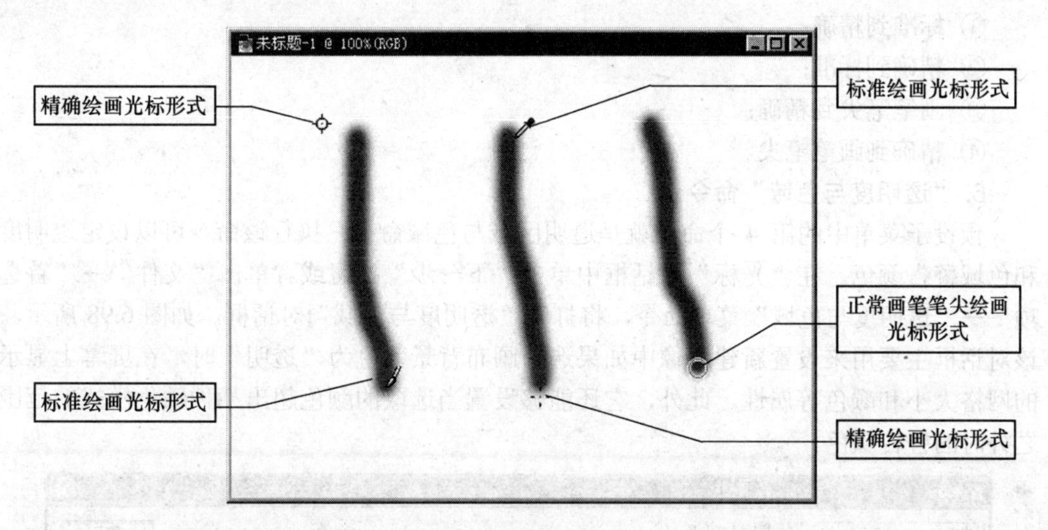

图 6.97

(2) 精确绘画光标：选中该单选钮时，工具箱中的工具光标显示为以绘图定位点为中心的十字线，如图 6.97 所示。

(3) 正常画笔笔尖绘画光标：选中该单选钮时，可以使绘图工具的光标显示为一个圆形的画笔形状，如图 6.97 所示，表示当前画笔的大小。该选项不能显示整个的画笔的大小，而只是显示一半的画笔大小。

(4) 全尺寸画笔笔尖绘画光标：选中该单选钮时，可以使绘图工具的光标显示为一个圆形的画笔形状，如图 6.97 所示，表示当前画笔的大小。该选项能显示整个的画笔的大小，并且可以在圆形的边缘显示出画笔的硬度。

上面(3)和(4)方式不能显示非常大或非常小的画笔。当显示非常大或非常小的画笔时，只是显示一个中心点的画笔。画笔形状周围有 4 个点表示更高的精确度。

(5) 上面(3)和(4)方式中可以选中“在画笔笔尖显示十字线”复选框，总是在画笔光标的中心显示十字线。

绘画光标选项栏中的选项控制以下工具的光标形状：橡皮擦工具、铅笔工具、喷枪工具、画笔工具、橡皮图章工具、图案图章工具、涂抹工具、模糊工具、锐化工具、减淡工具、加深工具和海绵工具。

(6) 标准其它光标：选中该单选钮时，可以使其它光标显示为其自己图标的形式，如图 6.97 所示。例如，吸管光标的形状就是一个吸管。

(7) 精确其它光标：选中该单选钮时，可以使其它光标显示为中间有一个中心点的圆卷十字形，如图 6.97 所示。

其它光标选项栏中的选项控制以下工具的光标形状：选框工具、套索工具、多边形套索工具、魔棒工具、裁剪工具、吸管工具、钢笔工具、渐变工具、油漆桶工具、磁性套索工具、磁性钢笔工具、度量工具和颜色取样工具等。

此外，Photoshop CS3 中文版中提供的另外一种能够快速改变工具光标形状的方法是使用键盘上的 Caps Lock（大小写切换）键，按下该键可以改变光标的形状，再次按下该键可以再次改变形状或恢复到原始设置。该键可以使光标形状按以下方式改变：

① 标准到精确；

② 精确到标准；

③ 画笔笔尖到精确；

④ 精确到画笔笔尖。

6. “透明度与色域”命令

预设子菜单中的第 4 个命令就是透明区域与色域命令，执行该命令可以设定透明度和色域警告颜色。在“光标”对话框中单击“下一步”按钮或者单击“文件”→“首选项”→“透明度与色域”菜单命令，将打开“透明度与色域”对话框，如图 6.98 所示。该对话框主要用来设置新建图像中如果选择画布背景颜色为“透明”时，在屏幕上显示的网格大小和颜色等属性。此外，它还能够设置当选取的颜色超出某种颜色模式的范围之外时的警告颜色。

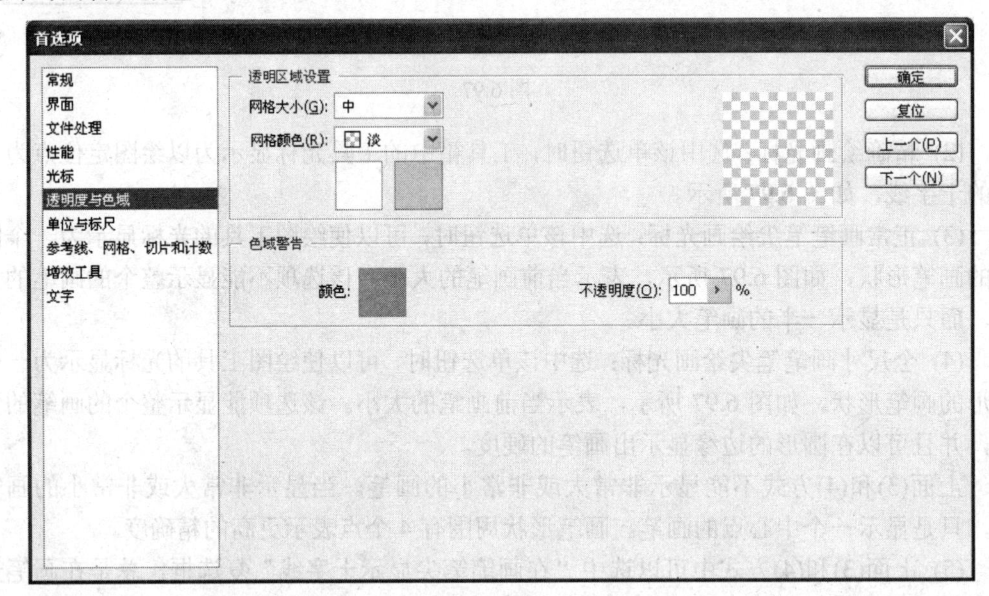

图 6.98

下边是该对话框包括的各个选项的简要介绍。

(1) 网格大小：该选项用来指定当画布选定为“透明”时所使用的网格大小。Photoshop CS3 中文版允许从右边的下拉列表框中指定一种网格大小。其中，无：不显示网格；小：显示较小尺寸的网格；中：显示中等尺寸的网格；大：显示较大尺寸的网格。无论选定了哪种尺寸的网格，都会在右边的预览窗口中显示它的缩略图。

(2) 网格颜色：该选项主要用来指定透明画布网格的颜色。同样的，在右边的列表框中提供了 9 个可选项，它们依次是自定、淡、中、黑色、红色、橙色、绿色、蓝色和紫色，从中选择一个选项就可以改变透明画布网格的颜色。

在网格颜色选项的下方还有两个色样框，分别代表透明画布网格的背景色和网格线的颜色。单击任何一个色样框，都可以打开 Photoshop CS3 中文版的“拾色器”，从中选取一种颜色，然后选定的颜色会出现在色样框中。

(3) 色域警告：Photoshop CS3 中文版中能够使用的每一种颜色模式都有一个上限范围，如果选定的颜色超出了该颜色模式的范围时，就会出现一个色域警告信息。色域警告选项的作用就是为该警告色提供一种颜色，单击下边的“颜色”色样框就可以打开“拾色器”，从中选择一种警告颜色。

(4) 不透明度：该选项用来设置警告颜色的不透明度。单击右边的向右箭头可以打开一个标尺，向左拖动标尺上的滑块可减少不透明度，值为 0 时，将显示为白色；系统默认值为最大值 100。

图 6.99 显示的是透明画布选用不同网格大小和颜色的效果。

图 6.99

7. “单位与标尺”命令

使用该命令可以指定系统的度量单位和设置标尺与页面的格式。单击“首选项”对话框最左侧列表框的“单位与标尺”命令或者在“透明度与色域”对话框中单击“下一个”按钮，就可以打开“单位与标尺”对话框，如图 6.100 所示。

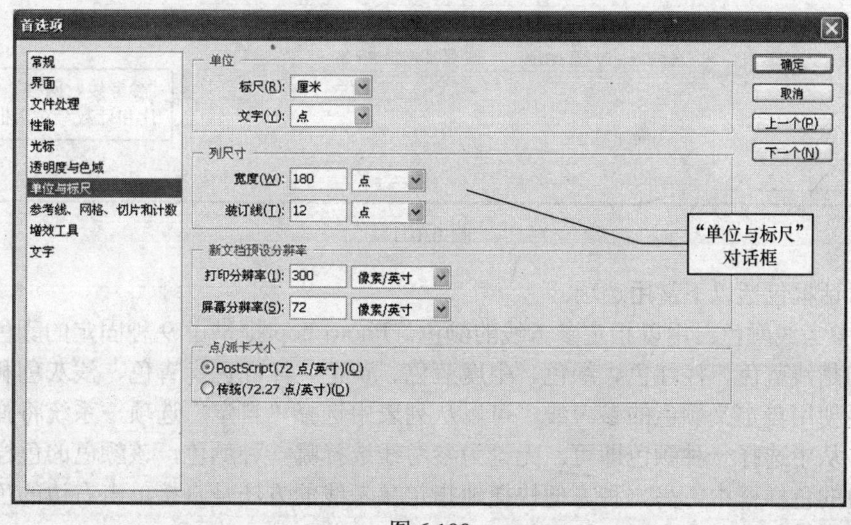

图 6.100

该对话框主要用来设置 Photoshop 中标尺使用的单位以及标尺的行、列的宽度，它包括以下常用选项。

(1) 标尺单位：该输入框用来指定 Photoshop 屏幕上标尺的单位。右边的列表框中提供了 6 个选项，它们依次是像素、英寸、厘米、点、派卡和百分比。在图像长度和宽度固定的情况下，每种度量单位显示出的数值是不一样的，但是并不能够改变图像的大小。

(2) 文字单位：该输入框用来指定 Photoshop 使用文字的单位。右边的列表框中提供了 3 个选项，它们依次是像素、点、毫米。

(3) 列宽度：用以设定印刷品中一列标准文字的宽度值，其度量单位可以选用英寸、派卡、点和厘米。确定列宽度后可在使用“新建”、“图像大小”和“画布大小”等命令时，用列来指定图像的宽度。

(4) 装订线：用以指定两列文字之间的间隙距离，度量单位与列宽度相同。

列的尺寸为列宽度与装订线之和。

8.“参考线、网格、切片和计数”命令

该命令允许 Photoshop CS3 中文版用户自定义参考线、网格、切片和计数。单击“文件”→“首选页”→“参考线、网格、切片和计数”菜单命令，或者直接在“单位与标尺”对话框中单击“下一个”按钮，都可以打开“参考线、网格、切片和计数”对话框，如图 6.101 所示。

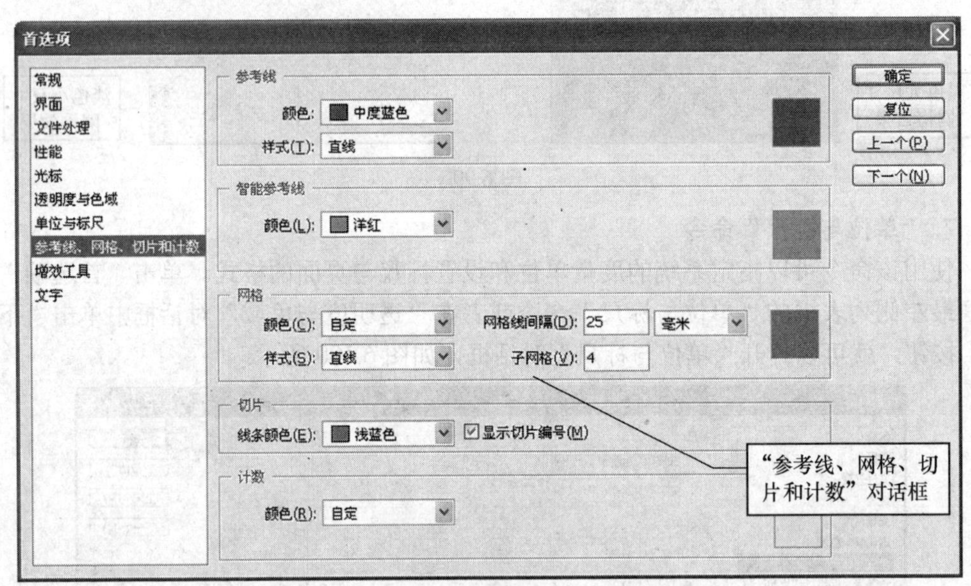

图 6.101

该对话框包括以下常用选项。

(1) 参考线颜色：用以指定参考线的颜色。Photoshop 提供了 9 种固定的颜色以供选择，它们是浅蓝色、浅红色、绿色、中度蓝色、黄色、洋红色、青色、浅灰色和黑色。如果想要使用自定义颜色的参考线，可以从列表中选择“自定”选项，系统将弹出“拾色器”，从中选择一种颜色即可。无论为参考线选择哪一种颜色，该颜色的色样都会显示在右边的色样框中。另一种方便快捷地指定参考线的方法是直接单击右边的色样框，也可以从“拾色器”中选择一种颜色。

(2) 参考线样式：Photoshop 允许使用两种不同形状的线条作为参考线。单击右边列表框中向下的箭头可以打开该列表，从中选择“直线”或者“虚线”中的一种作为参考线的线条形状。

(3) 网格颜色：该选项主要用来指定网格线的颜色。网格线的颜色列表中的可选择项与参考线颜色一样，也可以使用 9 种固定的颜色或者自定义颜色。

(4) 网格样式：Photoshop CS3 中文版允许使用的网格线的线条形状比参考线多了一种“网点”，它也同样可以使用直线或者虚线作为线条形状。

(5) 网格线间隔：该输入框用来设置相邻两个主网格线之间的间隔距离，其度量单位也可以是像素、英寸、厘米、点、派卡或者百分比中的一种。系统的默认主网格线之间的距离是 2.54 厘米，该值越大，距离越远，网格分布也就越稀疏。

(6) 子网格：该选项主要用来设置每两条相邻主网格线之间的子网格线的数目。如图 6.102 所示，显示了网格线的形状、主网格线、子网格线数目各不相同时 Photoshop CS3 中文版绘图窗口的外观。其中图 6.102(a)为虚线显示的网格，间隔为 5 厘米，子网格数为 5，颜色为默认的灰色；图 6.102(b)为以直线显示的网格，间隔为默认值 2.54 厘米，子网格数为 10，颜色为黑色。

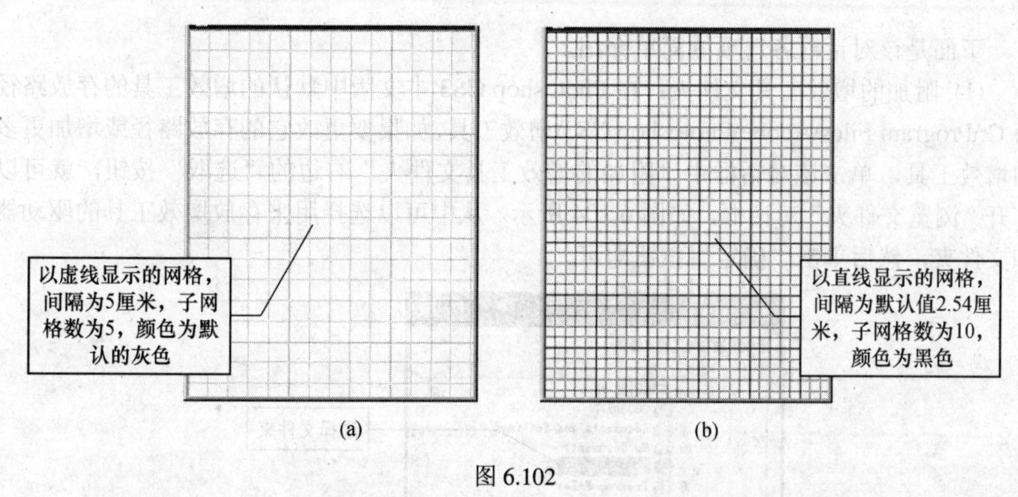

图 6.102

(7) 切片线条颜色：该选项主要用来指定切片线的颜色。切片线条颜色列表中的可选择项与参考线颜色一样，也可以使用 9 种固定的颜色或者自定义颜色。

(8) 显示切片编号：选中此复选框可在切片的左上方显示切片的编号。

(9) 计数颜色：该选项主要用来指定显示计数标记的颜色。计数颜色列表中的可选择项与参考线颜色一样，也可以使用 9 种固定的颜色或者自定义颜色。

9. “增效工具”命令

Photoshop CS3 中文版中的增效工具是指使用 Adobe 系统开发出来的能够扩充 Photoshop CS3 中文版功能的软件程序。在安装 Photoshop CS3 中文版时，系统自动地将它们存放在“增效工具”文件夹中。如果需要增加更多的增效工具就要指定这些增效工具的存放位置，可单击“文件”→“首选项”→“增效工具”菜单命令，或者直接在“参考线、网格、切片和计数”对话框中单击“下一个”按钮，将打开“增效工具”对话框，如图 6.103 所示，可以使用其中的选项来进行设置。

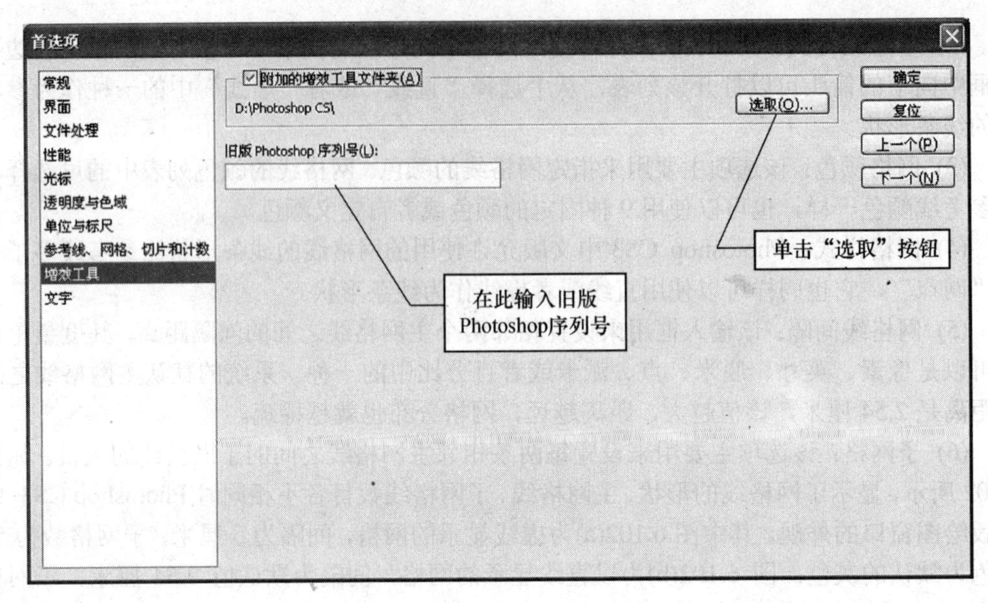

图 6.103

下面是该对话框各选项的简单介绍。

(1) 附加的增效工具文件夹：在 Photoshop CS3 中文版中默认的增效工具的存放路径为 C:\Program Files\Adobe\Photoshop CS3\增效工具，如果要更改它的存放路径或增加更多的增效工具，单击该对话框中“附加的增效工具文件夹”右边的“选取”按钮，就可以打开“浏览文件夹”对话框，如图 6.104 所示。从中可以选择用来存放增效工具的驱动器和文件夹，然后单击“确定”按钮即可。

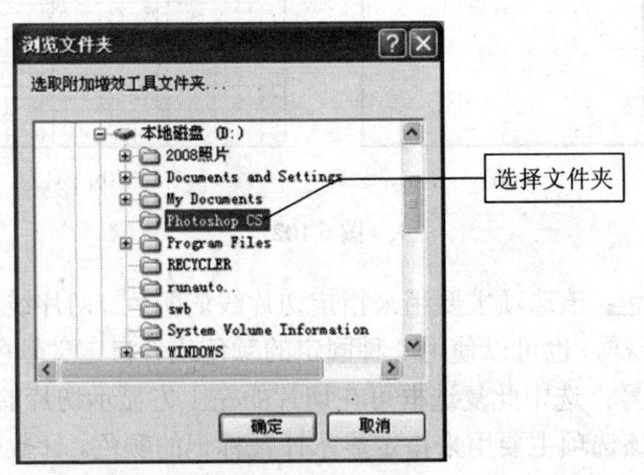

图 6.104

(2) 旧版 Photoshop 序列号：如果要使用旧版本 Photoshop 中的增效工具，必须在此输入框中输入旧版的 Photoshop 序列号后才可以使用。

10. “文字”命令

该命令主要是设置 Photoshop CS3 中文版中的文字输入、编辑的格式及显示方法。单击“文件”→“首选项”→“文字”菜单命令，或者直接在“增效工具”对话框中单击“下一个”按钮，都可以打开“文字”对话框，如图 6.105 所示。

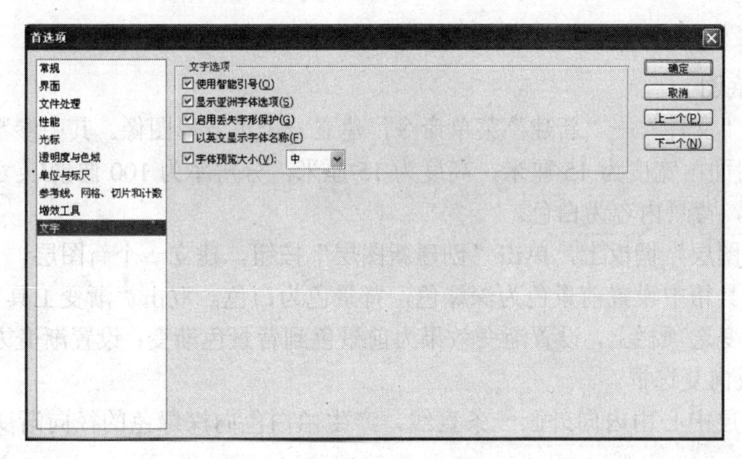

图 6.105

在此对话框中共有 5 个复选框，分别是：“使用智能引号”、“显示亚洲字体选项”、“启用丢失字形保护”、“以英文显示字体名称”和“字体预览大小”，这些选项较为简单，在此就不作一一介绍了。

在设置完以上这些选项后，只有重新启动 Photoshop CS3 中文版，其中某些更改的设置才能生效。

6.3 实例操作

6.3.1 建筑艺术光盘封面

实例分析

《建筑环境装饰艺术》多媒体光盘的封面如图 6.106 所示。利用环形渐变工具制作出由白色向绿色渐变的环状底图。利用合并链接图层命令，将多个建筑装饰艺术图像放在一个图层中。利用扭曲命令，制作出建筑环境装饰艺术图像的立方体魔方，突出了建筑环境装饰的三维效果。利用对称渐变工具，制作出中间白色、两端绿色的对称渐变文字“建筑环境装饰艺术”。整个封面构思独特，展示了建筑装饰的艺术魄力。

图 6.106

制作方法

1. 制作底图

(1) 单击“文件”→“新建”菜单命令，建立一个正方形图像。其中参数：名称为建筑艺术光盘封面；宽度为 15 厘米，高度为 15 厘米，分辨率为 100 像素/英寸，颜色模式为 RGB 颜色，背景内容为白色。

(2) 在“图层”调板上，单击“创建新图层”按钮，建立一个新图层。

(3) 在工具箱中设置前景色为深绿色，背景色为白色。双击“渐变工具”按钮。

(4) 在渐变选项栏上，设置渐变效果为前景色到背景色渐变；设置渐变方式为径向渐变，并选中反向复选框。

(5) 在图层中心由内向外画一条直线，产生由白色向深绿色的径向渐变效果，如图 6.107 所示。

(6) 单击“矩形选框工具”按钮，在选框选项栏上，设置羽化值为 20。拖动鼠标在图像上画一个比图像稍小的正方形框。

(7) 单击“选择”→“反向”菜单命令，将选区反选。

(8) 按下 Delete 键，制作出模糊的边框，效果如图 6.108 所示。

图 6.107

图 6.108

2. 制作立方体

(1) 在“图层”调板上，单击“创建新图层”按钮，建立一个新图层。

(2) 按下 Ctrl+Delete 键，用白色填充新建图层。

(3) 单击“视图”→“显示标尺”菜单命令，将标尺显示出来，如图 6.109 所示。

(4) 将鼠标移到画布上端的标尺上，这时鼠标光标变成了一个白箭头的形状，向下拖动鼠标，在画布上设置 4 条水平辅助线，如图 6.109 所示。

(5) 将鼠标移到画布左端的标尺上，这时鼠标光标变成了一个白箭头的形状，向右拖动鼠标，在画布上设置 4 条垂直辅助线，如图 6.110 所示。

(6) 单击“文件”→“打开”菜单命令，打开一幅名为“F21”的图像。

(7) 单击“移动工具”按钮，将灯塔图像拖动到新建图层上。

(8) 单击“编辑”→“自由变换”菜单命令，将它缩放并移动到左上角，使其 4 个边与辅助线自动对齐，如图 6.111 所示。

(9) 单击“文件”→“打开”菜单命令，打开一幅名为“F22”的图像，如图 6.112 所示。

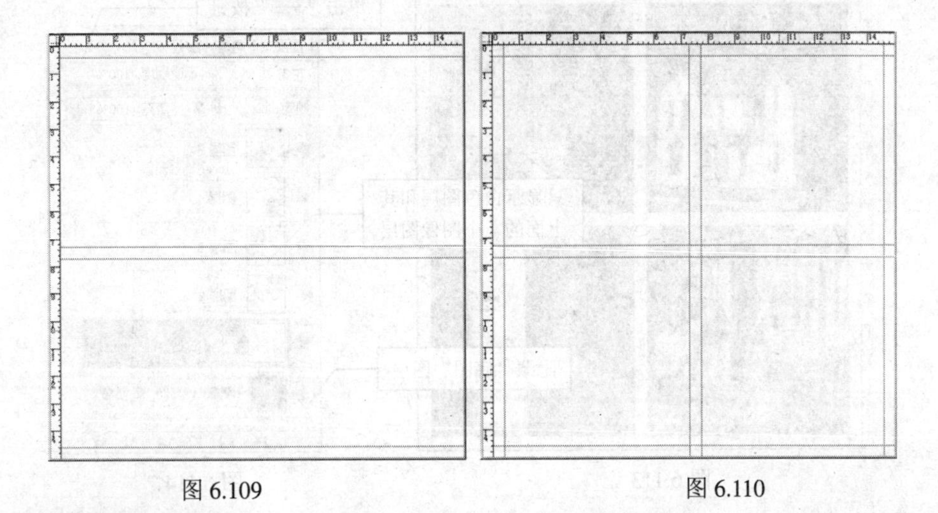

图 6.109　　　　图 6.110

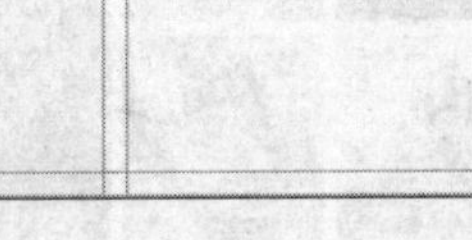

图 6.111　　　　图 6.112

(10) 重复步骤(7)、步骤(8)的操作，将梳妆台的图像移到画布的右上角，如图 6.113 所示。

(11) 重复步骤(6) ~步骤(10)的操作，打开名为“F23”和“F24”的图像，将其移到新建图层中，并调整其大小的位置，如图 6.113 所示。

(12) 在“图层”调板上，隐藏“底图”图层，只显示白色图层和其上面的 4 个图像图层，如图 6.114 所示，然后单击“ ”→“合并可见图层”菜单命令，将可见的图层合并为一个图层，制作出立方体的一个贴面。

(13) 单击“编辑”→“自由变换”菜单命令，将贴面缩小，效果如图 6.115 所示。

(14) 在“图层”调板上，再次显示“底图”图层，效果如图 6.115 所示。

(15) 重复执行步骤(1) ~步骤(14)的操作，制作立方体的另外两个贴面，效果如图 6.116 所示，其中图像的文件名为“F25”、“F26”、“F27”、“F28”、“F29”、“F30”、“F31”、“F32”。

(16) 单击“视图”→“清除参考线”菜单命令，将刚才设置的参考线删除。

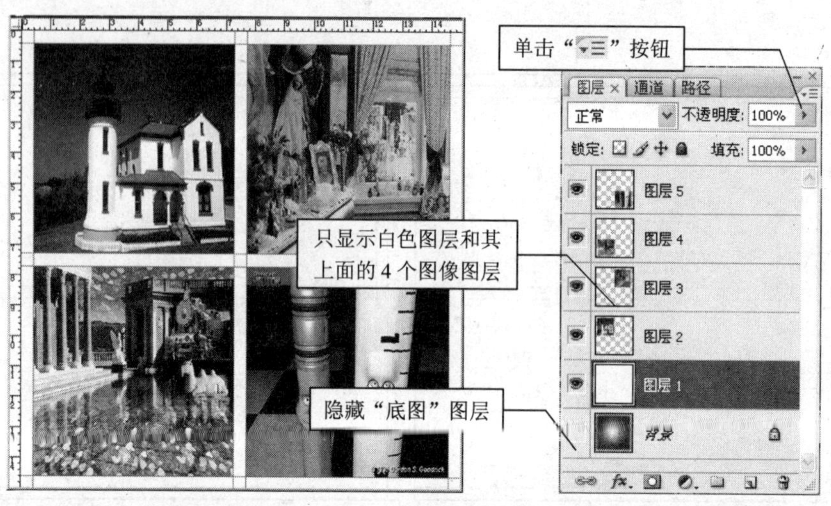

图 6.113　　图 6.114

图 6.115

图 6.116

(17) 为了便于观察，可以隐藏图层中的图像。在“图层”调板上单击图层最左边的眼睛按钮（以下简称小眼睛），隐藏所有图层中的图像，这时画布上出现了表示透明的小方格图案，如图 6.117 所示。

(18) 重复步骤(4)、步骤(5)的操作，在画布上设置 5 条水平参考线和 3 条垂直参考线，标出立方体各个顶点的位置，如图 6.117 所示。

(19) 在“图层”调板上，单击第一个贴面所在图层，将第一个贴面作为当前图层，并恢复小眼睛，显示当前图层的图像。再单击背景图层最左边的小框，恢复小眼睛，显示背景图像。

(20) 单击“编辑”→“变换”→“扭曲”菜单命令，对图层进行扭曲变形处理，产生立方体的第一个贴面，效果如图 6.118 所示。

(21) 在“图层”调板上，单击第 2 个贴面所在图层，将第 2 个贴面作为当前图层，并恢复小眼睛，显示当前图层的图像。

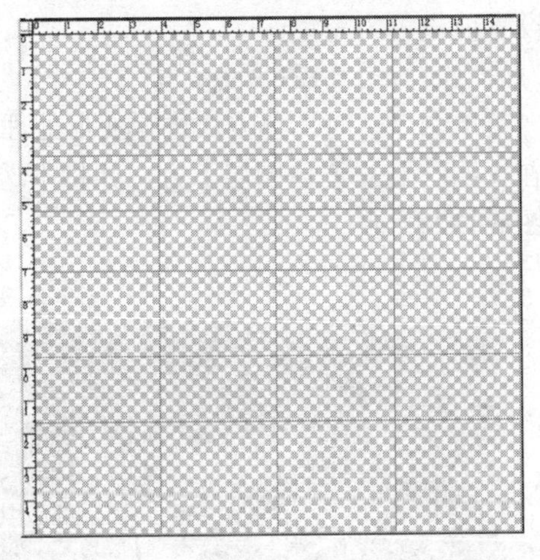

图 6.117

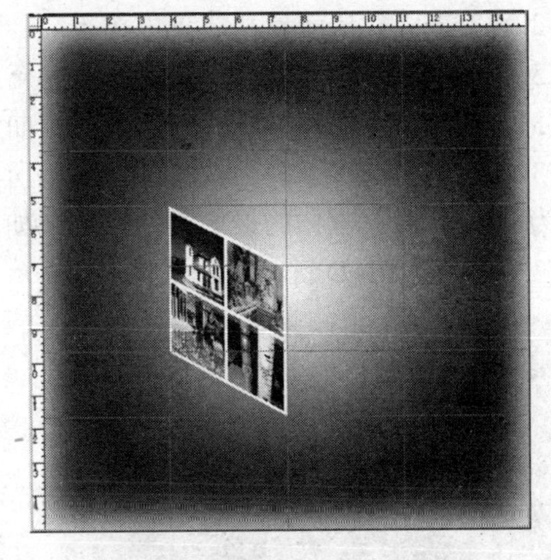

图 6.118

(22) 单击“编辑”→“变换”→“扭曲”菜单命令，对图层进行扭曲变形处理，产生立方体的第 2 个贴面，效果如图 6.119 所示。

(23) 在“图层”调板上，单击第 3 个贴面所在图层，将第 3 个贴面作为当前图层，并恢复小眼睛，显示当前图层的图像。

(24) 单击“编辑”→“变换”→“扭曲”菜单命令，对图层进行扭曲变形处理，产生立方体的第 3 个贴面，效果如图 6.120 所示。

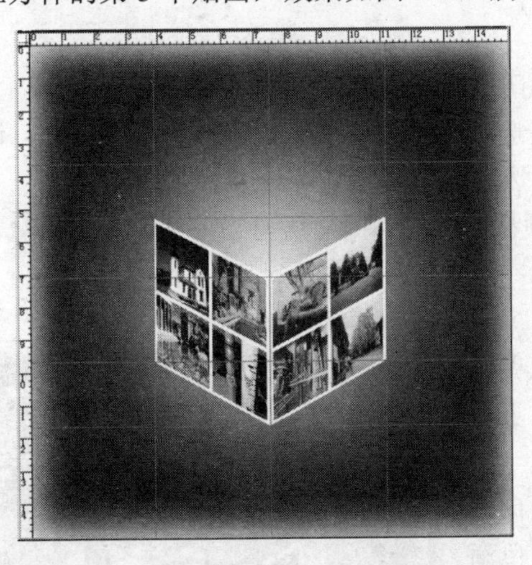

图 6.119

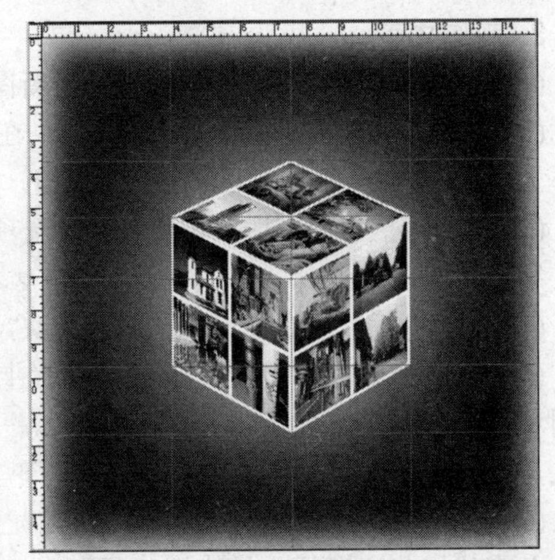

图 6.120

(25) 单击“视图”→“清除参考线”菜单命令，将刚才设置的参考线删除。

(26) 按住 Ctrl 键，在“图层”调板上单击 3 个贴面图层，将它们同时选中，然后单击“▾≡”→“合并图层”菜单命令，将这 3 个贴面图层合并为一个图层。

(27) 在“图层”调板上，单击“创建新图层”按钮，建立一个新图层，制作立方体的投影效果。

(28) 单击“矩形选框工具”按钮，在选项栏上，设置羽化为 20。按住 Shift 键并拖动鼠标画出一个正方形框。

(29) 单击“默认前景和背景色按钮”，设置前景色为黑色。

(30) 按下 Alt+Delete 键，将选区内填充为黑色，如图 6.121 所示。

(31) 单击“编辑”→“变换”→“扭曲”菜单命令，对黑色方块进行变形处理。

(32) 在“图层”调板上，将黑色方块所在图层移到立方体图层下方，并将不透明度设置为 70，完成立方体的投影制作，效果如图 6.122 所示。

(33) 按下 Ctrl+D 键，清除选区。

图 6.121

图 6.122

3. 制作文字

(1) 在“图层”调板上，单击“创建新图层”按钮，建立一个新图层。

(2) 单击“横排文字蒙版工具”按钮，在选项栏中设置文字的字体为综艺简体；设置字体大小为 40 pt。在图像上单击鼠标左键，然后输入“建筑环境装饰艺术”。

(3) 将文字框移动到适当位置，并在选项栏中单击“提交所有当前编辑”按钮✓，完成文字选区的创建。

(4) 在“色板”调板上，单击绿色色块，设置前景色为绿色。

(5) 单击“渐变工具”按钮，在选项栏上单击“对称渐变”按钮，并单击“渐变拾色器”下拉箭头，设置渐变方式为前景色到背景色渐变。

(6) 按住 Shift 键，在文字框内，从中心向上画一条直线，将文字框内填充为由绿色向白色渐变的对称渐变效果，如图 6.123 所示。

图 6.123

(7) 按下 Ctrl+D 键，清除文字选框。

(8) 单击“图层”→“图层样式”→“斜面和浮雕”菜单命令，制作文字的立体效果。其中参数：样式为外斜面，方法为平滑，深度为 80%，方向为上，大小为 6，软化为 5，阴影角度为 120 度，高度为 30 度，高亮模式为滤色，不透明度为 80%，阴影模式为正常，不透明度为 70%。至此完成光盘封面的制作，效果如图 6.106

所示。

(9) 单击“文件”→“存储为”菜单命令，在弹出的“存储为”对话框中的“格式”选项栏中选择“PCX”文件格式，并单击“保存”按钮。这样就存储了一个 PCX 格式的图形文件。

6.3.2 期刊封面

实例分析

期刊的封面如图 6.124 所示。利用云彩滤镜、海洋波纹滤镜，制作出水波涟漪的海平面，再通过透视和缩放命令，制作出由远而近的海平面。利用光照效果滤镜，制作出红彤彤的海平面。利用径向渐变工具、椭圆选框工具和填充工具，制作出红日慢慢落入海平面的效果。利用画笔工具，在天空点缀上飞翔的海鸟。整个封面效果逼真，与期刊内容融为一体。

图 6.124

制作方法

1. 制作封面

(1) 单击“文件”→“新建”菜单命令，建立一个新图像。其中参数：宽度为 25 厘米，高度为 25 厘米，分辨率为 72 像素/英寸，颜色模式为 RGB 颜色，背景内容为白色。

(2) 在“图层”调板上，单击“创建新图层”按钮，建立一个新图层。

(3) 在“色板”调板上，单击黄色色块，设置前景为黄色；按下 Alt 键，单击黑色色块，设置背景色为黑色。

(4) 单击“滤镜”→“渲染”→“云彩”菜单命令，得到黄黑掺杂的模糊云彩，效果如图 6.125 所示。

(5) 单击“滤镜”→“扭曲”→“海洋波纹”菜单命令，制作波浪起伏的海浪效果。其中参数：滤纹大小为 9，波纹幅度为 20。效果如图 6.126 所示。

图 6.125

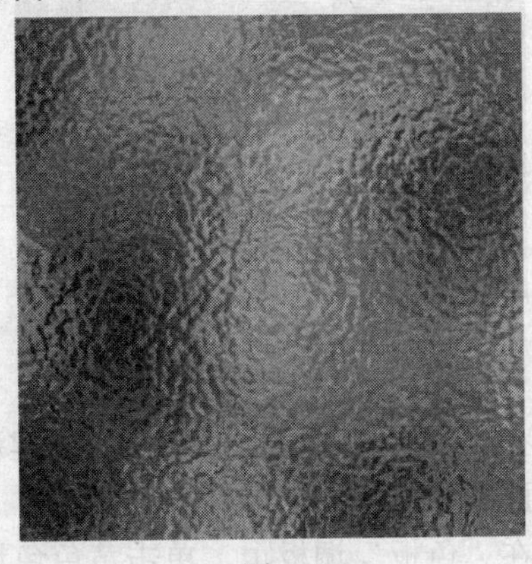

图 6.126

(6) 单击“编辑”→“变换”→“透视”菜单命令，制作近大远小的海平面；再单击“编辑”→“变换”→“缩放”菜单命令，对图层进行缩放。多次轮流使用上述命令，制作出理想的海平面，效果如图 6.127 所示。

(7) 单击“椭圆选框工具”按钮，在海平面上画一个大椭圆；单击“选择”→“反向”菜单命令，将选区反选。

(8) 按下 Delete 键，删除选区内的图像，制作出弧形的海平面，效果如图 6.128 所示。

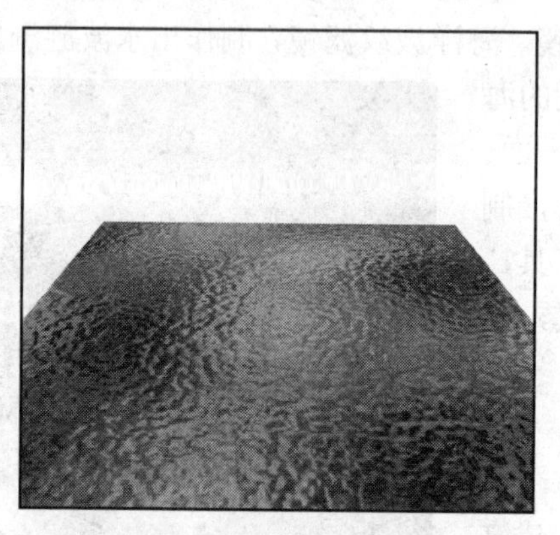

图 6.127

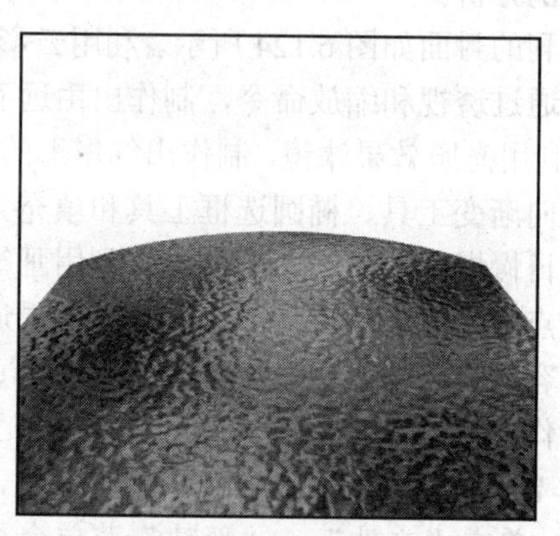

图 6.128

(9) 单击“裁剪工具”按钮，裁剪一块规则区域，作为封面，如图 6.129 所示。

(10) 单击“滤镜”→“渲染”→“光照效果”菜单命令，制作红日照在海面的效果。其中参数：样式为默认值，光照类型为光点，强度为 21，聚焦为 100，颜色为红色，光泽为 100，材料为 100，曝光为 7，环境为 18，纹理通道为无。在预览框中调整其光照方向为从下向上方向。效果如图 6.130 所示。

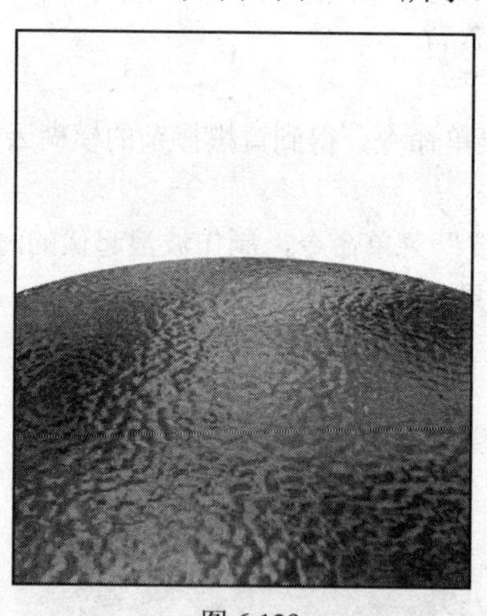

图 6.129

图 6.130

(11) 在“图层”调板上，单击“创建新图层”按钮，建立一个新图层，并将该图层放在海平面图层的下面。

(12) 在“色板”调板上，单击黄色色块，设置前景色为黄色；按下 Ctrl 键，单击红色色块，设置背景色为红色。

(13) 单击“渐变工具”按钮，在选项栏中单击“径向渐变”按钮，并在“渐变拾色器”中设置渐变方式为前景色到背景色渐变。

(14) 由图层中心向外画一条直线，产生黄色向红色渐变的天空效果，如图 6.131 所示。

(15) 单击“椭圆选框工具”按钮，按住 Shift 键，画一个正圆框。

(16) 按下 Ctrl+Delete 键，将选区填充为红色，效果如图 6.132 所示。

图 6.131

图 6.132

(17) 单击“默认前景和背景色”按钮，设置前景色为黑色。

(18) 单击“画笔工具”按钮，在选项栏中单击“绘画画笔”下拉列表框右上角的向右箭头→“载入画笔”菜单命令。

(19) 这时屏幕上出现了一个“载入”对话框，在“搜寻”下拉列表框中选中光盘中的 Brushes 画笔目录，并选中下面的 Assorted Brushes（混合画笔）文件，并单击“载入”按钮，完成画笔文件的载入。

(20) 这时“绘画画笔”下拉列表框中出现了许多混合画笔，选择飞鸟画笔，在天空中画几只飞翔的鸟。

(21) 单击“矩形选框工具”按钮，选取一只鸟。

(22) 单击“编辑”→“自由变换”菜单命令，改变鸟的大小。

(23) 重复执行步骤(21)、步骤(22)的操作，将各只鸟进行缩放，效果如图 6.133 所示。

图 6.133

2. 制作文字

(1) 单击“竖排文字工具”按钮，在选项栏中设置文字的字体为行楷、大小为 60 pt、颜色为白色。在图像上单击鼠标左键，然后输入“海洋环境科学”，最后单击“提交当前所有编辑”按钮，完成文字输入。

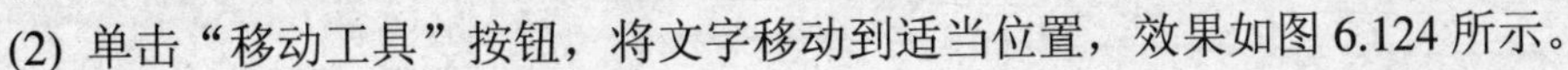

(2) 单击“移动工具”按钮，将文字移动到适当位置，效果如图 6.124 所示。

(3) 单击“横排文字工具”按钮，在图像上单击鼠标左键，在选项栏中单击“居中文本”按钮，并设置文字的字体为“Arial”、字型为“Italic”（斜体）、大小为 24 pt、颜色为白色，然后输入“ocean”，按 Enter 键重起一行，输入“environmental”，按 Enter 键再重起一行，输入“science”。最后单击“提交当前所有编辑”按钮，完成文字输入。

(4) 单击“移动工具”按钮，将文字移动到适当位置，效果如图 6.124 所示。

(5) 重复步骤(3)、(4)的操作，制作文字“1 ”和“2000”，其字体为“Helvetica”、字型为“Regular”（正常）、大小为 36pt。至此完成期刊封面的制作，效果如图 6.124 所示。

(6) 单击“文件”→“存储为”菜单命令，在弹出的存储为对话框中的文件名输入框中输入文件的名称为“期刊封面”，在格式选项栏中选择“PICT”文件格式，并单击“保存”按钮。

(7) 这时屏幕上弹出一个“PICT 文件选项”对话框，如图 6.134 所示，设置分辨率为“32 位/像素”，并单击“确定”按钮。这样就存储了一个 PICT 格式的图形文件。

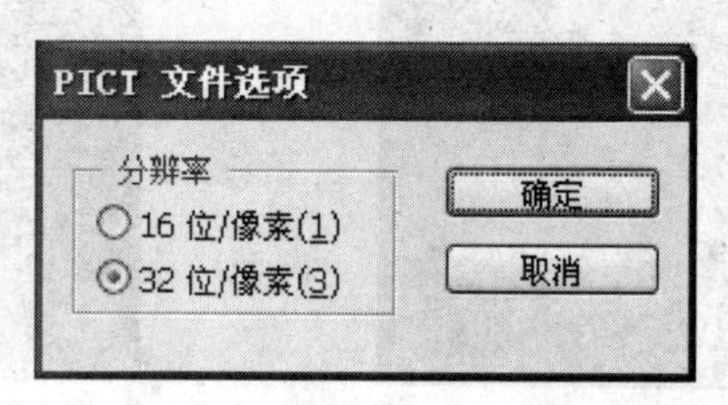

图 6.134

第 7 章　路径及文字工具

学习目标

路径工具是编辑矢量图形的工具，对矢量图形进行放大和缩小，不会产生失真现象。本章详细讲解了路径的使用方法及技巧，使读者在最短的时间内熟练掌握利用路径抠图、描边路径和填充路径的各种方法。

文字的处理是设计中必不可少的一环，在 Photoshop 中能够创建轮廓文本和位图文本两种文本。7.2 节详细讲解了文字创建的方法。

7.1　路径的使用

路径编辑工具共有 3 个工具组：路径组件选择工具组、钢笔工具组和几何图形工具组，如图 7.1 所示。下面介绍这 3 个工具组。

7.1.1　钢笔工具组

钢笔工具组由一组与路径有关的工具组成，用于建立直线或平滑的其它曲线。与前面的工具相比，该工具的使用比较复杂，概念也很多，下面先介绍与钢笔工具有关的 5 个概念。

(1) 路径：一种用于进一步产生别的类型线条的工具线条，它由一段或多段直线（或者曲线）构成，如图 7.2 所示。在路径上存在着锚点、方位线和方位点这样一些辅助绘图的工具。

(2) 锚点：一些标记路径线段端点的小方框，如图 7.2 所示，它又根据当前的状态显示为填充与不填充两种形式。若锚点被当前操作所选择，该锚点将被填充一种特殊的颜色，成为填充形式。若锚点未被当前操作所选择，该锚点将成为不填充形式。

(3) 方位线：对应于一段路径线可以产生一条曲线，该曲线的曲率与凹凸方向将由方位线来确定。点中锚点将出现方位线，移动方位线可以改变曲线的曲率与凹凸方向，如图 7.2 所示。

(4) 方位点：方位线的端点叫方位点。移动方位点可以改变方位线的长度和方向，从而改变曲线的曲率，如图 7.2 所示。

(5) 路径属性：单击钢笔工具组中的工具，在其工具选项栏上有 3 个控制所绘路径属性的单选按钮，分别是“形状图层”按钮、“路径”按钮和“填充像素”按钮，如图 7.3 所示。单击“形状图层”按钮，绘制路径时产生一个新的特殊图层“形状图层”。单击“路径”按钮，绘制图层时不产生新的路径图层，只是绘制一个路径。单击“填充像素”按钮，绘制路径时并不产生一个真正的路径，只是在绘制的路径中填充颜色。

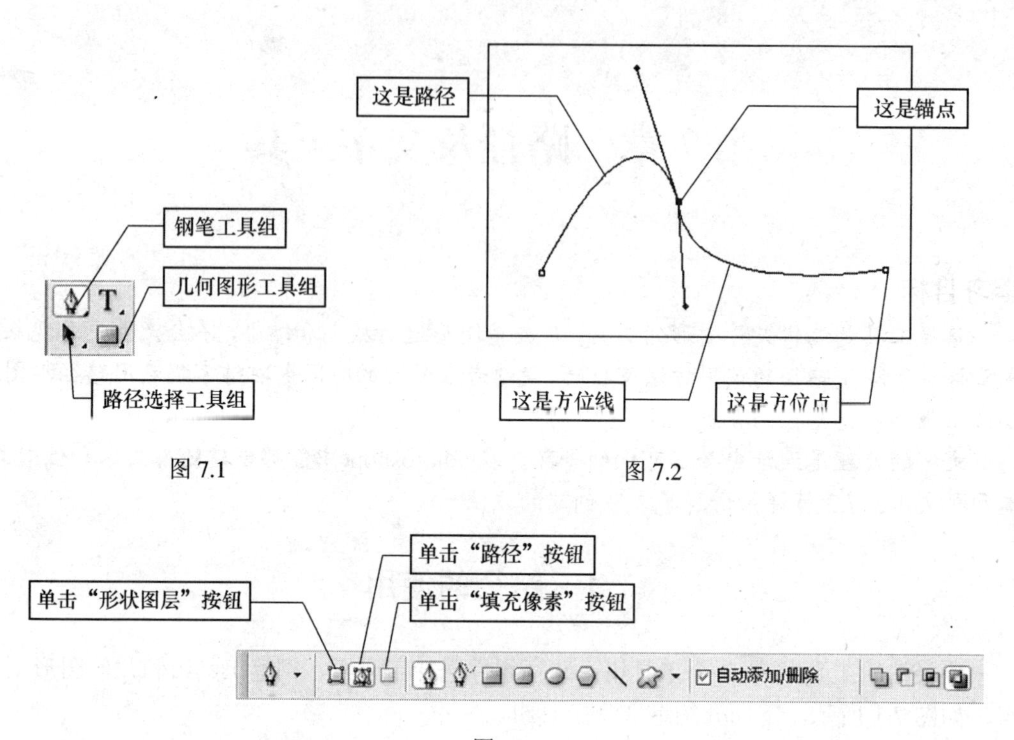

图 7.1　　　　图 7.2

图 7.3

钢笔工具组中共有 5 个子工具，都是进行与路径有关的操作的。单击“钢笔工具”不放，可以看到这 5 个子工具，如图 7.4 所示。它们分别是“钢笔工具”、“自由钢笔工具”、“添加锚点工具”、“删除锚点工具”和“转换点工具”。下面详细介绍如何使用这 5 个工具进行路径操作。

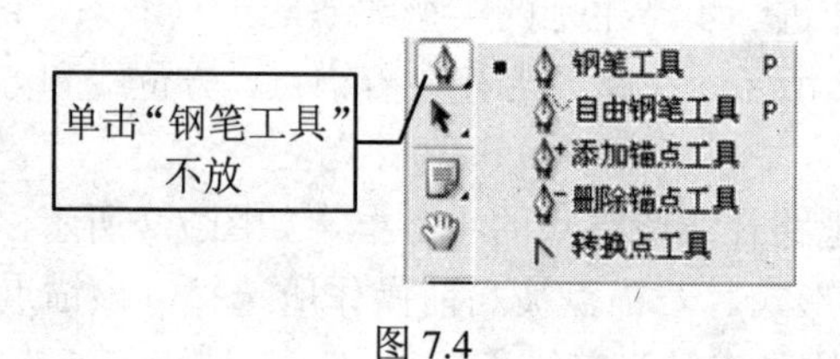

图 7.4

1. 钢笔工具

用“钢笔工具”单击两个不同的位置，则在两个锚点之间创建了一条直线段。该工具用于绘制规则形状的直线路径和封闭多边形路径，如果在单击的同时拖动鼠标也可以绘制曲线。

2. 自由钢笔工具

自由钢笔工具可以通过拖动鼠标，沿鼠标轨迹以手绘方式创建任意形状的路径。使用自由钢笔的感觉类似于套索工具，只不过它创建的是路径而不是选择区。

自由钢笔工具可以沿光标移动的路径自动放置锚点，结束操作时需要按下键盘上的 Enter 键，否则只要用户一移动鼠标，曲线就会无止境地绘制下去。若双击最后一个锚点则建立一个闭合的路径曲线。

单击“钢笔工具”不放，在弹出的子工具栏中拖动鼠标到 “自由钢笔工具”上并松开鼠标，这时工具箱中就出现了自由钢笔工具，并且在选项栏中出现了自由钢笔工具选择参数，如图 7.5 所示。选中“磁性的”复选框，可以使用磁性钢笔工具。

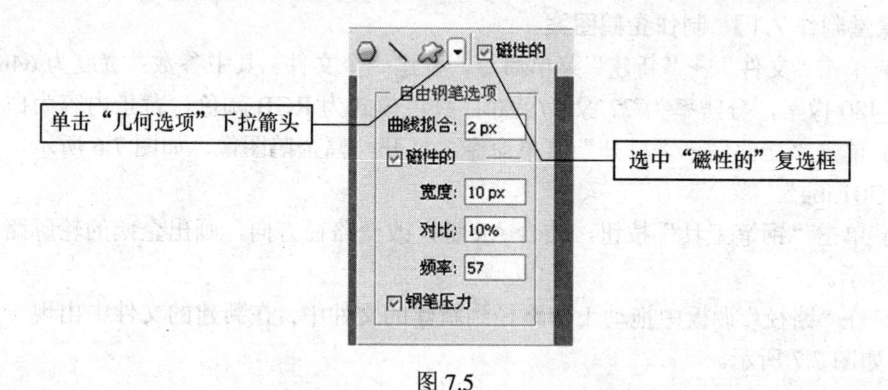

图 7.5

“磁性钢笔工具”用于自动跟踪图像中物体的边缘形成的路径。前面介绍的“钢笔工具”主要应用于规则图像，当图像要选择的区域比较复杂时，使用“钢笔工具”是很费时的。在 Photoshop CS3 中增加了“磁性钢笔工具”来解决这个难题。使用“磁性钢笔工具”绘制路径时，它可以自动寻找物体的边缘，用曲线进行拟合，做成路径。其使用方法与“磁性套索工具”相似。

由于“磁性钢笔工具”创建的是路径而不是选择区，在创建完路径后，还可以利用其它工具进一步修改，使之更加精确。

在选项栏中单击“几何选项”下拉箭头，如图 7.5 所示。这时会弹出一个“自由钢笔选项”下拉选项栏，其中有宽度、对比、频率、光笔压力这 4 个选项，其具体使用方法与磁性套索工具相同。

3. 添加锚点工具

该工具用来在已创建的路径上插入一个锚点。在使用钢笔工具创建完路径后，单击“添加锚点”工具，并把光标指向已创建的路径上时，将在添加锚点工具的右下角出现一个小加号，表示可以向当前位置添加一个新的锚点。单击该点，即可在该位置创建一个新的锚点，新建的锚点带有一条方位线和方位点。“添加锚点”工具主要增加某段路径的锚点。

4. 删除锚点工具

“删除锚点工具”与“添加锚点工具”常常配合使用，它用来在已创建的路径上删除锚点。具体使用方法是，单击“删除锚点”工具，然后在已存在的锚点上单击鼠标，这样所单击的锚点就会被删除。删除锚点后，原有路径将根据被删除锚点的性质，生成直线段或曲线段，以保持原有路径的连通。

5. 转换点工具

利用“转换点工具”可以改变锚点的属性，即把锚点转换成拐点或平滑点，然后拖动方位点来改变曲线的弧度。该工具在实际应用中有 4 个功能：

(1) 将方向点从连续的平滑点状态变为不连续的拐点状态。

(2) 接合方向点。

(3) 将不连续方向的拐点变为连续方向的平滑点。

(4) 弹出和收起方向点。

按下 Alt 键可以单方面地改变一侧曲线的方向，而不影响另一侧曲线的方向。

【课堂制作 7.1】 制作企鹅图案

(1) 单击“文件”→“新建”菜单命令，新建一个文件。其中参数：宽度为 640 像素，高度为 480 像素，分辨率为 72 像素/英寸，颜色模式为 RGB 颜色，背景内容为白色。

(2) 单击“文件”→“打开”菜单命令，打开一幅企鹅图像，如图 7.6 所示，其文件名为“G01.jpg”。

(3) 单击“钢笔工具”按钮，结合 Alt 键，改变路径方向，画出企鹅的轮廓路径，如图 7.6 所示。

(4) 在“路径”调板中拖动工作路径到新建的文件中，在新建的文件中出现一个企鹅路径，如图 7.7 所示。

图 7.6

图 7.7

(5) 在“路径”调板中将路径 1 拖动到“创建新路径”按钮上，产生一个路径 1 副本。

(6) 单击“编辑”→“自由变换路径”菜单命令，将路径移到画布的左边。

(7) 单击“编辑”→“变换路径”→“水平翻转”菜单命令，将路径水平翻转，如图 7.8 所示。

(8) 在“图层”调板中单击“创建新图层”按钮，创建一个新的图层。

(9) 将前景色设置为白色，在“路径”调板中单击“用前景色填充路径”按钮，将企鹅填充白色。

(10) 在“路径”调板中单击“将路径作为选区载入”按钮，将路径转换成选区，如图 7.9 所示。

(11) 将前景色设置为黑色，单击“画笔工具”按钮，在选项栏中单击“喷枪”按钮，转换成喷枪工具。设置其主直径为 100，在选区中喷出企鹅黑色的背部，如图 7.9 所示。

(12) 将前景色设置为黄色，在选项栏中取消“喷枪”工具，回到画笔工具状态。选择一个主直径为 9 的圆形画笔，在企鹅的头部画出黄色的眼睛，如图 7.9 所示。

(13) 在“路径”调板中选中路径 1，重复步骤(9)~步骤(12)的操作，制作右侧的企鹅图案，如图 7.10 所示。

图 7.8

图 7.9

(14) 将前景色设置为蓝色，背景色设置为白色。在“图层”调板中选中背景图层，单击“滤镜”→“渲染”→“云彩”菜单命令，产生白云蓝天效果，以衬托出企鹅图案，如图 7.11 所示。

图 7.10

图 7.11

7.1.2 几何图形工具组

为了让用户更方便地使用向量方式绘图，Photoshop CS3 中加入了几何图形工具。单击“矩形工具”按钮不放，可以看到其中有 6 个子工具，如图 7.12 所示，它们分别是：“矩形工具”、“圆角矩形工具”、“椭圆工具”、“多边形工具”、“直线工具”、“自定形状工具”。用户不仅可以利用这些工具绘制各种简单的几何图形，还能自己定义图形的形状，并将其存储在计算机中备用。

下面仔细介绍这 6 个工具的使用方法。

1. 矩形工具

用该工具可以快速地绘制出各式各样的矩形、正方形以及长方形等。按下列步骤进行操作：

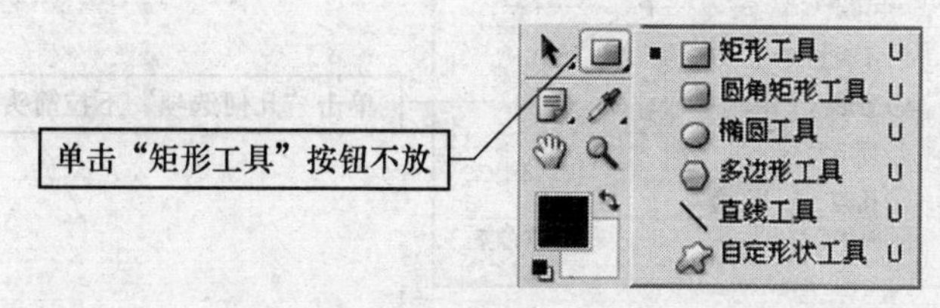

图 7.12

(1) 在工具箱中单击“矩形工具”按钮，在画布需要的位置进行拖曳，从矩形的一角的顶点，到矩形对角线另一角的顶点，便可以绘制出任意尺寸的矩形了，如图 7.13 所示。在拖曳的同时按住 Alt 键可以从中心向外画矩形。

(2) 若要利用“矩形工具”来绘制长宽相等的正方形，则可以按住 Shift 键，再进行相同的拖曳，即可以绘制出正方形了，如图 7.14 所示。

2. 圆角矩形工具

用此工具画出的圆角矩形与矩形的差异在于可以利用半径选项对矩形直角进行倒圆角的处理，绘制出 4 个顶点为圆弧形的矩形，如图 7.15 所示。

图 7.13　　图 7.14　　图 7.15

3. 椭圆工具

用此工具可以绘制各种椭圆形，如图 7.16 所示。按住 Shift 键可以绘制正圆形，如图 7.17 所示。“椭圆工具”的使用方法与“矩形工具”的使用方法几乎一模一样，只不过“椭圆工具”拖曳的起始点不在椭圆形的外框上，这是因为画出的椭圆形与拖曳出的矩形的 4 边相切。

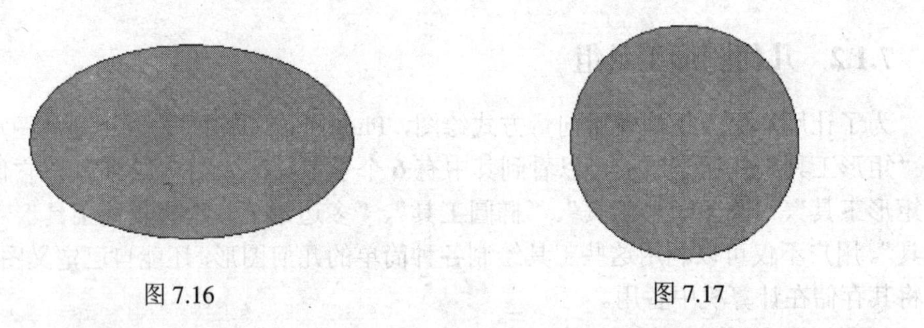

图 7.16　　图 7.17

矩形、圆角矩形以及椭圆这 3 个工具的几何选项对话框极为相似，在此一起说明。单击选项栏中的“几何选项”下拉箭头，如图 7.18 所示，弹出一个“矩形选项”对话框。

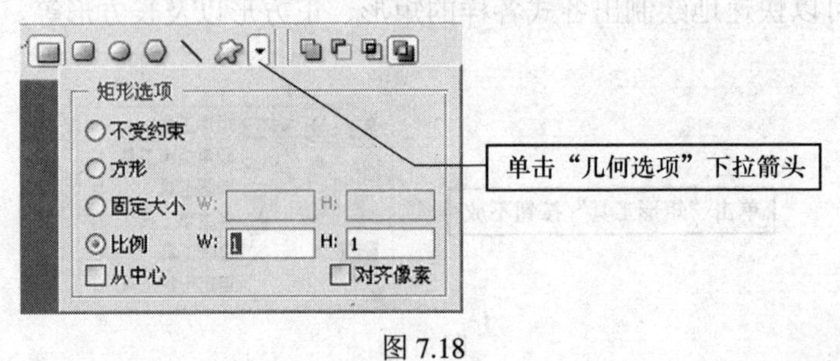

图 7.18

(1) 不受约束：选中此单选钮，矩形、圆角矩形以及椭圆形的长宽比例不会受到任何限制，也就是说可以拖曳出任意尺寸的几何图形，此模式为默认的几何绘图模式。

(2) 方形：如果想要绘制出长宽相等的矩形、圆角矩形以及圆形，请选中此单选钮。其功能与刚才介绍的 Shift 键相同。

(3) 固定大小：如果选中此单选钮进行绘图，那么绘制出的矩形、圆角矩形以及椭圆形的尺寸大小是固定的。可以利用其单选钮右边的宽度 W 与高度 H 两选项来设置绘图对象的长宽尺寸。

(4) 比例：此模式与先前的固定尺寸模式类似，不过选中此单选钮仅限定绘制对象的长宽比例。因此单选钮右边的宽度 W 以及高度 H 两选项所代表的是对象的长宽比例，实际尺寸的大小与此长宽比例成正比。

(5) 从中心：选中此复选框后，鼠标的起始点为所画对象的中心点。也就是说从中心点开始绘制几何图形，而不像默认值一般从对象的边界顶点开始。可以按住 Alt 键暂时切换至中心绘图模式。当选择了“矩形工具”、“圆角矩形工具” 或“椭圆工具”时，此复选框才出现。

(6) 对齐像素：如果设计的图像要在网页上发表，可以要求位置与尺寸以像素为单位进行绘图。选中此复选框能强制绘图对象以像素为单位，因此所绘制的几何图形的边界将会锁定于各像素上。

4. 多边形工具

用此工具可以绘制各种多边形，如图 7.19 所示，绘制多边形都是从中心开始绘制，可以在选项栏中的“边”输入框中设置所画多边形的边数，如图 7.20 所示。

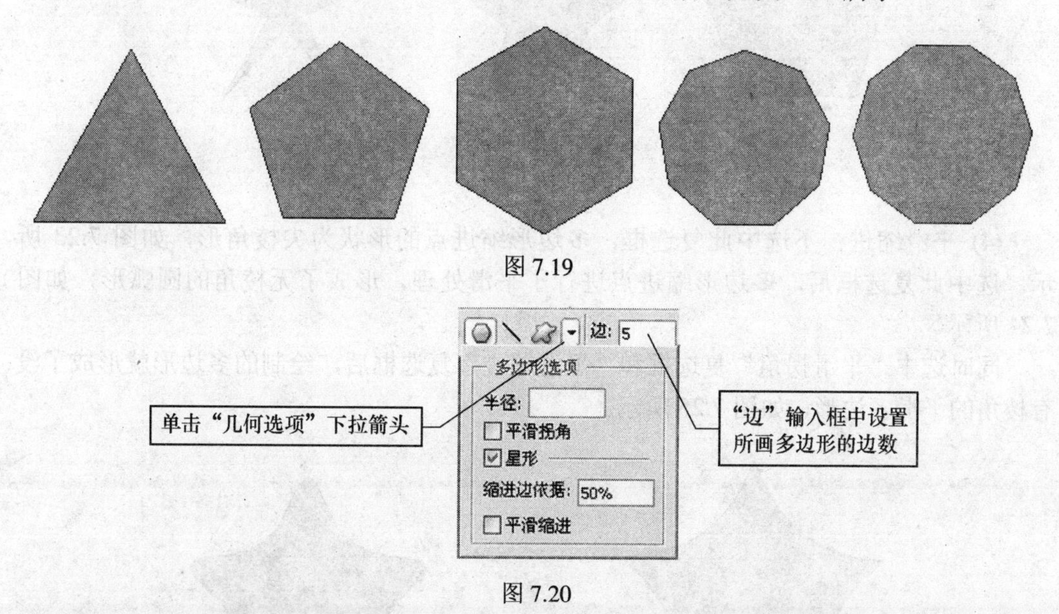

图 7.19

图 7.20

单击选项栏中的“几何选项”下拉箭头，如图 7.20 所示，会弹出一个“多边形选项”对话框。其中选项说明如下。

(1) 半径：此输入框用来设置多边形的半径大小，其半径值为多边形的中心点至顶点的距离。

(2) 平滑拐角：不选中此复选框，画出的多边形顶点为有尖棱角，如图 7.21 所示。选中此复选框，画出的多边形顶点进行了平滑处理，形成了无棱角的圆弧形，如图 7.22 所示。

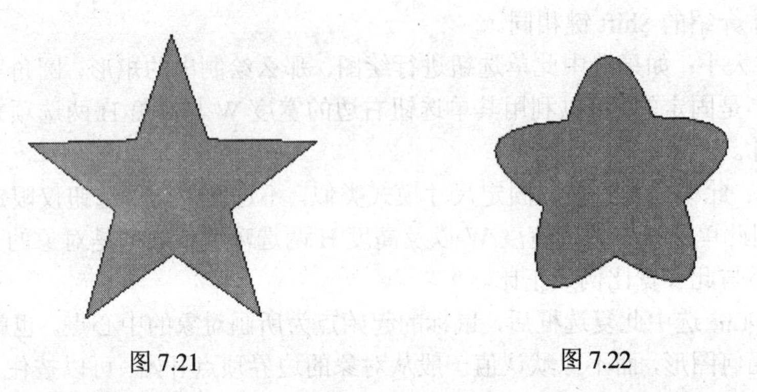

图 7.21　　　　图 7.22

(3) 缩进边依据：可以对多边形的凹进程度进行调整。选中此复选框，在其右边的输入框中可以输入其缩进值，缩进值的范围为 1%~99%。缩进值越大，凹进程度也就越大。如图 7.23 所示，从左至右分别为缩进值 1%、缩进值 50%、缩进值 80%的五边形。

图 7.23

(4) 平滑缩进：不选中此复选框，多边形缩进点的形状为尖棱角形，如图 7.23 所示。选中此复选框后，多边形缩进点进行了平滑处理，形成了无棱角的圆弧形，如图 7.24 所示。

同时选中“平滑拐角”复选框和“平滑缩进”复选框后，绘制的多边形就形成了没有棱角的平滑多边形，如图 7.25 所示。

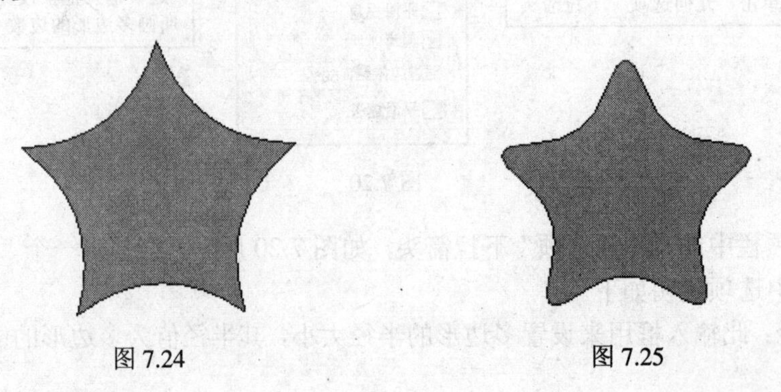

图 7.24　　　　图 7.25

5. 直线工具

用于绘制直线，可以创建具有不同粗细、不同透明度和各种角度的线条，如图 7.26 所示。还可以绘制各种带箭头的直线，如图 7.27 所示。

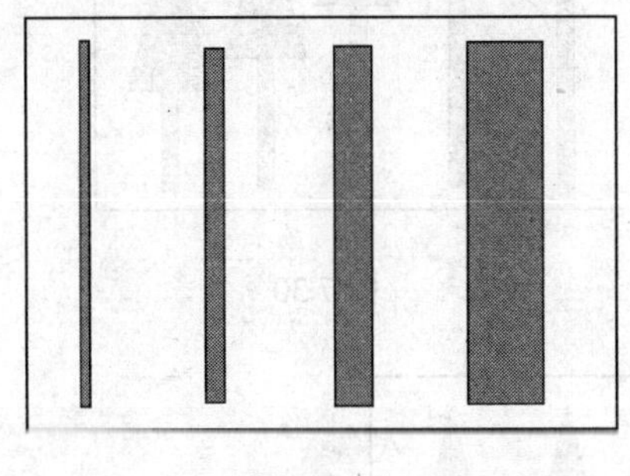

图 7.26

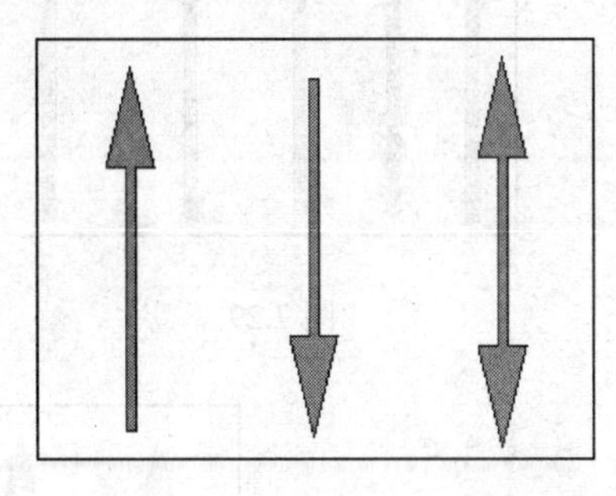

图 7.27

若在绘制直线的同时按住键盘上的 Shift 键，则仅能绘制横线、竖线和 45 度的直线。在选项栏中的“粗细”输入框中输入直线的粗细值，如图 7.28 所示，可以设置直线的粗细。

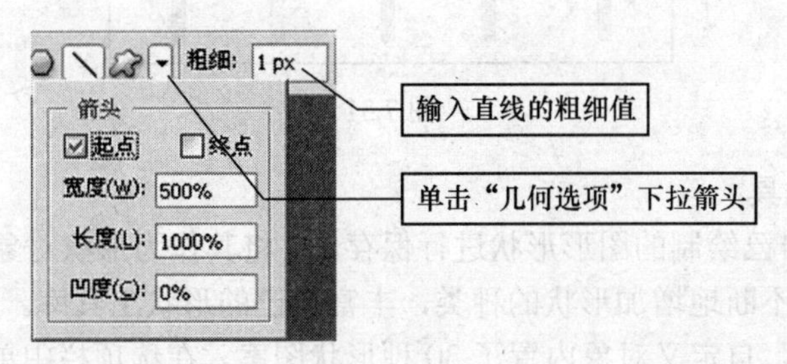

图 7.28

单击选项栏中的“几何选项”下拉箭头，如图 7.28 所示，会弹出一个“箭头”对话框。其中选项说明如下。

(1) 起点：选中此复选框，系统会在绘制的线条前端自动加上一个箭头，如图 7.27 左图所示。

(2) 终点：选中此复选框，系统会在绘制的线条后端自动加上一个箭头，如图 7.27 中图所示。

既选中起点复选框又选中终点复选框，系统会自动在绘制的线条的两端各加上一个箭头，如图 7.27 所示。

(3) 宽度：在此输入框中可以输入箭头的宽度，其参数范围为 10%~1000%。如图 7.29 所示，从左至右宽度分别为 100%、200%、500%、800%、1000%。

(4) 长度：在此输入框中可以输入箭头的长度，其参数范围为 10%~1000%。如图 7.30 所示，从左至右高度分别为 100%、200%、500%、800%、1000%。

(5) 凹度：在此输入框中可以输入箭头的凹凸程度，其参数范围为-50%~50%。若调到-50%，会发现箭头看起来有点像菱形。若调到 0%，会发现箭头的底部为水平直线。若调到 50%，会发现箭头看起来有点像带倒刺的鱼钩形。如图 7.31 所示，从左至右凹度分别为-50%、-30%、0%、30%、50%。

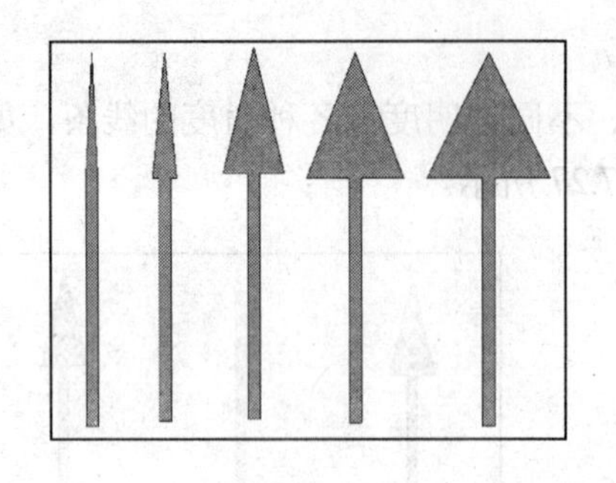

图 7.29

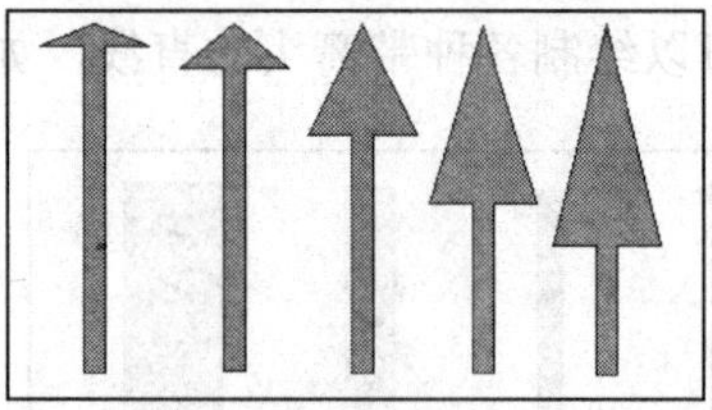

图 7.30

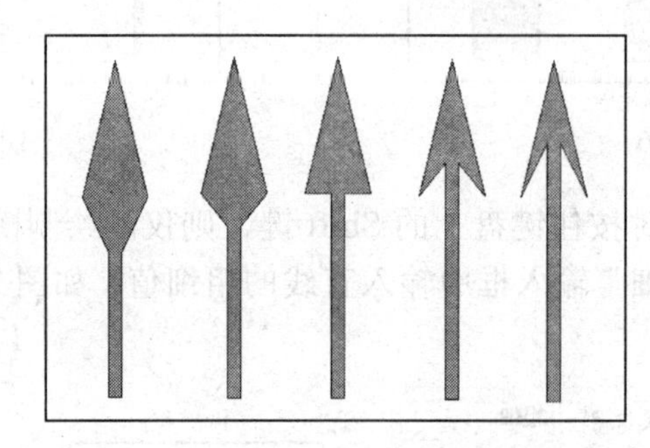

图 7.31

6. 自定形状工具

可以将用户自己绘制的图形形状进行保存，并将其作为形状对象的基本组件重复使用。如此一来便能不断地增加形状的种类，丰富自己的形状工具库。

在默认模式下，自定义对象内置了 30 种形状图案。在选项栏中单击“形状”下拉箭头，如图 7.32 所示，选择不同的形状图案，并像创建一般形状对象一样以拖曳方式绘制图案。当然也可以利用图层样式、模式与不透明度等参数来修改对象的质感。

在选项栏中还有 3 个对象属性按钮和 4 种运算模式按钮。现对 3 个对象属性的作用说明如下。

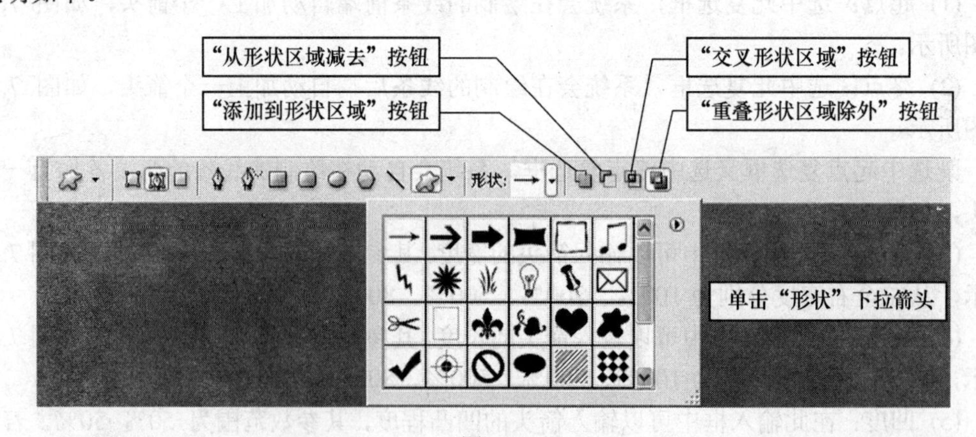

图 7.32

(1) 形状图层按钮：单击此按钮可以创建新的形状图层。

(2) 路径按钮：单击此按钮可以创建新的工作路径。

(3) 填充像素按钮▢：单击此按钮可以创建填充颜色的区域。

当使用形状图层或路径状态进行绘图时，工具选项栏的右边会出现 4 种运算模式按钮："添加到形状区域"按钮▢、"从形状区域减去"按钮▢、"交叉形状区域"按钮▢、"重叠形状区域除外"按钮▢，如图 7.32 所示。下面用一个矩形和一个椭圆作例子。按下列步骤操作：

(1) 在工具箱中单击"矩形工具"按钮▢，在选项栏中单击"形状图层按钮"▢。在图像上绘制一个矩形，如图 7.33 所示。

图 7.33

(2) 在选项栏中单击"椭圆工具"按钮▢，并单击"添加到形状区域"按钮▢。在图像上绘制一个与矩形相交的椭圆形，如图 7.34 所示。

(3) 单击"图层"→"栅格化"→"形状"菜单命令，完成添加到形状区域操作。形成了矩形与椭圆形的并集区域，如图 7.35 所示。

(4) 单击"编辑"→"还原椭圆工具"菜单命令，回到矩形状态，如图 7.33 所示。

(5) 在选项栏中单击"椭圆工具"按钮▢，并单击"从形状区域减去"按钮▢。在图像上绘制一个与矩形相交的椭圆形，如图 7.36 所示。

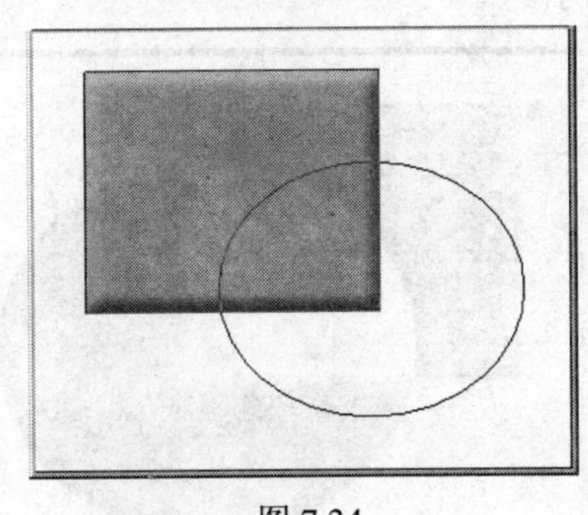

图 7.34

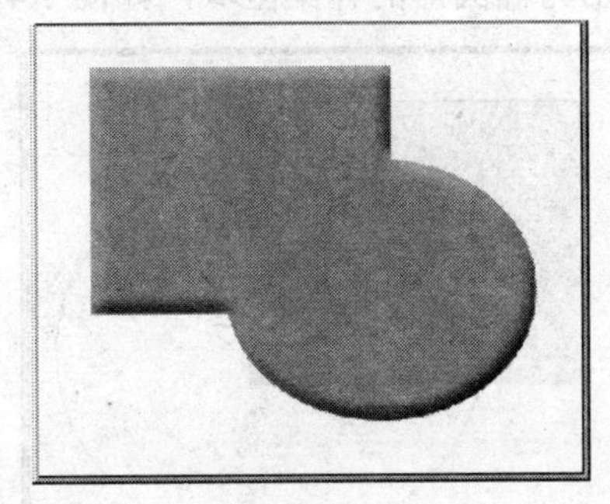

图 7.35

(6) 单击"图层"→"栅格化"→"形状"菜单命令，完成从形状区域减去操作。形成了矩形减去椭圆形后的差集区域，如图 7.37 所示。

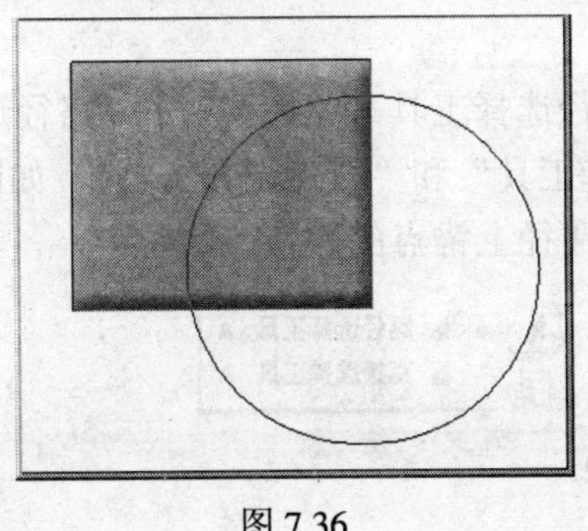

图 7.36

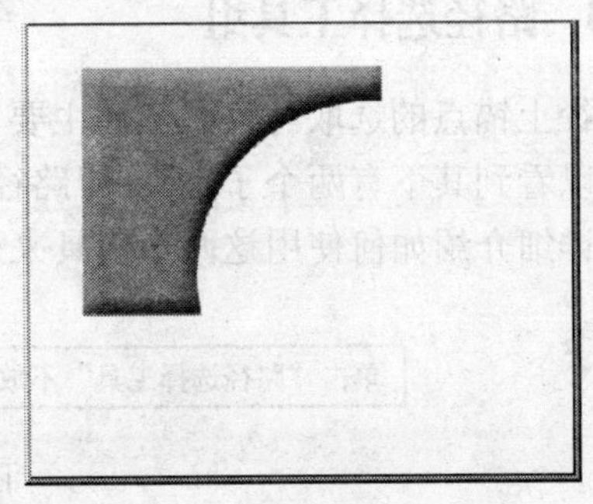

图 7.37

(7) 单击"编辑"→"还原椭圆工具"菜单命令，回到矩形状态，如图 7.33 所示。

(8) 在选项栏中单击"椭圆工具"按钮▢，并单击"交叉形状区域"按钮▢。在图像上绘制一个与矩形相交的椭圆形，如图 7.38 所示。

(9) 在选项栏的右边单击“解散目录路径”按钮，完成交叉形状区域操作。形成了矩形与椭圆形的交集区域，如图 7.39 所示。

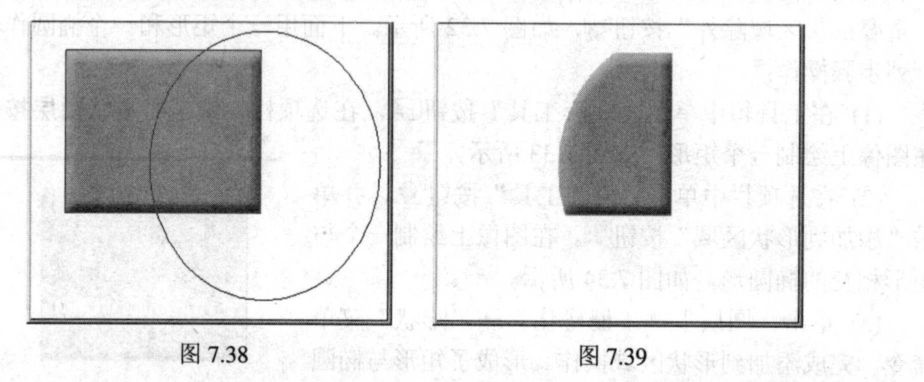

图 7.38　　图 7.39

(10) 单击“编辑”→“还原椭圆工具”菜单命令，回到矩形状态，如图 7.33 所示。

(11) 在选项栏中单击“椭圆工具”按钮，并单击“重叠形状区域除外”按钮。在图像上绘制一个与矩形相交的椭圆形，如图 7.40 所示。

(12) 单击“图层”→“栅格化”→“形状”菜单命令，完成重叠形状区域除外操作。形成了矩形与椭圆形的补集区域，如图 7.41 所示。

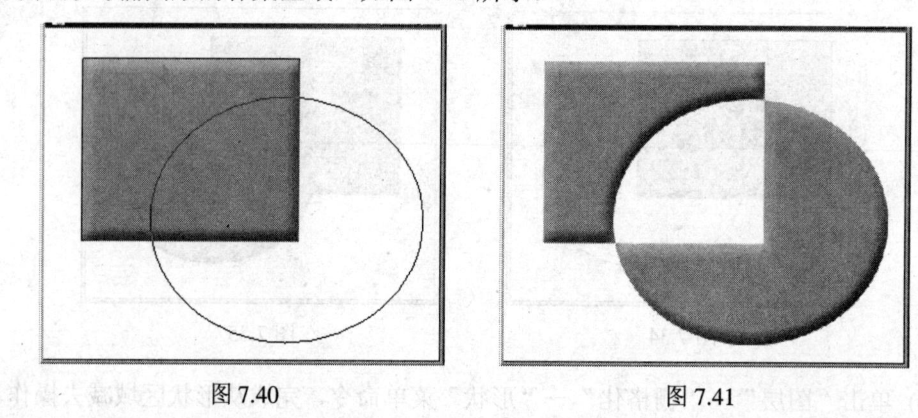

图 7.40　　图 7.41

7.1.3 路径选择工具组

对路径上锚点的选取与编辑工作主要由路径选择工具来完成。单击“路径选择工具”不放，可以看到其下有两个子工具：“路径选择工具”和“直接选择工具”，如图 7.42 所示。下面详细介绍如何使用这两个工具来进行路径上锚点的操作。

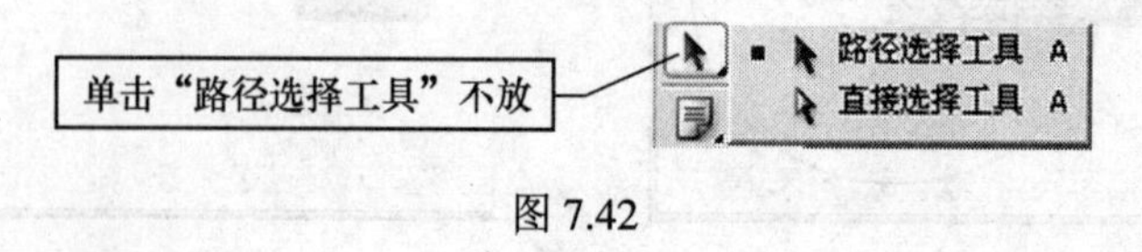

图 7.42

1. 路径选择工具

用此工具单击路径可选中整条路径。按下 Shift 键或拖出矩形选框可同时选中多条路径。可对选中的路径进行移动，按住 Alt 键进行移动可复制路径。

2. 直接选择工具

该工具可以用来选择路径中的锚点，并能拖动选中的锚点来改变路径。单击一个锚点可以选择该锚点，按住 Shift 键的同时再单击另一个锚点可以再选择一个锚点，拖出矩形选框可选中选框中的所有锚点。选择相邻的两点后，可以单击鼠标来调整路径。当拖动一条曲线上的锚点时，只是曲线段本身的弧度改变，而曲线两端点固定不动。当拖动一条直线时，直线段两端的锚点也同时移动。

单击弧形锚点时可拖动方位点来改变曲线的弧度及方向。按下 Alt 键可以单方面地拖动一个方位点从而改变一侧曲线的方向，而不影响另一侧曲线的方向。

【课堂制作 7.2】 制作仙鹤图

(1) 单击“文件”→“打开”菜单命令，打开一幅仙鹤图像，如图 7.43 所示，其文件名为“G02.jpg”。

(2) 单击“钢笔工具”按钮，结合 Alt 键，改变路径方向，画出仙鹤的轮廓路径，如图 7.44 所示。可使用“添加锚点工具”、“删除锚点工具”、“转换点工具”和“直接选择工具”来调整路径，使之与仙鹤的轮廓更接近。

图 7.43

图 7.44

(3) 单击“直接选择工具”按钮，在图像中拖出一个矩形，选中所有锚点。

(4) 单击“编辑”→“拷贝”菜单命令，将路径拷贝到剪切板中。

(5) 单击“文件”→“新建”菜单命令，新建一个文件。其中参数：宽度为 640 像素，高度为 480 像素，分辨率为 72 像素/英寸，颜色模式为 RGB 颜色，背景内容为白色。

(6) 单击“编辑”→“粘贴”菜单命令，将路径粘贴到画布中。

(7) 单击“路径选择工具”按钮，将路径移到画布的左下方，如图 7.45 所示。

(8) 在“路径”调板中单击“创建新路径”按钮，创建一个新路径“路径 1”。

(9) 单击“编辑”→“粘贴”菜单命令，将路径粘贴到画布中。

(10) 单击“编辑”→“自由变换路径”菜单命令，将路径移到画布的右上方。

(11) 单击“编辑”→“变换路径”→“水平翻转”菜单命令，将路径水平翻转，如图 7.46 所示。

(12) 将前景色设置为黄色。在“路径”调板中选中左侧仙鹤路径，单击“用前景色填充路径”按钮，将仙鹤填充黄色。

(13) 在“路径”调板中单击“将路径作为选区载入”按钮，将路径转换成选区。

图 7.45

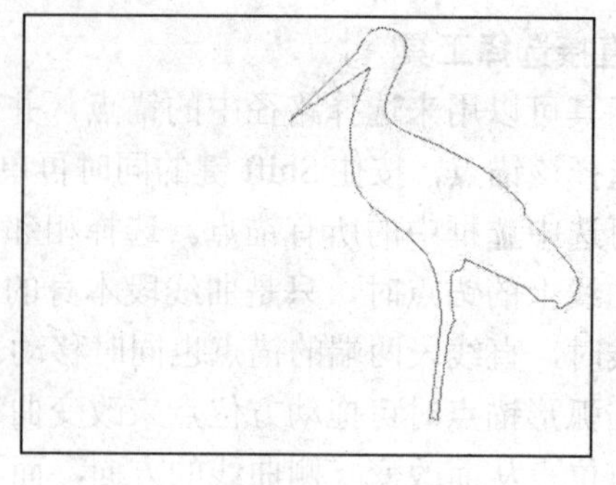

图 7.46

(14) 将前景色设置为黑色，单击“画笔工具”按钮，在选项栏中单击“喷枪”按钮，转换成喷枪工具。设置其主直径为 35，在选区中喷出黑色的仙鹤嘴部和尾部，如图 7.47 所示。

(15) 将前景色设置为红色，在选区中喷出红色的仙鹤脚部，如图 7.47 所示。

(16) 将前景色设置为黑色，在选项栏中取消“喷枪”工具，回到画笔工具状态。选择一个主直径为 13 的圆形画笔，在仙鹤的头部画出黑色的眼睛，如图 7.47 所示。

(17) 按下 Ctrl+D 键，取消选择。

(18) 设置前景色为白色，重复步骤(12)~步骤(17)的操作，将右侧的仙鹤填充白色，并喷出黑色的仙鹤嘴部、尾部和红色的脚部。画出黑色的眼睛，如图 7.48 所示。

图 7.47

图 7.48

(19) 在“路径”调板中再次选中右侧仙鹤的路径，设置前景色为中灰色，其中 R 为 128、G 为 128、B 为 128。

(20) 单击“画笔工具”按钮，在选项栏中单击“切换画笔调板”按钮，在“画笔”调板中选中“画笔笔尖形状”选项。设置其参数：直径为 3 像素，硬度为 0，间距为 25%的一个圆形画笔。

(21) 在“路径”调板中单击“用画笔描边路径”按钮，产生一个由灰色笔刷勾勒的轮廓线，如图 7.48 所示。

(22) 在“路径”调板的空白位置单击鼠标，隐藏路径。这样一幅仙鹤图就制作完成了。

7.1.4 路径调板的使用方法

路径与形状统称向量对象，管理向量对象是由路径调板进行的。单击“窗口”→“显示路径”菜单命令，可以打开“路径”调板，其中各种按钮的名称以及弹出式菜单命令如图 7.49 所示。

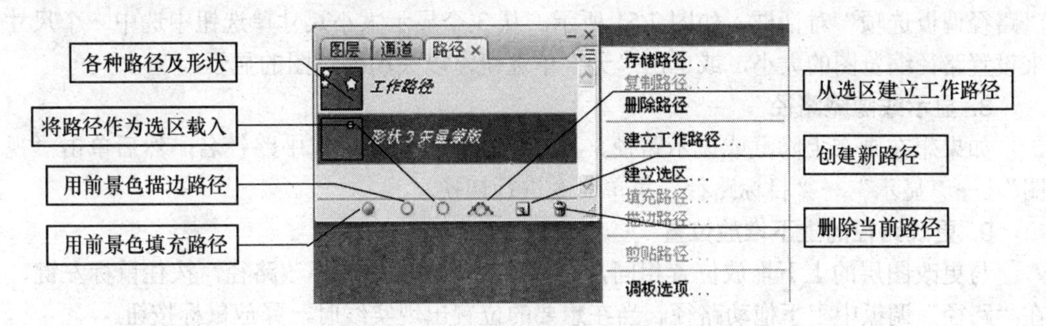

图 7.49

1. 创建新路径

(1) 要创建一个路径而不命名，请单击“路径”调板底部的“创建新路径”按钮。

(2) 要创建并命名一个路径，在确认设有选择工作路径后，从“路径”调板中单击→“新建路径”菜单命令，或按住 Alt 键单击“路径”调板底部的“创建新路径”按钮。在弹出的“新建路径”对话框中输入新的路径名，然后单击“确定”按钮，如图 7.50 所示。

图 7.50

2. 创建多个子路径

在绘制完一个路径后，可在此路径层中再绘制其它的路径。所有这些在一个路径层中的路径称为这个路径层的子路径。

3. 选择或取消选择一个路径

(1) 要选择一个路径，可单击“路径”调板中的路径名，一次只能选择一个路径。

(2) 要取消选择一个路径，可在“路径”调板的空白区域中单击，或单击其它路径名。

4. 复制工作路径

(1) 不重新命名新路径名，可以从“路径”调板中直接将工作路径名拖动到“路径”调板底部的“创建新路径”按钮上，工作路径会被自动复制成其副本路径。

(2) 要复制并重新命名工作路径，可从“路径”调板中单击→“复制路径”菜单命令或按住 Alt 键直接将工作路径名拖动到“路径”调板底部的“创建新路径”按钮上，在弹出的“复制路径”对话框中输入新的路径名，然后单击“确定”按钮。

5. 重新命名路径名称

在“路径”调板中双击路径名称，这时路径的名称会呈现修改状态，重新输入或修改新的路径名，然后按 Enter 键。

6. 删除路径

在“路径”调板中选中要删除的路径，按下面 4 种方法删除路径：

(1) 将路径拖到“路径”调板底部的“删除当前路径”按钮上。

(2) 单击“路径”调板底部的“删除当前路径”按钮，然后单击“是”按钮。

(3) 在选中的路径上单击鼠标右键，在弹出的菜单中单击“删除路径”菜单命令。

(4) 在“路径”调板的右上角单击→“删除路径”菜单命令，删除当前选中的路径。

7. 更改路径缩览图的大小

从“路径”调板的右上角单击→“调板选项”菜单命令，这时屏幕上出现了一个“路径调板选项”对话框，如图 7.51 所示。从 3 个显示大小尺寸单选钮中选中一个尺寸来设置路径缩览图的大小，或单击“无”单选钮，以关闭缩览图的显示。

8. 显示或隐藏路径

如果想在画布上隐藏或显示路径，可在“路径”调板中选中路径名，然后单击“视图”→“显示”→“目标路径”菜单命令进行切换。

9. 更改路径的上下堆放位置

与更改图层的上下堆放位置相同，在“路径”调板中选择该路径，按住鼠标左键，在“路径”调板中上下拖动路径。当在想要的位置出现实线时，释放鼠标按钮。

10. 填充路径

单击“路径”调板底部的“填充路径”按钮，可用前景色填充路径。填充路径应先选择前景色或图案，在“路径”调板中按住 Alt 键单击“路径”调板底部的“填充路径”按钮，或从“路径”调板的右上角单击→“填充路径”菜单命令，这时出现“填充路径”对话框，选择要使用的颜色或图案，单击“确定”按钮，即可填充路径，如图 7.52 所示。

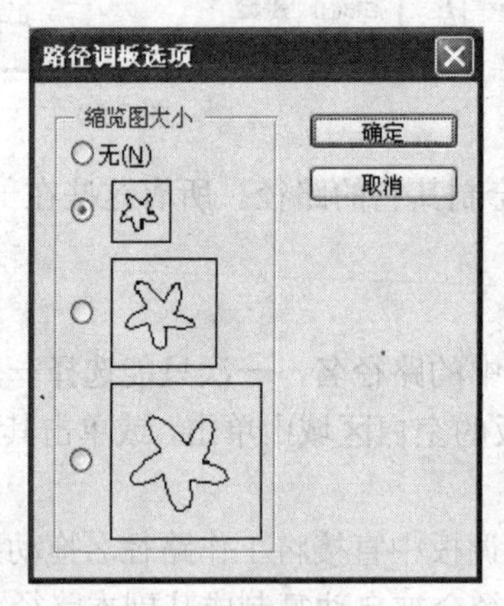

图 7.51

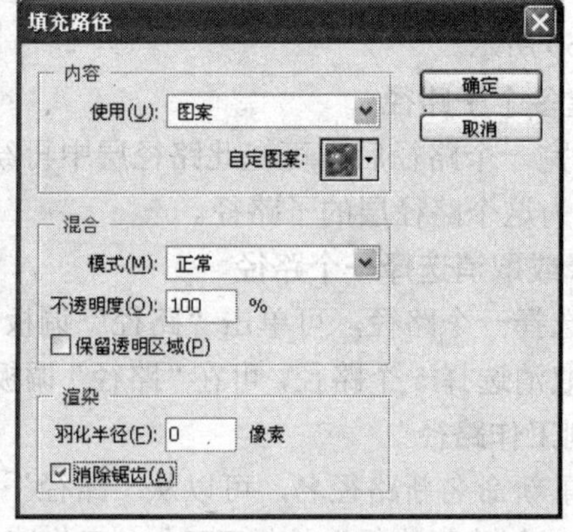

图 7.52

11. 描边路径

描边路径应先选择绘图工具，同时定义画笔，再设置前景色或图案，然后单击在“路径”调板底部的“描边路径”按钮，可以以前景色描边路径。按住 Alt 键单击“路径”调板底部的“描边路径”按钮，或从“路径”调板的右上角单击→“描边路径”菜单命令，这时出现“描边路径”对话框，选择要使用的绘图工具，单击“确定”按钮，即可描边路径，如图 7.53 所示。

图 7.53

12. 建立选区

(1) 在“路径”调板中按住 Alt 键单击“路径”调板底部的“将路径作为选区载入”按钮，可以路径为轮廓直接产生一个选择区。

(2) 在“路径”调板中按住 Alt 键单击“路径”调板底部的“将路径作为选区载入”按钮，或从“路径”调板的右上角单击→“建立选区”菜单命令，这时出现“建立选区”对话框。设置要羽化的半径值，单击“确定” 按钮，即可将路径转换为选区，如图 7.54 所示。

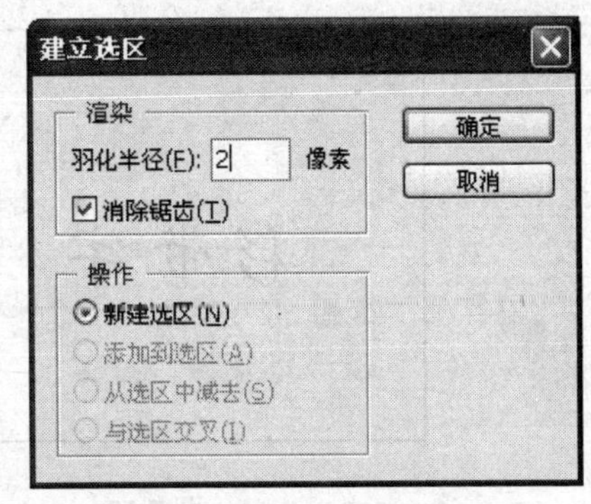

图 7.54

13. 建立工作路径

(1) 首先在图像中创建选区，然后在“路径”调板中单击“路径”调板底部的“从选区生成工作路径”按钮，可以选择区为轮廓直接生成一个工作路径。

(2) 在“路径”调板中按住 Alt 键单击“路径”调板底部的“从选区生成工作路径”按钮，或从“路径”调板的右上角单击→“建立工作路径”菜单命令，这时出现“建立工作路径”对话框，如图 7.55 所示。设置选区转换成路径时线条变化的程度，取值范围 0.5~10，值越小，变化越小。单击“确定” 按钮，即可将选区转换为路径。

14. 存储工作路径

(1) 在画新工作路径或建立新工作路径时，在“路径”调板中出现路径的名称为“工作路径”，说明这时路径还未被存储为路径图层。要存储工作，可以从“路径”调板中直接将工作路径名拖动到“路径”调板底部的“创建新路径”按钮上，工作路径会被自动存储成路径图层。

(2) 要存储并重新命名工作路径，可从“路径”调板中单击→“存储路径”菜单命令或按住 Alt 键直接将工作路径名拖动到“路径”调板底部的“创建新路径”按钮上，在弹出的“存储路径”对话框中输入新的路径名，如图 7.56 所示，然后单击“确定”按钮。

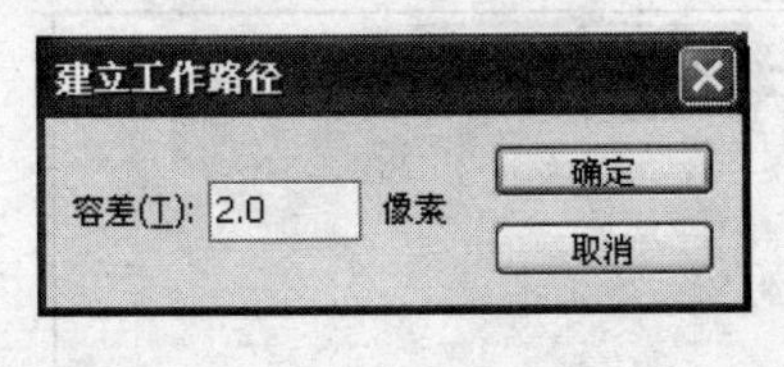

图 7.55

图 7.56

【课堂制作 7.3】 制作彩带字

(1) 单击“文件”→“新建”菜单命令，创建一个新文件。其中参数：宽度为 16 厘米；高度为 12 厘米；分辨率为 72 像素/英寸。

(2) 在“图层”调板中单击“创建新图层”按钮，创建一个新图层。

(3) 单击“横排文字蒙版工具”按钮，输入文字“彩带字”。其中参数：字体为楷体，大小为 60 像素。

(4) 将前景色设置为黑色，按下 Alt+Delete 键，将文字填充黑色，如图 7.57 所示。

(5) 按下 Ctrl+D 键取消文字选框，单击“编辑”→“定义画笔预设”菜单命令，定义“彩带字”画笔。

(6) 单击“矩形选框工具”按钮，选中彩带字，并按下 Delete 键删除文字。

(7) 单击“钢笔工具”按钮，在图像的上部画出第一条弧形彩带的路径，如图 7.58 所示。

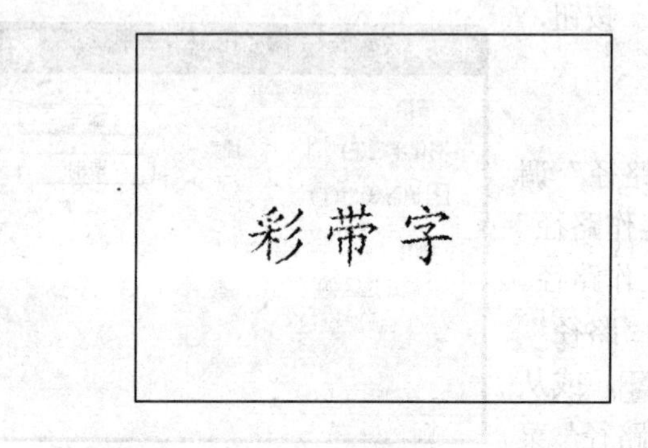

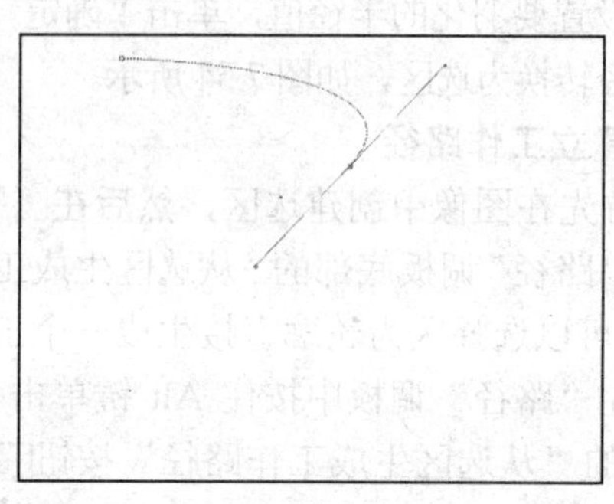

图 7.57　　　　图 7.58

(8) 将前景色设置为红色，背景色设置为绿色。单击“画笔工具”按钮，其中参数：画笔为彩带字。单击“切换画笔调板”按钮，在“画笔笔尖形状”选项栏中设置画笔的间距为 1%；选中“颜色动态”复选框，并设置控制为“渐隐”，步长为 120。

(9) 在“路径”调板中单击“用画笔描边路径”按钮，产生由红变绿的彩带字，如图 7.59 所示。

(10) 单击“钢笔工具”按钮，单击已画路径的下端，从已画路径的下部接着画一条弧形彩带的路径。

(11) 单击“直接选择工具”按钮，选中最上面的起点锚点，并按下 Delete 键，删除起点锚点。产生第 2 条彩带路径，如图 7.60 所示。

(12) 设置前景色为绿色，背景色为黄色。选中“画笔工具”按钮，在“路径”调板中单击“用画笔描边路径”按钮，产生由绿变黄的彩带字，如图 7.60 所示。

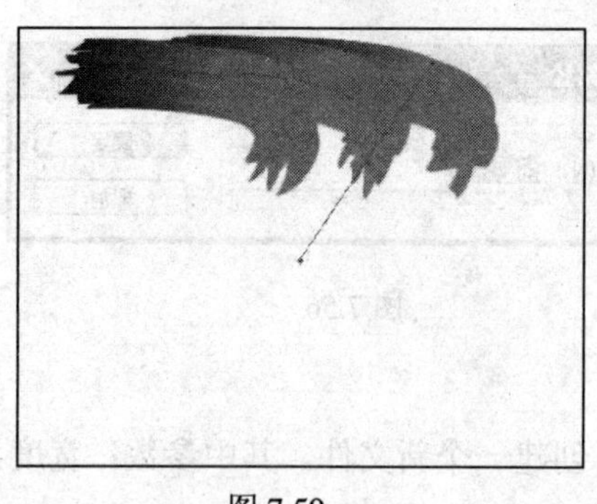

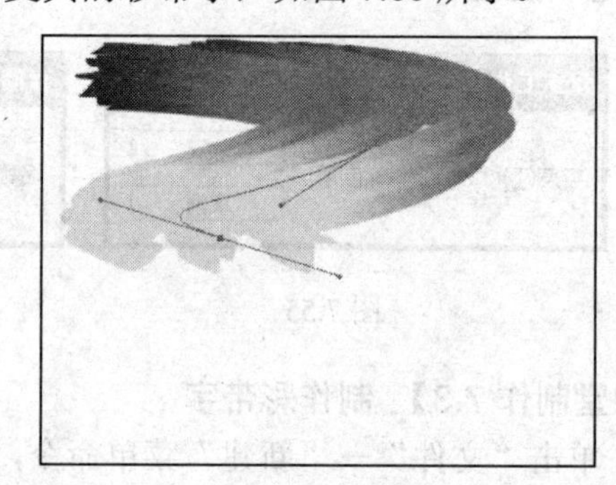

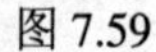

图 7.59　　　　图 7.60

(13) 重复步骤(10)~步骤(12)的操作，制作由黄向蓝、由蓝向红的两条彩带字，如图 7.61 所示。

(14) 单击“直接选择工具”按钮，选中最后一条路径的起点锚点，按下 Delete 键，将其删除。

(15) 选中“画笔工具”按钮，在“路径”调板中单击“用画笔描边路径”按钮，产生蓝色的彩带字，如图 7.62 所示。

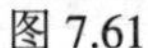

图 7.61

图 7.62

(16) 单击“魔棒工具”按钮，按住 Shift 键，多次选择蓝色，将文字选中。

(17) 单击“渐变工具”按钮，在选项栏中单击“线性渐变”按钮，将渐变颜色设置为“色谱渐变”，从左向右在文字上拖出一条渐变线，产生色谱渐变文字，如图 7.63 所示。

(18) 按下 Ctrl+D 键，取消选择。在“路径”调板中删除路径。

(19) 单击“编辑”→“变换”→“透视”菜单命令，将文字变成近大远小的立体形状。这样一个彩带字就制作完成了，如图 7.64 所示。

图 7.63

图 7.64

7.2 文字工具

文字工具[T]是由一组与输入文字有关的工具选项组成的。在图像处理中为什么要进行文字处理呢？

如果仅仅有图像而没有文字，在表达上未免“涵蕴有余”而“灵气不足”。因为文字本身也是传言达意不可缺少的媒介之一。只要留心一下周围的世界，众多的广告、宣传画、书籍装帧所做的文字和图像没有一个不是很和谐、让人赏心悦目的。甚至在设计小居室的装饰、制作名片时，若有恰到好处的文字，也会给人以醒目传神的效果。下面介绍 Photoshop CS3 中文版文字处理的原理和特点。

图像应用程序能够创建两种不同类型的文字：轮廓文本型和位图文本型。现介绍如下这两种文本类型。

7.2.1 轮廓文本

作图或者排版程序如 Adobe Illustrator 或 Adobe PageMaker 所创建的文本即为轮廓文本。轮廓文本包括数学定义的形状，并且可以任意改变其大小而不改变其光滑边界，而位图文本放大以后就会变成不光滑的锯齿形状。如图 7.65 所示，图 7.65(a)是放大 300 倍的轮廓文本，边界非常光滑；图 7.65(b)是放大 300 倍的位图文本，边界就有些锯齿形状了。当打开一幅带轮廓文本的图像时，Photoshop 将文字重新当做像素或者位图类型处理。

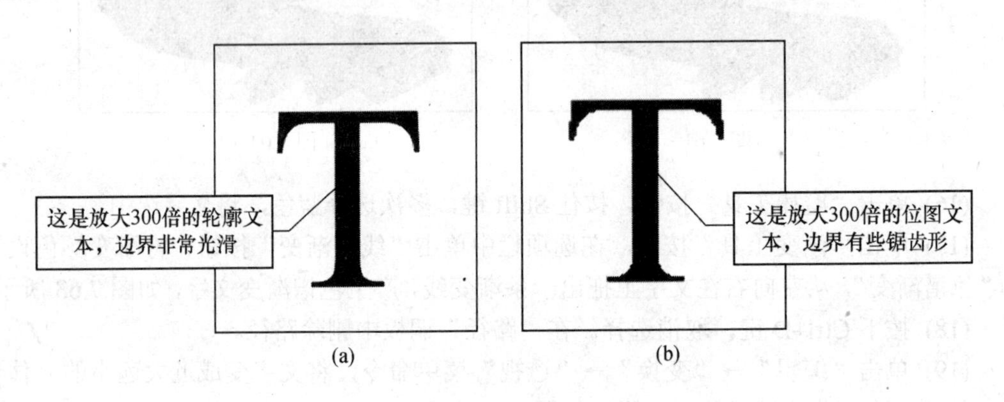

图 7.65

7.2.2 位图文本

由像素组成的文本，即位图文本。如 Adobe Photoshop 的绘图和编辑程序，位图文本边界的光滑程度依赖于文本的大小和图像的分辨率。放大的文本和分辨率越小的图像，文本边界的锯齿状越明显，越不光滑；缩小的文本和分辨率越大的图像，文本的边界越光滑，锯齿状越不明显。如图 7.66 所示，同样大小的图像，分辨率为 14 时文本边缘锯齿状很明显，很不光滑。如图 7.67 所示，分辨率升为 28 时文本的边缘就比 14 时光滑，锯齿形状也不明显了。

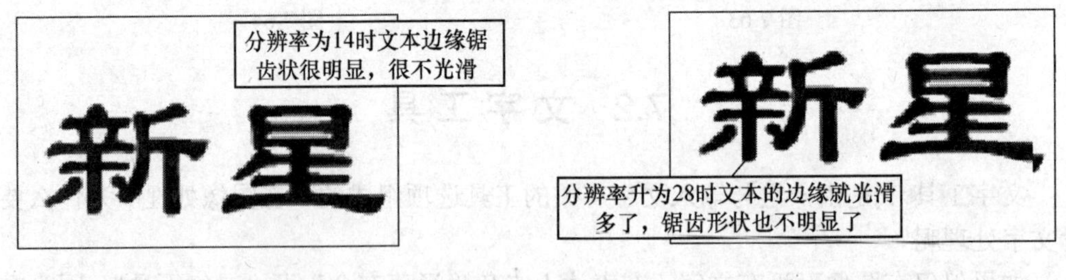

图 7.66　　图 7.67

如果想建立光滑的文字或可改变大小的文本，可将 Photoshop 图像输入到其它支持轮廓文本的应用程序中，并用那些程序建立轮廓文本。由于 Adobe Photoshop 以位图来处理文本，因此不适宜处理大量的文本。如果要编辑大量的文字，应该考虑使用字处理工具，如 Word、Illustrator 等。但是位图处理文字方式也有它的特点。Photoshop CS3 中文版强大的文字变形功能，如制作纹理字、阴影字、浮雕字、球形字和金属字等，与它使用位图处理文字的方式是分不开的。不管什么文字，一旦植入图像，都将成为图像的一部分，不再具有矢量文字的特性。这时，用户可以使用任何处理图像的方法来修饰它们，经过各种独特的变形，使之更加漂亮、富有神韵。

Photoshop CS3 中文版文字处理的一个重要的特点是：每输入一个文本，系统会自动给这些文本创建一个新层，称为文本图层，其上面的文字可以进行任意的编辑，还可改变其大小，而不会影响其分辨率。除非使用了“拼合图层”命令将它们融合在一起，或者将文本图层变换成了普通图层。

7.2.3 文字工具的作用与功能

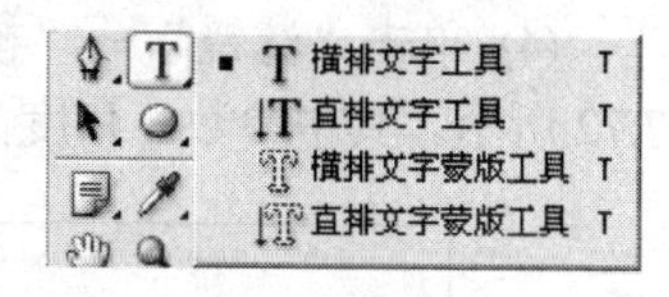

图 7.68

单击“横排文字工具”按钮不放，可以看到其下面有 4 个子工具，分别是“横排文字工具”、“直排文字工具”、“横排文字蒙版工具”、“直排文字蒙版工具”，如图 7.68 所示。下面从文字工具入手，详细地介绍如何使用这 4 种文字类型进行文字处理。

单击“横排文字工具”按钮[T]，这时会出现文字工具选项栏，如图 7.69 所示。

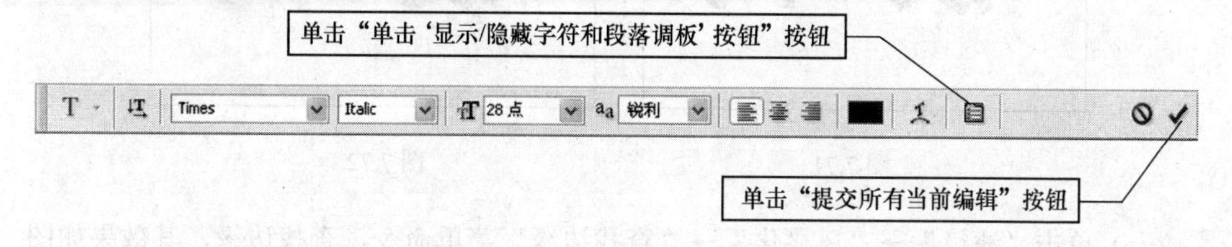

图 7.69

1. 横排文字工具

“横排文字工具”按钮[T]：使用该工具可以在当前图像的一个新的图层内创建文字。具体操作方法为：单击工具箱中的“横排文字工具”，在选项栏中设置文字的字体、字号。在图像窗口中用鼠标单击要插入文字的地方，并输入所需的文字，在选项栏中或单击选项栏中的“显示/隐藏字符和段落调板”按钮，如图 7.69 所示。可打开字符调板与段落调板，设置行间距、基线距离、段落等属性，如图 7.70 所示，最后单击“提交所有当前编辑”按钮，文字输入就完成了。

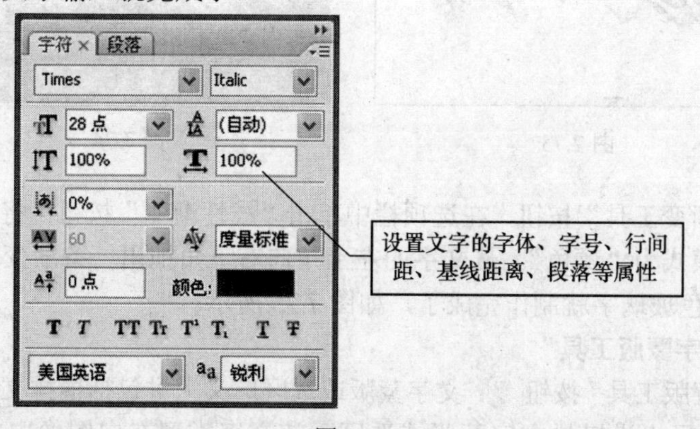

图 7.70

【课堂制作 7.4】 制作玻璃字

(1) 单击“文件”→“新建”菜单命令，创建一个新文件。其中参数：宽度为 16 厘米，高度为 12 厘米，分辨率为 72 像素/英寸，颜色模式为 RGB 颜色，背景内容为白色。

(2) 设置前景色为黑色，单击“横排文字工具”按钮，设置字体为黑体，大小为 160 像素。单击“切换字符和段落调板”按钮，设置字间距为 200。输入文字“玻璃”，如图 7.71 所示。

(3) 单击“图层”→“拼合图层”菜单命令，将所有图层合并成一个图层。

(4) 单击“滤镜”→“模糊”→“动感模糊”菜单命令，产生动感模糊效果，如图 7.72 所示。其中参数：角度为 45 度，距离为 30 像素。

图 7.71

图 7.72

(5) 单击“滤镜”→“风格化”→“查找边缘”菜单命令，查找边缘，其效果如图 7.73 所示。

(6) 单击“图像”→“调整”→“反相”菜单命令，使图像黑白颠倒，如图 7.74 所示。

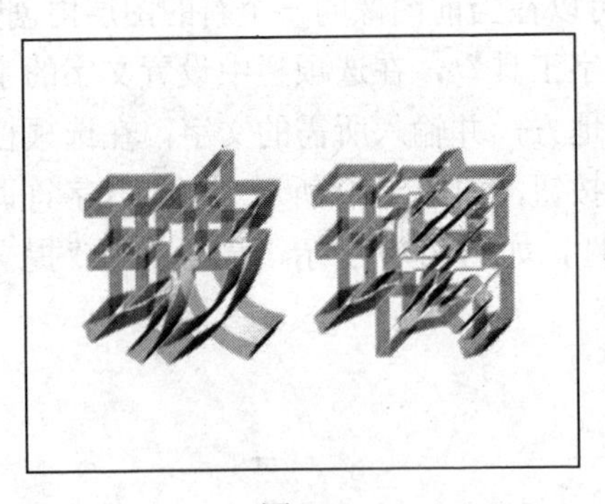

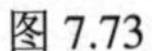

图 7.73

图 7.74

(7) 单击“渐变工具”按钮，在选项栏中单击“线性渐变”按钮，将渐变颜色设置为“色谱渐变”，模式为“颜色”。从文字的左上角向右下角拖出一条渐变线，产生色谱渐变，这样一个彩色玻璃字就制作完成了，如图 7.75 所示。

2. “横排文字蒙版工具”

“横排文字蒙版工具”按钮：文字蒙版或选区广义上讲包括横排文字蒙版和竖排文字蒙版两种，这里先讲横排文字蒙版或选区。该文字类型在向图像内的当前层添加文

图 7.75

字时，不会产生新图层，而且文字是未填充任何颜色的选择区，如图 7.76 所示，这就是利用创建蒙版或选区按钮产生的文字选区。可以对文字进行各种选择区的操作，例如移动、缩放、填充、羽化等。单击“横排文字蒙版工具”按钮产生的选项栏参数和调板参数与单击“横排文字工具”按钮时类似。只是在调板中颜色框不起作用了，因为输入的文字是未填充颜色的选择区，所以不需要颜色选项。

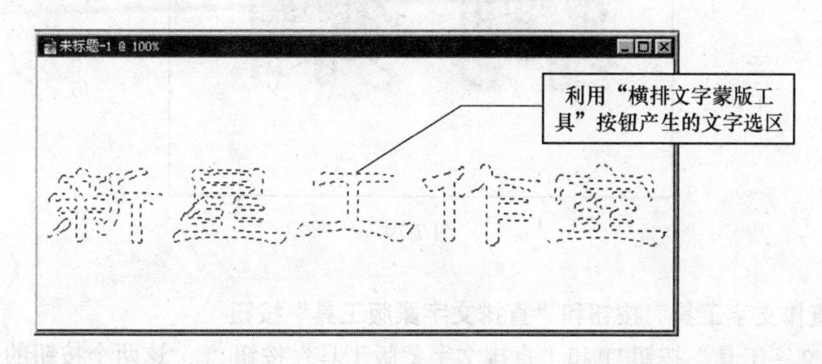

图 7.76

【课堂制作 7.5】 制作刺猬字

(1) 单击“文件”→“新建”菜单命令，创建一个新文件。其中参数：宽度为 16 厘米，高度为 12 厘米，分辨率为 72 像素/英寸，颜色模式为 RGB 颜色，背景内容为白色。

(2) 在“图层”调板中单击“创建新图层”按钮，创建一个新图层。并单击“横排文字蒙版工具”按钮，设置字体为大黑体、大小为 160 像素。单击“切换字符和段落调板”按钮，设置字间距为 200。输入文字“玻璃”，产生文字“玻璃”选区，如图 7.77 所示。

(3) 在“路径”调板中单击“从选区生成工作路径”按钮，将选区转换成路径，如图 7.78 所示。

(4) 将前景色设置为红色，背景色设置为蓝色。单击“画笔工具”按钮，其中参数：画笔为 55，形状为放射刺状。单击“切换画笔调板”按钮，在“画笔笔尖形状”选项栏中设置画笔的间距为 15%；选中“动态颜色”复选框，并设置控制为“渐隐”，步长为 30。

(5) 在“路径”调板中，单击“用画笔描边路径”按钮，产生长刺字的效果。

(6) 在“路径”调板中，单击空白位置，隐藏路径显示。这样一个刺猬字就制作完成了，如图 7.79 所示。

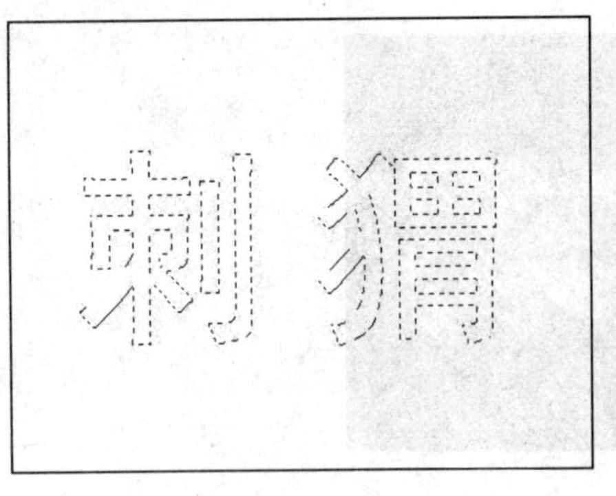

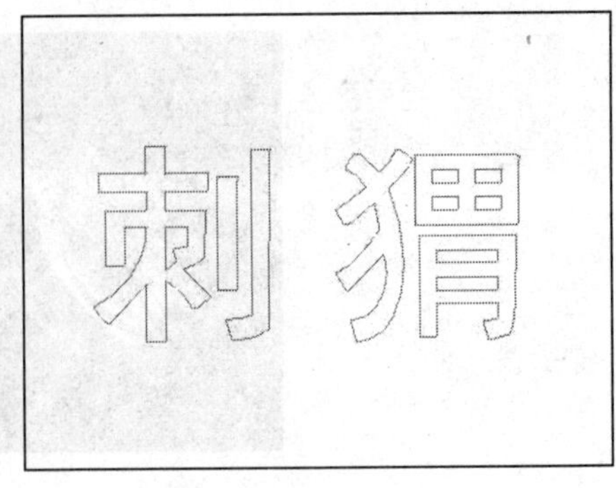

图 7.77　　图 7.78

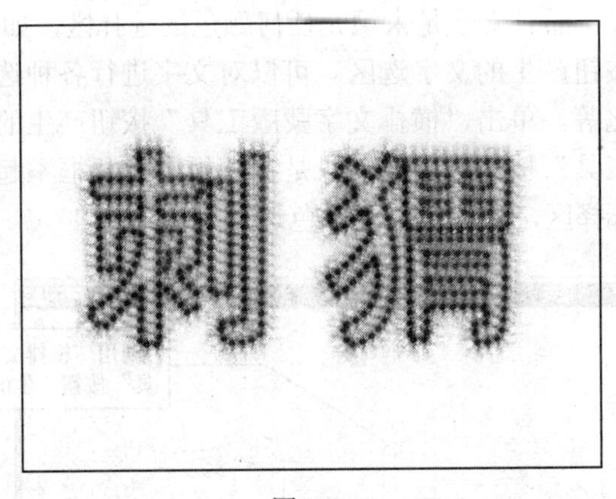

图 7.79

3. “直排文字工具”按钮和“直排文字蒙版工具”按钮

“直排文字工具”按钮[IT]和“直排文字蒙版工具”按钮[IT]：这两个按钮的作用是产生直排模式的文字，如图 7.80 所示；或产生垂直方向的文字选区，如图 7.81 所示。

按下列步骤操作：

(1) 单击工具箱中的“直排文字工具”，在图像窗口内用鼠标单击要插入文字的地方，并输入英文文字“Photoshop”，看到出现了英文文字的垂直取向文本效果，如图 7.82 所示。

(2) 在选项栏中单击“切换字符和段落调板”按钮，打开“字符”调板，单击其右上角的箭头。这时屏幕上出现了一个弹出式菜单，其中的“标准垂直罗马对齐方式”和“直排内横排”菜单命令只有垂直取向文本可以使用，其中“标准垂直罗马对齐方式”菜单命令只对单字节的文字有效，如英文字母、数字等，而对双字节的文字不起作用，如汉字。选中“标准垂直罗马对齐方式”菜单命令，如图 7.83 所示，在屏幕上再次输入英文文字“Photoshop”，这时看到英文字符产生了逆时针 90 度的旋转，如图 7.84 所示。

(3) 在刚才输入的两种垂直取向的英文文字中选中部分英文字母，单击“直排内横排”菜单命令，如图 7.83 所示。这时可看到垂直取向的英文文字中出现了横排格式的文字，如图 7.85 所示。

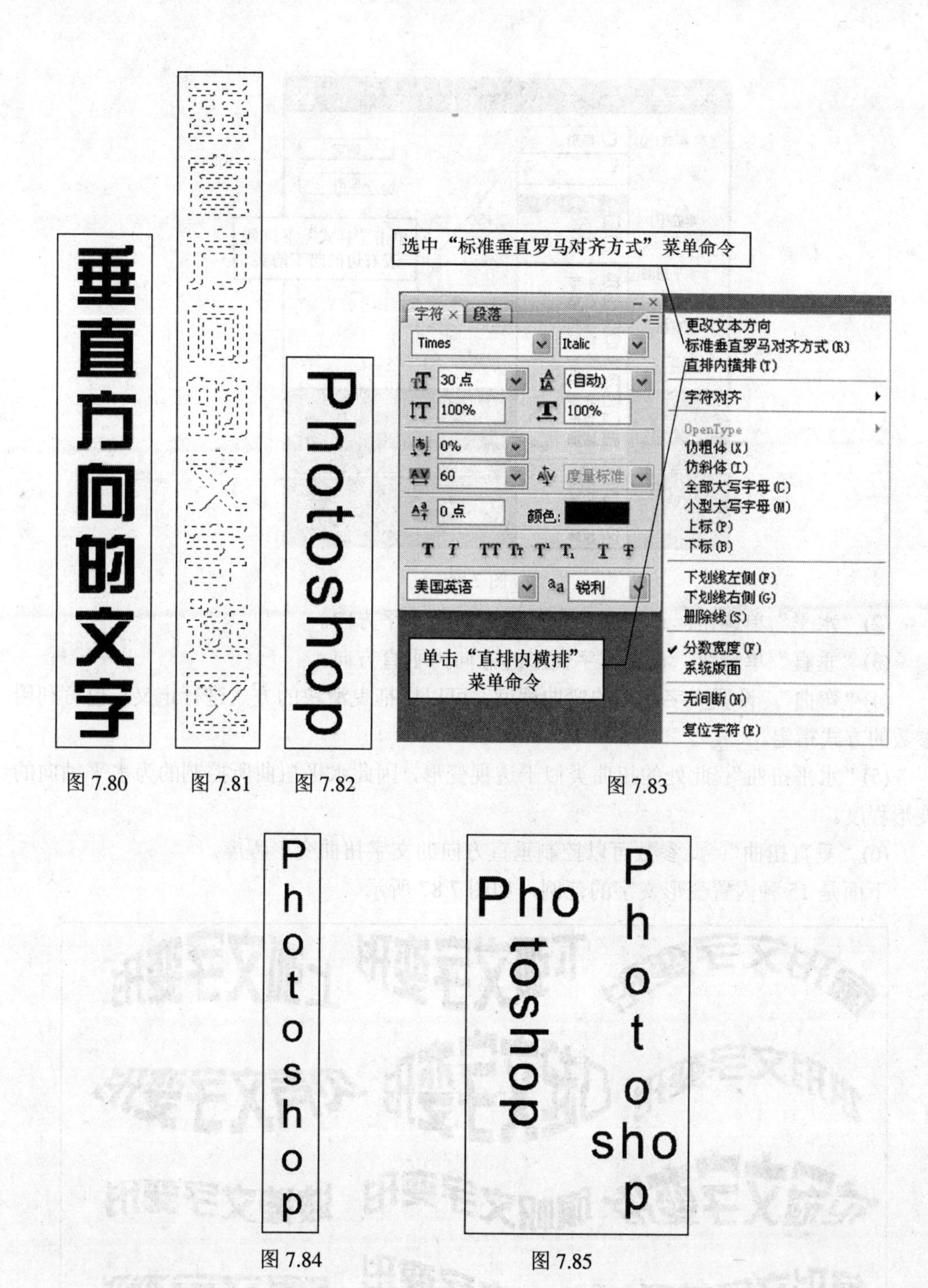

图 7.80　图 7.81　图 7.82　图 7.83

图 7.84　图 7.85

4. 变形文字

在 Photoshop CS3 中的变形文字功能，可以加强文字的形状处理功能。单击“文字工具”按钮，在画布上输入一些文字。在选项栏中单击“创建变形文本”按钮，调出“变形文字”对话框。

(1) 单击“样式”下拉列表右边的向下箭头，会看到其中共有 15 种内置样式可供选择，如图 7.86 所示。如果要去掉所套用的样式，请选择“无”样式即可解除。

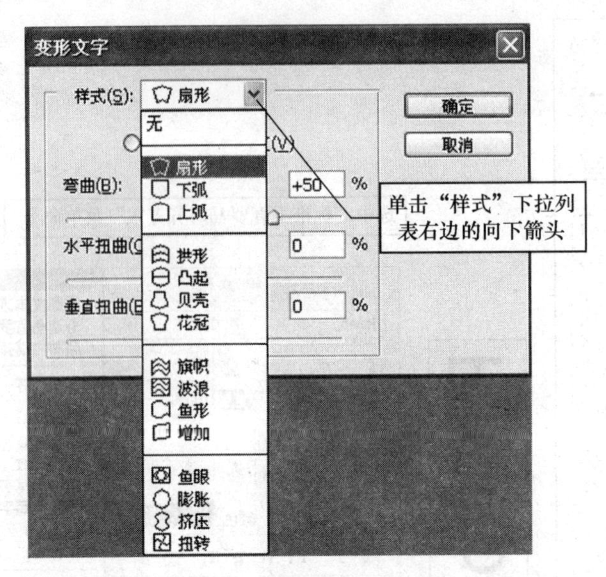

图 7.86

(2)“水平”单选钮：设置文字变形的方向为水平方向。

(3)“垂直”单选钮：设置文字变形的方向为垂直方向。

(4)“弯曲”：设置文字变形的弯曲程度，可以用拖曳滑块的方式进行定义，也可利用参数的方式指定。

(5)“水平扭曲”：此处的扭曲类似于透视变形，因此水平扭曲所控制的为水平轴向的变形程度。

(6)“垂直扭曲”：此参数可以控制垂直方向的文字扭曲变形程度。

下面是 15 种内置变形文字的范例，如图 7.87 所示。

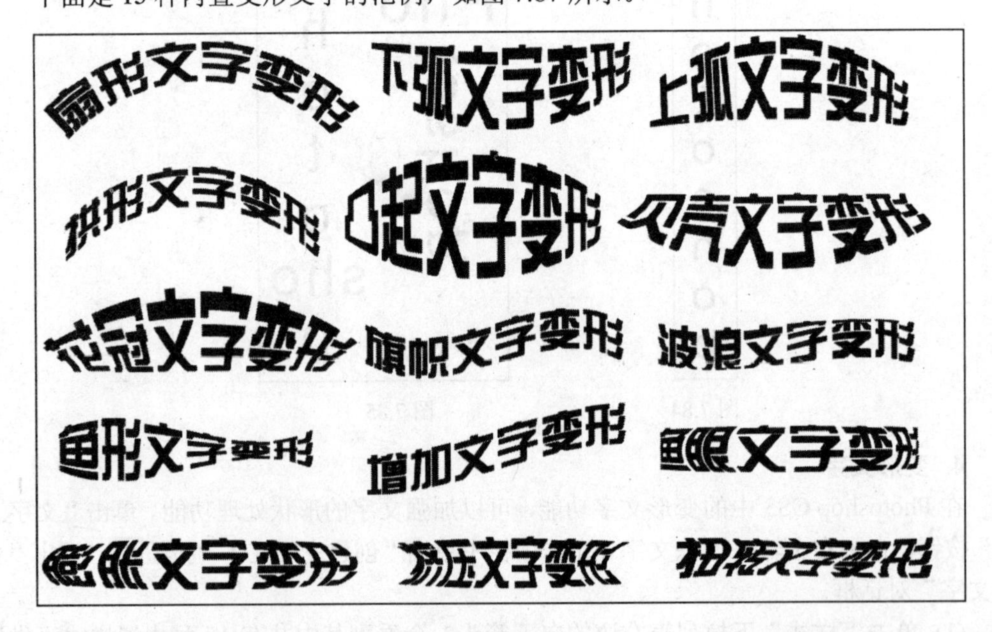

图 7.87

7.3 实例操作

7.3.1 生日卡

实例分析

生日卡图案如图 7.88 所示。利用椭圆选框和 Alt 键，制作出小月牙，再利用画笔和路径制作出花边图案。利用描边命令，画出不同颜色的边框，产生了不同的效果。白底黑字“Happy Birthday”，与黑底白字“生日快乐”相互辉映。底图的选择与生日卡的风格浑然天成。整个生日卡色彩和谐、清新淡雅。

制作方法

1. 制作花边

(1) 为了更好地设置新建图像的大小和分辨率，需打开一幅底纹图形，单击“文件”→“打开”菜单命令，选择打开一幅文件名为“G03”的图形，如图 7.89 所示。

图 7.88

图 7.89

(2) 单击“图像”→“图像大小”菜单命令，查看和设置图像的大小和分辨率。

(3) 这时看到屏幕上出现了一个“图像大小”对话框，其中给出了图像的大小和分辨率，如图 7.90 所示。这就是要新建的文件的大小和分辨率。

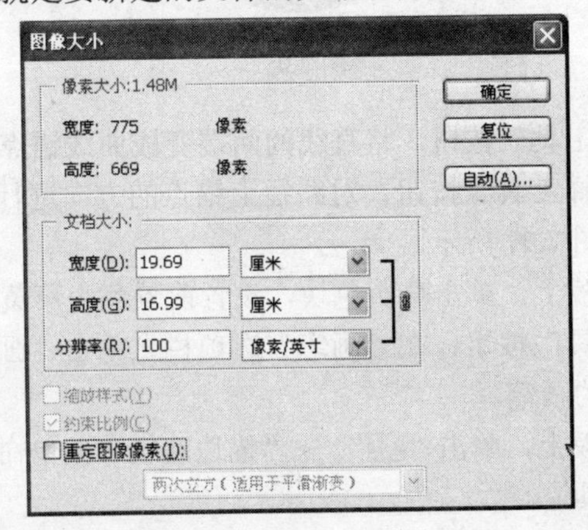

图 7.90

(4) 单击“文件”→“新建”菜单命令，建立一个图像文件。其中参数：宽度为 19.69 厘米，高度为 16.99 厘米，分辨率为 100 像素/英寸，颜色模式为 RGB 颜色，背景内容为白色。

(5) 在“图层”调板上，单击“创建新图层”按钮，建立一个新图层。

(6) 单击“椭圆选框工具”按钮，画出一个圆形框，如图 7.91 所示。

(7) 按下 Alt 键，在原椭圆的上面再画一个椭圆，如图 7.92 所示，形成一个月牙形选框，如图 7.93 所示。

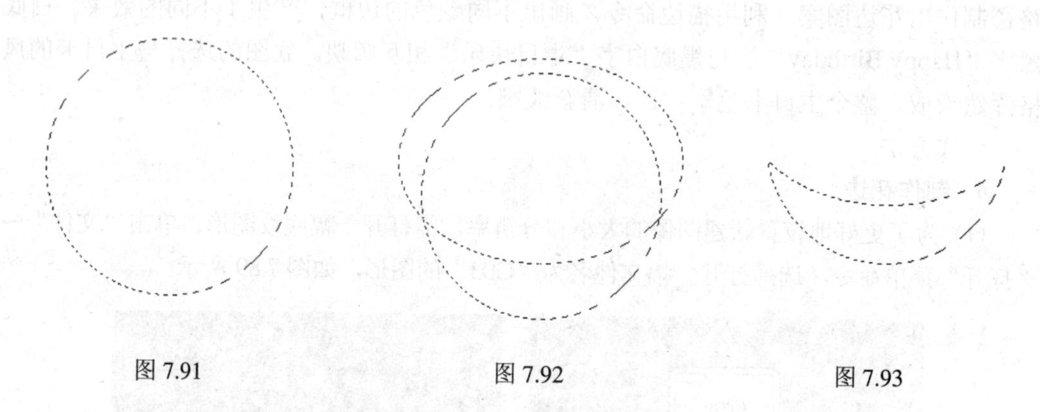

图 7.91　　图 7.92　　图 7.93

(8) 在“色板”调板上，单击绿灰色色块，设置前景色为绿灰色。

(9) 按下 Alt+Delete 键，用绿灰色填充选区，如图 7.94 所示。

(10) 按下 Ctrl+D 键，清除选区。

(11) 单击“画笔工具”按钮，在“画笔”选项栏上单击“画笔预设”选取器下拉箭头，设置一个大小合适的画笔。

(12) 在月牙上单击鼠标，绘制一个圆点，效果如图 7.95 所示。

(13) 单击“钢笔工具”按钮，在图中画出一水平直线，如图 7.96 所示。

图 7.94　　图 7.95　　图 7.96

(14) 单击“转换点工具”按钮，将直线的两端变成曲线锚点，形成一条曲线路径。

(15) 单击“直接选择工具”按钮，对路径上锚点的方向进行细致的调整，得到一条光滑的正弦波路径，如图 7.97 所示。

(16) 在“色板”调板上，单击草黄色块，设置前景色为草黄色。

(17) 单击“画笔工具”按钮，在“画笔”选项栏上单击“画笔预设”选取器下拉箭头，设置一个小一点儿的画笔。

(18) 在“路径”调板上，单击“▾≡”→“描边路径”菜单命令，将路径进行描边处理。其中参数为画笔工具。

(19) 在“路径”调板上，单击空白位置，关闭路径显示，效果如图 7.98 所示。

(20) 单击“画笔工具”按钮，在“画笔”选项栏上单击“画笔预设”选取器下拉箭头，设置一个大小合适的画笔。在正弦波上单击两次鼠标，产生两个小圆点，效果如图 7.99 所示。

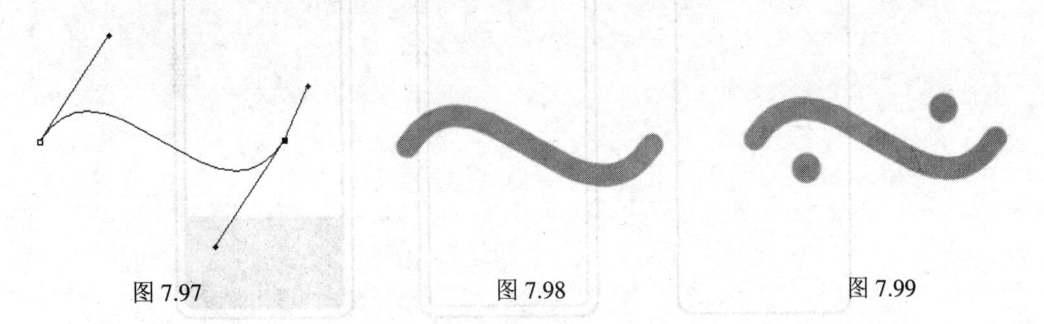

图 7.97　　　图 7.98　　　图 7.99

(21) 单击“矩形选框工具”按钮，将月牙选取。

(22) 单击“移动工具”按钮，按下 Alt+Shift 键，将月牙复制并平移其中的 2 个。

(23) 重复步骤(21)、步骤(22)的操作，将正弦波复制并平移其中的一个，完成花边的制作，效果如图 7.100 所示。

图 7.100

2. 制作圆角方框

(1) 在“图层”调板上，单击“创建新图层”按钮，建立一个新图层。

(2) 单击“默认前景和背景色”按钮，并单击“切换前景和背景色”按钮，将前景色设置为白色，背景色设置为黑色。

(3) 单击“圆角矩形工具”按钮，并在选项栏中单击“填充像素”按钮，并设置半径为 20 点，在图层上画出一个白色圆角矩形框。

(4) 单击“默认前景和背景色”按钮，将前景色设置为黑色，背景色设置为白色。

(5) 单击“编辑”→“描边”菜单命令，对圆角矩形进行描边处理。其中参数：宽度为 4，位置为居内，模式为正常，不透明度为 100%，如图 7.101 所示。

(6) 按住 Ctrl 键，在“图层”调板中单击圆角矩形图层，调出圆角矩形选框。

(7) 单击“选择”→“修改”→“收缩”菜单命令，产生一个小一点儿的圆角矩形选框。其中参数：收缩量为 12 像素。

(8) 重复步骤(5) 的操作，对小一点的圆角矩形进行描边处理，如图 7.102 所示。

(9) 单击“矩形选框”工具，按住 Alt 键，在圆角矩形选框的上半部分绘制一个矩形选框。这样就将圆角矩形选框的上半部分减去，留下了圆角矩形选框的下半部分。

(10) 按下 Alt+Delete 键，用黑色填充选区，效果如图 7.103 所示。

(11) 在“图层”调板上，单击花边图层，将其作为当前图层。

(12) 拖动花边图层到圆角矩形图层的上面，这时花边就显示出现了。

(13) 单击“编辑”→“自由变换”菜单命令，将花边缩小并移动至合适位置，如图 7.104 所示。

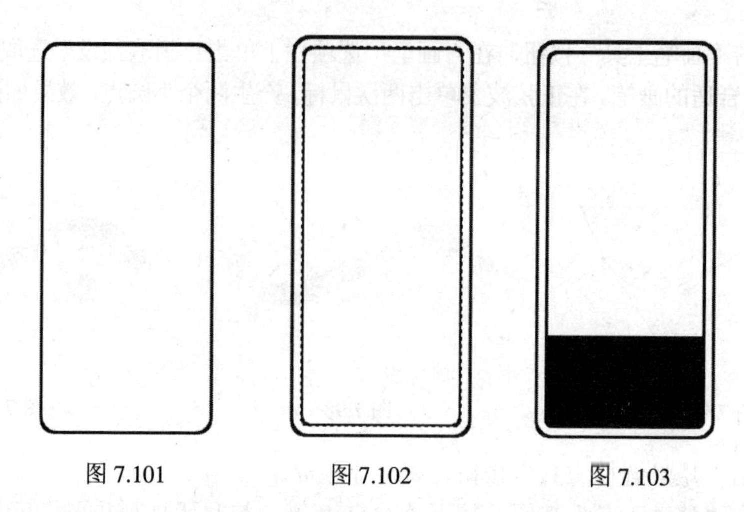

图 7.101　　图 7.102　　图 7.103

(14) 单击“移动工具”按钮，按下 Alt+Shift 键，向下拖动花边进行复制，效果如图 7.104 所示。

3. 嵌入花瓶和制作文字

(1) 单击“文件”→“打开”菜单命令，打开一幅花瓶图像，如图 7.105 所示，其文件名为“G04”。

(2) 单击“移动工具”按钮，拖动花瓶图像到方框图像中。

(3) 单击“编辑”→“自由变换”菜单命令，将花瓶缩放并移动，效果如图 7.106 所示。

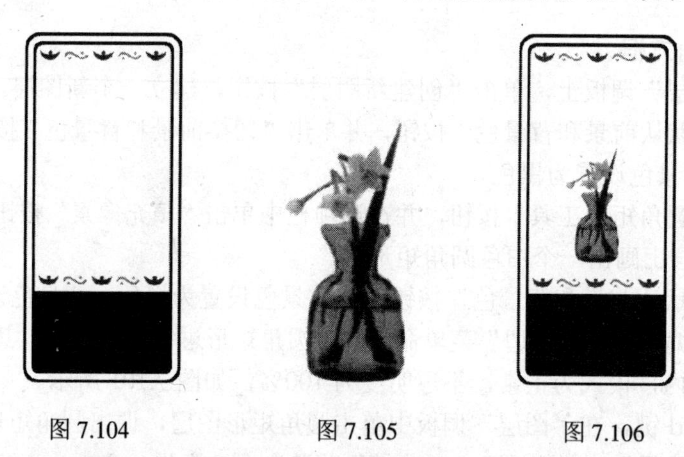

图 7.104　　图 7.105　　图 7.106

(4) 单击“横排文字工具”按钮，在图像上单击鼠标左键。在选项栏中设置文字的字体为 Times New Roman，字型为 Bold Italic（粗斜体），大小为 24 pt，对齐方式为居中文体，颜色为黑色。然后输入文字“Happy”并按 Enter 键，再输入文字“Birthday”，单击选项栏右边的“提交所有当前编辑”按钮，完成文字输入。

(5) 单击“移动工具”按钮，将文字移动到适当位置，如图 7.107 所示。

(6) 重复执行步骤(4)、步骤(5)的操作，制作文字“生日快乐”，其字体为行楷、颜色为白色，效果如图 7.108 所示。

4. 嵌入底图

(1) 在“图层”调板中选中最上面的图层，单击“▤”→“向下合并”菜单命令，将当前图层与其下面的一个图层进行合并，如图 6.109 所示。

(2) 多次单击“”→“向下合并”菜单命令，将背景图层以外的所有图层合并为一个图层，这样一个生日卡图层就制作完成了。

图 7.107

图 7.108

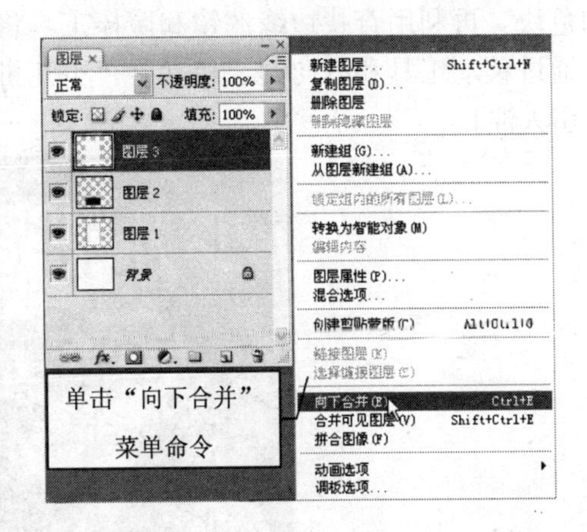

图 7.109

(3) 单击“移动工具”按钮，拖动生日卡到花纹图像中。

(4) 单击“编辑”→“自由变换”菜单命令，调整生日卡的大小并移动至合适位置，如图 7.110 所示。

(5) 单击“吸管工具”按钮，单击花瓶中的蓝色区域，设置前景色为蓝色。

(6) 在“图层”调板中选中背景图层，单击“选择”→“全部”菜单命令，将底图选取。

(7) 单击“编辑”→“描边”菜单命令，对底图进行描边处理。其中参数：宽度为 16，位置为居内，不透明度为 100%，模式为正常。

(8) 按下 Ctrl+D 键，清除选区，完成生日卡的制作，效果如图 7.88 所示。

(9) 单击“文件”→“存储为”菜单命令，在弹出的“存储为”对话框中的文件名输入框中输入“生日卡”，在格式选项栏中选择“JPEG”文件格式，并单击“保存”按钮。

(10) 这时屏幕上弹出一个“JPEG 选项”对话框，如图 7.111 所示。其中参数：图像品质为高、格式选项为基线。单击“确定”按钮，这样就存储了一个 JPEG 格式的图形文件。

图 7.110

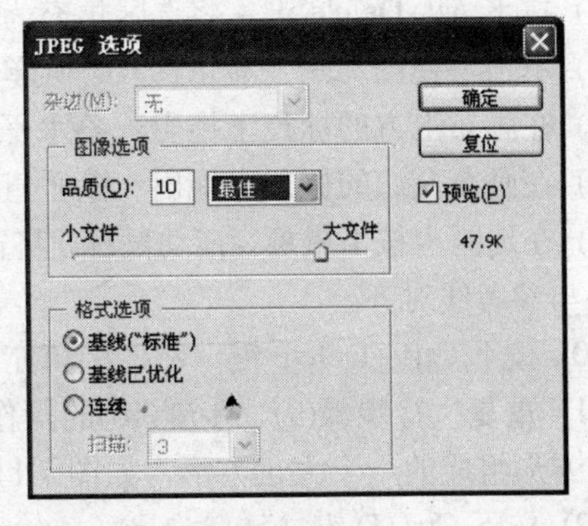

图 7.111

7.3.2 拼图大赛招贴画

实例分析

少儿拼图大赛的招贴画如图 7.112 所示。将画笔与色块巧妙地结合在一起，可制作出拼图色块。再利用查找边缘滤镜和魔棒工具将卡通画制作成一幅拼图，突出了海报的主题。通过移动工具和方向键，使文字“少儿拼图大赛”立体感十足。整个招贴画构思巧妙，引人注目。

图 7.112

制作方法

1. 制作拼图

(1) 单击“文件”→“打开”菜单命令，打开一幅卡通画。本例为动画片“神偷卡门”中的一幅插图，如图 7.113 所示，其文件名为“G05”。

(2) 在“图层”调板上，单击“创建新图层”按钮，建立一个新图层。

(3) 在“色板”调板上，单击黑色色块，设置前景色为黑色；按下 Ctrl 键，单击绿色色块，设置背景色为绿色。

(4) 单击“矩形选框工具”按钮，按下 Shift 键，画出一个正方形选区。

(5) 按下 Alt+Delete 键，将选区填充为黑色。

(6) 单击“视图”→“显示标尺”菜单命令，显示标尺。

(7) 在画布上方的标尺上拖出一条水平参考线，并将其与正方形选区的下边缘对齐。

(8) 在画布左边的标尺上拖出一条垂直参考线，并将其与正方形选区的右边缘对齐。

(9) 在选区内按下鼠标，拖动鼠标，将正方形选区水平移动到黑色正方形右边的交界处，并与参考线对齐。

(10) 按下 Ctrl +Delete 键，将选区填充为绿色。

(11) 重复执行步骤(9)、步骤(10)的操作，制作出一个由两块黑色小正方形和两块绿色小正方形组成的一个大正方形，如图 7.114 所示。

(12) 按下 Ctrl+D 键，清除选区。

(13) 单击“视图”→“清除参考线”菜单命令，删除参考线。

图 7.113

图 7.114

(14) 单击“编辑”→“首选项”→“光标”菜单命令，在“光标”对话框中设置绘画光标为“全尺寸画笔笔尖”，并单击“确定”按钮，完成设置。

(15) 按住 Ctrl 键，单击“图层”调板中的正方形图层，调出正方形选区。

(16) 单击“画笔工具”按钮，在“画笔”选项栏中，单击“画笔预设”选取器下拉列表框，设置画笔。其中参数：直径为 35，硬度为 100%，其余参数取默认值。然后单击“▶”→“新画笔预设”菜单命令，在“画笔名称”对话框中输入画笔名称，并单击“确定”按钮，完成设置。

(17) 将光标移到正方形选区上，这时可以看到画笔的大小，在选项栏中单击“画笔预设”选取器下拉列表框，可以再次调整画笔的直径。

(18) 单击“画笔工具”按钮，并选择步骤(17) 中定义的笔形，通过单击“切换前景和背景色”按钮，将前景色在黑色与绿色之间互换，在图中绘制小拼图的效果，如图 7.115 所示。

(19) 单击“编辑”→“首选项”→“光标”菜单命令，在“光标”对话框中设置绘画光标为标准，并单击“确定”按钮，完成设置。

(20) 单击“编辑”→“定义图案”菜单命令，将选区内的图像设置为 Photoshop 内部图案。

(21) 按下 Ctrl+D 键，清除选区。

(22) 单击“编辑”→“填充”菜单命令，用所定义图案填充图层。其中参数：使用图案，不透明度为 100，模式为正常。

(23) 单击“矩形工具”按钮，在图案中选取完整的一部分区域。

(24) 单击“编辑”→“自由变换”菜单命令，将这部分完整的区域放大至整个画布，效果如图 7.116 所示。

(25) 单击“矩形选框工具”按钮，在图案中选取一个黑色的矩形选区。

(26) 单击“移动工具”按钮，按住 Alt 键，重复复制并拖动矩形区域，将其覆盖画布边缘上的所有绿色半圆。

(27) 重复步骤(25)、步骤(26)的操作，选取一个绿色的矩形区域，并将其覆盖画布边缘上的所有黑色半圆，效果如图 7.117 所示。

图 7.115

图 7.116

(28) 单击“滤镜”→“风格化”→“查换边缘”菜单命令，描绘拼图的边界，效果如图 7.118 所示。

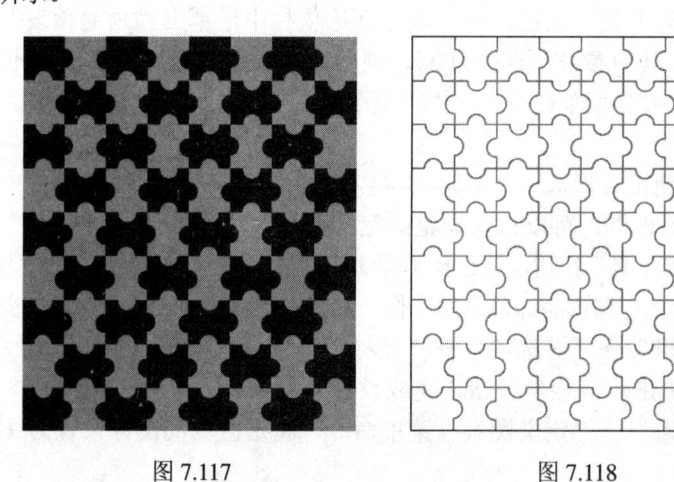

图 7.117　　图 7.118

(29) 单击“魔棒工具”按钮，选中其中的一个白色区域。

(30) 单击“选择”→“选取相似”菜单命令，选中所有的白色区域。

(31) 按下 Dclcte 键，删除白色区域。

(32) 单击“选择”→“反向”菜单命令，选取所有边界。

(33) 确认前景色为黑色，按下 Alt+Delete 键，用黑色填充边界。

(34) 按下 Ctrl+D 键，清除选区，效果如图 7.119 所示。

(35) 在“图层”调板上，设置不透明度为 80。

(36) 单击“图层”→“图层样式”→“斜面和浮雕”菜单命令，制作边界的立体感。其中参数：高亮模式为滤色，高亮不透明度为 75，阴影模式为正片叠底，阴影不透明度为 75，样式为外斜面，角度为 120，深度为 4，软化为 2，效果如图 7.120 所示。

图 7.119　　　　　　　　　　图 7.120

2. 制作文字

(1) 单击“横排文字工具”按钮，在图像上单击鼠标左键，在选项栏中设置文字的字体为黑体、大小为 72 点、颜色为红色，然后输入“少儿拼图大赛”，并单击“提交所有当前编辑”按钮，完成输入。

(2) 在“图层”调板的“文字”图层上，单击鼠标右键→“栅格化文字”菜单命令，将文本图层转换成普通图层。

(3) 单击“移动工具”按钮，将文字移动到适当位置。

(4) 在“色板”调板上，单击白色色块，设置前景为白色。

(5) 单击“编辑”→“描边”菜单命令，将文字加上黑边。其中参数：宽度为 2，位置为居外，不透明度为 100，模式为正常。效果如图 7.121 所示。

(6) 单击“移动工具”按钮，按下 Alt 键，同时按动方向键，1 次右键，1 次下键，重复 4 次，效果如图 7.122 所示。

图 7.121

图 7.122

(7) 单击“直排文字工具”按钮，在图像上单击鼠标左键，在选项栏中设置文字的字体为小标宋、大小为 30pt、颜色为红色，输入“北京市少年宫”，按 Enter 键回行，再输入“八月六日九点”。

(8) 选中所有文字，在选项栏中单击“调板”按钮，调出“字符”调板，设置行距为36点，最后在选项栏的右边单击“提交当前所有编辑”按钮，完成文字输入。

(9) 单击“图层”→“栅格化”→“文字”菜单命令，将文本图层转换成普通图层。

(10) 单击“滤镜”→“Eye Candy 3.0”（甜蜜眼神）→“Glow”（光晕）菜单命令，制作文字的晕光效果。其中参数：“Width”（光晕宽度）为 20，“Opacity”（不透明度）为 100，“Opacity Dropoff”（光晕形式）为“Medium”，“Color”（光晕颜色）为白色。完成少儿拼图大赛海报的制作，效果如图 7.112 所示。

(11) 单击“文件”→“存储为”菜单命令，在弹出的“存储为”对话框中的文件名输入框中输入“拼图大赛招贴画”，在格式选项栏中选择“PDF”文件格式，并单击“保存”按钮。

(12) 这时屏幕上弹出了一个“存储 Adobe PDF”对话框，在其左边的列表框中选中“压缩”选项，如图 7.123 所示，其中参数：压缩为 JPEG，图像品质为最佳。单击“存储 PDF”按钮。这样就存储了一个 PDF 格式的图形文件。

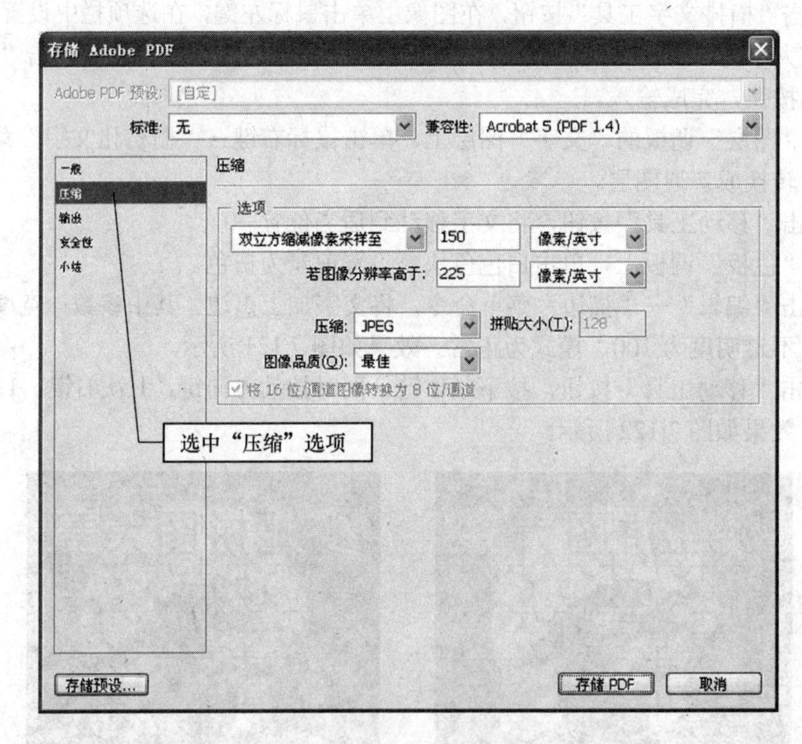

图 7.123

第8章　图层和通道

学习目标

图层是Photoshop CS3中应用最广泛的一部分。通过图层可以生成很多变化的效果，图层就像一张透明的纸，在不同的层上编辑图像，方便对图像进行修改。

对图层各种效果的深入了解和熟练掌握，是学习Photoshop CS3最基本的要求。本章将介绍“图层”和“通道”命令的功能及其作用。

8.1　“图层”菜单

“图层”就像一张完全透明的纸。在没有绘图的区域，透过这张纸可以看见下面纸张的图像；编辑和修改当前层的图像，不会影响其它层上的图像。在Photoshop CS3中最多允许建8000个图层。

“图层”菜单中的命令和选项主要用于对图像文件进行复制、添加图层属性和效果、添加图层蒙版、链接和合并图层等操作。单击“图层”菜单，可以弹出“图层”下拉式菜单，如图8.1所示。从图中可以看出，“图层”菜单根据其基本功能可以划分为13类，不同的类型之间用横线分开。下面介绍“图层”菜单中常用命令的使用方法。

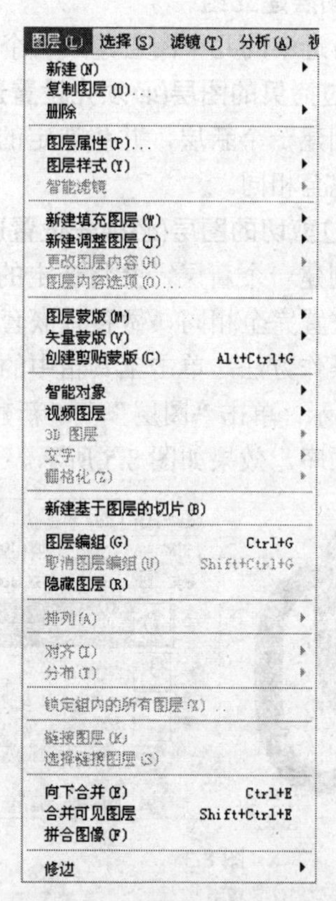

图 8.1

8.1.1　新建图层

1. 新建普通层

单击“图层”→“新建”→“图层”菜单命令，这时出现“新图层”对话框，即可创建一个普通层，如图8.2所示。

(1) 名称：给新建图层起名。

(2) 使用前一图层剪贴吧蒙版：单击选中此命令，即可将前一个图层作为本图层的蒙版。

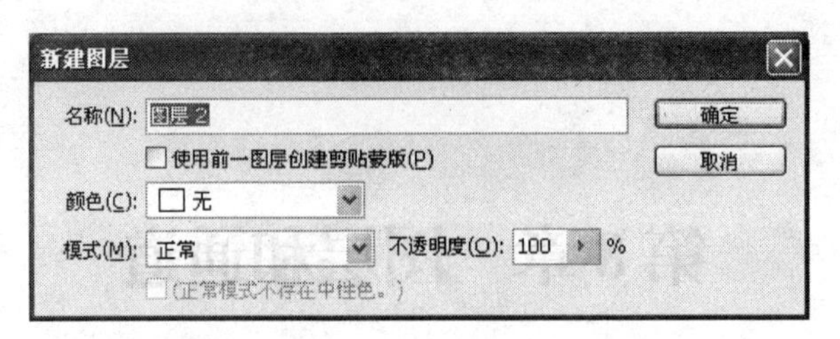

图 8.2

(3) 颜色：设置显示当前图层的颜色。

(4) 模式：为图层混合模式。

(5) 不透明度：当前图层图像的不透明度。

2. 新建背景图层

单击“图层” →“新建”→“背景图层”菜单命令，如没有背景层，这时会自动新建一个背景图层，并处于锁定状态。

3. 组

类似于文件夹，在图层较多时，方便分类管理，但并不影响图像。

4. 从图层建立组

将同时选中的几个图层建成一个图层组，以便同时进行各种操作。

5. 通过拷贝的图层(必须先设置选区)

自动创建一个新层，并将选定的区域复制到该层中，图像在该层中的位置与原图层中的位置完全相同。

6. 通过剪切的图层(必须先设置选区)

自动创建一个新层，并将选定的区域剪切后放到该层中，图像在该层中的位置与原图层中的位置完全相同（做各种嵌套效果）。

具体操作方法：单击工具箱中的矩形选取工具，在图层 2 中选中文字的一半，效果如图 8.3 所示；单击“图层”→“新建”→“通过剪切的图层”菜单命令，如图 8.4 所示；调整图层顺序，效果如图 8.5 所示。

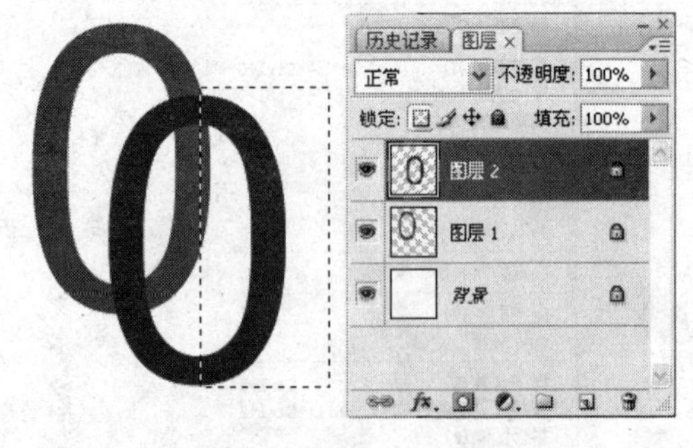

图 8.3

图 8.4

【课堂制作 8.1】 制作钟表效果图

(1) 单击“文件”→“打开”菜单命令，打开一幅钟表图像，如图 8.6 所示，其文件名为“H01.jpg”。

(2) 单击“魔棒工具”按钮，选择钟表四周灰色的背景，按住 Shift 键可增加选区。

(3) 单击“选择”→“反向”菜单命令，选中钟表。

(4) 单击“图层”→“新建”→“通过拷贝的图层”菜单命令，新建一个“图层1”图层，并将钟表复制到新建的图层中。

(5) 在“图层”调板中，将“图层 1”图层拖动到“创建新图层”按钮上，新建一个“图层1副本”图层。再将“图层1副本”图层拖动到“创建新图层”按钮上，新建一个“图层1副本2”图层。

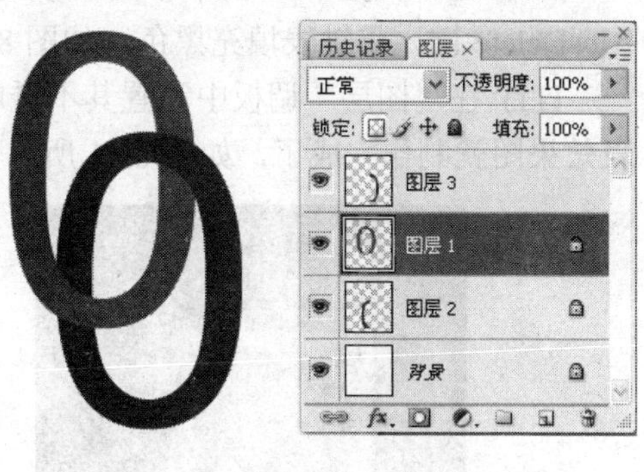

图 8.5

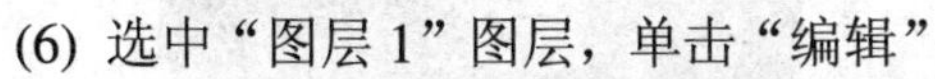
(6) 选中“图层1”图层，单击“编辑”

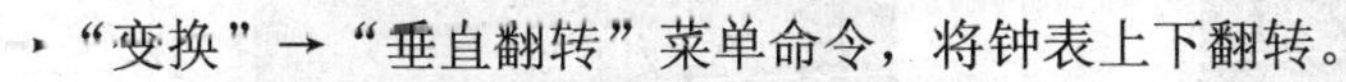
→“变换”→“垂直翻转”菜单命令，将钟表上下翻转。

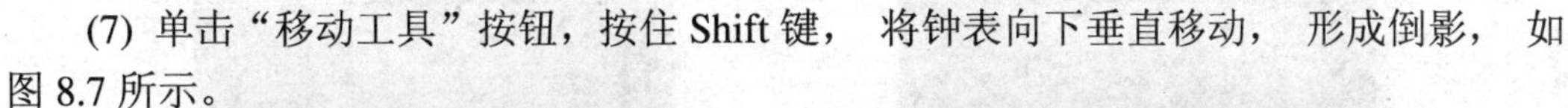
(7) 单击“移动工具”按钮，按住 Shift 键，将钟表向下垂直移动，形成倒影，如图 8.7 所示。

图 8.6

图 8.7

(8) 在“图层”调板中设置其不透明度为 23，形成半透明的倒影，如图 8.8 所示。

(9) 选中“图层1副本”图层，单击“编辑”→“变换”→“扭曲”菜单命令，将钟表扭曲并缩短，如图 8.9 所示。

图 8.8

图 8.9

(10) 在“图层”调板中单击“锁定透明像素”按钮。将前景色设置为黑色，按下 Alt+Delete 键，将钟表填充黑色，如图 8.10 所示。

(11) 在“图层”调板中设置其不透明度为 22，形成淡灰色的钟表阴影，这样一个钟表效果图就制作完成了，如图 8.11 所示。

图 8.10

图 8.11

8.1.2 复制图层

把当前层的内容复制为一个新图层。

【课堂制作 8.2】 制作小鸭倒影

(1) 单击“文件”→“打开”菜单命令，打开一幅小鸭戏水图像，如图 8.12 所示，其文件名为“H02.psd”。

(2) 在“图层”调板中选中“Layer1”图层，单击“编辑”→“自由变换”菜单命令，将小鸭缩小，如图 8.13 所示。

(3) 单击“编辑”→“变换”→“水平翻转”菜单命令，将小鸭左右翻转，如图 8.14 所示。

(4) 单击“图层”→“复制图层”菜单命令，产生新的复制图层“Layer1 副本”。

(5) 单击“编辑”→“变换”→“垂直翻转”菜单命令，将小鸭上下翻转。

图 8.12

图 8.13

(6) 单击“移动工具”按钮，按住 Shift 键，将翻转的小鸭向下垂直移动，形成小鸭的倒影，如图 8.15 所示。

图 8.14

图 8.15

(7) 在“图层”调板中设置图层的混合模式为“柔光”。这样一个小鸭的倒影就制作完成了，如图 8.16 所示。

图 8.16

8.1.3 删除图层

把当前层及内容完全删除。有 3 个选项：图层、组、隐藏的图层。

8.1.4 图层属性

设置当前层的名称和颜色，如图 8.17 所示。

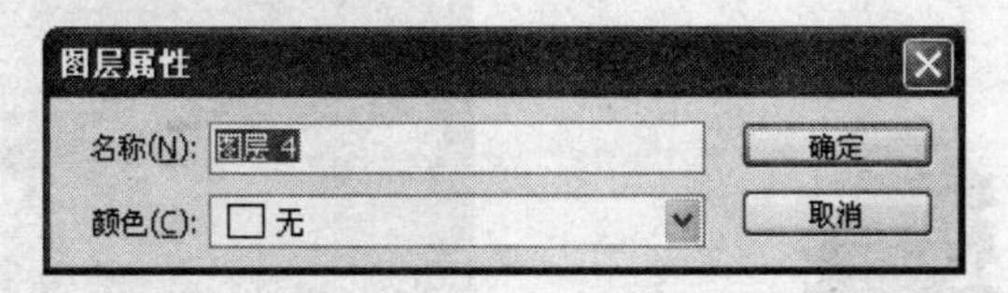

图 8.17

8.1.5 图层样式

设置图层上图像的投影、内阴影、内发光、外发光、斜面和浮雕、纹理、颜色叠加、渐变叠加等效果。下面介绍图层样式中常用命令的使用方法。

1. 混合选项

用于设置当前图层与前一图层色彩融合的效果。单击“图层”→“图层样式”→“混合选项”，出现“混合选项”对话框，如图 8.18 所示。

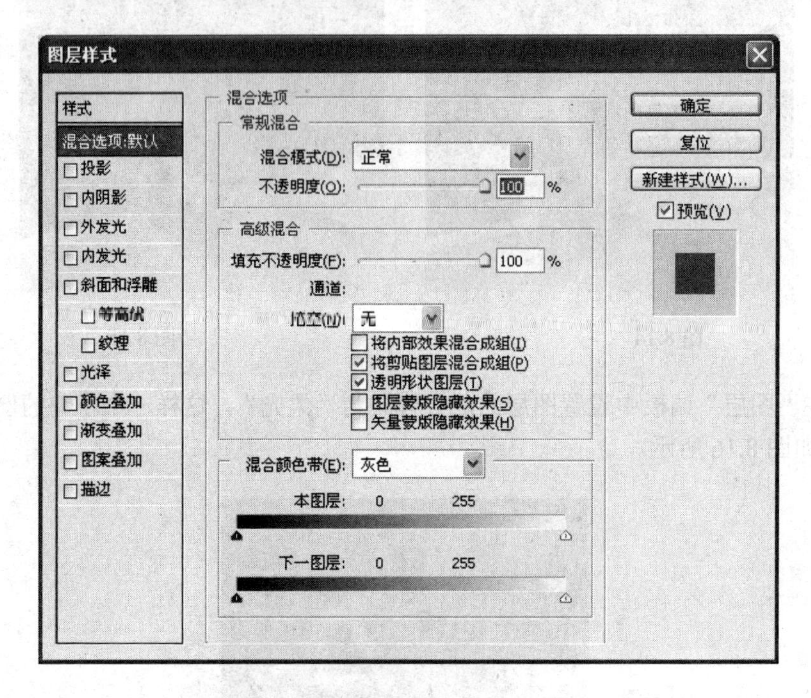

图 8.18

【课堂制作 8.3】 制作空中楼阁

(1) 单击“文件”→“打开”菜单命令，打开一幅岳阳楼图像，如图 8.19 所示，其文件名为“H03.jpg”。

(2) 单击“椭圆选框工具”按钮，设置羽化值为 20，在图像的中央画一个椭圆形选框。

(3) 单击“编辑”→“拷贝”菜单命令，将选区中的内容拷贝到剪切板中。

(4) 单击“文件”→“打开”菜单命令，打开一幅蓝天白云图像，如图 8.20 所示，其文件名为“H04.jpg”。

图 8.19

图 8.20

(5) 单击“编辑”→“粘贴”菜单命令，将楼阁粘贴到当前文件中。

(6) 单击“编辑”→“自由变换”菜单命令，将楼阁放大并调整其位置，如图 8.21 所示。

(7) 单击“图层”→“图层样式”→“混合选项”菜单命令。其中参数：混合颜色带为“灰色”；按住 Alt 键，在本图层滑动钮中移动右边的两个三角形滑钮，使其参数值为 172/215；在下一图层滑动钮中移动右边的两个三角形滑钮，使其参数值为 115/186。这样就产生了空中楼阁的效果，如图 8.22 所示。

图 8.21

图 8.22

2. 投影

用于为当前图层上物体添加投影效果。单击“图层” →“图层样式” →“投影”，出现“投影”选项对话框，如图 8.23 所示。

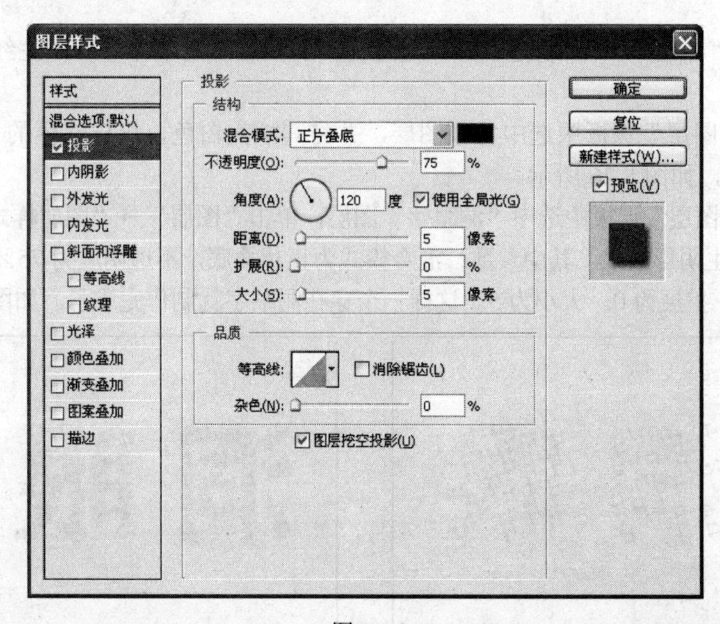

图 8.23

【课堂制作 8.4】 制作洞眼字

(1) 单击“文件”→“新建”菜单命令，创建一幅新图像。其中参数：宽度为 16 厘米，高度为 12 厘米，分辨率为 72 像素/英寸，颜色模式为 RGB 颜色，背景内容为白色。

(2) 在“通道”调板中单击“创建新通道”按钮，创建一个 Alpha1 通道。

(3) 单击“横排文字蒙版工具”按钮，输入文字“洞眼”。其中参数：字体为大黑体；大小为 160 像素。

(4) 将前景色设置为中灰色，其中：R 为 128，G 为 128，B 为 128。按下 Alt+Delete 键，将文字填充灰色，如图 8.24 所示。

(5) 单击“滤镜”→“像素化”→“彩色半调”菜单命令。其中参数：最大半径为 8。产生了网格状圆点，如图 8.25 所示。

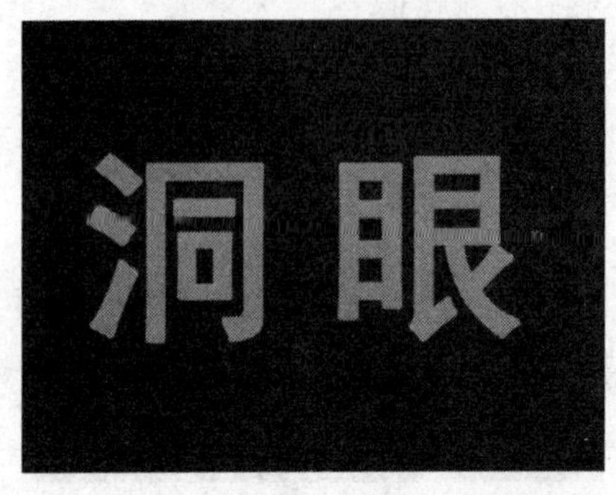

图 8.24

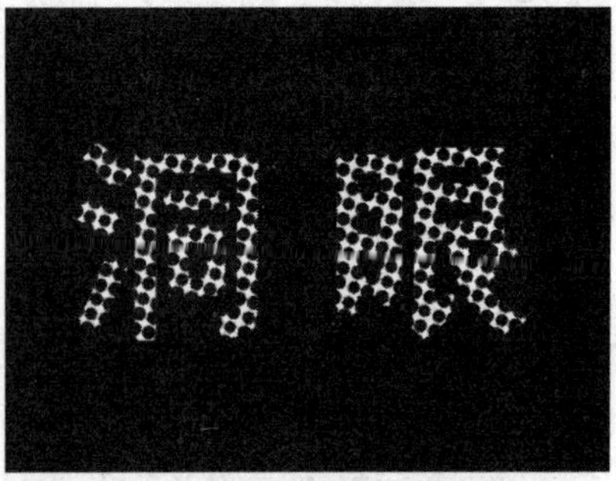

图 8.25

(6) 按下 Ctrl+D 键，取消选择。在“通道”调板中选中 RGB 混合通道。

(7) 将前景色设置为红色，单击“油漆桶工具”按钮，将图像填充红色。

(8) 在“通道”调板中将 Alpha1 通道移到“将通道作为选区载入”按钮中，调出圆点字选区。

(9) 单击“图层” →“新建”→“通过拷贝的图层”菜单命令，产生红色的“洞眼”字图层。

(10) 在“图层”调板中选中背景图层，并将其填充白色，这样红色的“洞眼字”就被显示出来了，如图 8.26 所示。

(11) 在“图层”调板中选中“洞眼字”图层，单击“图层”→“图层样式”→“投影”菜单命令，产生阴影效果。其中参数：混合模式为正片叠底，不透明度为 75%，角度为 120 度，距离为 5，扩展为 0，大小为 5。这样一个穿孔洞眼字就制作完成了，如图 8.27 所示。

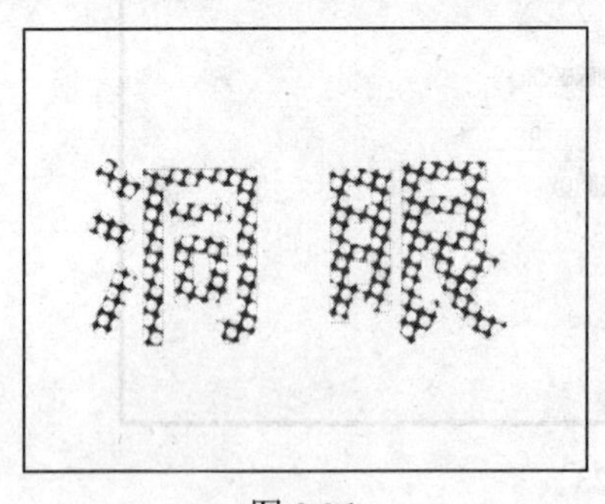

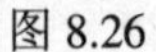

图 8.26

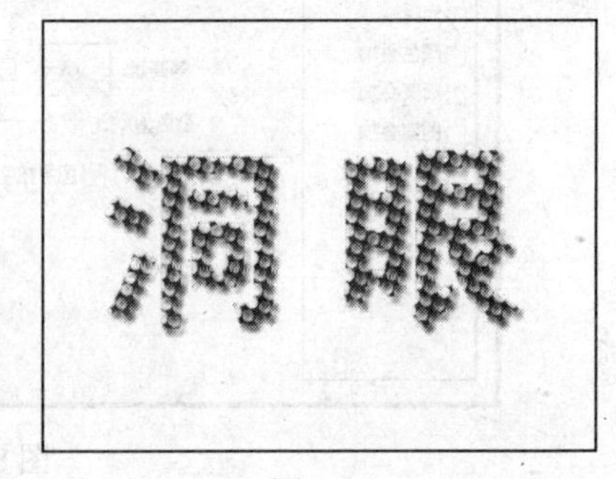

图 8.27

3. 内阴影

用于为当前图层上物体内添加阴影效果。单击“图层”→“图层样式”→“内阴影”，出现“内阴影”选项对话框，如图 8.28 所示。

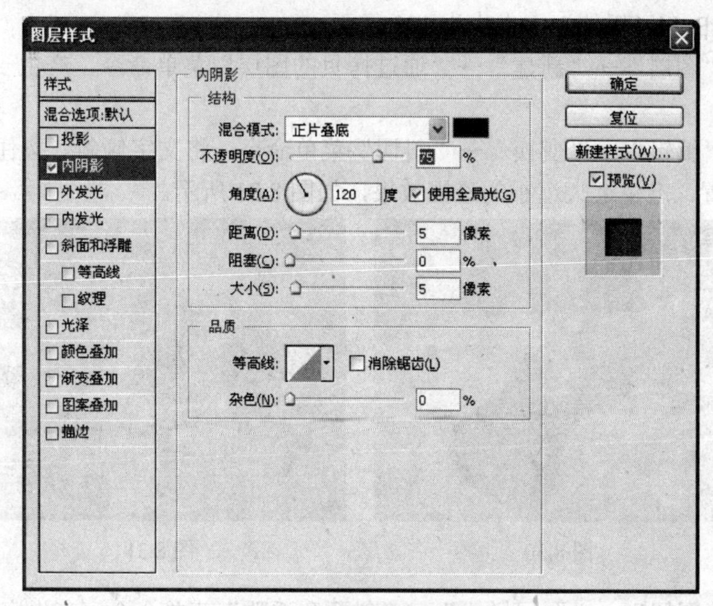

图 8.28

4. 外发光

用于为当前图层上物体边缘添加发光效果。单击“图层”→“图层样式”→“外发光”，出现“外发光”选项对话框，如图 8.29 所示。

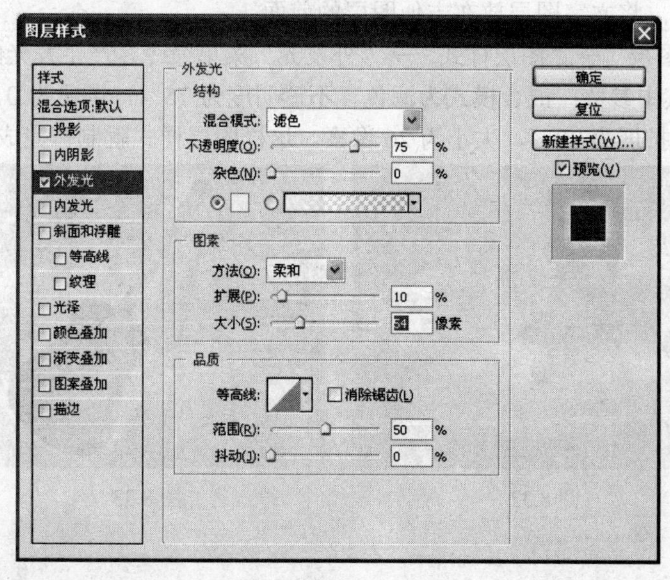

图 8.29

【课堂制作 8.5】 制作图层样式

(1) 单击“文件”→“打开”菜单命令，打开一幅空中吉他图像，如图 8.30 所示，其文件名为“H05.psd”。

(2) 在“图层”调板中单击“Layer1”图层的“指示图层显示性”按钮，隐藏吉他图层；选中“背景”图层。

(3) 单击“横排文字蒙版工具”按钮，输入文字“Photoshop”。其中参数：字体为Arial，字型为Bold（粗体），大小为100像素。

(4) 单击“图层”→“新建”→“通过拷贝的图层”菜单命令，产生一个文字图层：图层1。

(5) 单击“编辑”→“变换”→“斜切”菜单命令，将文字倾斜。按住Alt键，调整4个角点的位置，产生近大远小的透视效果，如图8.31所示。

图 8.30　　图 8.31

(6) 单击“图层”→“图层样式”→“斜面和浮雕”菜单命令，产生字浮雕效果，如图8.32所示。其中参数：样式为浮雕效果，方法为平滑，深度为100%，方向为上，大小为5，软化为0。

(7) 在“图层”调板中选中并显示“吉他”图层，并将“吉他”图层与“文字”图层的位置进行调换。将文字图层放在吉他图层的前面。

(8) 单击“图层”→“图层样式”→“外发光”菜单命令，产生发光的吉他效果，如图8.33所示。其中参数：混合模式为滤色，不透明度为75%，杂色为0，颜色为黄色，方法为较柔软，扩展为20%，大小为26像素。这样图层样式就制作完成了。

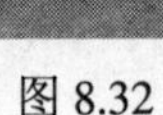

图 8.32　　图 8.33

5. 内发光

用于为当前图层上的物体添加向内的发光效果。单击“图层”→“图层样式”→“内发光”，出现“内发光”选项对话框，如图8.34所示。

6. 斜面和浮雕

用于为当前图层的物体上添加立体浮雕效果，斜面和浮雕还可以添加等高线和纹理效果。单击“图层”→“图层样式”→“斜面和浮雕”，出现“斜面和浮雕”选项对话框，如图8.35所示。

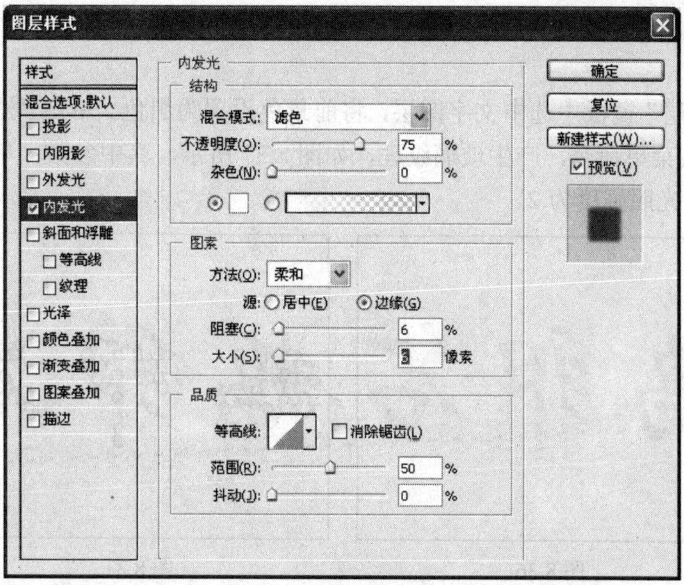

图层样式

样式
混合选项:默认
投影
内阴影
外发光
内发光
斜面和浮雕
等高线
纹理
光泽
颜色叠加
渐变叠加
图案叠加
描边

内发光
结构
混合模式: 滤色
不透明度(O): 75 %
杂色(N): 0 %
图素
方法(Q): 柔和
源: 居中(E) 边缘(G)
阻塞(C): 6 %
大小(S): 3 像素
品质
等高线:
消除锯齿(L)
范围(R): 50 %
抖动(J): 0 %

确定
复位
新建样式(W)...
预览(V)

图 8.34

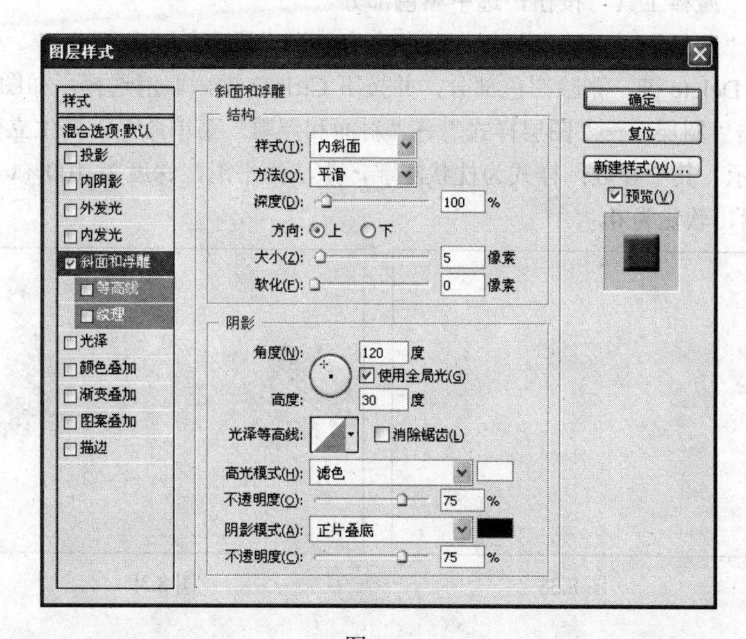

图 8.35

【课堂制作 8.6】 制作鹅卵石字

(1) 单击“文件”→“新建”菜单命令，创建一幅新图像。其中参数：宽度为 16 厘米，高度为 12 厘米，分辨率为 72 像素/英寸，颜色模式为 RGB 颜色，背景内容为白色。

(2) 将前景色设置为土黄色，按下 Alt+Delete 键，将图像填充土黄色。

(3) 单击“横排文字蒙版工具”按钮，输入文字“鹅卵石”。其中参数：字体为魏碑体，大小为 160 像素。

(4) 单击“图层”→“新建”→“通过拷贝的图层”菜单命令，产生一个文字图层。

(5) 将背景图层填充为白色，这样就显示出了土黄色的“鹅卵石”几个字，如图 8.36 所示。

(6) 在“图层”调板中选中文字图层，将前景色设置为黑色。单击“滤镜”→“纹理”→“染色玻璃”菜单命令，产生玻璃纹理，如图 8.37 所示。其中参数：单元格大小为 5；边框粗细为 4；光照强度为 2。

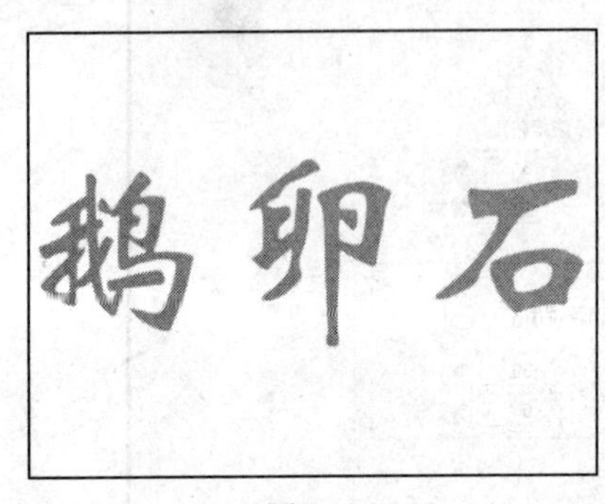

图 8.36

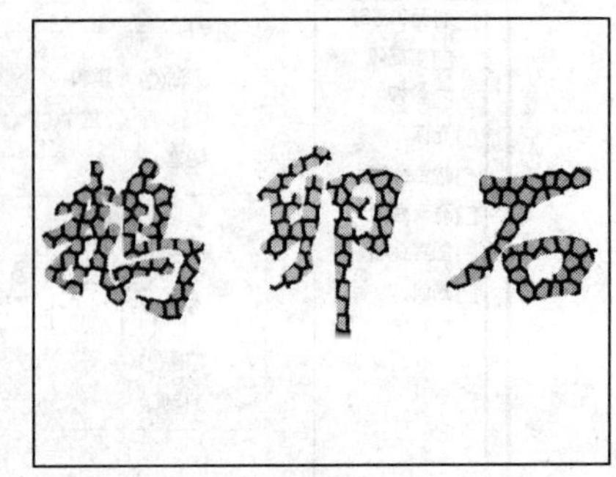

图 8.37

(7) 单击“魔棒工具”按钮，选中黑色部分。

(8) 单击“选择”→“选取相似”菜单命令，选中所有的黑色部分。

(9) 按下 Delete 键，删除黑色部分，并按下 Ctrl+D 键，取消选择，如图 8.38 所示。

(10) 单击“图层”→“图层样式”→“斜面和浮雕”菜单命令，产生立体的鹅卵石，如图 8.39 所示。其中参数：样式为枕状浮雕，方法为平滑，深度为 100%，方向为上，大小为 5 像素，软化为 0。

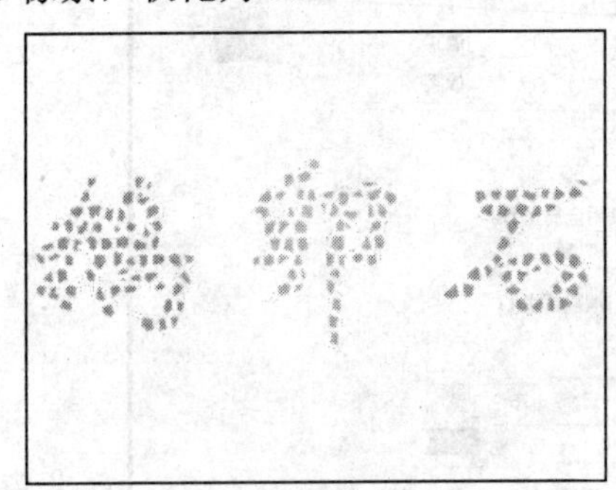

图 8.38

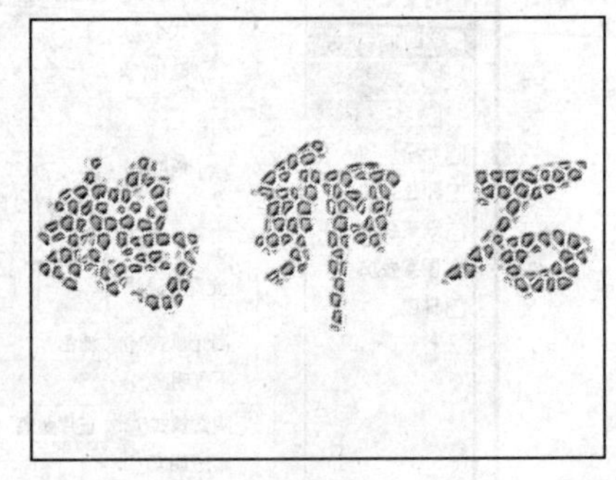

图 8.39

7. 光泽

用于为当前图层的物体上添加光泽效果。单击“图层”→“图层样式”→“光泽”，出现“光泽”选项对话框，如图 8.40 所示。

8. 颜色叠加

用于为当前图层的物体上添加一种颜色效果。单击“图层”→“图层样式”→“颜色叠加”，出现“颜色叠加”选项对话框，如图 8.41 所示。

9. 渐变叠加

用于为当前图层的物体上添加一种渐变过渡的颜色效果。单击“图层”→“图层样式”→“渐变叠加”菜单命令，出现“渐变叠加”选项对话框，如图 8.42 所示。

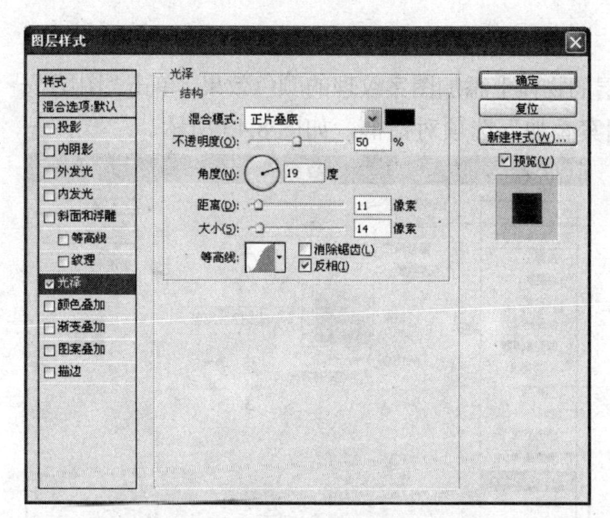

图 8.40

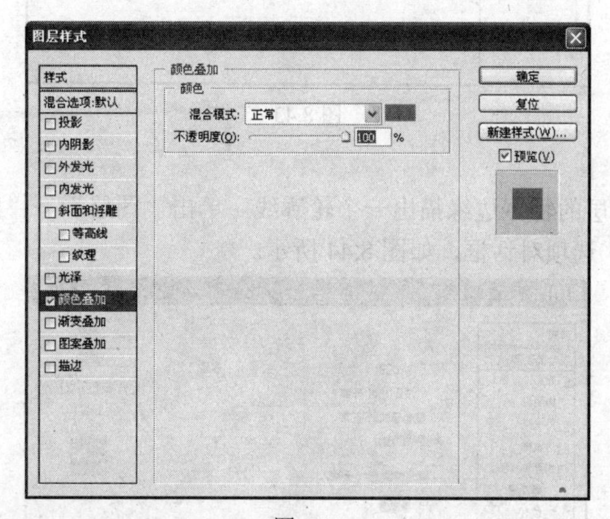

图 8.41

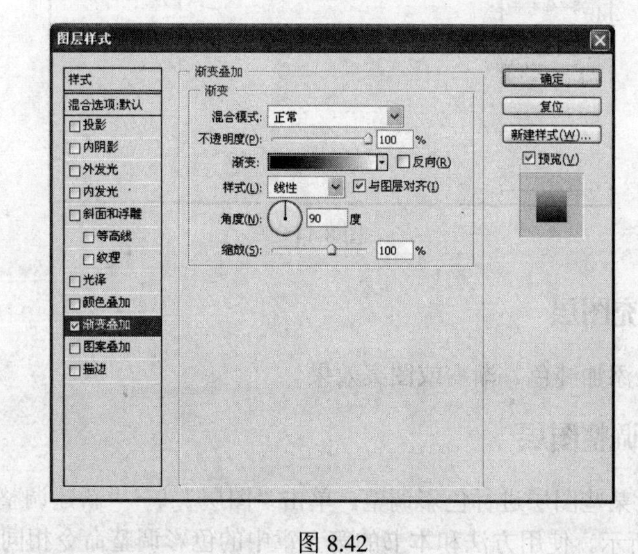

图 8.42

10. 图案叠加

用于为当前图层的物体上添加图案纹理的颜色效果。单击“图层”→“图层样式”→“图案叠加”，出现“图案叠加”选项对话框，如图 8.43 所示。

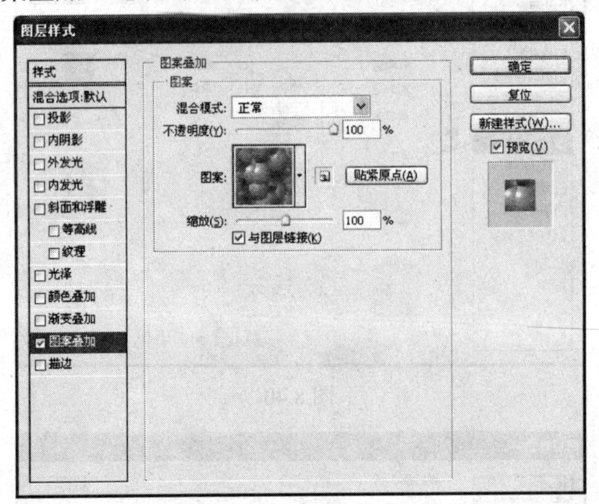

图 8.43

11. 描边

用于为当前图层的物体边缘描出一个轮廓线。单击“图层”→“图层样式”→“描边”，出现“描边”选项对话框，如图 8.44 所示。

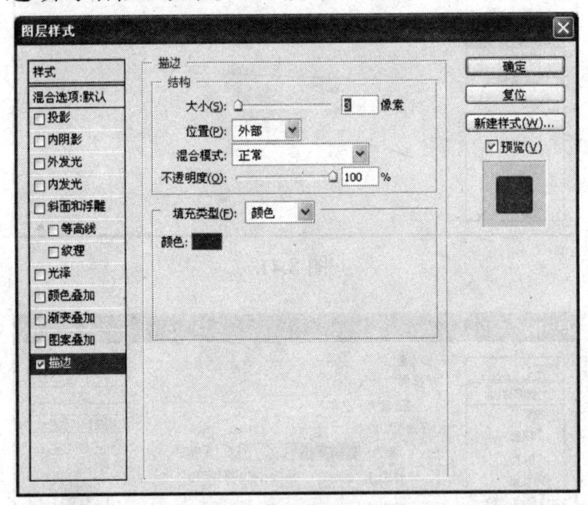

图 8.44

8.1.6 新填充图层

设置在图层上添加纯色、渐变或图案效果。

8.1.7 新建调整图层

有针对性地对某些图层进行色彩调整。单击“图层”→“新建调整图层”出现调整菜单，如图 8.45 所示。使用方法和本书的第 5 章中的色彩调整命令相同。

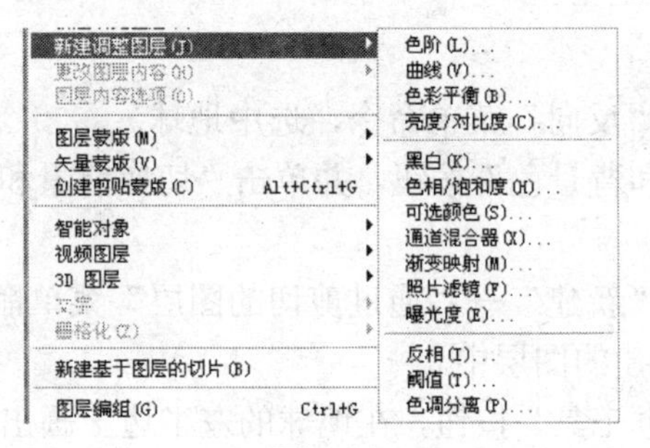

图 8.45

8.1.8 添加图层蒙版

“添加图层蒙版”有针对性地对某一图层进行遮盖，使其和它下面图层的图像或色彩协调地融合在一起。具体操作方法：单击打开“H06”和“H07”图像，把 “雪山”粘贴在“气球”图中，效果如图 8.46 所示；单击“图层”→ “图层蒙板”→“显示全部”菜单命令，产生一个白色的蒙版，如图 8.47 所示；在蒙版层上做线性渐变，使图像在黑色蒙版部分变透明，效果如图 8.48 所示。

图 8.46

图 8.47

图 8.48

【课堂制作 8.7】 制作火箭从地球中冲出的效果图

(1) 单击“文件”→“打开”菜单命令，打开一幅地球图像，如图 8.49 所示，其文件名为“H08.jpg”。

(2) 单击“魔棒工具”按钮，在选项栏中取消“消除锯齿”复选框，选中地球四周的黑色区域。

(3) 单击“选择”→“反向”菜单命令，选中地球。

(4) 单击“默认前景和背景色”按钮，并单击“切换前景和背景色”按钮，将背景色设置为黑色。

(5) 单击“图层”→“新建”→“通过剪切的图层”菜单命令，新建一个“图层 1”图层，并将地球剪切到新建的图层中。

(6) 单击“多边形选框工具”按钮，在地球的左半边上画出一个锯齿状的选区，如图 8.50 所示。

图 8.49

图 8.50

(7) 单击“图层”→“新建”→“通过剪切的图层”菜单命令，新建一个“图层 2”图层，并将地球的左侧剪切到新建的图层中，将地球分成两半。

(8) 单击“编辑”→“变换”→“旋转”菜单命令，将左侧地球进行旋转，如图 8.51 所示。

(9) 在“图层”调板中选中右侧地球图层，重复步骤(8) 的操作，将右侧地球进行旋转，形成裂开的地球，如图 8.52 所示。

图 8.51

图 8.52

(10) 单击“文件”→“打开”菜单命令，打开一幅火箭图像，如图 8.53 所示，其文件名为“H09.jpg”。

(11) 单击“选择”→“全部”菜单命令，将火箭图像全部选中。

(12) 单击“编辑”→“拷贝”菜单命令，将火箭图像拷贝到剪切板中。

(13) 选中“地球”图像，单击“编辑”→“粘贴”菜单命令，将火箭图像粘贴到当前文件中。

(14) 在“图层”调板中将火箭图层移到最前面，其效果如图 8.54 所示。单击“添加图层蒙版”按钮，为图层产生一个蒙版。

(15) 单击“画笔工具”按钮，设置画笔大小为 100，并单击“喷枪”按钮，转换成“喷枪”工具。设置前景色为黑色，在火箭下部四周进行喷涂，其图像透明，透出地球图形，如图 8.54 所示。这样就制作出火箭从裂开的地球中冲出的效果。

图 8.53

图 8.54

8.1.9 创建剪贴蒙版

“创建剪贴蒙版”命令的作用是：在下层图形的外形内显示上层图形的图像纹理，或与上层图形色彩协调地融合在一起。具体操作方法：单击打开“H10”和“H11”图像，把“贝壳”粘贴在“金属环”图中，效果如图 8.55 所示；单击“图层”→“ 创建剪贴蒙版”菜单命令，效果如图 8.56 所示。

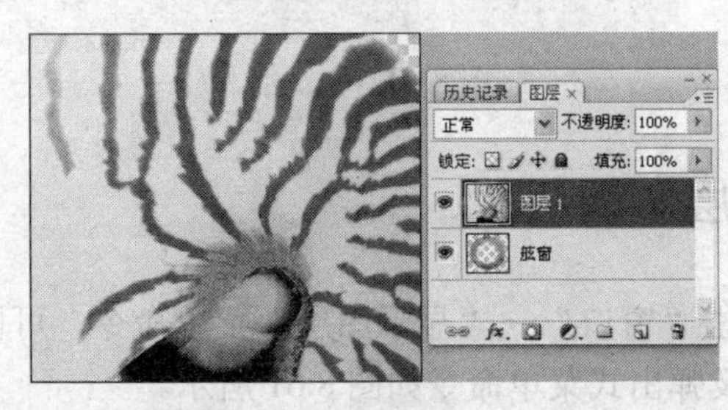

图 8.55

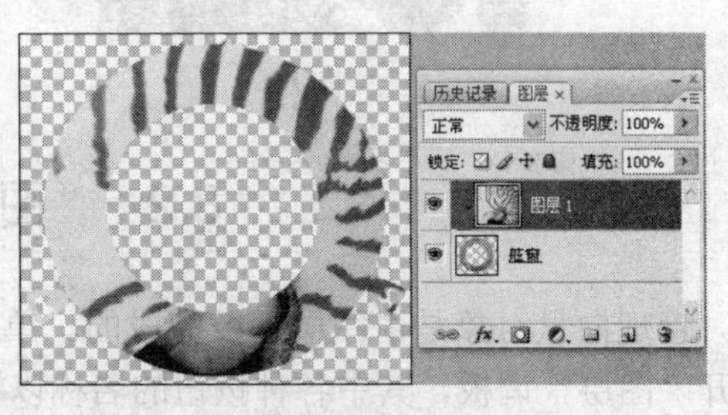

图 8.56

【课堂制作 8.8】 制作枫叶美人

(1) 单击“文件”→“打开”菜单命令，打开一幅美女头像，如图 8.57 所示，其文件名为“H12.jpg”。

(2) 单击“选择”→“全选”菜单命令，将图像全部选中。

(3) 单击“编辑”→“拷贝”菜单命令，将图像拷贝到剪切板中。

(4) 单击“文件”→“打开”菜单命令，打开一幅枫叶图像，如图 8.58 所示，其文件名为“H13.psd”。

图 8.57

图 8.58

(5) 单击“编辑”→“粘贴”菜单命令，将美女头像粘贴到当前图像中。

(6) 在“图层”调板中将头像图层移到最上方，使美女头像显示在图像的最前方，其效果如图 8.59 所示。

(7) 单击“图层”→“创建剪贴蒙版”菜单命令，使头像显示在枫叶中，枫叶美人效果如图 8.60 所示。

图 8.59

图 8.60

8.2 “图层”调板

管理向量对象是由图层调板完成的。单击“窗口”→“显示图层”菜单命令，可以打开“图层”调板，其中各种按钮的名称以及弹出式菜单命令如图 8.61 所示。

在“图层”调板中有许多对图层的操作，它们的作用如下。

1. 向下合并

用于拼合当前图层和其下面的图层。

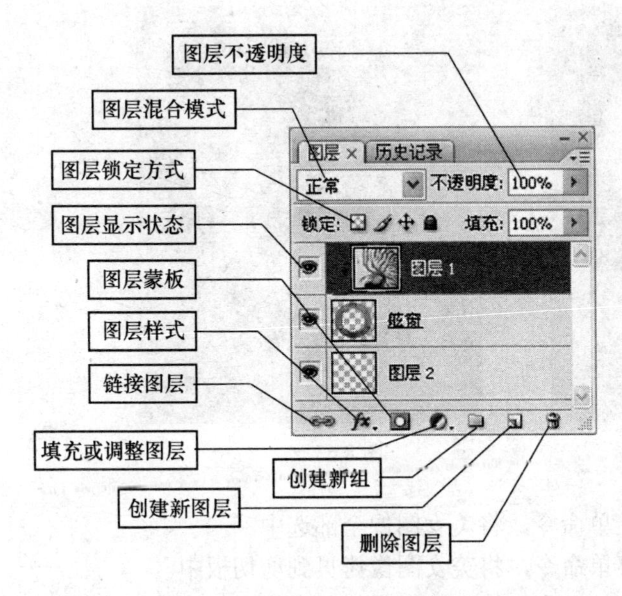

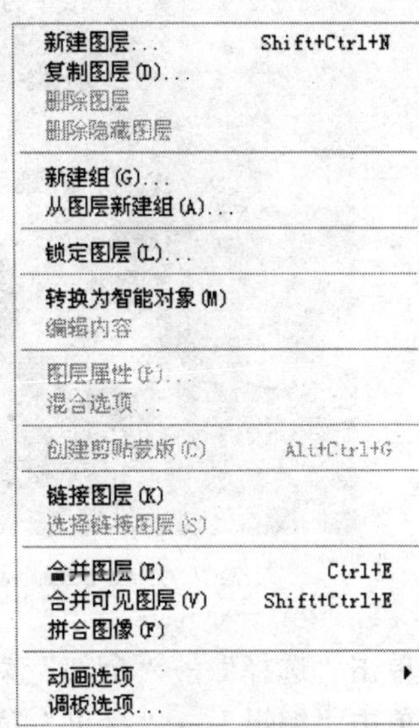

图 8.61

2. 合并图层

用于拼合当前所选的多个图层。

3. 合并可见的图层

用于拼合当前所有显示的图层。

4. 拼合图层

用于拼合当前所有的图层。

5. 图层锁定

用于对区域或功能的限制，具体说明如下。

(1) 锁定透明区域：在绘图或填充时，只能在当前层有颜色或绘图的区域着色，而透明区域不能编辑。

(2) 锁定绘图功能：除绘图工具以外都不可用，其它编辑功能照常使用。

(3) 锁定移动功能：当前层对象不可移动，但可做其它编辑。

(4) 锁定所有的：当前层所有操作都被禁止。

6. 背景层

在 Photoshop CS3 中背景层不可编辑，呈锁定状态。如要编辑背景层，可双击背景层将背景层改为普通层或单击“图层”→“新建”→“背景层”。

7. 链接图层

与作用图层链接在一起，在移动时一起移动。链接的图层可以进行对齐和分布，必须有两个以上图层链接，才能进行对齐；有 3 个以上的图层链接，可进行分布操作。

【课堂制作 8.9】 制作窗中人物

(1) 单击“文件”→“打开”菜单命令，打开一幅美女图像，如图 8.62 所示，其文件名为“H14.jpg”。

(2) 单击“仿制图章工具”按钮，按住 Alt 键，单击额头上黄色皮肤。再用鼠标单击额头的红点位置，将额头上的红点除去，如图 8.63 所示。

图 8.62

图 8.63

(3) 单击“选择”→“全部”菜单命令，将美女图像全部选中。

(4) 单击“编辑”→“拷贝”菜单命令，将美女图像拷贝到剪切板中。

(5) 单击“文件”→“打开”菜单命令，打开一幅玻璃窗图像，如图 8.64 所示，其文件名为“H15.jpg”。

(6) 单击“魔棒工具”按钮，将蓝色玻璃全部选中，按住 Shift 键可增加选区。

(7) 将背景色设置为黑色，单击“图层”→“新建”→“通过剪切的图层”菜单命令，将蓝色的玻璃剪切并复制到一个新的图层“图层 1”中。

(8) 在“图层”调板中单击“图层 1”前面的“指示图层显示性”按钮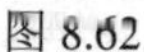，隐藏蓝色玻璃图层，其效果如图 8.65 所示。并选中“背景”图层。

图 8.64

图 8.65

(9) 单击“魔棒工具”按钮，将窗户中的黑色部分全部选中，按住 Shift 键可增加选区。

(10) 单击“编辑”→“贴入”菜单命令，将美女图像粘贴到选中的区域中。

(11) 单击“移动工具”按钮，调整美女的位置，如图 8.66 所示。

(12) 在“图层”调板中显示并选中蓝色玻璃图层，并将其不透明度设置为 62%。这样一幅窗中人物图像就制作完成了，如图 8.67 所示。

图 8.66

图 8.67

8.3 “通道”调板

“通道”的主要功能是保存图像的颜色数据和蒙版，在 Photoshop CS3 中最多允许有 24 个通道。“通道”调板如图 8.68 所示。

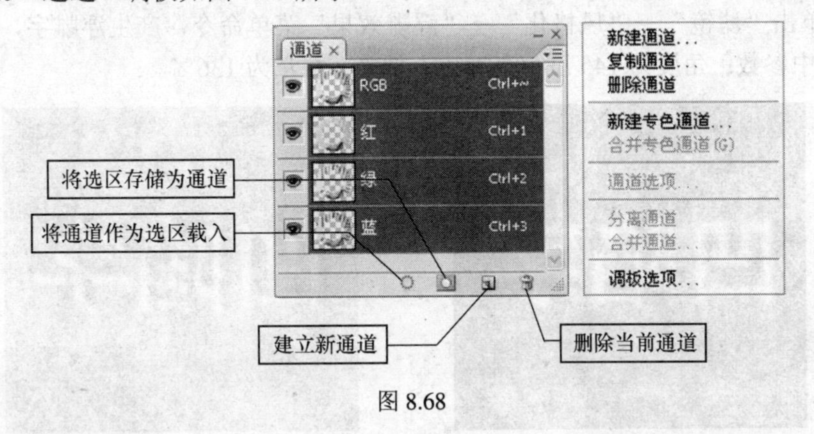

图 8.68

1. 分离通道

分离通道只有背景层，分离后的图像以单独的窗口显示在屏幕上，这些图像都是灰度的，不含任何色彩。

2. 合并通道

合并通道时，原文件的分辨率和尺寸必须相同。

3. 将通道作为选区载入键钮

用来建立一个由通道中由白色区域组成的选区，以保护被遮闭的黑色区域。

4. 将选区存储为通道键钮

会自动生成一个通道，其中选择区成为白色，其它区域为黑色。

【课堂制作 8.10】 制作凹陷字

(1) 单击“文件”→“打开”菜单命令，打开一幅横向的木纹图像，如图 8.69 所示，其文件名为“H16.jpg”。

(2) 在“通道”调板中单击“创建新通道”按钮，创建一个 Alpha1 通道。

(3) 设置前景色为白色，单击“横排文字工具”按钮，输入文字“凹陷字”，如图 8.70 所示。其中参数：字体为大黑体，大小为 160 像素。

图 8.69

图 8.70

(4) 按下 Ctrl+D 键取消选择。在“通道”调板中拖动“Alpha1”通道到“创建新通道”按钮上，将其复制为 Alpha1 副本通道。

(5) 单击“滤镜”→“模糊”→“高斯模糊”菜单命令，对文字进行模糊处理， 如图 8.71 所示。其中参数：半径为 4 像素。

(6) 单击“滤镜”→“风格化”→“浮雕效果”菜单命令，产生浮雕字，如图 8.72 所示。其中参数：角度为 145 度，高度为 6 像素，数量为 136%。

图 8.71

图 8.72

(7) 单击“图像”→“计算”菜单命令，产生 Alpha2 通道，其效果为凹陷字，如图 8.73 所示。其中参数：源 1 通道为 Alpha1，选中“反相”复选框，源 2 通道为 Alpha1 副本，混合为差值。

(8) 在“通道”调板中选中 RGB 混合通道，单击“图像”→“应用图像”菜单命令，产生木纹凹陷字，如图 8.74 所示。其中参数：源通道为 Alpha2，混合为强光。

(9) 在“通道”调板中将 Alpha1 通道移到“将通道作为选区载入”按钮上，调出文字选区。

(10) 单击“选择”→“修改”→“扩展”菜单命令，将选区扩大。其中参数：扩展量为 6 像素。

(11) 单击“图层”→“新建”→“通过拷贝的图层”菜单命令，将选中的内容拷贝成一个新的图层。

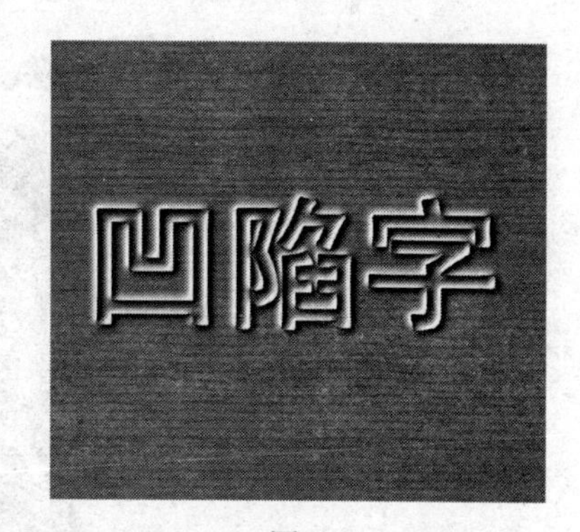

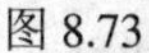
图 8.73

图 8.74

(12) 在“图层”调板中选中背景图层，并将其填充白色。

(13) 选中文字图层，单击“图层”→“图层样式”→“投影”菜单命令，产生一个阴影。其中参数：距离为 5，大小为 10。这样一个凹陷字制作完成了，如图 8.75 所示。

图 8.75

8.4 实例操作

实例分析

这是一幅艺术相框集锦图，如图 8.76 所示。利用旋转技巧制作出太阳花瓣相框，利用定义笔画、路径描边制作出心形相框，利用杂色滤镜、动感模糊滤镜、内部倾斜滤镜制作出木质相框，利用通道、波纹滤镜、内部倾斜滤镜制作出花边相框。利用摇动变形滤镜使文字“艺术相框”边界产生毛碴儿，增添了整幅画面的艺术效果。这些相框造型别致，充满了艺术魅力。

制作方法

1. 制作太阳花瓣相框

(1) 单击“文件”→“新建”菜单命令，建立一个新图像。其中参数：宽度为 10 厘米，高度为 10 厘米，分辨率为 100 像素/英寸，颜色模式为 RGB 颜色，背景内容为白色。

(2) 在“图层”调板上，单击“创建新图层”按钮，建立一个新图层。

(3) 在“色板”调板上，单击淡蓝色色块，设置前景色为淡蓝色。

图 8.76

(4) 单击“椭圆选框工具”按钮，在图层上画出一个椭圆。

(5) 按下 Alt+Delete 键，用淡蓝色填充选区，如图 8.77 所示。

(6) 按下 Ctrl+D 键，取消选区。

(7) 在“图层”调板上，拖动当前图层到“创建新图层”按钮上，将当前图层复制。

(8) 单击“变换”→“自由变换”菜单命令，在选项栏中设置旋转角度为 90，其它参数取默认值，然后单击“进行变换”按钮，将复制图层旋转 90 度，效果如图 8.78 所示。

(9) 按下 Ctrl 键，在“图层”调板上，单击瓣图层，将其同时选中，然后单击“▾☰”→“合并图层”菜单命令，将所选图层合并为一个图层。

(10) 在“图层”调板上，拖动当前图层到“创建新图层”按钮，将当前图层复制。

(11) 单击“变换”→“自由变换”菜单命令，将复制图层旋转 45 度。选项栏中参数：旋转角度为 45，其它参数取默认值。效果如图 8.79 所示。

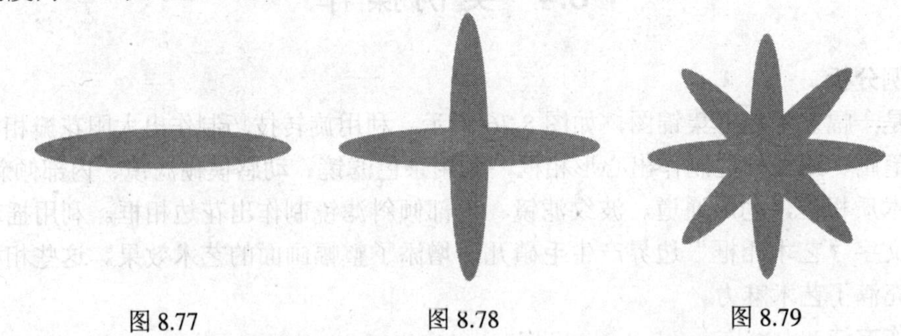

图 8.77　　图 8.78　　图 8.79

(12) 按下 Ctrl 键，在“图层”调板上，单击瓣图层，将其同时选中，然后单击“▾☰”→“合并图层”菜单命令，将所选图层合并为一个图层。

(13) 在“图层”调板上，拖动当前图层到“创建新的图层”按钮，将当前图层复制。

(14) 单击“变换”→“自由变换”菜单命令，将复制图层旋转 22.5 度。选项栏中参数：旋转角度为 22.5 度，其它参数取默认值。效果如图 8.80 所示。

(15) 按下 Ctrl 键，在“图层”调板上，单击瓣图层，将其同时选中，然后单击“▾☰”

→“合并图层”菜单命令，将所选图层合并为一个图层。

(16) 单击“椭圆选框工具”按钮，按下 Shift 键，在花瓣上拖曳出一个圆。

(17) 按下 Delete 键，删除当前选区，效果如图 8.81 所示。

(18) 单击“图层”→“图层样式”→“斜面和浮雕”菜单命令，将花瓣立体化。其中参数：样式为内斜面，方法为平滑，方向为上，大小为 4 像素，软化为 0 像素，角度为 120 度，高度为 30 度，高光模式为“滤色”，高光不透明度为 75%，暗调模式为正片叠底，暗调不透明度为 75%。效果如图 8.82 所示。

图 8.80　　图 8.81　　图 8.82

(19) 单击“魔棒工具”按钮，单击花瓣白心。

(20) 单击“选择”→“存储选区”菜单命令，将当前选区存储为“花心”。

(21) 单击“文件”→“打开”菜单命令，打开一幅人物图像，如图 8.83 所示，其文件名为“H17.jpg”。

(22) 单击“移动工具”按钮，拖动人物图像到花瓣相框中。

(23) 在“图层”调板中将人物图层移到花瓣图层的下面。

(24) 单击“编辑”→“自由变换”菜单命令，将人物缩放。

(25) 单击“选择”→“载入选区”菜单命令，调出“花心”选区。

(26) 单击“选择”→“反向”菜单命令，将当前选区反选。

(27) 按下 Delete 键，删除当前选区内的图像。

(28) 按下 Ctrl+D 键，清除选取框。

(29) 按下 Ctrl 键，在“图层”调板上，单击花瓣图层与人物图层，将其同时选中，“ ”→“合并图层”菜单命令，将所选图层合并为一个图层。完成了太阳花瓣相框的制作，效果如图 8.84 所示。

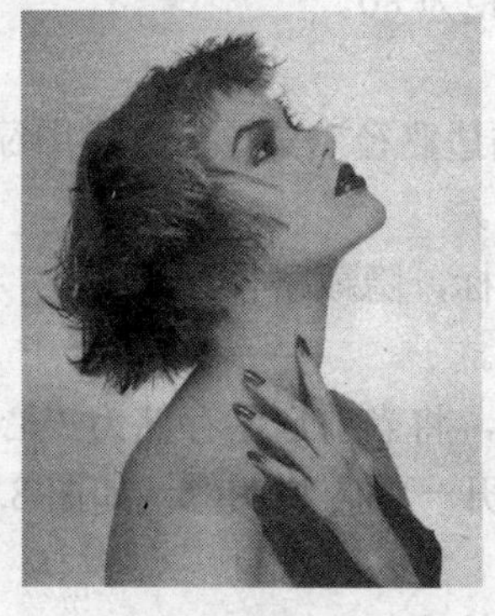

图 8.83

图 8.84

2. 制作心形相框

(1) 单击“文件”→“新建”菜单命令，建立一个新图像。其中参数：宽度为 15 厘米，高度为 15 厘米，分辨率为 100 像素/英寸，模式为 RGB 颜色，内容为白色。

(2) 在“图层”调板上，单击“创建新图层”按钮，建立一个新图层。

(3) 单击“钢笔工具”按钮，在图中画出一个心形的路径，如图 8.85 所示。

(4) 单击“转换点工具”按钮，将直线点转换成曲线点，如图 8.86 所示。

(5) 单击“直接选择工具”按钮，对路径进行细致的调整，得到一条光滑心形路径，如图 8.87 所示。

(6) 在“路径”调板上，单击“ ”→“建立选区”菜单命令，将路径转变为选区。

(7) 在“色板”调板上，单击草绿色色块，设置前景色为草绿色。

(8) 按下 Alt+Delete 键，用草绿色填充选区，如图 8.88 所示。

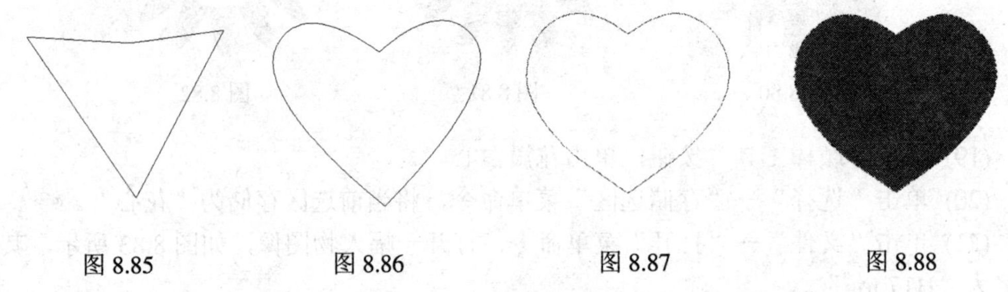

图 8.85　　图 8.86　　图 8.87　　图 8.88

(9) 单击“移动工具”按钮，然后单击“编辑”→“自由变换”菜单命令，将绿心缩小。

(10) 单击“图层”→“图层样式”→“斜面和浮雕”菜单命令，将绿心立体化。其中参数：样式为内斜面，方法为平滑，深度为 200，方向为上，大小为 15，软化为 8，角度为 120，高度为 30，高光模式为滤色，高光不透明度为 60，暗调模式为正片叠底，暗调不透明度为 75。效果如图 8.89 所示。

(11) 按下 Ctrl+D 按钮，取消选区。

(12) 单击“编辑”→“定义画笔”菜单命令，将绿心定义为画笔。

(13) 单击“矩形选框工具”按钮，选中绿心，并按下 Delete 键，将绿心删除。

(14) 单击“画笔工具”按钮，在选项栏中选中绿心画笔，并单击绿心画笔。在弹出的“画笔选项”框中，调整笔形。其中参数：间距为 80。

(15) 按下 Ctrl+D 键，清除选取框。

(16) 在“路径”调板上，单击“ ”→“描边路径”菜单命令，用绿心画笔勾画路径。其中参数：工具为画笔，效果如图 8.90 所示。

(17) 在“路径”调板上，在空白位置单击鼠标，隐藏路径。

(18) 单击“魔棒工具”按钮，单击心形白心。

(19) 单击“选择”→“存储选区”菜单命令，将当前选区存储为“心形”。

(20) 单击“文件”→“打开”菜单命令，打开一幅人物图像，如图 8.91 所示，其文件名为“H18.jpg”。

(21) 单击“矩形选框工具”按钮，选择小孩的头部。

图 8.89

图 8.90

(22) 单击“移动工具”按钮，拖动人物图像到心形相框中。

(23) 在“图层”调板中将人物图层移到花瓣图层的下面。

(24) 单击“编辑”→“自由变换”菜单命令，将人物缩放。

(25) 单击“选择”→“载入选区”菜单命令，调出“心形”选区。

(26) 单击“选择”→“反选”菜单命令，反选当前选区。

(27) 按下 Delete 键，删除当前选区内的图像。

(28) 按下 Ctrl+D 键，清除选取框。

(29) 按下 Ctrl 键，在“图层”调板上，单击心形图层与人物图层，将其同时选中，单击“▾☰”→“合并图层”菜单命令，将所选图层合并为一个图层。至此完成了心形相框的制作，效果如图 8.92 所示。

图 8.91

图 8.92

3. 制作木质相框

(1) 单击“文件”→“打开”菜单命令，打开一幅人物图像，如图 8.93 所示，其文件名为“H19.jpg”。

(2) 在“图层”调板上，单击“创建新图层”按钮，建立一个新图层。

(3) 单击“椭圆选框工具”按钮，画出一个椭圆选区。

(4) 单击“选择”→“反向”菜单命令，将当前选区反选。

(5) 在“色板”调板上，单击棕色色块，设置前景色为棕色。

(6) 按下 Alt+Delete 键，用棕色填充选区，如图 8.94 所示。

(7) 单击“滤镜”→“杂色”→“添加杂色”菜单命令，加入杂色斑点。其中参数：数量为 235，高斯分布，单色。效果如图 8.95 所示。

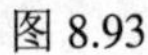

图 8.93

图 8.94

(8) 单击“滤镜”→“模糊”→“动感模糊”菜单命令，对杂色斑点进行模糊处理。其中参数：角度为 45，距离为 23。效果如图 8.96 所示。

(9) 单击“滤镜”→“Eye Candy 3.0”（甜蜜眼神）→“Inner Bevel”（内部倾斜）菜单命令，对相框进行立体处理。其中参数：“Bevel Width”（斜面宽度）为 6，“Bevel Shape”（斜面形状）为“Button”，“Smoothness”（光滑度）为 4，“Shadow Depth”（阴影深度）为 33，“Highlight Brightness”（高光区亮度）为 100，“Highlight Sharpness”（高光区清晰度）为 32，“Direction”（方向）为 120，“Inclination”（倾角）为 45。

(10) 按下 Ctrl+D 键，清除选取框。

(11) 单击“图层”→“拼合图层”菜单命令，将所有图层合并。至此完成了木质相框的制作，效果如图 8.97 所示。

图 8.95

图 8.96

图 8.97

4. 制作花边相框

(1) 单击“文件”→“打开”菜单命令，打开一幅人物图像，如图 8.98 所示，其文件名为“H20.jpg”。

(2) 在“通道”调板上，单击“创建新通道”按钮，新建一个通道“Alpha1”。

(3) 单击“矩形选框工具”按钮，画出一个矩形选区。

(4) 按下 Alt+Delete 键，用前景色填充矩形选区，如图 8.99 所示。

(5) 按下 Ctrl+D 键，清除选取框。

(6) 单击“滤镜”→“扭曲”→“波纹”菜单命令，对通道进行波纹处理。其中参数：数量为 999、大小为中，效果如图 8.100 所示。

图 8.98

图 8.99

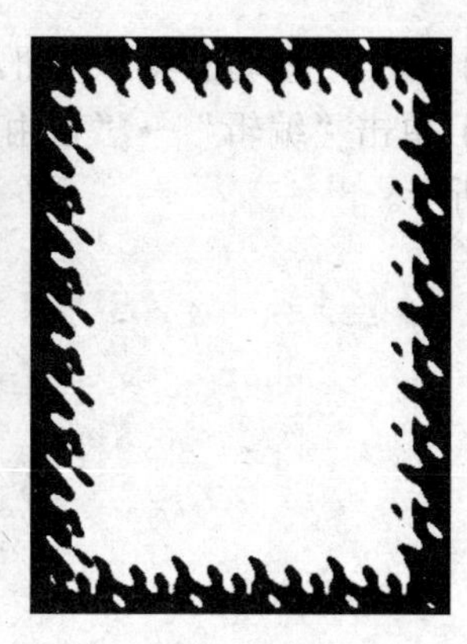

图 8.100

(7) 在调板上单击“图层”，回到“图层”调板。

(8) 单击“文件”→“打开”菜单命令，打开一幅花纹图像，其文件名为“H21.jpg”。

(9) 单击“移动工具”按钮，拖动图像到人物图像中，如图 8.101 所示。

(10) 单击“选择”→“载入选区”菜单命令，调出通道 Alpha1 选区。

(11) 按下 Delete 键，删除选区内的图像，效果如图 8.102 所示。

(12) 单击“选择”→“反向”菜单命令，将选区反选。

(13) 单击“滤镜”→“Eye Candy 3.0”（甜蜜眼神）→“Inner Bevel”（内部倾斜）菜单命令，对相框进行立体处理。其中参数：“Bevel Width”（斜面宽度）为 6，“Bevel Shape”（斜面形状）为“Button”，“Smoothness”（光滑度）为 4，“Shadow Depth”（阴影深度）为 33，“Highlight Brightness”（高光区亮度）为 100，“Highlight Sharpness”（高光区清晰度）为 32，“Direction”（方向）为 120，“Inclination”（倾角）为 45。

(14) 按下 Ctrl+D 键，清除选取框。

(15) 单击“图层”→“拼合图层”菜单命令，将所有图层合并。至此已完成花边相框的制作，效果如图 8.103 所示。

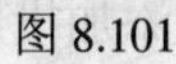

图 8.101

图 8.102

图 8.103

5. 制作相框集

(1) 单击“文件”→“打开”菜单命令，打开一幅底图，如图 8.104 所示，其文件名为“H22.jpg”。

(2) 单击“移动工具”按钮，将 4 幅相框图像拖动到底图中。

(3) 单击“编辑”→“自由变换”菜单命令，将相框缩放、旋转、移动，效果如图 8.105 所示。

图 8.104　　　　图 8.105

6. 制作文字

(1) 单击“横排文字工具”按钮，在图像上单击鼠标左键，在选项栏中设置文字的字体为大黑简体，大小为 90 点，颜色为棕色，然后输入“艺术相框”，最后单击“提交所有当前编辑”按钮，完成文字输入。

(2) 在“图层”调板的文字图层上，单击鼠标右键→“栅格化图层”菜单命令，将文本图层转换成普通图层。

(3) 通过使用“矩形选框工具”按钮、“移动工具”按钮、“旋转”菜单命令，将每个文字单独选取、移动、旋转，效果如图 8.106 所示。

(4) 单击“滤镜”→“Eye Candy 3.0”（甜蜜眼神）→“Jiggle”（摇动变形）菜单命令，使文字边界产生毛碴儿。其中参数：“Bubble Size”（水泡大小）为 5，“Warp Amount”（变形数量）为 19，“Twist”（变形程度）为 90，“Movement Type”（变形方式）为“Brownian Motion”（布郎运动）。效果如图 8.107 所示。

图 8.106　　　　图 8.107

(5) 单击“图层”→“图层样式”→“投影”菜单命令，给文字添加投影。其中参数：混合模式为正片叠底，不透明度为 40，角度为 120，距离为 8，扩展为 10，大小为 4。完成整个艺术相框集锦图的制作，效果如图 8.76 所示。